W0256015

P. S. Novikov

Grundzüge der
mathematischen Logik

Logik und Grundlagen der Mathematik

Herausgegeben von
Prof. Dr. Dieter Rödding, Münster

Band 14

P. S. Novikov

Grundzüge
der mathematischen
Logik

Friedr. Vieweg + Sohn · Braunschweig

Übersetzung: Dr. *K. Rosenbaum,* Erfurt

Verantwortliche Verlagslektoren: Dipl.-Math. *E. Arndt,* Dipl.-Math. *B. Mai*

Titel der russischen Originalausgabe:

П. С. Новиков
Элементы математической логики
Физматгиз, Москва 1959

1973

Satz: Friedr. Vieweg + Sohn, Braunschweig

Buchbinder: W. Langelüddecke, Braunschweig

ISBN 978-3-528-08319-9   ISBN 978-3-322-88787-0 (eBook)
DOI: 10.1007/978-3-322-88787-0

Vorwort zur deutschen Ausgabe

In der Entwicklung der mathematischen Logik und der mathematischen Grundlagenforschung lassen sich zwei Abschnitte unterscheiden. Nach gewissen Vorläufen im alten Griechenland und bei *Leibniz* wurde in der zweiten Hälfte des 19. Jahrhunderts die Mathematik neu begründet. Hierbei gelang es, wesentlich durch *C. S. Peirce, E. Schröder, R. Dedekind, G. Frege,* die Mathematik auf die Theorie der Relationen zurückzuführen. Eine zusammenfassende Darstellung hierüber liegt in dem bekannten Werk „Principia Mathematica" von *B. Russell* und *A. N. Whitehead* vor. Diese Entwicklung erreichte ihren Höhepunkt und in einem gewissen Sinne ihren vorläufigen Abschluß, als es gelang, die Theorie der mehrstelligen Relationen auf die allgemeine Mengenlehre von *G. Cantor* zurückzuführen. Seitdem bildet die Mengenlehre oder, logisch ausgedrückt, die Theorie der Eigenschaften beliebiger Stufe das Fundament, auf dem alle mathematischen Gebiete sich einheitlich mit den Methoden der mathematischen Logik darstellen lassen.

Das Programm für den zweiten Abschnitt wurde von *D. Hilbert* in seinem berühmten Vortrag über mathematische Probleme auf dem Internationalen Mathematiker-Kongreß 1900 in Paris entwickelt. Da sich bei allen bisherigen Begründungen durch einen zu unkontrollierten Gebrauch des Begriffs der Menge bzw. der Relation Widersprüche ergeben hatten, wurde von *Hilbert* das Problem formuliert, einen Widerspruchsfreiheitsbeweis für möglichst weite Gebiete der Mathematik mit der auch sonst in dieser Wissenschaft üblichen Strenge zu entwickeln. Um dieses Problem überhaupt behandeln zu können, war es erforderlich, die Mathematik zu formalisieren. Hierbei wird die Mathematik und die Logik, auf der sie beruht, selbst zum Gegenstand der Untersuchung gemacht. Deshalb ist die heutige mathematische Logik nicht mehr nur eine mathematische Disziplin im üblichen Sinne des Wortes. Vielmehr ist sie selbst Gegenstand einer mathematischen Theorie. Diese Untersuchungen führten dann zu der heutigen mathematischen Logik, die sich für die Mathematik als außerordentlich bedeutungsvoll erwiesen hat. Durch sie wurden alte Gebiete der Mathematik neu begründet, neue Gebiete der Mathematik entwickelt, und schließlich bildet sie in der modernen Rechentechnik die mathematische Grundlage für die Theorie der elektronisch gesteuerten Rechenautomaten.

Die mathematische Logik läßt sich in vier Abschnitte einteilen: (1) Aussagenlogik, (2) Prädikatenlogik der ersten Stufe, (3) Logik der Eigenschaften und Relationen beliebiger Stufe, (4) Theorie formalisierter mathematischer Disziplinen, die auch häufig, etwas speziell und einseitig, Modelltheorie genannt wird. Zu allen Teilen der mathematischen Logik wurden Beiträge von Mathematikern vieler Nationen geliefert. Besonders wichtig sind die Arbeiten der polnischen Mathematiker und Logiker nach dem ersten Weltkrieg in dem wiedererstandenen polnischen Staat. Hervorragende Beiträge wurden von *Hilbert* und seinen Schülern geleistet. Entscheidende Resultate stammen von den Mathematikern der sogenannten Wiener Schule, insbesondere von *K. Gödel.* Ferner spielen etwa ab 1936 die amerikanischen Mathematiker eine große Rolle. Und schließlich haben auch russische bzw. sowjetische Mathematiker in allen Perioden bedeutende Leistungen aufzuweisen.

Seit dem Ende des zweiten Weltkrieges hat die mathematische Grundlagenforschung in der Sowjetunion einen bedeutenden Aufschwung genommen. Es sind besonders drei Forschungsgruppen zu nennen. *A. A. Markov* hat zunächst in Leningrad, heute in Moskau, eine Gruppe von Mathematikern geleitet, die sich das Ziel gesetzt haben, die Mathematik, insbesondere die Analysis, mit konstruktiven Mitteln zu begründen. *A. I. Mal'cev* ist schon frühzeitig mit Forschungen zur Modelltheorie hervorgetreten. Von ihm wurde eine Forschungsgruppe in Novosibirsk gegründet, die hervorragende Beiträge zur „Logik und Algebra" liefert, wie der Titel einer von ihr herausgegebenen Zeitschrift lautet. *P. S. Novikov* hat an einer pädagogischen Hochschule in Moskau, an der Lomonosov-Universität und an der Akademie der Wissenschaften der UdSSR eine umfassende Lehr- und Forschungstätigkeit entfaltet. Besonders bekannt wurden seine Ergebnisse über die algorithmische Unlösbarkeit des Wortproblems für Gruppen, für die er den Leninpreis erhalten hat.

Entsprechend ihrer Bedeutung gibt es viele lehrbuchartige Darstellungen der mathematischen Logik: von den bedeutenden Originalwerken von *Hilbert* und *Ackermann* sowie *Hilbert* und *Bernays* über viele für das mathematische Studium bestimmte Lehrbücher bis zu halbpopulären Darstellungen, die sich an einen großen Kreis, insbesondere an Techniker, wenden. In der Sowjetunion waren bisher nur Monographien über einzelne Teilgebiete erschienen. Das erste zusammenfassende Lehrbuch „Grundzüge der mathematischen Logik" stammt von *Novikov*. Es ist außerordentlich zu begrüßen, daß nun eine Übersetzung dieses Werkes in deutscher Sprache vorliegt. Das Werk enthält den gesamten klassischen Stoff. Es sind außerdem viele neuere Resultate eingearbeitet, die bisher in die Lehrbücher noch nicht aufgenommen wurden. Es soll an dieser Stelle das Buch von *Novikov* nicht etwa im einzelnen gewürdigt werden. Es soll abschließend nur betont werden, daß diese Übersetzung einen hervorragenden Beitrag zur internationalen Kommunikation liefert, der von allen auf dem Gebiet der mathematischen Logik Arbeitenden begrüßt werden wird.

Karl Schröter

Berlin, Oktober 1972

Inhalt

4. Der Prädikatenkalkül

5. Axiomatische Arithmetik

6. Elemente der Beweistheorie

Einleitung

In der modernen Mathematik ist die sogenannte axiomatische Methode weit verbreitet; die Entdeckung der nichteuklidischen Geometrie durch Lobatschewski ist eine ihrer Quellen. Bis heute hat die axiomatische Methode durch Berührung mit anderen Ideen eine gewaltige Evolution erlebt und nicht nur neue Methoden, sondern auch neue Prinzipien des physikalischen und des mathematischen Denkens hervorgebracht. Die axiomatische Methode hat sich in zwei Etappen entwickelt. Die erste reicht von der Entdeckung durch Lobatschewski bis zu den Arbeiten Hilberts über die Grundlagen der Mathematik; die zweite von diesen Arbeiten Hilberts bis heute. Die zweite Etappe stellt eine Zusammenfassung von Ideen aus der Geometrie mit der sich parallel entwickelnden Theorie dar, die uns als „symbolische" oder „mathematische" Logik bekannt ist. Als Ergebnis entstand eine neue Disziplin, für welche die Bezeichnung mathematische Logik beibehalten wurde.

Bevor wir auf die mathematische Logik selbst zu sprechen kommen, betrachten wir kurz den ihr vorausgehenden Stand der axiomatischen Methode und versuchen, wenigstens in den allgemeinsten Zügen die Gründe für die Entstehung dieser Methode und die vor ihr stehenden Aufgaben zu klären. Das Wesen der axiomatischen Methode besteht in einer spezifischen Weise, mathematische Objekte und Relationen zwischen ihnen zu definieren. Beim Studium eines Systems von Objekten irgendwelcher Art verwenden wir bestimmte Termini, welche die Eigenschaften dieser Objekte und die Relationen zwischen ihnen ausdrücken. Dabei definieren wir weder die Objekte selbst noch ihre Eigenschaften und die Relationen zwischen ihren, sondern formulieren eine Reihe von Aussagen, welche für sie erfüllt sein müssen. Offenbar wählen diese Aussagen aus allen möglichen Systemen von Objekten und Relationen zwischen ihnen diejenigen aus, für die sie erfüllt sind.

Damit können wir die vereinbarten Aussagen als Definitionen eines Systems von Objekten einer bestimmten Klasse und deren Eigenschaften sowie von Relationen zwischen ihnen ansehen.

Dazu betrachten wir ein einfaches Beispiel, auf das wir auch später oft zurückgreifen werden. Es sei ein beliebiges System von Objekten gegeben, die wir mit lateinischen Buchstaben bezeichnen. Zwischen ihnen bestehe eine Relation, die wir mit „kommt vor" bezeichnen. Ohne jetzt die Objekte und die Relation „kommt vor" zu definieren, formulieren wir für sie die folgenden Aussagen:

1. Kein Objekt kommt vor sich selbst.

2. Wenn x vor y kommt und y vor z, so kommt x vor z.

Wie man leicht sieht, gibt es Systeme von Objekten mit solchen Relationen zwischen ihnen, daß unsere Aussagen wahr sind, wenn wir unter „x kommt vor y" die gegebene Relation verstehen.

Die Objekte x, y, ... seien zum Beispiel Menschen, und die Relation zwischen x und y sei „x ist älter als y". Dann bedeutet „x kommt vor y" einfach „x ist älter als y", und die Aussagen 1 und 2 sind wahr.

Wenn die Objekte reelle Zahlen sind und die Relation „x kommt vor y" einfach „x ist kleiner als y" bedeutet, so sind die Aussagen 1 und 2 ebenfalls erfüllt.

Die Systeme von Objekten mit einer Relation, für welche die Bedingungen 1 und 2 erfüllt sind, bilden eine bestimmte Klasse, und die Bedingungen 1 und 2 können wir als Definition der Systeme dieser Klasse ansehen. Diese Aussagen, mit deren Hilfe wir in dieser Weise eine Gesamtheit von Objekten auszeichnen, heißen Axiome. Wenn für irgendeine Gesamtheit von Objekten und deren Eigenschaften und Relationen gewisse Axiome wahr sind, so sagen wir, daß die gegebene Gesamtheit von Objekten diesem Axiomensystem genügt oder eine Interpretation des gegebenen Axiomensystems ist.

Durch logische Ableitungen aus den Axiomen erhalten wir Aussagen, die in jedem System von Objekten wahr sind, das den gegebenen Axiomen genügt.

Ein wichtigeres Beispiel für eine axiomatische Definition ist das Axiomensystem der Geometrie. Das betrachtete System von Objekten unterteilen wir in „Punkte", „Geraden" und „Ebenen" und benutzen für sie die Termini „ein Punkt liegt auf einer Geraden", „eine Gerade liegt in einer Ebene", „ein Punkt A liegt zwischen den Punkten B und C" und andere, welche Relationen zwischen den Objekten dieses Systems ausdrücken. Dabei wollen wir beim Gebrauch dieser Termini nicht den unmittelbaren Sinn dieser räumlichen Beziehungen verwenden, sondern ein Axiomensystem für sie aufstellen. Das kann man in verschiedener Weise tun, es gibt aber ein ganz bestimmtes Axiomensystem, das die Bezeichnung „Axiomensystem der euklidischen Geometrie" trägt. Dieses System wurde von Hilbert vorgeschlagen. Wir wollen diese Axiome hier nicht aufzählen. Sie sind in zahlreichen Büchern über die Grundlagen der Geometrie enthalten. In diesen Axiomen sind alle Voraussetzungen enthalten, die explizit oder implizit beim Beweis der Sätze der euklidischen Geometrie verwendet wurden. Damit sind alle aus diesen Axiomen ableitbaren Folgerungen adäquate Widerspiegelungen von Eigenschaften des euklidischen Raumes. Die anschauliche Vorstellung von diesem Raum wurde durch die unmittelbare Erfahrung gewonnen und ist seit langem geistiger Besitz der Menschheit.

Es ist klar, daß die Übereinstimmung von Axiomen mit Gegenständen der realen Welt immer nur angenähert sein kann. Wenn wir etwa die Frage stellen, ob der reale physikalische Raum den Axiomen der euklidischen Geometrie genügt, so müssen wir die in den Axiomen auftretenden geometrischen Begriffe wie „Punkt", „Gerade", „Ebene" u. a. zuvor physikalisch definieren. Mit anderen Worten, wir müssen die physikalischen Sachverhalte angeben, die diesen Begriffen entsprechen. Danach gehen die Axiome in physikalische Aussagen über, die sich experimentell nachprüfen lassen. Nach einer solchen Prüfung können wir für die Richtigkeit unserer Aussagen mit dem Genauigkeitsgrad bürgen, den die Meßinstrumente gestatten.

Bei der Betrachtung eines beliebigen Axiomensystems entstehen viele Fragen, die sich zum Teil durch Interpretationen lösen lassen. Dazu gehört die Frage nach der Widerspruchsfreiheit eines Axiomensystems. Wir müssen stets davon überzeugt sein, daß wir bei allen möglichen Ableitungen aus einem gegebenen Axiomensystem niemals auf einen Widerspruch stoßen, d. h., daß wir dabei niemals unverträgliche Aussagen ableiten. Das Auftreten eines Widerspruches würde nämlich bedeuten, daß kein System von Objekten dem betrachteten Axiomensystem genügen kann und daß damit diese Axiome nichts beschreiben. Die Widerspruchsfreiheit eines Axiomensystems läßt sich durch die Konstruktion einer exakten Interpretation dieses Systems beweisen. Wir müssen bemerken, daß dies in der axiomatischen Methode vor Hilbert das einzige Verfahren zum Beweis der Widerspruchsfreiheit war.

Ähnlich steht es mit der Frage nach der Unabhängigkeit der Axiome. Ein Axiom heißt unabhängig in einem festen Axiomensystem, wenn es sich aus den übrigen Axiomen dieses Systems nicht ableiten läßt. Zum Beweis der Unabhängigkeit eines Axioms genügt es, ein System von Objekten zu finden, das allen übrigen Axiomen genügt, das aber dem zu untersuchenden Axiom nicht genügt. Mit anderen Worten, um die Unabhängigkeit eines Axioms zu beweisen, müssen wir eine Interpretation des Axiomensystems finden, das aus dem gegebenen nach Ersetzung des zu untersuchenden Axioms durch dessen Negation entsteht. Um also mit einem Axiomensystem operieren zu können, benötigen wir zuvor solche Objekte, Eigenschaften und Relationen, die als exakte Interpretation dieses Axiomensystems dienen können.

Interpretationen von Axiomensystemen schöpfen wir aus dem Kreis mathematischer Begriffe. *Die wichtigste Interpretationsquelle für alle möglichen Axiomensysteme ist die Mengenlehre.*

Wir können uns hier keiner ausführlichen Darstellung der Mengenlehre widmen. Wir geben nur in allgemeinen Zügen an, mit was für Objekten sie es zu tun hat.

Ausgangsobjekte sind die natürlichen Zahlen. Aus der Menge der natürlichen Zahlen lassen sich mit Hilfe mengentheoretischer Prinzipien neue Mengen und Funktionen bilden. Wir geben einige Grundprinzipien der Mengenbildung an.

1. Ist eine Menge von Objekten gegeben, so läßt sich aus ihr nach einem beliebigen genau formulierten Kriterium eine Teilmenge abspalten. Zum Beispiel können wir in der Menge der natürlichen Zahlen die Teilmenge der Primzahlen bilden.

2. Ist eine Gesamtheit von Mengen gegeben, so erhalten wir durch Zusammenfassung aller Elemente aller dieser Mengen wieder eine Menge.

3. Für jede Menge läßt sich die Menge aller ihrer Teilmengen bilden.

4. Ist jedem Element einer Menge E ein Element einer Menge G zugeordnet, so heißt diese Zuordnung eine Funktion, die auf der Menge E definiert ist und Werte in der Menge G annimmt. Auch Funktionen sind Objekte, aus denen sich Mengen bilden lassen. Speziell können wir die Menge aller auf E definierten Funktionen mit Werten in G bilden.

Die erwähnten Mengenbildungsprinzipien erschöpfen nicht alle Mittel zur Bildung mengentheoretischer Objekte. Für unsere weiteren Darlegungen können wir uns aber auf die hier beschriebenen Prinzipien beschränken. Ausgehend von der Menge der natürlichen Zahlen lassen sich mit Hilfe mengentheoretischer Prinzipien alle existierenden mathematischen Begriffe bilden. Hieraus nehmen wir die Interpretationen für unsere Axiomensysteme.

Dabei entsteht die Frage: Ist die Mengenlehre zur Begründung der axiomatischen Methode völlig sicher? In welchem Maße können wir von der Widerspruchsfreiheit der Mengenlehre selbst überzeugt sein?

Die am Ende des vorigen Jahrhunderts entstandene Mengenlehre entwickelte sich sehr rasch, wirkte stark auf die gesamte Mathematik ein und wurde für die Grundlagen der Mathematik von entscheidender Bedeutung. Aber schon bald nach Entstehung der Mengenlehre hat man bemerkt, daß die uneingeschränkte Verwendung der durch sie geschaffenen Begriffe auf Widersprüche führt. Das hat jedoch die Entwicklung der Mengenlehre nicht aufhalten können, da in den Grenzen, in denen ihre Begriffe gewöhnlich angewendet werden, keine Widersprüche auftraten. Aber auch eine weiterführende Analyse der Grundlagen der Mengenlehre ergab keinerlei befriedigende Begründung für die Überzeugung, daß wenigstens im Rahmen der tatsächlichen Anwendung der Ideen der Mengenlehre keine Widersprüche auftreten können. Damit ist die Behauptung der Widerspruchsfreiheit im Rahmen der mengentheoretischen Konstruktionen nur ein empirischer Schluß, der nicht genügend zwingend begründet ist. Zusammenfassend müssen wir daher konstatieren, daß ungeachtet der äußerst erfolgreichen Hilfestellungen der Mengenlehre für die axiomatische Methode die Grundlagen, auf die sich die Mengenlehre selbst stützt, unbefriedigend sind. Ausgehend von den erwähnten Schwierigkeiten wandte sich die weitere Kritik einer wesentlichen Besonderheit der Mengenlehre oder, besser gesagt, des menschlichen Denkens überhaupt zu, die sich gerade bei der Entwicklung der Mengenlehre deutlich gezeigt hat. Es geht um die Idee des Unendlichen, eines der wichtigsten Elemente des mathematischen Denkens. In der antiken Mathematik verhielt man sich äußerst vorsichtig dem Unendlichen gegenüber. Eine logische Analyse der mit dem Unendlichen zusammenhängenden Begriffe war in gewisser Weise vorgenommen worden. Das schlug sich im Auftreten der bekannten Antinomien wie „Achilles und die Schildkröte", dem „fliegenden Pfeil", der „unendlichen Teilbarkeit" u. a. nieder. Die Vorsicht drückte sich in den Forderungen nach äußerster Strenge beim Gebrauch des Unendlichen im mathematischen Denken aus. Die moderne Analysis hat am Anfang ihrer Entwicklung unter dem Einfluß der Anforderungen der Naturwissenschaften und der Technik wesentlich freier und weniger streng mit dem Unendlichen operiert. Dadurch konnte sie sich schnell und breit entwickeln und eine entscheidende Rolle in den verschiedensten Gebieten der Wissenschaft und Praxis spielen. Dabei mehrten sich in Verbindung mit der Idee des Unendlichen die Schwierigkeiten. Diese Schwierigkeiten riefen jedesmal eine Kritik der entsprechenden Begriffe der Analysis hervor. Diese kritische Richtung kam in der letzten Etappe der Analysis am deutlichsten zum Ausdruck, insbesondere in den Arbeiten von Kronecker, Schatunowski, Borel, Lusin und Brouwer. Die Form des Unendlichen, welche Grundlage der mengentheoretischen Vorstellungen ist, heißt das „aktual Unendliche". Bevor wir diesen Begriff präzisieren, wollen wir versuchen, durch eine grobe und logisch unvollständige Beschreibung eine erste Vorstellung von ihm zu bekommen. Unter dem Begriff „aktual Unendliches" versteht man eine unendliche Menge, deren Konstruktion abgeschlossen ist und deren Elemente gleichzeitig gegeben sind. Wir haben es zum Beispiel mit dem aktual Unendlichen zu tun, wenn wir alle natürlichen Zahlen durchzählen. Wenn es uns möglich wäre, jede unendliche Menge durch streng voneinander getrennte Schritte zu erzeugen, so gäbe es keinerlei mathematische Probleme. Jedes Problem ließe sich dann durch unmittelbare Nachprüfung aller möglichen Fälle lösen. Der idealisierte Charakter des Begriffes des aktual Unendlichen liegt also auf der Hand. Die Konstruktion von unendlich vielen Einzelsubjekten, die Ausführung von unendlich vielen Schritten ist nicht nur wegen des Mangels an praktischen Hilfsmitteln unmöglich, sondern ist auch prinzipiell niemals und mit keinen Hilfsmitteln zu erreichen. Dennoch gebraucht das mathematische Denken diese Idealisierungen in breitem Umfang. Beispielsweise wird eine geometrische Figur als unendliche Punktmenge, ein Zeitintervall als unendliche Menge von Momenten, die Bewegung als unendliche Menge von Momentanlagen eines sich bewegenden Körpers usw. aufgefaßt.

Die konkrete Erscheinung der Idee des aktual Unendlichen besteht in der Ausdehnung einiger logischer Prinzipien, die im Bereich des Endlichen völlig sicher sind, auf das Unendliche. Ein bekanntes Prinzip ist beispielsweise das Prinzip vom ausgeschlossenen Dritten, das sich folgendermaßen formulieren läßt: Ist A eine Aussage und $\overline{A}$ deren Negation, dann ist eine dieser Aussagen wahr. Wir nehmen an, daß A eine Aussage über die Elemente einer unendlichen Menge, etwa der natürlichen Zahlen ist. Wären wir nun in der Lage, unendlich viele Überprüfungsschritte durchzuführen, so ließe sich leicht feststellen, ob A oder $\overline{A}$ wahr ist. Die Annahme, daß es möglich ist festzustellen, ob für eine beliebige Aussage A entweder sie selbst oder ihre Negation wahr ist, ist nichts anderes als die teilweise Ersetzung der Hypothese, daß unendlich viele Überprüfungsschritte möglich sind. Diese Rolle spielt in der Mengenlehre auch die absolute Auffassung des Terminus „Existenz" bei seiner Anwendung auf unendliche Mengen. Für die Mengenlehre sind reine Existenzsätze charakteristisch, d. h., es wird nur die Existenz irgendeines Objektes bewiesen, ohne es selbst anzugeben oder zu konstruieren. Solche Beweise hängen oft gerade mit der Verwendung des Prinzips vom ausgeschlossenen Dritten zusammen.

Beispiel: Ausgehend von der Darstellung der Zahl π als unendlicher Dezimalbruch bilden wir eine Folge von ganzen nichtnegativen Zahlen. Jedes Glied a_n der Folge wird durch die n-te Dezimalstelle von π folgendermaßen definiert. Ist die n-te Dezimalstelle eine Null, so setzen wir a_n gleich 0. Die Zahlen $a_1, a_2, \ldots$ vor der ersten Null setzen wir gleich 1. Nach dem Erscheinen der ersten Null (oder mehrerer Nullen hintereinander) setzen wir die den von 0 verschiedenen Dezimalstellen entsprechenden Glieder bis zur nächsten Null hin gleich 2. Nach dem Erscheinen der nächsten Null (oder mehrerer Nullen hintereinander) setzen wir die den von 0 verschiedenen Dezimalstellen entsprechenden Glieder bis zu nächsten Null hin gleich 3, usw. Wenn allgemein die einer Null (oder mehreren Nullen hintereinander) vorangehenden Glieder der Folge gleich k sind, so sind die Glieder der Folge zwischen dieser und der nächsten Null gleich k + 1. Damit erhalten wir eine Folge, die etwa die Form

$$1, \ldots, 1, 0, 2, \ldots, 2, 0, \ldots, k, \ldots, k, 0, \ldots, 0, k + 1, \ldots$$

hat. Wir zeigen, daß es in dieser Folge eine Zahl gibt, die sich unendlich oft wiederholt. Denn unter den Dezimalstellen der Zahl π kommen entweder endlich viele oder unendlich viele Nullen vor. Im ersten Fall gibt es eine Zahl a_n mit maximalem Index n, die gleich 0 ist. Danach sind alle Glieder der Folge gleich, und folglich wiederholt sich die Zahl a_{n+1} unendlich oft. Wenn in der Dezimalbruchdarstellung der Zahl π die Null unendlich oft auftritt, so tritt sie auch in unserer Folge unendlich oft auf. Damit ist gezeigt, daß es eine Zahl gibt, die in der konstruierten Folge unendlich oft auftritt. Doch auf die Frage, welche Zahl das ist, können wir nicht antworten, da wir nicht wissen, ob in der Dezimalbruchdarstellung von π endlich oder unendlich viele Nullen auftreten. Zur Lösung dieser Frage ist kein

Weg zu sehen. Somit haben wir hier ein Beispiel dafür, daß wir aus dem Beweis für die Existenz eines gewissen Objektes in keiner Weise einen Hinweis auf das Objekt selbst erhalten. Das hängt klar mit dem aktual Unendlichen zusammen. Wenn wir nur endliche Bildungen betrachten und dabei die Existenz eines Objektes bewiesen worden ist, so können wir dieses Objekt auch praktisch durch Überprüfung aller möglichen Fälle finden.

Bei der Betrachtung solcher Beispiele mag es auf den ersten Blick scheinen, daß es keinen Zusammenhang zwischen der Idee des aktual Unendlichen und der Wirklichkeit gibt. Genau genommen unterstreicht das aber nur den beschränkten, angenäherten Charakter des Zusammenhanges zwischen den betrachteten mathematischen Vorstellungen und der realen Wirklichkeit. Daher kann auch die Idee des aktual Unendlichen in bestimmten sinnvollen Grenzen ebenso verwendet werden wie viele andere ideelle Begriffe. Die angeführten Erläuterungen erschöpfen natürlich bei weitem nicht alle Schwierigkeiten, die mit dem Unendlichkeitsbegriff im Zusammenahng stehen. Wenn wir uns die Frage stellen, ob die Idee des aktual Unendlichen nicht zu einem Widerspruch führt, so läßt sich heute darauf schwerlich eine Antwort geben außer der, daß man bisher noch keinen derartigen Widerspruch entdeckt hat.

Doch selbst die Annahme der Hypothese, daß der Gebrauch des Begriffs des aktual Unendlichen in der Mengenlehre nicht zu einem Widerspruch führt, räumt die Schwierigkeiten der Mengenlehre nicht vollständig fort. Dabei entsteht eine andere Frage: Können wir davon überzeugt sein, daß jedes mathematische Problem mit Hilfe der Prinzipien der Mengenlehre gelöst werden kann? Die Hypothese der Lösbarkeit jedes beliebigen Problems mit Hilfe der Mengenlehre erscheint uns (im Unterschied zur Hypothese der Widerspruchsfreiheit) sogar höchst unwahrscheinlich. Zum Beweis der Richtigkeit dieser Vermutung brauchen wir aber die nötigen Hilfsmittel.

Man kann versuchen, die angeschnittenen Fragen mit Hilfe der axiomatischen Methode zu lösen. Dazu müssen wir Voraussetzungen finden, aus denen in der Mengenlehre Schlüsse gezogen werden, sie als Axiome formulieren und für das erhaltene Axiomensystem das Problem der Widerspruchsfreiheit lösen. Das Entscheidungsproblem wird in diesem Fall auf das Problem der Unabhängigkeit zurückgeführt. Der Beweis, daß ein gegebenes Problem in der Mengenlehre nicht lösbar ist, bedeutet nämlich die Feststellung, daß die entsprechende Behauptung und deren Negation aus den gegebenen Axiomen nicht abgeleitet werden können. Es ist möglich, ein Axiomensystem zu finden, das die Mengenlehre in gewissen Grenzen beschreibt, doch der Versuch, die Widerspruchsfreiheit und die Unabhängigkeit dieses Axiomensystems nachzuweisen, stößt auf ernsthafte Schwierigkeiten. Bei den betrachteten Problemen versagt nämlich die Interpretationsmethode. Das liegt daran, daß wir ein beliebiges Axiomensystem innerhalb der Mengenlehre interpretieren, und dabei müssen wir die Widerspruchsfreiheit der Mengenlehre schon voraussetzen.

Hilbert hat als Ausweg aus den entstandenen Schwierigkeiten einen neuen Standpunkt für die betrachteten Fragen vorgeschlagen. Hilberts Ideen erzeugten einen Umschwung in den Fragen der Grundlagen der Mathematik und bildeten den Beginn einer neuen Etappe in der Entwicklung der axiomatischen Methode. Wir stellen folgende Frage: In welchem Maße ist zum Beweis der Widerspruchsfreiheit und der Unabhängigkeit ausschließlich die Interpretationsmethode notwendig? Kann man bei der Lösung dieser Fragen nicht ohne Interpretationen auskommen?

Es sei ein Axiomensystem gegeben, das wir auf Widerspruchsfreiheit untersuchen wollen. Wie wir bereits erwähnt haben, heißt das System widerspruchsvoll, wenn in ihm eine Aussage A gleichzeitig mit deren Negation $\bar{A}$ ableitbar ist. Um zu beweisen, daß ein Axiomensystem widerspruchsvoll ist, genügt es aber, irgendeine Aussage A zu finden, die gemeinsam mit ihrer Negation aus dem gegebenen System ableitbar ist. Um die Widerspruchsfreiheit eines Axiomensystems zu beweisen, genügt es zu zeigen, daß sich keine Aussage und deren Negation aus den Axiomen ableiten läßt. Wenn wir nun in der Lage wären, alle möglichen Aussagen in dem gegebenen Axiomensystem zu beschreiben, und dazu alle möglichen Deduktionsverfahren angeben könnten, so könnten wir möglicherweise direkt zeigen, daß sich keine Aussage gemeinsam mit ihrer Negation ableiten läßt. In derselben Weise könnten wir auch die Unabhängigkeit untersuchen. Die Unabhängigkeit eines Satzes A von den Axiomen $A_1, \ldots, A_n$ würde dann bedeuten, aus der vorhandenen Beschreibung aller Ableitungen den Beweis dafür herauszufinden, daß sich A nicht aus den Axiomen $A_1, \ldots, A_n$ ableiten läßt. Andererseits kann es aber geschehen, daß die Beschreibung aller möglichen Sätze und Ableitungen keine allzustarken mengentheoretischen Hilfsmittel erfordert, also insbesondere solche erkenntnistheoretisch zweifelhaften Ideen wie etwa die des aktual Unendlichen nicht einschließt. Die Beschreibung aller möglichen Deduktionsformen wäre dann durchaus erreichbar und für die symbolische Logik vorbereitet. Nun sind aber bei den Fragen nach der Widerspruchsfreiheit neue Schwierigkeiten aufgetreten. Dennoch war die Frage erst einmal vom toten Punkt wegbewegt, und die neue Richtung der axiomatischen Methode begann sich zu entwickeln. Die auf diesem Wege entstehenden Schwierigkeiten sind zwar recht erheblich, aber es gibt Möglichkeiten zu ihrer Überwindung, und sie werden auch tatsächlich langsam überwunden.

Wir brauchen also vor allem einen Kreis völlig zuverlässiger (jedenfalls in bezug auf die Widerspruchsfreiheit) Begriffe und Denkprinzipien, in deren Rahmen wir alle weiteren Konstruktionen vollziehen können. Um aus dem Kreis der Grundbegriffe alle zweifelhaften Elemente des mengentheoretischen Denkens auszuschließen, ist es sinnvoll, ihn möglichst eng zu wählen. Dabei ist es allerdings nicht möglich, das Unendliche ganz aus der Betrachtung auszuschließen, dafür läßt sich aber sein „aktualer" Charakter entfernen. Der Begriff des aktual Unendlichen figurierte in der philosophischen Literatur lange vor den hier beschriebenen Arbeiten zu den Grundlagen der Mathematik, und als ihm entgegengesetzter Begriff wurde die Idee des „potentiell Unendlichen" betrachtet. Der Sinn dieses Begriffes besteht darin, daß man eine unendliche Menge von realisierbaren Möglichkeiten betrachtet. Jede dieser Möglichkeiten ist einzeln für sich realisierbar, weiter ist jede endliche Anzahl dieser Möglichkeiten realisierbar, aber alle gemeinsam sind nicht realisierbar. Dazu betrachten wir ein Beispiel. Wir nehmen an, die Konstruktion einer natürlichen Zahl sei abgeschlossen, wenn irgendeine Menge von Dingen vorgegeben ist, die so viele Elemente enthält, wie diese Zahl angibt. Für jede gegebene natürliche Zahl ist es prinzipiell möglich, sich eine entsprechende Menge vorzustellen. Das läßt sich auch für jede beliebige endliche Anzahl natürlicher Zahlen durchführen, aber es ist unmöglich, sich alle natürlichen Zahlen so vorzustellen.

Nach dem gegenwärtigen Stand der Wissenschaft gibt es keinerlei sinnvolle Gründe, um an der Berechtigung des Gebrauches des potentiell Unendlichen zu zweifeln. Ohne diesen Begriff des Unendlichen kann nicht nur die Mathematik, sondern auch die exakte

Naturwissenschaft nicht auskommen. Jedenfalls hat die Kritik der Grundlagen der Mathematik an diesem Begriff nichts auszusetzen. Die Idee des potentiell Unendlichen bildet die Grundlage der Hilbertschen Konzeption.

Wir sehen uns die Grundprinzipien der Hilbertschen Lehre etwas ausführlicher an. Wir stellen uns zwei Aufgaben.

1. Auffinden von Begriffen und Prinzipien, die frei sind von zweifelhaften Seiten des mengentheoretischen Denkens.

2. Formulierung des Problems der Widerspruchsfreiheit und der Unabhängigkeit für ein beliebiges Axiomensystem, insbesondere für die Axiome der Mengenlehre, im Rahmen dieser Begriffe.

Wenn es uns gelingen würde, auf diesem Wege die Fragen der Widerspruchsfreiheit und der Unabhängigkeit zu lösen, so erhielten wir damit die Möglichkeit, den Gebrauch der Idee des aktual Unendlichen zu begründen und die Grenzen aufzudecken, innerhalb derer er gestattet ist. Wir beginnen mit der ersten Aufgabe — dem Aufstellen eines Systems von Begriffen und Prinzipien, die den gestellten Bedingungen genügen.

Wir betrachten Systeme von endlich vielen Elementen, gewissen ausgezeichneten Eigenschaften dieser Elemente und Relationen zwischen ihnen. Dabei ist es völlig gleichgültig, was das für Elemente sind und um welche Eigenschaften und Relationen es sich handelt. Wir fordern nur, daß sich alle Elemente deutlich voneinander unterscheiden, ebenso ihre Eigenschaften und die Relationen zwischen ihnen. Für jede ausgezeichnete Eigenschaft und für jede Relation muß genau definiert sein, auf welche Elemente sie zutrifft und auf welche nicht. Dazu betrachten wir einige Beispiele.

1. Es sei eine Reihe von Buchstaben und Ziffern

a 2 c 4 5 e 3

gegeben. Für die Elemente dieser Reihe betrachten wir zwei Eigenschaften a) Ziffer sein, b) Buchstabe sein, und ferner eine Relation zwischen den Elementen x und y der Zeile: „das Element x kommt in der Zeile vor dem Element y".

2. Ein System von Kugeln bestehe aus drei weißen und vier schwarzen Kugeln, wobei alle Kugeldurchmesser voneinander verschieden sind. Denken wir uns die Kugeln nach wachsenden Durchmessern geordnet, so soll folgende Farbverteilung vorliegen: weiß, schwarz, weiß, schwarz, schwarz, weiß, schwarz. Als ausgezeichnete Eigenschaften dieses Systems betrachten wir die Farbe der Kugeln, als ausgezeichnete Relation zwischen den Kugeln x und y, daß der Durchmesser der Kugel x kleiner als der Durchmesser der Kugel y ist.

3. Wir betrachten ein System von Metallringen. Es ist nur eine einzige Relation zwischen den Ringen erklärt, nämlich die, daß ein Ring auf einen anderen aufgezogen ist.

Wenn wir so ein System betrachten, so sehen wir ab von der qualitativen Art seiner Elemente, der ausgezeichneten Eigenschaften und Relationen. Zwei Systeme heißen isomorph, wenn sich ihre Elemente eindeutig aufeinander abbilden lassen, so daß dabei die ausgezeichneten Eigenschaften (Relationen) des einen Systems in entsprechende ausgezeichnete Eigenschaften (Relationen) des anderen Systems übergehen. Wir bemerken leicht, daß die ersten beiden der oben angegebenen Systeme isomorph sind. Isomorphe Systeme wollen wir nicht unterscheiden. Das bedeutet, daß wir in Wirklichkeit keine konkreten Systeme, sondern Systemschemata betrachten. Jedes Systemschema definiert eine ganze Klasse zueinander isomorpher Systeme, und jedes System dieser Klasse kann als Schema genommen werden, wenn wir darüber nur solche Aussagen machen, die für alle Systeme dieser Klasse zutreffen.

Für jedes Schema läßt sich ein Repräsentant finden. Es genügt, etwa eine Menge mit entsprechend vielen Elementen

$$x_1, x_2, \ldots, x_n$$

zu nehmen und entsprechend jeder Eigenschaft die Teilmengen

$$A_1, A_2, \ldots, A_{m_1}$$

zu bilden. Danach bilden wir entsprechend der Anzahl der zweistelligen Operationen die Mengen

$$B_1, B_2, \ldots, B_{m_2},$$

deren Elemente geordnete Paare (x_i, x_j) sind. Weiter bilden wir die Mengen, deren Elemente geordnete Tripel (x_i, x_j, x_k) sind usw. Schließlich bilden wir die Mengen

$$U_1, U_2, \ldots, U_{m_s},$$

deren Elemente geordnete s-Tupel sind.

Die letzten Mengen entsprechen den n-stelligen Relationen im System. Als Repräsentant eines Schemas kann die Menge der Symbole $x_1, x_2, \ldots, x_n$ mit den ausgezeichneten Eigenschaften A_i und den Relationen $B_1, \ldots, U_{m_s}$ gelten.

Im folgenden wollen wir solche Schemata betrachten, die nur zweistellige Relationen enthalten. In vielen Fällen beschränken wir uns auf solche Schemata, die aus einer Reihe von Zeichen bestehen; die ausgezeichnete Relation ist das Vorangehen in der Reihe, und die Elemente des Systems sind die Zeichen selbst. Zum Beispiel sei

$$\alpha\ \beta\ \gamma.$$

Hier läßt sich die ausgezeichnete Relation zwischen den Elementen folgendermaßen ausdrücken; α kommt vor β, α kommt vor γ, β kommt vor γ. Alle übrigen Paare stehen nicht in Relation. Wir werden auch Reihen verwenden, in denen ein und dasselbe Zeichen mehrmals auftritt:

$$a\ a\ b\ a\ c\ d\ d\ c.$$

Das bedeutet, daß wir die speziellen ausgezeichneten Eigenschaften „Element a sein", „Element d sein" usw. nicht explizit einführen. Zwei Elemente heißen gleich, wenn sie dieselbe ausgezeichnete Eigenschaft dieser Art besitzen.

Der Kürze wegen wollen wir im folgenden anstelle des Begriffes „Systemschema" den Begriff „Konfiguration" benutzen.

Wir betrachten Beispiele von Konfigurationen.

1. Jede natürliche Zahl n kann als Konfiguration von n Elementen aufgefaßt werden; ausgezeichnete Eigenschaften und Relationen sind in dieser Konfiguration überhaupt nicht definiert. Alle Repräsentanten dieser Konfiguration mit gleich vielen Elementen sind zueinander isomorph. Daher kann diese Konfiguration als Definition des Begriffes „Anzahl von Elementen" dienen.

2. Die Konfiguration enthält n Elemente, und zwischen ihnen gibt es die einzige Relation „x kommt vor y". Die Bedingungen oder Axiome, die diese Relation definieren, sind die oben betrachteten Ordnungsaxiome. Dabei fügen wir den beiden Ordnungsaxiomen noch ein drittes hinzu:

Wenn x nicht gleich y ist, so kommt entweder x vor y oder y vor, x.

Es ist leicht zu sehen, daß die Zeichenreihe

$$x_1 \; x_2 \ldots x_n$$

ein Repräsentant dieser Konfiguration ist. Die Relation „x kommt vor y" bedeutet „x liegt in der betrachteten Reihe links von y".

Weiter werden konstruktive Klassen von Konfigurationen und konstruktive Operationen unter den Konfigurationen definiert. Diese Definitionen müssen folgenden Forderungen genügen. Für jedes Element einer konstruktiven Klasse läßt sich seine Zugehörigkeit zu dieser Klasse, ausgehend von der Definition, durch eine prinzipiell realisierbare Menge von Schritten feststellen. Die konstruktive Operation $T(A_1, A_2, \ldots, A_n)$ ordne einer beliebig gegebenen Menge $A_1, A_2, \ldots, A_n$ von Konfigurationen eine Konfiguration B zu. Dabei muß die Definition der Operation $T(A_1, A_2, \ldots, A_n)$ stets ein prinzipiell realisierbares Verfahren zur Konstruktion der Konfiguration B angeben, wenn die Konfigurationen $A_1, A_2, \ldots, A_n$ gegeben sind.

Wir bemerken, daß die konstruktive Operation $T(A_1, A_2, \ldots, A_n)$ in gewissen Fällen nicht für beliebige Konfigurationen $A_1, A_2, \ldots, A_n$ definiert zu sein braucht, sondern nur für Konfigurationen aus bestimmten Klassen. Für verschiedene variable A_i und A_j können die Klassen von Konfigurationen, für welche die Operation T definiert ist, verschieden sein.

Einfache Beispiele von konstruktiven Klassen von Konfigurationen sind die Klasse der natürlichen Zahlen n und die Klasse der oben betrachteten Zeichenreihen.

Für die letzte Klasse definieren wir die Operation $S(A, B)$, die darin besteht, daß wir die Reihe B an die Reihe A anfügen. Elemente der Konfiguration $S(A, B)$ sind alle Elemente der Konfigurationen A und B. Für ein beliebiges Paar von Elementen der Konfiguration $S(A, B)$ definieren wir eine Ordnungsrelation. Wir setzen fest, daß jedes Element von A vor jedem Element von B kommt. Für die Elementepaare x und y aus A (bzw. B) bleibt die in der Konfiguration A (bzw. B) auftretende Ordnungsrelation „x kommt vor y" bestehen. Wenn A und B die Reihen

$$x_1 \; x_2 \ldots x_n$$

bzw.

$$y_1 \; y_2 \ldots y_m$$

sind, so sieht man leicht, daß die Konfiguration $S(\mathbf{A}, \mathbf{B})$ in Form der Reihe

$$x_1\, x_2 \ldots x_n\, y_1\, y_2 \ldots y_m$$

dargestellt werden kann. Die beschriebene Operation $S(\mathbf{A}, \mathbf{B})$ wollen wir als $\mathbf{AB}$ schreiben. Ihr konstruktiver Charakter ist völlig klar. Ausgehend von einelementigen Konfigurationen kann man mit Hilfe dieser Operation die Klasse aller Reihen erhalten.

Ein anderes Beispiel für eine konstruktive Operation ist die Operation

$$R(\mathbf{A}, a, \mathbf{B}),$$

die darin besteht, daß in einer Reihe $\mathbf{A}$ das Element a durchgängig durch die Reihe $\mathbf{B}$ ersetzt wird.

Die Operation $R(\mathbf{A}, a, \mathbf{B})$ heißt „Einsetzungsoperation", wir werden ihr im folgenden oft begegnen. Mit ihrer Hilfe definieren wir die etwas kompliziertere Operation

$$T(\mathbf{A}, a, \mathbf{B}, n).$$

Hierbei bedeuten a ein beliebiges Element, $\mathbf{A}$ und $\mathbf{B}$ beliebige Reihen und n eine natürliche Zahl.

$T(\mathbf{A}, a, \mathbf{B}, 1)$ fällt mit $R(\mathbf{A}, a, \mathbf{B})$ zusammen.

$T(\mathbf{A}, a, \mathbf{B}, 2)$ entsteht aus der Reihe $T(\mathbf{A}, a, \mathbf{B}, 1)$, indem das Element a durchgängig durch die Reihe $\mathbf{B}$ ersetzt wird, d. h. $T(\mathbf{A}, a, \mathbf{B}, 2)$ ist

$$R[T(\mathbf{A}, a, \mathbf{B}, 1), a, \mathbf{B}].$$

Analog wird $T(\mathbf{A}, a, \mathbf{B}, 3)$ mit Hilfe von $T(\mathbf{A}, a, \mathbf{B}, 2)$ definiert usw. Zur Definition von $T(\mathbf{A}, a, \mathbf{B}, n)$ für beliebiges $n > 1$ können wir die Rekursionsformel

$$T(\mathbf{A}, a, \mathbf{B}, n) = R[T(\mathbf{A}, a, \mathbf{B}, n-1), a, \mathbf{B}]$$

verwenden.

Auch hier läßt sich der konstruktive Charakter dieser Operation leicht aus der Definition erkennen.

Konfigurationen, konstruktive Klassen von Konfigurationen und konstruktive Operationen bilden die Grundbegriffe für unsere weiteren Untersuchungen. Dabei schließen wir sogar den Gebrauch solcher Begriffe aus, die sich nicht auf die ersten zurückführen lassen. Um aber den Gebrauch des aktual Unendlichen völlig auszuschließen, müssen wir auch die für diese Begriffe üblichen Denkformen einschränken. Die bereits eingeführten Klassen von Konfigurationen sind im allgemeinen unendlich, und der Gebrauch solcher logischer Prinzipien wie des „Prinzips vom ausgeschlossenen Dritten" nimmt diesen unendlichen Mengen ihren potentiellen Charakter. Wir beschreiben nun die logischen und mathematischen Prinzipien, deren Gebrauch gestattet ist. Im Rahmen der Betrachtung einer oder endlich vieler Konfigurationen sind für alle Überlegungen, die sich nur auf die Elemente der Konfigurationen, auf ihre Eigenschaften und Relationen zwischen ihnen beziehen, ohne jede Einschränkung alle logischen und mathematischen Mittel erlaubt. Da in allen anderen Überlegungen das Unendliche bereits auftreten kann, lassen wir hier das „Prinzip vom ausgeschlossenen Dritten" nicht als logisches Prinzip zu. Alle übrigen logischen Prinzipien bleiben erhalten. Insbesondere ist das „Prinzip vom ausgeschlossenen Widerspruch" erlaubt. Dieses Prinzip besteht ja bekanntlich in der Behauptung, daß keine Behauptung gemeinsam mit ihrer Negation wahr sein kann. Daher gehört der indirekte Beweis gewisser Formeln zu den zulässigen Überlegungen. Den Begriff „Existenz" gebrauchen wir im Sinne von „läßt sich konstruieren". Aus den mathematischen Beweisprinzipien behalten wir das „Axiom der vollständigen Induktion" bei. Die Anwendung dieses Prinzips ist mit einer konstruktiven Definition verbunden. Es sei eine Menge von Objekten durch die Angabe gewisser Ausgangsobjekte und Operationen, mit deren Hilfe jedes Objekt dieser Menge konstruiert werden kann (so werden zum Beispiel konstruktive Klassen definiert), bestimmt. Dann läßt sich das Prinzip der vollständigen Induktion in Anwendung auf diese Menge folgendermaßen definieren:

Wenn eine Behauptung für die Ausgangsobjekte einer gegebenen Menge gilt und wenn aus der Richtigkeit dieser Behauptung für die Objekte, auf welche eine gegebene Operation angewendet wird, die Richtigkeit dieser Behauptung für das Operationsergebnis folgt, dann gilt die Behauptung für alle Objekte dieser Menge.

Dieses Prinzip wenden wir sowohl auf die oben beschriebenen konstruktiven Klassen als auch auf die konstruktiven Operationen an. Es unterliegt keinem Zweifel, daß es bezüglich der Idee des potentiell Unendlichen völlig korrekt ist. Die beschriebenen Begriffe und Schlußverfahren bilden ein bestimmtes Denksystem. Überlegungen und Konstruktionen, die im Rahmen dieses Systems durchgeführt werden können, heißen konstruktiv oder finit, das gesamte System heißt der Hilbertsche Finitismus.

Wir gehen nun zur zweiten Aufgabe über. Im Rahmen des eingeführten Systems ist unter ausschließlicher Verwendung seiner Begriffe und Prinzipien das Problem der Widerspruchsfreiheit und der Unabhängigkeit für beliebige axiomatische Systeme zu formulieren. Würden wir den früheren Sinn der Axiome beibehalten, d. h. für sie eine Interpretation innerhalb der Begriffe des Finitismus suchen, so würden wir damit nur unsere Möglichkeiten zur Lösung der mit diesen Axiomen verbundenen Fragen beschneiden, da der Finitismus ein sehr schwaches Hilfsmittel zur Interpretation selbst einfachster Axiomensysteme ist. Hilbert hat vorgeschlagen, die Axiome von einem anderen Standpunkt aus zu betrachten. Axiome sind wohldefinierte Aussagen. Aussagen aber, was für einen Sinn sie auch immer haben mögen, sind stets eine Zusammenstellung von Termini und vielleicht auch Symbolen, die miteinander in einem gewissen Zusammenhang stehen. Durch logische Schlüsse kommen wir von gegebenen Zusammenstellungen zu anderen. Dabei entsteht die Frage, ob es nicht möglich ist, die deduktiven Operationen mit Aussagen als Mechanismus in den Begriffen eines finiten Denksystems zu beschreiben. Genauer läßt sich die Frage so formulieren:

Ist es möglich, alle Aussagen eines beliebigen uns interessierenden Fragenkreises der Mathematik als Konfigurationen und die dabei angewendeten logischen Regeln als konstruktive Operationen aufzufassen?

Wenn das geht, läßt sich jedes Axiomensystem als Menge wohldefinierter Konfigurationen darstellen, und die aus ihnen ableitbaren Folgerungen bilden eine konstruktive Klasse von Konfigurationen. Es hat sich erwiesen, daß eine derartige Darstellung von Aussagen und logischen Folgerungen durchaus möglich ist.

Es sei eine Klasse von Konfigurationen definiert, die sämtlich Aussagen darstellen, und in ihr seien gewisse Konfigurationen ausgezeichnet, die wir Axiome nennen. Daneben seien auch konstruktive Operationen ausgezeichnet, die gerade die logischen Ableitungsoperationen darstellen. Das ganze so erhaltene System nennen wir einen Formalismus, ein formales logisches System, einen deduktiven Kalkül oder einfach einen Kalkül. Die Begriffe „Formalismus" und „Kalkül" werden wir ständig als Synonyma gebrauchen. Jede Aussage eines Formalismus heißt Formel. Die Operationen, die logische Schlüsse darstellen, heißen Ableitungsregeln. Axiome und Formeln, die aus den Axiomen durch Anwendung der Ableitungsregeln entstehen, heißen im gegebenen Formalismus (im gegebenen Kalkül) ableitbare Formeln. Mitunter bezeichnen wir ableitbare Formeln als im gegebenen Kalkül wahre Formeln. In einem Formalismus können auch solche Konfigurationen auftreten, die keine Formeln sind, sie kommen aber in Formeln vor und sind bei deren Definition beteiligt. Die Behauptung, daß eine gegebene Konfiguration ableitbar ist, heißt ein formaler Satz. Die praktische Konstruktion einer ableitbaren Konfiguration mit Hilfe der Ableitungsregeln heißt ein formaler Beweis.

Das Problem der Widerspruchsfreiheit ist in solchen Kalkülen erklärt, für deren Formeln eine formale Negation definiert ist. Sie besteht darin, daß jeder Formel in gewisser Weise eine andere Formel zugeordnet wird, welche ihre Negation heißt. Ein Formalismus (Kalkül) heißt widerspruchsvoll, wenn in ihm eine Formel und deren Negation ableitbar ist. Das Problem der Unabhängigkeit der Axiome eines Formalismus besteht in der Frage: Ist ein festes Axiom in einem Formalismus ableitbar, der sich von dem betrachteten Formalismus dadurch unterscheidet, daß unter seinen Axiomen das fixierte fehlt? Oder kürzer: Ist ein festes Axiom mit Hilfe der Regeln dieses Formalismus aus den übrigen Axiomen ableitbar?

Der Kreis der in Formalismen durchführbaren Überlegungen, der durch die Grenzen des Finitismus eingeengt ist, heißt *Metalogik. Wir müssen streng unterscheiden zwischen semantischen Ableitungen, die bei Beweisen verschiedenster den Kalkül betreffenden Behauptungen auftreten, und formalen Ableitungen innerhalb des Kalküls selbst.* Letztere treten in Form von Operationen mit Konfigurationen auf und werden nur als solche betrachtet. Symbole, die nicht zu den Elementen gehören, aus denen die Konfigurationen gebildet werden, die vielmehr zur Bezeichnung irgendwelcher den Kalkül betreffender Begriffe eingeführt sind, nennt man oft *metalogische Symbole.* In analoger Weise spricht man von *metalogischen Überlegungen.*

Wir bemerken noch, daß sich die Einschränkungen, über die wir bei der Beschreibung des Hilbertschen Finitismus gesprochen haben, in keiner Weise auf die Begriffe und Schlüsse innerhalb eines Kalküls selbst erstrecken. Diese Einschränkungen (insbesondere die Einschränkung beim Gebrauch des Prinzips vom ausgeschlossenen Dritten) beziehen sich nur auf die Hilfsmittel zur Beschreibung von Formalismen und auf Überlegungen über Formalismen.

Wir betrachten ein Beispiel eines Kalküls. Vorbereitend beschreiben wir semantisch (nicht formal) ein System von Aussagen. In diesen Aussagen geht es um Zahlen (ob natürliche, reelle oder komplexe, spielt keine Rolle). Jeder kleine lateinische Buchstabe stellt eine beliebige Zahl dar. Diese Buchstaben heißen Variable, die Zahlenwerte annehmen können. Wir betrachten Addition, Multiplikation und Gleichheit von Zahlen und bezeichnen das wie üblich. Die für alle Werte der Variablen wahren Ausgangsgleichungen lauten:

1. $a + b = b + a$,
2. $(a + b) + c = a + (b + c)$,
3. $ab = ba$,
4. $(ab)c = a(bc)$,
5. $(a + b)c = ac + bc$.

Aus diesen Gleichungen können unter Verwendung der folgenden zwei Prinzipien andere Gleichungen abgeleitet werden:

1. In einer wahren Gleichung kann jede Variable durchgängig durch einen aus beliebigen Variablen bestehenden Zahlenausdruck ersetzt werden.

2. In einer wahren Gleichung kann ein beliebiger Zahlenausdruck durch einen ihm gleichen ersetzt werden.

Das vorgeschlagene System beschreiben wir nun als Formalismus. Zunächst definieren wir die den Zahlenausdrücken und Gleichungen entsprechenden Konfigurationen. Die Elemente der Konfigurationen sind im wesentlichen die folgenden Zeichen:

1. Kleine lateinische Buchstaben $a, b, \ldots, x, y, \ldots$
2. Klammernpaare ( ).
3. Die Zeichen $=, +$.

Die den Zahlenausdrücken entsprechenden Konfigurationen nennen wir *Terme.* Sie sind folgendermaßen definiert:

Jeder kleine lateinische Buchstabe ist ein Term.

Wenn α und β Terme sind, so sind auch $(\alpha + \beta)$ und $(\alpha\beta)$ Terme.

Durch diese Bedingungen ist eine konstruktive Klasse von Zeichenreihen definiert, die wir Terme nennen. Die so erklärten Terme bilden Konfigurationen, die so durch Zahlenausdrücke dargestellt werden können, wie sie gewöhnlich geschrieben werden. Der einzige Unterschied besteht darin, daß zusammengesetzte Terme in Klammern geschrieben werden, z. B.

$(a + b)$, $((a + b) + c)$, usw.

Der Kürze wegen vereinbaren wir, äußere Klammern nicht zu schreiben.
Die Gleichheit wird als Zeichenreihe der Form

$$\alpha = \beta$$

definiert, wobei α und β beliebige Terme sind.

Die Formeln in unserem Formalismus sind Gleichungen. Ein Term ist keine Formel, da er keiner Aussage, sondern einer Zahl entspricht.

Als Axiome unseres Formalismus nehmen wir die oben aufgeschriebenen Formeln 1 bis 5. Fassen wir die Axiome als wahre (oder ableitbare) Ausgangsformeln auf, so erhalten wir alle anderen ableitbaren Formeln mit Hilfe der Ableitungsregeln unseres Formalismus, d. h. mit Hilfe gewisser konstruktiver Operationen.

Wir führen zwei Ableitungsregeln ein.

I. Ist $A(a)$ eine den Buchstaben a enthaltene ableitbare Gleichung und β ein beliebiger Term, so ist die Gleichung $A(\beta)$, d. h. das Ergebnis der durchgängigen Ersetzung des Buchstabens a in A durch den Term β, ebenfalls eine ableitbare Gleichung.

Die Ersetzungsoperation ist die oben betrachtete Operation $R(A, a, B)$, die wir dort Einsetzungsoperation genannt hatten. Wie wir wissen, ist das eine konstruktive Operation.

II. Ist $A(\alpha)$ eine den Term α enthaltende ableitbare Gleichung und $\alpha = \beta$ ebenfalls eine ableitbare Gleichung, so ist auch $A(\beta)$ eine ableitbare Gleichung. Sie entsteht nach Ersetzung des Terms α durch den Term β.

Die Ersetzung eines Terms durch einen anderen ist ebenfalls eine konstruktive Operation. Ihr Sinn und ihre finite Durchführbarkeit sind völlig klar.

Mit der Einführung von Axiomen und Ableitungsregeln haben wir eine konstruktive Klasse von ableitbaren Gleichungen definiert.

Die formale Auffassung des Axiomensystems der Zahlen lehrt, daß wir vom Inhalt dieser Axiome abstrahieren und sie nur noch als Zeichenreihen auffassen können. Die logischen Schlußregeln sind dann die Operationen mit diesen Reihen. Wenn wir den erhaltenen Formalismus mit nichts vergleichen, was nicht in ihm liegt, so stellt er ein in sich definiertes System dar, das aus einer Menge von Zeichenreihen besteht, die aus irgendeinem Grunde Gleichungen heißen. Unter ihnen sind gewisse Reihen, die sogenannten ableitbaren Gleichungen, ausgezeichnet. Das bedeutet nur, daß sie aus einigen ausgewählten Reihen mit Hilfe der definierten Operationen entstehen.

Für den angeführten Formalismus kann man die Frage nach der Widerspruchsfreiheit deswegen nicht stellen, weil in ihm keine Negation vorkommt. Für ihn können wir aber eine andere Frage stellen, die zur Frage nach der Widerspruchsfreiheit in gewisser Analogie steht. Wir nennen einen Formalismus „leer", wenn man aus ihm jede Gleichung ableiten kann. (Die Analogie dieses Begriffes mit dem Begriff der Widerspruchsfreiheit besteht darin, daß, wie wir im weiteren sehen werden, in jedem widerspruchsvollen System, das die gewöhnlichen logischen Prinzipien enthält, auch alle Formeln ableitbar sind.) Daß unser System nicht leer ist, läßt sich sehr leicht zeigen. Schon die Formel a = b kann nicht aus ihm abgeleitet werden. Das läßt sich leicht unter Verwendung des inhaltlichen Sinnes eines Formalismus beweisen. In der Tat, wäre a = b im formalen Sinne richtig, so müßte die inhaltliche Zahlengleichung a = b für alle Zahlen a und b richtig sein, was aber nicht der Fall ist. Ein ähnlicher Beweis erscheint bei der Frage nach dem Nichtleersein eines Formalismus als artfremd, da der Zahlbegriff in die Definition der von uns betrachteten Zeilen und der unter ihnen erklärten Operationen nirgends eingeht. Genauer gesagt, besteht die Unzulänglichkeit dieses Beweises darin, daß er auf der Hypothese der Widerspruchsfreiheit des Zahlensystems, das zur Interpretation benutzt wird, beruht. Man kann jedoch diese Interpretation derart einfach gestalten, daß für sie die Frage nach der Widerspruchsfreiheit entfällt.

Wir stellen noch eine Frage an unseren Formalismus: Gibt es solche nicht in ihm ableitbare Gleichungen, so daß man irgendeine von ihnen zum Axiomensystem des Formalismus als neues Axiom hinzunehmen kann, ohne dabei ein leeres System zu erhalten?

Oder erhält man umgekehrt, wenn man eine beliebige nicht ableitbare Gleichung zum Axiomensystem hinzunimmt, stets ein leeres System? Auf analoge Fragen werden wir im folgenden oft stoßen. Nehmen wir zum Axiomensystem 1 bis 5 die nicht ableitbare Formel a = b hinzu, so wird das System leer. Wenn wir nämlich nach der Ersetzungsregel a und b durch beliebige Terme ersetzen, so können wir wirklich zeigen, daß in dem erhaltenen System jede Gleichung $\alpha = \beta$ ableitbar ist. Wenn wir zum Axiomensystem 1 bis 5 dagegen die nicht ableitbare Formel

$$ab + c = (a + c)(b + c)$$

hinzunehmen, so erhalten wir bereits ein nichtleeres System. Die Nichtableitbarkeit der letzten Formel in unserem System folgt daraus, daß sie keine richtige Zahlengleichung ist. Für das neue Axiomensystem kann man jedoch eine andere Interpretation finden. Wir werden die Variablen a, b, c, ... als endliche Mengen (einschließlich der leeren Menge), den Ausdruck $(\alpha + \beta)$ als die Menge aller Elemente der Menge α und aller Elemente der Menge β, oder, wie man auch sagt, die mengentheoretische Summe, und den Ausdruck $(\alpha\beta)$ als die Menge aller Elemente, die gleichzeitig in α und in β liegen, d. h. als den mengentheoretischen Durchschnitt, auffassen. Unter der Gleichheit $\alpha = \beta$ der Terme wollen wir das Übereinstimmen der Mengen α und β verstehen. Dann sind alle Axiome einschließlich des neuen erfüllt, und die Ableitungsregeln führen auch weiterhin nur zu wahren Identitäten. Die Identität a = b ist aber auch in diesem Formalismus nicht war, da a und b verschieden sein können. Damit ist das neue System ebenfalls nicht leer.

Die Frage nach dem Nichtleersein unseres Formalismus (die der Frage nach der Widerspruchsfreiheit analog ist) war durch die Interpretationsmethode leicht zu lösen. Jetzt haben wir aber mit der Interpretationsmethode nichts mehr zu tun, die, wie wir weiter oben angegeben haben, ihre Grenzen hat.

Wir betrachten beispielsweise die Frage der Unabhängigkeit des ersten Axioms des von uns betrachteten Formalismus: a = a. Diese Frage erscheint in der folgenden Gestalt: Ist die Gleichung a = a mit Hilfe der Ableitungsregeln aus den anderen Axiomen ableitbar oder nicht? Wenn sie sich als ableitbar erweisen sollte, dann ist sie im Axiomensystem 1 bis 5 in dem Sinne überflüssig, als sich die Klasse der ableitbaren Gleichungen des Formalismus nicht ändert, wenn wir die Gleichung weglassen. Die Unabhängigkeit dieses Axioms mit Hilfe der Interpretationsmethode zu zeigen ist zwar noch möglich, doch schon sehr viel aufwendiger. Wesentlich einfacher kann man seine Unabhängigkeit auf andere Weise beweisen. Wir bemerken, daß in allen anderen Axiomen die durch Gleichheitszeichen verbundenen Terme Konfigurationen sind, die sich niemals auf ein einziges Element zusammenziehen. Mit anderen Worten, keiner dieser Terme besteht nur aus einem Buchstaben. Wenden wir auf eine beliebige Gleichung mit dieser Eigenschaft unsere Ableitungsregeln an, so erhalten wir wieder eine Gleichung mit dieser Eigenschaft. In der Tat, durch Anwendung der ersten Regel werden in der Gleichung die Buchstaben durch Terme ersetzt, und folglich können wir dadurch den betrachteten Term nur komplizierter machen. Die Anwendung der zweiten Regel kann uns niemals eine Gleichung liefern, in der auf irgendeiner Seite nur ein Buchstabe steht, da der Term β, der in der Formel $A(\alpha)$ anstelle des Terms α gesetzt wird, bereits in der nach Voraussetzung abgeleiteten Gleichung $\alpha = \beta$ vorkommt und daher selbst mehr als einen Buchstaben enthält. Hieraus folgt, daß alle aus dem Axiomensystem 2 bis 5 ableitbaren Formeln immer die Gestalt $\alpha = \beta$ haben, wobei α und β mehr als einen Buchstaben enthalten. Daher kann das Axiom a = a nicht aus den übrigen Axiomen des Formalismus abgeleitet werden.

In dem betrachteten Beispiel haben wir es mit einem sehr schwachen Formalismus zu tun. In analoger Weise kann man jedoch starke Systeme konstruieren, die den Kreis der von der Mathematik in allen ihren Disziplinen (Arithmetik, Analysis, Funktionentheorie u. a.) benutzten deduktiven Hilfsmittel umfaßt.

Hilberts ursprünglicher Grundgedanke bestand in der Idee, das gesamte inhaltliche mathematische Wissen auf einen Finitismus zurückzuführen und die entsprechenden mathematischen Disziplinen als oben beschriebene Formalismen zu betrachten. Dabei nimmt man an, daß diese Formalismen nun nichts mehr darstellen, sondern selbst den einzigen Gegenstand der Mathematik bilden. Dann würden sich die Grundlagenprobleme der Mathematik in den Begriffen des Finitismus formulieren lassen, und wir könnten darauf hoffen, sie mit den Mitteln des Finitismus zu lösen. In dieser Richtung hätte auch das Problem über die Anwendbarkeit der Mengenlehre eine Lösung finden müssen. Wenn wir die Mengenlehre durch formale Systeme ausdrücken und die Frage nach der Widerspruchsfreiheit dieser Systeme untersuchen, so könnten wir die Anwendungsgrenzen einer mengentheoretischen Konzeption aufdecken oder wenigstens solche Grenzen angeben, innerhalb derer ganz gewiß keine Widersprüche entstehen. Wir könnten damit den Gebrauch des aktual Unendlichen einführen, und wir wüßten dann, wann das gestattet ist. Auf den ersten Blick scheint es, als würden bei der Ausführung eines solchen Programms keinerlei Hindernisse entstehen. Es hat sich jedoch bald herausgestellt, daß dieses Programm in der ursprünglichen Absicht unerfüllbar ist. Wenn auch natürlicherweise alle mathematischen Aussagen und jede logische Deduktion durch formale Hilbertsche Systeme dargestellt werden und in diesem Sinne die Formalismen unbeschränkt alles mathematische Wissen umfassen können, so genügt doch selbst schon zur Lösung der Frage nach der Widerspruchsfreiheit der mathematischen Hauptdisziplinen der Hilbertsche Formalismus nicht. Das liegt daran, daß die Begriffe und Prinzipien der gesamten Mathematik durch kein formales System vollständig dargestellt werden können, wie mächtig es auch sei. Dieser Umstand kommt beispielsweise darin zum Ausdruck, daß, wie Gödel gezeigt hat, die Frage nach der Widerspruchsfreiheit eines formalen Systems nicht mit den in diesem System formalisierten Mitteln gelöst werden kann. Da die einen Finitismus gestattenden Schlußmittel sich im Rahmen eines gewissen Formalismus ausdrücken lassen (zum Beispiel in der im Kapitel 5 beschriebenen axiomatischen Arithmetik), läßt sich die Widerspruchsfreiheit eines solchen Formalismus im Rahmen des Finitismus nicht zeigen. Es entbehrt aber jeder Grundlage anzunehmen, daß die durch den Hilbertschen Finitismus gesetzten Grenzen wirklich notwendig sind, um die Zweifel erregenden Elemente aus dem mathematischen Denken auszuschließen. Es ist eine weitere Analyse des mathematischen Gegenstandes und die Herausbildung sicherer widerspruchsfreier Mittel möglich, die über den Rahmen des Finitismus hinausgehen und dennoch genügend stark sind, um die uns interessierenden Fragen zu lösen. Das Hinaustreten über den Rahmen des Finitismus zerstört aber nicht den Grundgedanken der von Hilbert vorgeschlagenen Methode, die in der Formalisierung der einer Begründung bedürfenden mathematischen Systeme durch einen gewissen Begriffskreis und durch diese oder jene als Grundlage genommenen Erwägungen besteht. Wenn in der Tat zur Lösung der oben genannten Fragen die

Mittel des Finitismus nicht ausreichen, so sind doch zur Aufstellung dieser Fragen jene
Mittel völlig ausreichend.

Es scheint, als könnte man aus dem Gesagten schließen, daß wir über die Widerspruchsfreiheit gewisser Formalismen nur dem durch sie dargestellten Inhalt nach in der
Lage sind zu urteilen; mit anderen Worten, die Lösung eines Problems zur Widerspruchsfreiheit erfordert wieder die Interpretationsmethode. Wie wir weiter oben bereits mehrfach betont haben, bedarf aber der Inhalt der ein mengentheoretisches System beschreibenden Formalismen selbst einer Grundlegung. Da wir nichts besseres haben, werden
mengentheoretische Interpretationen auch zur Untersuchung von Formalismen verwendet.
Ihre Betrachtung vom mengentheoretischen Standpunkt aus erhielt die Bezeichnung „inhaltliche" Betrachtung, obwohl hier der Begriff „naiv-inhaltliche" Betrachtung besser
passen würde. Befriedigende Lösungen von Fragen aus den Grundlagen der Mathematik
kann ein solches Verfahren nicht liefern, und wir stehen hier vor ernsthaften Schwierigkeiten. Der Inhalt der Formalismen muß aber nicht unbedingt immer mengentheoretischer
Natur sein. Eine kritische Durchsicht der Grundlagen der Mengenlehre ergab andere, nicht
mengentheoretische Darstellungen, die den Inhalt von Formalismen ausmachen und frei
sind von Zweifel erregenden mengentheoretischen Elementen.

Es gibt Grund zu der Hoffnung, daß die Formalismen, über deren Widerspruchsfreiheit wir auf der Grundlage des durch sie ausdrückbaren Inhalts urteilen, eine solche Gesamtheit bilden, die zwar nicht alle widerspruchsfreien Formalismen enthält, die aber die
Eigenschaft hat, daß die Widerspruchsfreiheit eines beliebigen Formalismus auf die Widerspruchsfreiheit der Formalismen der gegebenen Gesamtheit bereits mit Mitteln des Hilbertschen Finitismus zurückgeführt werden kann.

Die von uns beschriebenen, aus Fragestellungen in den Grundlagen der Mathematik
entstandenen neuen Ideen sind, wie das oft der Fall ist, in ihrer Entwicklung über den anfänglichen Kreis ihrer Aufgaben hinausgewachsen. Sie haben prinzipiell neue Begriffe und
Methoden eingeführt, welche auch in nicht unmittelbar mit den Grundlagen der Mathematik zusammenhängenden Fragen zur Anwendung kommen. Der Apparat der mathematischen Logik fand Anwendung in der Rechentechnik und in der Technik im Zusammenhang mit der Konstruktion komplizierter automatischer Systeme.

1. Aussagenalgebra

1.1. Logische Operationen

Die Aussagenlehre, die wir als Aussagenalgebra bezeichnen, ist die erste formal-logische Theorie. Sie gehört nicht zu jenem Typ von Kalkülen, von denen in der Einleitung die Rede war. Obwohl diese Kalküle den Hauptgegenstand unseres Buches ausmachen, beginnen wir bei der Darstellung der Grundlagen der mathematischen Logik mit der Aussagenalgebra, weil das Vertrautsein mit den Gesetzen der Aussagenalgebra das Studium derjenigen logischen Kalküle, die uns später begegnen werden, wesentlich erleichtert. Außerdem ist die Aussagenalgebra auch als selbständige Disziplin von Interesse und findet in anderen Wissenschaftszweigen Anwendung. Sie wird z. B. bei der Synthese von Relaiskontaktschaltungen und elektronischen Schaltungen angewendet.

Wir wollen verschiedene Aussagen betrachten und dabei voraussetzen, daß diese dem Prinzip vom ausgeschlossenen Dritten und dem Prinzip vom ausgeschlossenen Widerspruch genügen. Jede Aussage ist also entweder wahr oder falsch, und sie kann nicht zugleich wahr und falsch sein. (Es besteht keinerlei Notwendigkeit, diese logischen Prinzipien als allgemeingültig anzusehen. Wir beschränken uns jedoch auf die Untersuchung solcher Fragen, für die diese Prinzipien gelten.) Wir sehen vom Inhalt einer Aussage und sogar von ihrer Struktur ab; insbesondere werden wir in ihr Subjekt und Prädikat nicht trennen. Wir werden uns nur auf die eine Eigenschaft einer Aussage beschränken, entweder wahr oder falsch zu sein. Dann können wir eine Aussage als Größe auffassen, welche die beiden Wahrheitswerte „wahr" oder „falsch" annehmen kann.

Beispiel: Es seien die folgenden Aussagen gegeben: „Der Hund ist ein Tier"; „Paris ist die Hauptstadt Italiens"; „$3 < 5$"; „in jedem Dreieck teilt die Winkelhalbierende die gegenüberliegende Seite in gleiche Teile".

Von unserem Standpunkt aus betrachtet, kann die erste Aussage durch das Symbol „wahr", die zweite durch „falsch", die dritte durch „wahr" und die vierte durch „falsch" ersetzt werden. Diese Auffassung der Lehre von den Aussagen stellt den Gegenstand der Aussagenalgebra dar. Wir werden die Aussagen mit großen lateinischen Buchstaben A, B, ... und ihre Werte, d. h. „wahr" oder „falsch", mit w bzw. f bezeichnen. In diesem ganzen Kapitel betrachten wir die Aussagen nur als Größen, die die Werte w oder f annehmen können. In der Umgangssprache sind Bindewörter zur Verknüpfung von Aussagen gebräuchlich: und, oder u. a. Diese Bindewörter gestatten es, durch Verknüpfung verschiedener Aussagen neue zu gewinnen. Wir betrachten z. B. das Bindewort „und". Gegeben seien die Aussage „π ist größer als 3" und die Aussage „π ist kleiner als 4"; wir können die neue Aussage „π ist größer als 3 und π ist kleiner als 4" bilden. Die Aussage „wenn π irrational ist, so ist π^2 ebenfalls irrational" erhält man aus zwei Aussagen mit Hilfe der Verknüpfung „wenn ..., so". Schließlich können wir aus einer gegebenen Aussage durch Verneinung derselben eine neue Aussage gewinnen. Wenn wir die Aussagen als Größen betrachten, die die Werte w oder f annehmen können, ist es möglich, zwischen ihnen Operationen zu definieren, die es gestatten, aus gegebenen Aussagen neue zu gewinnen. Diese Operationen entsprechen ihrem Wesen nach den oben erwähnten in der Umgangssprache gebräuchlichen Verknüpfungen.

Es seien nun zwei beliebige Aussagen A und B gegeben.

1. Die erste Operation zwischen diesen Aussagen ist die Bildung einer neuen Aussage, die wir mit $A \wedge B$ bezeichnen und die dann und nur dann wahr ist, wenn sowohl A als auch B wahr sind. Dieser Operation entspricht in der Umgangssprache die Verknüpfung von Aussagen durch das Bindewort „und".

2. Die zweite Operation zwischen den Aussagen A und B, die wir in der Form $A \vee B$ schreiben, wird folgendermaßen definiert: Sie ist dann und nur dann wahr, wenn wenigstens eine der ursprünglichen Aussagen wahr ist.

Dieser Operation entspricht in der Umgangssprache die Aussagenverknüpfung durch das Bindewort „oder". Wir haben es hier mit dem nichtausschließenden „oder" zu tun, das nicht im Sinne von „entweder ... oder" gebraucht wird, wo A und B nicht beide wahr sein können. Nach unserer Definition ist die Aussage $A \vee B$ auch wahr, wenn sowohl A als auch B wahr ist.

3. $A \longrightarrow B$; diese Aussage ist dann und nur dann falsch, wenn A wahr und B falsch ist. A heißt *Voraussetzung* bzw. *Prämisse*, B *Behauptung* bzw. *Conclusio* und die Aussage $A \longrightarrow B$ *Implikation*. Dieser Operation entspricht in der Umgangssprache die Verknüpfung „wenn ... so", also hier „wenn A, so B". Nach unserer Definition ist diese Aussage bei falschem A immer richtig, unabhängig davon, ob die Aussage B wahr oder falsch ist. Diese Tatsache kann man kurz so formulieren: „Ex falso quodlibet". In der Umgangssprache ist es manchmal üblich anzunehmen, daß die Aussage „wenn A, so B" bei falschen A sinnlos ist. Jedoch können wir uns hier einer solchen Auffassung nicht anschließen. In der Tat, es sei z. B. irgendeine Reduktion bewiesen, die eine Vermutung B, welche eine gewisse Behauptung der Zahlentheorie darstellt, auf die Riemannsche Vermutung zurückführt, welche wir mit A bezeichnen. Es ist nicht bekannt, ob die Riemannsche Vermutung richtig ist, aber die Reduktion, d. h. die Behauptung „aus A folgt B", ist richtig. Wir sehen daher die Behauptung „aus A folgt B" in diesem Fall als richtig an, obwohl A selbst falsch sein kann. Andererseits ist die Reduktion auch nur dann interessant, wenn es unbekannt ist, ob die Prämisse A richtig ist. Wüßten wir nämlich wirklich, daß die Prämisse A richtig ist, so würde die Reduktion zum Beweis von B führen.

Daneben hat der Begriff der in der Umgangssprache gebräuchlichen Implikation noch eine andere Schattierung. Die Aussage „daraus, daß der Löwe Krallen hat, folgt, daß der Schnee weiß ist" ist wahr im Sinne unserer Definition. Die Aussage „der Schnee ist weiß", die hier als Conclusio auftritt, ist wahr; daher ist die ganze Behauptung ebenfalls wahr, unabhängig von der Wahrheit oder Falschheit der Voraussetzung. Nach der allgemein verbreiteten Auffassung der Implikation folgt aber daraus, daß der Löwe Krallen hat, in keiner Weise, daß der Schnee weiß ist, da stillschweigend angenommen wird, daß die Folgerung irgendwie aus der Voraussetzung abgeleitet sein muß. Das läßt sich aber nicht bewerkstelligen, wenn die Inhalte von Voraussetzung und Folgerung völlig andersartiger Natur sind. Eine solche Auffassung der Implikation kann in keiner Weise in dem hier betrachteten Logikkalkül definiert werden, da sie sich nicht ausschließlich in den Termini „wahr" und „falsch" formulieren läßt.

4. $\overline{A}$ ist die Aussage, die falsch ist, wenn A wahr, und wahr, wenn A falsch ist. Die Aussage $\overline{A}$ heißt die *Negation* von A.

5. $A \sim B$ ist dann und nur dann eine wahre Aussage, wenn A und B beide wahr oder beide falsch sind. Diese Aussage heißt *Äquivalenz*.

Es seien X, Y, Z, U, V, W, ... beliebige Aussagen, d. h. von unserem Standpunkt aus Größen, die einen der beiden Werte w oder f annehmen. Mit Hilfe der Operationen $\wedge$, $\vee$, $\rightarrow$, $\sim$ und $\overline{}$ können wir aus ihnen zusammengesetzte Aussagen bilden:

1. $X \wedge Y$;   2. $X \vee Y$;   3. $X \rightarrow Y$;   4. $\overline{X}$;   5. $X \sim Y$.

Aus diesem Aussagenvorrat kann man durch Anwendung derselben Operationen neue komplizertere Aussagen erhalten, beispielsweise

$$X \rightarrow (Y \vee Z),$$
$$\overline{X \sim Y},$$
$$(\overline{X \rightarrow Y}) \rightarrow (X \sim (\overline{U \wedge V})),$$
$$X \vee (Y \wedge Z),$$
$$\overline{(\overline{X \vee Y}) \wedge (Z \rightarrow (U \rightarrow (V \sim W)))},$$
$$X \wedge (Y \wedge (Z \wedge (U \wedge (V \wedge W))))$$

usw. Wenn wir die Werte kennen, welche den Aussagen X, Y, ..., W zukommen, so können wir leicht den Wert einer aus ihnen zusammengesetzten Aussage bestimmen, beispielsweise:

1. Es sei X wahr, Y falsch und Z falsch; dann kann man die zusammengesetzte Aussage $X \rightarrow (Y \vee Z)$ in der Form $w \rightarrow (f \vee f)$ schreiben. Der Wert dieser Aussage ist f, denn $f \vee f$ ist f und $w \rightarrow f$ ist ebenfalls f.

2. Es sei X falsch, Y falsch, Z wahr, U wahr, V falsch und W falsch. Wir betrachten die Aussage

$$\overline{(\overline{X \vee Y}) \wedge (Z \rightarrow (U \rightarrow (V \sim W)))}.$$

Diese können wir in der Form

$$\overline{(\overline{f \vee f}) \wedge (w \rightarrow (w \rightarrow (f \sim f)))}$$

schreiben. Dabei ist $f \vee f$ zu ersetzen durch f, $\overline{f \vee f}$ ist w. Daher kann die Aussage in der Form

$$\overline{w \wedge (w \rightarrow (w \rightarrow (f \sim f)))}$$

geschrieben werden. Nun ist $f \sim f$ aber w, $w \rightarrow w$ ist ebenfalls w, und daher hat die unter dem Negationszeichen stehende Aussage den Wert w. Dann nimmt die gesamte Aussage die Gestalt $\overline{w}$, d. h. f an.

Jede Aussage, die durch Anwendung der logischen Operationen 1 bis 5 aus gewissen Ausgangsaussagen zusammengesetzt ist, nennen wir eine *Formel der Aussagenalgebra*.

Dabei können die Ausgangsaussagen konstant sein, d. h. den festen Wert w oder f besitzen, oder aber keinen bestimmten Wert haben. Wir bezeichnen sie dann mit großen lateinischen Buchstaben. Im ersten Fall wollen wir die Ausgangsaussagen *konstante Elementaraussagen*, im zweiten Fall *variable Elementaraussagen* nennen. Wenn wir alle Elementaraussagen mit Wahrheitswerten belegen, so nimmt die Formel selbst einen bestimmten Wert an. Auf diese Weise wird durch jede Formel eine Funktion definiert, deren Argumente variable Elementaraussagen sind.

Im folgenden werden wir es hauptsächlich mit solchen Formeln zu tun haben, die nur variable Elementaraussagen enthalten. Wenn wir nicht ausdrücklich anders vermerken, dann wollen wir von einer gegebenen Formel stets annehmen, daß sie nur variable Elementaraussagen enthält. Da sowohl die Argumente als auch die Funktion selbst nur zwei verschiedene Werte annehmen können, kann die Funktion durch eine endliche Wertetafel vollständig beschrieben werden. Wir geben die Wertetafeln der einfachsten Funktionen an:

X	Y	$X \wedge Y$
w	w	w
f	w	f
w	f	f
f	f	f

X	Y	$X \vee Y$
w	w	w
f	w	w
w	f	w
f	f	f

X	Y	$X \rightarrow Y$
w	w	w
f	w	w
w	f	f
f	f	w

X	Y	$X \sim Y$
w	w	w
f	w	f
w	f	f
f	f	w

X	$\overline{X}$
w	f
f	w

1.2. Logische Gleichwertigkeit von Formeln

Mit Hilfe der angeführten Operationen zwischen Aussagen können andere beliebig komplizierte Aussagen gebildet werden, beispielsweise

$$(A \wedge B) \vee C; \quad ((A \rightarrow B) \sim C) \wedge \overline{((A \vee B) \wedge C)}.$$

Jede Formel stellt eine Funktion der in ihr vorkommenden Buchstaben A, B, ... dar. Wir nennen zwei Formeln **A** und **B** *(logisch) gleichwertig,* wenn für beliebige Werte der in ihnen vorkommenden Variablen $X_1, X_2, \ldots, X_n$ beide stets denselben Wert annehmen.

Beispiele:

$\overline{\overline{X}}$ ist gleichwertig mit X.

$X \vee X$ ist gleichwertig mit X.

$(X \wedge \overline{X}) \vee Y$ ist gleichwertig mit Y.

$X \vee \overline{X}$ ist gleichwertig mit $Y \vee \overline{Y}$.

Zwischen der Gleichwertigkeit von Formeln und dem Äquivalenzzeichen $\sim$ besteht folgender Zusammenhang: *Wenn die Formeln* **A** *und* **B** *gleichwertig sind, so nimmt die Formel* **A** $\sim$ **B** *für alle Werte der Variablen den Wert w an.* Es gilt auch die Umkehrung: *Wenn die Formel* **A** $\sim$ **B** *bei beliebiger Belegung der Variablen mit Wahrheitswerten den Wert w annimmt, so sind die Formeln* **A** *und* **B** *gleichwertig.*

Die Richtigkeit dieser Behauptung folgt unmittelbar aus der Definition der Operation $\sim$. Man sieht leicht, daß die Gleichwertigkeit von Formeln symmetrisch und transitiv ist.

Bei der Definition der Gleichwertigkeit zweier Formeln muß man nicht unbedingt voraussetzen, daß beide dieselben Variablen enthalten. Im dritten und vierten Beispiel haben wir gleichwertige Formeln mit verschiedenen Variablen. In diesem Zusammenhang ist klar: Wenn eine beliebige Variable nur in einer von zwei gleichwertigen Formeln vorkommt, so nimmt diese Formel für alle Werte dieser Variablen stets denselben Wert an, sobald die Werte der anderen Variablen dabei fest bleiben. Mit anderen Worten, obwohl diese Variable in der Formel vorkommt, ist die durch diese Formel definierte Funktion nicht von ihr abhängig.

Wir führen die wichtigsten Beispiele gleichwertiger Formeln an:

$$\overline{\overline{X}} \quad \text{ist gleichwertig mit} \quad X, \tag{1}$$

$$X \wedge Y \quad \text{ist gleichwertig mit} \quad Y \wedge X, \tag{2}$$

$$(X \wedge Y) \wedge Z \quad \text{ist gleichwertig mit} \quad X \wedge (Y \wedge Z), \tag{3}$$

$$X \vee Y \quad \text{ist gleichwertig mit} \quad Y \vee X, \tag{4}$$

$$(X \vee Y) \vee Z \quad \text{ist gleichwertig mit} \quad X \vee (Y \vee Z), \tag{5}$$

$$X \wedge (Y \vee Z) \quad \text{ist gleichwertig mit} \quad (X \wedge Y) \vee (X \wedge Z), \tag{6}$$

$$X \vee (Y \wedge Z) \quad \text{ist gleichwertig mit} \quad (X \vee Y) \wedge (X \vee Z), \tag{7}$$

$$\overline{(X \vee Y)} \quad \text{ist gleichwertig mit} \quad \overline{X} \wedge \overline{Y}, \tag{8}$$

$$\overline{(X \wedge Y)} \quad \text{ist gleichwertig mit} \quad \overline{X} \vee \overline{Y}, \tag{9}$$

$$X \vee X \quad \text{ist gleichwertig mit} \quad X, \tag{10}$$

$$X \wedge X \quad \text{ist gleichwertig mit} \quad X, \tag{11}$$

$$X \wedge w \quad \text{ist gleichwertig mit} \quad X, \tag{12}$$

$$X \vee f \quad \text{ist gleichwertig mit} \quad X. \tag{13}$$

Die Beziehungen (1) bis (13) prüft man leicht an Hand der Definitionen der Operationen $\wedge$, $\vee$ und $^{-}$ nach. In den Fällen, bei denen gleichwertige Formeln gleichberechtigt sind, d. h. gegeneinander ausgetauscht werden können, gestattet es die Äquivalenzrelation, Transformationen vorzunehmen, die diese Formeln auf einfachere oder bequemere Gestalt bringen.

So ist beispielsweise $((X \vee X) \wedge Y) \vee (X \vee X)$ gleichwertig mit $(X \wedge Y) \vee (X \vee X)$, was seinerseits gleichwertig mit $(X \wedge Y) \vee X$ ist.

Ebenso kann man in einer beliebigen Formel einen beliebigen Teil derselben gegen eine gleichwertige Formel austauschen; dabei entsteht eine zur gegebenen Formel gleichwertige Formel.

3 Novikov

Aus den Beziehungen (2), (3), (4) und (5) folgt, daß die durch die Zeichen $\wedge$ und $\vee$ definierten Operationen dem Kommutativ- und dem Assoziativgesetz genügen. Wenn daher eine Formel A aus den Formeln $A_1, A_2, \ldots, A_n$ ausschließlich mit Hilfe der Operation $\wedge$ zusammengesetzt ist, erhalten wir immer eine mit A gleichwertige Formel, unabhängig von der Reihenfolge, in der diese Operationen ausgeführt werden. Eine solche Formel A stellen wir in der Gestalt

$$A_1 \wedge A_2 \wedge \ldots \wedge A_n$$

dar, in der alle Klammern zwischen den Formeln A_i weggelassen sind. Wenn eine Formel A aus den Formeln $A_1, A_2, \ldots, A_n$ ausschließlich mit Hilfe der Operation $\vee$ zusammengesetzt ist, stellen wir sie analog in der Gestalt

$$A_1 \vee A_2 \vee \ldots \vee A_n$$

dar. Aus (6) folgt, daß die Operation $\wedge$ distributiv bezüglich der Operation $\vee$ ist, ähnlich, wie die gewöhnliche arithmetische Multiplikation distributiv bezüglich der Addition ist. Aufgrund dieser Analogie werden wir die Operation $\wedge$ als *Multiplikation* und die Operation $\vee$ als *Addition* bezeichnen.

Den Ausdruck $A_1 \wedge A_2 \wedge \ldots \wedge A_n$ nennen wir *Produkt* und seine Glieder A_i *Faktoren*. Das Zeichen $\wedge$ wird manchmal weggelassen.

Den Ausdruck $A_1 \vee A_2 \vee \ldots \vee A_n$ nennen wir *Summe* und seine Glieder A_i *Summanden*.

Die Analogie zwischen den Kommutativ- und Assoziativgesetzen der Addition und der Multiplikation und der Distributivität der Multiplikation bezüglich der Addition in der Aussagenalgebra mit denselben Gesetzen für die Addition und Multiplikation von Zahlen führt dazu, daß man in Formeln der Aussagenalgebra die Transformationen (wie Auflösen von Klammern, in Klammern setzen und Ausklammern eines gemeinsamen Faktors) ebenso durchführen kann wie in der gewöhnlichen Algebra.

Auf Grund der Beziehung (7) ist die Operation $\vee$ auch distributiv bezüglich der Operation $\wedge$. Daher bezeichnet man manchmal umgekehrt die Operation $\vee$ als Multiplikation und die Operation $\wedge$ als Addition. Dabei bleibt die angegebene Analogie zur Algebra erhalten.

Transformationen, die eine Anwendung der Distributivgesetze (6) und (7) darstellen, wollen wir *distributive Operationen* nennen. Die Beziehung (6) nennen wir das *erste Distributivgesetz*, die Beziehung (7) das *zweite Distributivgesetz*.

Man kann die Schreibweise der Formeln noch vereinfachen, indem man einige Klammern wegläßt und dabei vereinbart, daß Multiplikation vor Addition und Addition und Multiplikation vor $\longrightarrow$ und $\sim$ gehen. Oder, wie man noch anders sagt, Multiplikation *bindet stärker* als Addition, Multiplikation und Addition *binden stärker* als $\longrightarrow$ und $\sim$. Wir wollen außerdem vereinbaren, daß das über einer Formel stehende Zeichen $^{-}$ Klammern, in denen diese Formel steht, überflüssig macht. So werden wir z. B. die Formel

$$XY \vee ZU$$

auffassen als

$$(X \wedge Y) \vee (Z \wedge U),$$

die Formel

$$X \vee Y \rightarrow ZU$$

als

$$(X \vee Y) \rightarrow (Z \wedge U)$$

und die Formel

$$\overline{X \vee Y} \wedge Z$$

als

$$\overline{(X \vee Y)} \wedge Z \,.$$

Ein System von Elementen, in dem die Operationen Addition, Multiplikation und Negation erklärt sind, welche den Beziehungen (1) bis (13) genügen, heißt eine *Boolesche Algebra*. So kann man sagen, daß die Aussagen und die logischen Grundoperationen $\vee$, $\wedge$, $^-$ eine Boolesche Algebra bilden.

Es gibt jedoch noch weitere Systeme von Dingen (die keine logischen Systeme sind), die ebenfalls Boolesche Algebren bilden. Zum Beispiel ist das System aller Teilmengen einer gegebenen Menge R, für das die Addition die mengentheoretische Vereinigung, die Multiplikation den mengentheoretischen Durchschnitt und die Negation die Bildung der Komplementärmenge in R bedeuten, eine Boolesche Algebra (in der die ganze Menge R die Rolle von w und die leere Teilmenge die Rolle von f spielt).

Wir geben ein weiteres Beispiel einer Booleschen Algebra an. Es sei M irgendeine beschränkte Menge reeller Zahlen, die ihre obere Grenze p und ihre untere Grenze q enthält. Außerdem sei M symmetrisch bezüglich des Punktes $\frac{p+q}{2}$, den wir Mittelpunkt von M nennen. Mit anderen Worten, ist $x \in M$, so gehört der bezüglich des Mittelpunktes symmetrisch gelegene Punkt x' ebenfalls zu M. Die Operationen Addition, Multiplikation und Negation seien folgendermaßen definiert. Wir behalten für diese Operationen die logischen Zeichen bei und setzen

$$x \vee y = \max (x, y), \quad x \wedge y = \min (x, y),$$

während $\bar{x}$ der Punkt aus M ist, der bezüglich des Mittelpunktes der Menge M symmetrisch zu x liegt. Man überzeugt sich leicht davon, daß die Eigenschaften (1) bis (13) bezüglich der angegebenen Relationen erfüllt sind (die Rolle von w spielt hier p, die von f spielt q).

Besteht die Menge M aus den beiden Zahlen 0 und 1, so ist dieses System eine Aussagenalgebra, in der die Symbole f und w durch die Zahlen 0 bzw. 1 ersetzt sind.

Die logischen Operationen $\wedge$, $\vee$, $\rightarrow$, $\sim$ und $^-$ sind nicht unabhängig voneinander. Eine von ihnen kann man so durch andere ausdrücken, daß dabei (logisch) gleichwertige Formeln entstehen. Zum Beispiel kann das Zeichen $\sim$ durch die Zeichen $\rightarrow$ und $\wedge$ auf Grund der Beziehung

$$X \sim Y \quad \text{ist gleichwertig mit} \quad (X \rightarrow Y) \wedge (Y \rightarrow X) \tag{14}$$

ausgedrückt werden, was leicht anhand der Definition von $\sim$, $\rightarrow$ und $\wedge$ nachgewiesen werden kann.

Das Zeichen $\to$ kann durch die Zeichen $\vee$ und $^-$ ausgedrückt werden:

$X \to Y$ ist gleichwertig mit $\bar{X} \vee Y$.

Damit kann das Zeichen $\sim$ durch die Zeichen $\wedge$, $\vee$ und $^-$ ausgedrückt werden:

$$X \sim Y \text{ ist gleichwertig mit } (\bar{X} \vee Y) \wedge (\bar{Y} \vee X). \tag{15}$$

Das Zeichen $\sim$ kann durch die Zeichen $\wedge$, $\vee$ und $^-$ auch noch anders ausgedrückt werden:

$$X \sim Y \text{ ist gleichwertig mit } X \wedge Y \vee \bar{X} \wedge \bar{Y}, \tag{16}$$

was man ebenfalls leicht beweisen kann.

Damit kann man die Zeichen $\to$ und $\sim$ durch die Zeichen $\wedge$, $\vee$ und $^-$ ausdrücken. Man kann noch weiter gehen und auch auf eines der Zeichen $\wedge$ und $\vee$ verzichten.

Wir zeigen, wie man $\wedge$ durch $\vee$ und $^-$ ausdrückt. Nach (8) ist

$\bar{\bar{X}} \wedge \bar{\bar{Y}}$ gleichwertig mit $\overline{\bar{X} \vee \bar{Y}}$.

Nach (1) kann man $\bar{\bar{X}}$ und $\bar{\bar{Y}}$ durch X und Y ersetzen, und folglich ist

$X \wedge Y$ ist gleichwertig mit $\overline{\bar{X} \vee \bar{Y}}$.

Damit ist das Zeichen $\wedge$ durch die Zeichen $\vee$ und $^-$ ausgedrückt. Also kann man alle Operationen mit Hilfe gleichwertiger Ausdrücke durch die beiden Zeichen $\vee$ und $^-$ ersetzen.

Ganz analog kann man unter Verwendung von (9) alle Operationen durch $\wedge$ und $^-$ ersetzen.

Bemerkung: Wenn eine Formel **A** nur die Operationen $\wedge$, $\vee$ und $^-$ enthält, kann man sie unter Verwendung der Beziehungen (1), (8) und (9) in eine solche Gestalt transformieren, in der die Negationszeichen sich nur auf die Elementaraussagen beziehen. Wenn nämlich ein Negationszeichen über einer Summe steht, $\overline{A \vee B}$, dann kann man diese Formel nach (9) gegen das Produkt $\bar{A} \wedge \bar{B}$ austauschen; wenn das Zeichen $^-$ über einem Produkt steht, $\overline{A \wedge B}$, so kann man diese Formel durch die Summe $\bar{A} \vee \bar{B}$ ersetzen; wenn das Negationszeichen schließlich über dem Negationszeichen steht, $\bar{\bar{A}}$, so kann man nach (1) diese beiden Zeichen weglassen. Durch Ausführung dieser Transformationen bringen wir unsere Formel auf eine solche Gestalt, in der das Negationszeichen sich nur auf Elementaraussagen bezieht.

Beispiele

1. $\overline{\bar{X} \vee \bar{Y}}$.

Nach Transformation dieser Formel gemäß (8) erhalten wir die gleichwertige Formel

$\bar{\bar{X}} \wedge \bar{\bar{Y}}$.

Nach Beziehung (1) kann man das doppelte Negationszeichen weglassen; wir erhalten dann die endgültige Formel

$X \wedge Y$.

2. $\overline{X \wedge Y \vee \overline{Z}}$.

Nach Transformation dieser Formel gemäß Beziehung (8) erhalten wir die Formel

$$\overline{X \wedge Y} \wedge \overline{\overline{Z}}.$$

Den ersten Faktor transformieren wir nach (9) und finden

$$(\overline{X} \vee \overline{Y}) \wedge \overline{\overline{Z}}.$$

Nach Weglassen der doppelten Verneinung im zweiten Faktor erhalten wir schließlich

$$(\overline{X} \vee \overline{Y}) \wedge Z.$$

1.3. Das Dualitätstheorem

In diesem Paragraphen werden wir solche Formeln betrachten, die nur die Operationen $\wedge$, $\vee$ und $^-$ enthalten. Wie bereits festgestellt wurde, kann jede Formel durch Transformationen mit Hilfe gleichwertiger Ausdrücke auf diese Form gebracht werden.

Wir sagen, die Operation $\wedge$ sei *dual* zur Operation $\vee$ und umgekehrt. Weiter führen wir den Begriff dualer Formeln ein. Die Formeln **A** und **A*** heißen *dual*, wenn die eine aus der anderen durch Vertauschung jeder Operation mit der zu ihr dualen entsteht. Wir kürzen dual durch $-$ ab.

Beispiele

1. $(X \vee \overline{Y}) \wedge Z - X \wedge \overline{Y} \vee Z$.
2. $X \vee Y \wedge (X \vee Y \wedge Z) - X \wedge Y \vee X \wedge Y \vee Z$.
3. $X \wedge Y \vee Y \wedge Z \vee U \wedge V - (X \vee Y) \wedge (Y \vee Z) \wedge (U \vee V)$.
4. $X \wedge (Y \vee Z \wedge (U \vee V)) - X \vee Y \wedge (Z \vee U \wedge V)$.

Wie für Operationen ist auch für Formeln die Dualitätsbeziehung symmetrisch: Wenn **A*** dual ist zu **A**, ist auch umgekehrt **A** dual zu **A***.

Aus den Beziehungen (8) und (9) läßt sich leicht der folgende Sachverhalt herleiten: *Wenn* $A(X_1, \ldots, X_n)$ *und* $A^*(X_1, \ldots, X_n)$ *duale Formeln sind, wobei* $X_1, \ldots, X_n$ *alle in ihnen vorkommenden Elementaraussagen darstellen, so ist* $\overline{A}(X_1, \ldots, X_n)$ *gleichwertig mit* $A^*(\overline{X}_1, \overline{X}_2, \ldots, \overline{X}_n)$.

Aus dieser Beziehung folgt seinerseits das sogenannte *Dualitätstheorem*, das folgendermaßen lautet:

Wenn die Formeln **A** *und* **B** *gleichwertig sind, dann sind auch die zu ihnen dualen Formeln* **A*** *und* **B*** *gleichwertig.*

Es seien $A(X_1, \ldots, X_n)$ und $B(X_1, \ldots, X_n)$ gleichwertige Formeln und $X_1, \ldots, X_n$ die in ihnen vorkommenden Elementaraussagen. Dann ist

$$A^*(X_1, \ldots, X_n) \text{ gleichwertig mit } \overline{A}(\overline{X}_1, \ldots, \overline{X}_n)$$

und

$$B^*(X_1, \ldots, X_n) \text{ gleichwertig mit } \overline{B}(\overline{X}_1, \ldots, \overline{X}_n).$$

Aus der Gleichwertigkeit der Formeln $A(X_1, ..., X_n)$ und $B(X_1, ..., X_n)$ folgt die Gleichwertigkeit der Formeln $A(\overline{X}_1, ..., \overline{X}_n)$ und $B(\overline{X}_1, ..., \overline{X}_n)$, da nach Definition der Gleichwertigkeit $A(X_1, ..., X_n)$ und $B(X_1, ..., X_n)$ für beliebige Werte der Variablen $X_1, ..., X_n$ und folglich auch für die Werte $\overline{X}_1, ..., \overline{X}_n$ dieselben Werte annehmen.

Nach dem Gesagten sind die Formeln $A(\overline{X}_1, ..., \overline{X}_n)$ und $B(\overline{X}_1, ..., \overline{X}_n)$ gleichwertig, dann sind aber die Formeln $\overline{A}(\overline{X}_1, ..., \overline{X}_n)$ und $\overline{B}(\overline{X}_1, ..., \overline{X}_n)$ ebenfalls gleichwertig. Da $A^*(X_1, ..., X_n)$ und $B^*(X_1, ..., X_n)$ gleichwertig sind mit den Formeln $\overline{A}(\overline{X}_1, ..., \overline{X}_n)$ bzw. $\overline{B}(\overline{X}_1, ..., \overline{X}_n)$, sind sie auch einander gleichwertig.

Wenn wir auf der Grundlage des ersten Distributivgesetzes eine Formel A distributiven Transformationen unterwerfen und dabei eine Formel B erhalten, geschieht der Übergang von der dualen Formel A^* zu dualen Formel B^* durch distributive Transformationen auf der Grundlage des zweiten Distributivgesetzes. Den Übergang von A^* zu B^* wollen wir die zu der A in B überführenden Transformation *duale* Transformation nennen.

1.4. Das Entscheidungsproblem

Wir wollen eine Formel *allgemeingültig* nennen, wenn sie für alle Werte der in ihr enthaltenen Aussagenvariablen den Wahrheitswert w annimmt. Beispiele für allgemeingültige Formeln sind:

1. $X \vee \overline{X}$,   2. $X \rightarrow (Y \rightarrow X)$,   3. $X \wedge (X \rightarrow Y) \rightarrow Y$.

Wir nennen eine Formel *erfüllbar,* wenn sie den Wahrheitswert w für gewisse Werte der in ihr enthaltenen Aussagenvariablen annimmt. Die folgenden Formeln sind erfüllbar:

1. X,   2. $X \vee \overline{Y}$,   3. $X \rightarrow \overline{X}$.

Wir wollen eine Formel *unerfüllbar* oder *kontradiktorisch* nennen, wenn sie für alle Werte der in ihr enthaltenen Aussagenvariablen den Wahrheitswert f annimmt.

Die Negation einer allgemeingültigen Formel ist offenbar eine kontradiktorische Formel und umgekehrt.

Wir können uns nun folgende Aufgabe stellen: Es ist ein Verfahren anzugeben, das es gestattet, für jede Formel in endlich vielen Schritten zu bestimmen, ob sie allgemeingültig ist oder nicht. Wenn wir ein solches Verfahren haben, dann erhalten wir gleichzeitig auch ein Verfahren, mit dessen Hilfe feststellbar ist, ob eine gegebene Formel erfüllbar ist oder nicht. In der Tat, wenn wir in endlich vielen Schritten überprüfen können, ob eine beliebige Formel allgemeingültig ist oder nicht, so können wir für jede Formel A das Probelm lösen, ob $\overline{A}$ allgemeingültig ist oder nicht. Wenn sich $\overline{A}$ als allgemeingültig erweist, so heißt das, daß A kontradiktorisch und folglich unerfüllbar ist; wenn $\overline{A}$ nicht allgemeingültig ist, so heißt das, daß A nicht kontradiktorisch und somit erfüllbar ist.

Dieses Problem heißt das *Entscheidungsproblem.* Es wird nicht nur für die Aussagenalgebra, sondern auch für andere logische Systeme gestellt. Für die Aussagenalgebra läßt sich dieses Problem leicht lösen.

Es sei $A(X_1, \ldots, X_n)$ eine Formel der Aussagenalgebra, bestehend aus den Elementaraussagen $X_1, \ldots, X_n$. Diese Formel definiert eine Funktion der Variablen $X_1, \ldots, X_n$, wobei sowohl die Variablen $X_1, \ldots, X_n$ als auch die Funktion A nur zwei Werte annehmen können. Die Anzahl der möglichen Wertekombinationen ist endlich, nämlich gleich 2^n. Für jede Kombination können wir den Wert der Formel A bestimmen, indem wir für $X_1, \ldots, X_n$ ihre Werte einsetzen. Das ist, wie wir wissen, in endlich vielen Schritten erreichbar. Wir bestimmen den Wert der Formel A für jede Wertekombination der Variablen $X_1, \ldots, X_n$ und können so sehen, ob A allgemeingültig ist oder nicht.

Das angegebene Verfahren gibt natürlich eine prinzipielle Lösung des Entscheidungsproblems, doch ist die Anzahl der dabei notwendigen Schritte selbst für nicht sehr komplizierte Formeln dermaßen groß, daß eine solche direkte Überprüfung oft praktisch undurchführbar ist.

Es gibt ein anderes Verfahren, das auf der Überführung von Formeln in eine sogenannte „Normalform" beruht. Normalformen werden auch bei anderen Problemen der mathematischen Logik verwendet.

Ein Produkt (bzw. eine Summe) von Variablen und deren Negationen wollen wir ein *Elementarprodukt* (bzw. eine *Elementarsumme*) nennen. Den Ausdruck „Summe von Elementarprodukten" (bzw. „Produkt von Elementarsummen") werden wir im erweiterten Sinne verstehen. Wir lassen dabei auch den Fall zu, daß die Summe nur aus einem einzigen Summanden (bzw. das Produkt nur aus einem einzigen Faktor) besteht.

Satz 1: Eine Elementarsumme ist genau dann allgemeingültig, wenn in ihr wenigstens ein Summandenpaar vorkommt, bei dem der eine Summand eine Variable und der andere deren Negation ist.

Beweis: Die Bedingung ist hinreichend. Wenn sich nämlich ein solches Summandenpaar finden läßt, so hat die Summe die Gestalt

$$X \vee \overline{X} \vee Y \vee Z \vee \ldots$$

(die Summanden $Y, Z, \ldots$ brauchen nicht alle vorzukommen). Nun ist aber die Summe $X \vee \overline{X}$ allgemeingültig, daher ist auch die ganze von uns betrachtete Summe allgemeingültig, unabhängig von den Summanden $Y, Z, \ldots$.

Die Bedingung ist notwendig. Wir nehmen an, in der Summe gäbe es kein solches Summandenpaar, in dem der eine Summand die Negation des anderen ist. In diesem Fall können wir jede nicht unter dem Negationszeichen stehende Variable mit dem Wahrheitswert f und jede unter dem Negationszeichen stehende Variable mit dem Wahrheitswert w belegen. Das ist möglich, da keine einzige Variable gleichzeitig mit ihrer Negation in unserer Summe vorkommt. Nach der angegebenen Belegung hat jeder Summand den Wert f. Dann hat auch die ganze Formel den Wert f, also ist sie nicht allgemeingültig, was zu beweisen war.

Analog zeigt man:

Satz 2: Ein Elementarprodukt ist genau dann kontradiktorisch, wenn in ihm wenigstens ein Faktorenpaar vorkommt, bei dem der eine Faktor die Negation des anderen ist.

Eine Formel, die mit einer gegebenen Formel gleichwertig und selbst Summe von Elementarprodukten ist, wird eine *disjunktive Normalform* der gegebenen Formel genannt.

Wie bereits erwähnt, kann man alle logischen Operationen auf die drei Operationen $\wedge$, $\vee$ und $^-$ zurückführen. Wir nehmen an, alle Formeln, zu denen wir Normalformen bestimmen werden, würden nur diese Operationen enthalten. Dabei können wir annehmen, das Negationszeichen $^-$ beziehe sich nur auf Elementaraussagen (vgl. die Bemerkung am Ende von 1.2).

Wie wir weiter oben gesehen haben, kann man eine Formel, die nur aus Variablen und deren Negationen zusammengesetzt ist, mit Hilfe der Operationen $\wedge$ und $\vee$ ebensolchen Transformationen unterwerfen wie algebraische Ausdrücke. Man kann daher alle Klammern auflösen und jede solche Formel als Summe von Elementarprodukten darstellen. Damit ist gezeigt, daß zu jeder Formel eine diskunktive Normalform existiert.

Beispiel: Wir suchen die disjunktive Normalform der Formel

$$X \wedge (\overline{\overline{Y} \wedge Z}) \wedge (U \vee V).$$

Zunächst bringen wir diese Formel auf eine Gestalt, in der sich die Negationen nur auf die Elementaraussagen beziehen:

$$X \wedge (Y \vee \overline{Z}) \wedge (U \vee V).$$

Danach lösen wir durch Anwendung des Distributivgesetzes analog zur Multiplikation von Polynomen die Klammern auf. Wir erhalten dann

$$(XY \vee X\overline{Z})\,(U \vee V)$$

und weiter

$$XYU \vee XYV \vee X\overline{Z}U \vee X\overline{Z}V.$$

Die so erhaltene Formel ist eine diskunktive Normalform der Ausgangsformel.

Unter einer *konjunktiven Normalform* einer gegebenen Formel verstehen wir eine gleichwertige Formel, die selbst Produkt von Elementarsummen ist.

Wir wollen nun zeigen, daß es zu jeder Formel eine konjunktive Normalform gibt.

Es sei **A** zunächst eine beliebige Formel, die nur die Operationen $\wedge$, $\vee$ und $^-$ enthält. Wir betrachten dann die zu **A** duale Formel **A***. Es sei **B*** eine disjunktive Normalform der Formel **A*** und **B** die zu **B*** duale Formel. Da **A*** und **B*** gleichwertig sind, sind nach dem Dualitätstheorem auch **A** und **B** gleichwertig. Die Formel **B*** ist als disjunktive Normalform Summe von Elementarprodukten. Man sieht leicht, daß die zu **B*** duale Formel **B** Produkt von Elementarsummen ist. Da nun **B** gleichwertig ist mit **A**, ist **B** folglich eine konjunktive Normalform der Formel **A**. Da es zu jeder Formel eine mit ihr gleichwertige Formel gibt, die nur die Operationen $\wedge$, $\vee$ und $^-$ enthält, existiert somit für jede Formel eine konjunktive Normalform, was zu beweisen war.

Beispiele: Wir suchen disjunktive und konjunktive Normalformen für folgende Formeln:

1. $X(X \rightarrow Y).$

Zunächst eliminieren wir das Zeichen $\rightarrow$, indem wir die Formel durch folgende ersetzen:

$$X(\overline{X} \vee Y).$$

Diese Formel ist bereits eine konjunktive Normalform. Durch Auflösen der Klammer erhalten wir die disjunktive Normalform:

$$X\overline{X} \vee XY.$$

2. $\overline{X \vee Y} \sim XY$.

Unter Verwendung von Formel (16) aus 1.2 eliminieren wir das Zeichen $\sim$. Dann erhalten wir die Formel

$$\overline{X \vee Y}\ XY \vee (X \vee Y)\ \overline{XY}.$$

Diese Formel transformieren wir so, daß das Negationszeichen nur über Elementaraussagen steht:

$$\overline{X}\ \overline{Y}\ X\ Y \vee (X \vee Y)(\overline{X} \vee \overline{Y}).$$

Nach Auflösen der Klammern erhalten wir die disjunktive Normalform:

$$\overline{X}\overline{Y}XY \vee X\overline{X} \vee X\overline{Y} \vee Y\overline{X} \vee Y\overline{Y}.$$

Um zu einer konjunktiven Normalform zu gelangen, ersetzen wir unter Verwendung von Formel (15) aus 1.2 die Ausgangsformel durch das Produkt zweier Summen:

$$((X \vee Y) \vee XY)(\overline{XY} \vee \overline{X \vee Y}).$$

Diese Formel bringen wir auf eine Form, in der die Negationszeichen nur über den Elementaraussagen stehen:

$$(X \vee Y \vee XY)(\overline{X} \vee \overline{Y} \vee \overline{X}\overline{Y}).$$

Die Anwendung des zweiten Distributivgesetzes liefert uns die konjunktive Normalform:

$$(X \vee Y \vee X)(X \vee Y \vee Y)(\overline{X} \vee \overline{Y} \vee \overline{X})(\overline{X} \vee \overline{Y} \vee \overline{Y}).$$

Wir bemerken, daß zu jeder Formel **A** nicht nur eine einzige disjunktive und nicht nur eine einzige konjunktive Normalform existiert. Durch Ausführung der distributiven Operationen in verschiedener Art und Weise können wir zu verschiedenen Normalformen gelangen. Wir betrachten beispielsweise die Formel

$$X \vee Y \wedge Z.$$

Diese Formel ist selbst eine disjunktive Normalform. Man kann sie aber durch distributive Operationen in eine andere disjunktive Normalform überführen. Die Anwendung des zweiten Distributivgesetzes liefert uns

$$(X \vee Y)(X \vee Z).$$

Auf diese Formel wenden wir das erste Distributivgesetz an und erhalten

$$XX \vee XZ \vee YX \vee YZ.$$

Dies ist ebenfalls eine disjunktive Normalform der Formel $X \vee YZ$. Natürlich unterscheiden sich verschiedene Normalformen nur ihrer Gestalt nach. Sie müssen alle miteinander gleichwertig sein. Im folgenden (vgl. 1.6) zeichnen wir unter allen Normalformen einer gegebenen Formel zwei Normalformen besonders aus, die sogenannten *kanonischen disjunktiven* und die *kanonischen konjunktiven.*

Unter Verwendung von Normalformen kann man eine einfachere Lösung des Entscheidungsproblems angeben als mit Hilfe der unmittelbaren Überprüfung. Die Formel **A** sei allgemeingültig. Wir betrachten eine konjunktive Normalform **A**$'$. Diese hat die Gestalt eines Produktes $\mathbf{A}'_1 \ldots \mathbf{A}'_n$, in dem jeder Faktor eine Elementarsumme ist (im Spezialfall kann $n = 1$ sein). Da $\mathbf{A}'$ allgemeingültig ist, muß jeder Faktor allgemeingültig sein. Nun ist aber $\mathbf{A}'_i$ eine Elementarsumme, und nach Satz 1 kann eine solche Summe dann und nur dann allgemeingültig sein, wenn sie eine gewisse Variable gleichzeitig mit deren Negation enthält. Wenn daher die Formel **A** allgemeingültig ist, enthält jeder Faktor ihrer konjunktiven Normalform eine gewisse Variable und deren Negation als Summanden. Damit haben wir ein Kriterium für die Allgemeingültigkeit von Formeln gefunden:

Eine Formel ist genau dann allgemeingültig, wenn jeder Faktor einer konjunktiven Normalform wenigstens zwei Summanden enthält, von denen der eine irgendeine Variable und der andere deren Negation ist.

Da in der Aussagenlogik die Operationen Addition und Multiplikation symmetrisch sind, kann man in analoger Weise folgenden Satz beweisen:

Eine Formel ist genau dann kontradiktorisch, wenn jeder Summand einer disjunktiven Normalform wenigstens ein Paar von Faktoren enthält, von denen der eine irgendeine Variable und der andere deren Negation ist.

Diese Kriterien lösen das Entscheidungsproblem vollständig.

Beispiele

1. Es ist zu prüfen, ob die Formel $Y \vee X\overline{Y} \vee \overline{X}Y$ allgemeingültig ist.
Aus den letzten beiden Summanden klammern wir $\overline{Y}$ aus und erhalten

$$Y \vee \overline{Y}(X \vee \overline{X}).$$

Die Anwendung des zweiten Distributivgesetzes liefert die konjunktive Normalform der Formel:

$$(Y \vee \overline{Y})(Y \vee X \vee \overline{X}).$$

Da jeder Faktor dieser Formel eine gewisse Variable und gleichzeitig deren Negation enthält, ist die Formel allgemeingültig.

2. Es ist zu prüfen, ob die Formel

$$X \wedge Y \wedge Z \vee \overline{X} \wedge \overline{Y} \wedge Z \vee X \wedge \overline{Y} \wedge \overline{Z}$$

allgemeingültig ist.
Wir führen diese Formel in eine konjunktive Normalform über. Die Anwendung des Distributivgesetzes liefert uns eine Reihe von Klammern, die durch das Zeichen $\wedge$ miteinander verknüpft sind:

$$(X \vee \overline{X} \vee X)(X \vee \overline{X} \vee \overline{Y}) \ldots .$$

Unter den Faktoren dieser konjunktiven Normalform befindet sich die Klammer

$$(X \vee \overline{Y} \vee \overline{Z}).$$

Diese Klammer enthält keine Variable gemeinsam mit deren Negation und ist daher nicht allgemeingültig. Folglich ist auch unsere Ausgangsformel nicht allgemeingültig. Wir wollen überprüfen, ob sie erfüllbar ist. Zu diesem Zweck bemerken wir, daß die Formel selbst eine disjunktive Normalform ist. Da keiner ihrer Summanden gleichzeitig eine Variable und deren Negation enthält, ist sie nicht kontradiktorisch, folglich ist sie erfüllbar.

1.5. Darstellung von beliebigen zweiwertigen Funktionen durch Formeln der Aussagenalgebra

Es sei $F(X_1, \ldots, X_n)$ eine beliebige Funktion der n Veränderlichen $X_1, \ldots, X_n$, wobei sowohl die Veränderlichen als auch die Funktion selbst nur die beiden Werte w und f annehmen können. Wir stellen folgende Frage: Kann man eine solche Funktion durch irgendeine Formel der Aussagenalgebra darstellen?

Zur Beantwortung dieser Frage betrachten wir die Formel

$$F(w, \ldots, w) X_1 \ldots X_n \vee$$
$$F(w, \ldots, w, f) X_1 \ldots X_{n-1}\overline{X}_n \vee \ldots \vee F(f, \ldots, f) \overline{X}_1 \ldots \overline{X}_n . \tag{a}$$

Jeder Summand dieser Summe ist ein Produkt, in dem der erste Faktor der Wert der Funktion F bei gewissen festen Werten der Veränderlichen $X_1, \ldots, X_n$ ist, während die anderen Faktoren die Veränderlichen X_i oder deren Negation sind. Dabei sind genau diejenigen Veränderlichen negiert, denen im ersten Faktor der Wert f zukommt, beispielsweise

$$F(w, f, f, \ldots, w, f) X_1 \overline{X}_2 \overline{X}_3 \ldots X_{n-1}\overline{X}_n .$$

Zudem enthält die betrachtete Summe alle möglichen Summanden der angegebenen Art. Man sieht leicht, daß die Formel (a) gerade die Funktion $F(X_1, \ldots, X_n)$ definiert. In der Tat, belegen wir die Veränderlichen mit bestimmten Werten, z. B.

$$X_1 \text{ mit } f, \qquad X_2 \text{ mit } w, \ldots, X_n \text{ mit } w,$$

dann nimmt die Funktion den Wert $F(f, w, \ldots, w)$ an.

Nun betrachten wir den Summanden

$$F(f, w, \ldots, w) \overline{X}_1 X_2 \ldots X_n$$

der Formel (a). Belegen wir die Variablen $X_1, \ldots, X_n$ in diesem Summanden mit denselben Werten, die sie im ersten Faktor annehmen, also X_1 mit f, X_2 mit w, ..., X_n mit w, so entsteht der Ausdruck

$$F(f, w, \ldots, w) \overline{f} \, w \ldots w .$$

In diesem Ausdruck haben alle Faktoren, eventuell mit Ausnahme des ersten, den Wert w, da die Negationszeichen nur über den Symbolen f stehen, während das Symbol w ohne Negationszeichen eingeht. In diesem Fall kann man wegen der (logisch) gleichwertigen Formel (12) aus 1.2 in dem Produkt alle diese wahren Faktoren weglassen. Folglich ist der betrachtete Summand äquivalent zum ersten Faktor $F(f, w, \ldots, w)$. In jedem anderen Summanden sind andere Variable negiert als in dem soeben betrachteten. Belegt man aber dann die Variablen mit eben diesen Werten, so geht entweder das Symbol f ohne Negationszeichen oder das Symbol w unter dem Negationszeichen in das Produkt ein. In diesem Fall hat einer der Faktoren den Wert f; folglich hat das ganze Produkt den Wert f. Damit haben bei der betrachteten Ersetzung der Variablen durch die Werte w und f alle Summanden bis auf einen den Wert f, und ein Summand hat den Wert $F(f, w, \ldots, w)$, das ist der Wert der Funktion F bei der gegebenen Wahl der Werte für die Veränderlichen. Nach Formel (13) aus 1.2 kann man alle Summanden bis auf $F(f, w, \ldots, w)$ in der Summe weglassen, und die gesamte Summe hat dann denselben Wert wie der Summand $F(f, w, \ldots, w)$. Damit hat bei einer beliebigen Belegung der Werte von $X_1, \ldots, X_n$ in (a) diese Formel denselben Wert wie die Funktion F bei derselben Belegung.

Wir haben somit gezeigt, daß *jede zweiwertige Funktion* $F(X_1, \ldots, X_n)$ *als Formel der Aussagenalgebra, nämlich in Gestalt der Formel* (a), *dargestellt werden kann.*

Unsere Darstellung ist auch auf die Funktion $\overline{F}(X_1, \ldots, X_n)$ anwendbar. Es gilt:

$\overline{F}(X_1, \ldots, X_n)$ ist gleichwertig mit
$\overline{F}(w, \ldots, w)\, X_1 \ldots X_n \vee \ldots \vee \overline{F}(f, \ldots, f)\, \overline{X}_1 \ldots \overline{X}_n$.

Geht man in diesen äquivalenten Formeln zu ihren Negationen über, so erhält man

$\overline{\overline{F}}(X_1, \ldots, X_n)$ ist gleichwertig mit
$\overline{\overline{F}(w, \ldots, w)\, X_1 \ldots X_n \vee \ldots \vee \overline{F}(f, \ldots, f)\, \overline{X}_1 \ldots \overline{X}_n}$.

Nach Transformation aufgrund der Formeln (1), (8) und (9) aus 1.2 erhalten wir:

$F(X_1, \ldots, X_n)$ ist gleichwertig mit
$(F(w, \ldots, w) \vee \overline{X}_1 \vee \ldots \vee \overline{X}_n) \wedge \ldots \wedge (F(f, \ldots, f) \vee X_1 \vee \ldots \vee X_n)$.

Damit haben wir zur Darstellung einer zweiwertigen Funktion eine andere Form gefunden:

$$(F(f, \ldots, f) \vee X_1 \vee \ldots \vee X_n) \quad \ldots \quad (F(w, \ldots, w) \vee \overline{X}_1 \vee \ldots \vee \overline{X}_n). \qquad \text{(b)}$$

Man erhält zur Darstellung einer zweiwertigen Funktion unschwer Formeln, die nur variable Elementaraussagen enthalten. Nehmen wir an, die Funktion $F(X_1, \ldots, X_n)$ sei keine Kontradiktion. In diesem Fall nimmt sie bei einer gewissen Wahl der Veränderlichen den Wert w an. In der Darstellung der Funktion durch Formel (a) können nur diejenigen Summanden den Wert w haben, bei denen der erste Faktor den Wert w hat (hat er den Wert f, so hat das ganze Produkt den Wert f). Andererseits kann man nach der Beziehung (13) aus 1.2 falsche Summanden weglassen. Daher dürfen wir in der Summe (a) nur diejenigen Summanden belassen, deren erster Faktor den Wert w hat. Solche Summanden müssen in dem betrachteten Fall vorkommen. Nach der Streichung aller falschen Summanden hat in jedem der noch übrigen Summanden der erste Faktor den Wert w. In diesem Fall kann man ihn nach Formel (12) aus 1.2 im Produkt weglassen. *Im Ergebnis erhalten wir eine Formel, die mit der Formel* (a) *gleichwertig ist und nur variable Elementaraussagen enthält.* Diese Formel ist die logische Summe verschiedener Produkte der Gestalt $X'_1 \ldots X'_n$, wobei X'_i entweder X_i oder $\overline{X}_i$ bezeichnet. Wie man aus den obigen Überlegungen leicht sieht, entspricht jeder nicht identisch falschen Funktion $F(X_1, \ldots, X_n)$ eine einzige Darstellung dieser Art.

Wenn die Funktion $F(X_1, \ldots, X_n)$ nicht identisch wahr ist, kann man ihre Darstellung als Formel, die keine konstanten Elementaraussagen enthält, in analoger Weise aus Formel (b) erhalten. Diese zweite Darstellung der Funktion $F(X_1, \ldots, X_n)$ ist, wie man leicht sieht, zur ersten dual.

Beispiele

1. Wir betrachten die Funktion von drei Veränderlichen $F(X_1, X_2, X_3)$, die den Wert w annimmt, wenn alle Veränderlichen den gleichen Wert haben; in allen anderen Fällen nehme sie den Wert f an. Dann haben $F(w, w, w)$ und $F(f, f, f)$ den Wert w, für alle anderen Werte der Veränderlichen nimmt $F(X_1, X_2, X_3)$ den Wert f an. Diese Funktion können wir folgendermaßen darstellen:

$$X_1 X_2 X_3 \vee \overline{X}_1 \overline{X}_2 \overline{X}_3 \,.$$

2. Die Funktion $F(X_1, X_2, X_3, X_4)$ nehme dann und nur dann den Wert w an, wenn wenigstens zwei Argumente den Wert f annehmen. In diesem Fall ist es zweckmäßig, die zweite Darstellungsart der Funktion heranzuziehen. Diese Darstellung hat die Gestalt

$$(\overline{X}_1 \vee \overline{X}_2 \vee \overline{X}_3 \vee X_4) \wedge (\overline{X}_1 \vee \overline{X}_2 \vee X_3 \vee \overline{X}_4) \wedge$$
$$(\overline{X}_1 \vee X_2 \vee \overline{X}_3 \vee \overline{X}_4) \wedge (X_1 \vee \overline{X}_2 \vee \overline{X}_3 \vee \overline{X}_4) \wedge (\overline{X}_1 \vee \overline{X}_2 \vee \overline{X}_3 \vee \overline{X}_4)\,.$$

1.6. Kanonische Normalformen

Im vorigen Abschnitt hatten wir für eine beliebige nicht identisch falsche Funktion $F(X_1, \ldots, X_n)$ von n Veränderlichen eine Formel der Aussagenalgebra gefunden, die diese Funktion repräsentiert und logische Summe verschiedener Produkte der Gestalt $X'_1 \ldots X'_n$ ist, wobei X'_i entweder X_i oder $\overline{X}_i$ bezeichnet. Gleichfalls dort hatten wir bemerkt, daß *jede nicht identisch falsche Funktion* $F(X_1, \ldots, X_n)$ *eine einzige Darstellung vom angegebenen Typ hat.* Solch eine Darstellung ist eine disjunktive Normalform. Wir wissen jedoch, daß ein und dieselbe Funktion durch verschiedene disjunktive (und auch konjunktive) Normalformen dargestellt werden kann. Damit haben wir ein Verfahren gefunden, aus verschiedenen, eine gegebene Funktion darstellenden disjunktiven Normalformen eine bestimmte auszuwählen, welche Summe von Summanden der Gestalt $X'_1 \ldots X'_n$ ist. Die auf diese Weise entstehenden disjunktiven Normalformen wollen wir die *kanonischen disjunktiven* Normalformen nennen.

Wir können die kanonische disjunktive Normalform auch anders definieren.

Unter der *kanonischen disjunktiven Normalform* einer genau n Variablen enthaltenden Formel $\mathbf{A}(X_1, \ldots, X_n)$ verstehen wir eine disjunktive Normalform mit folgenden Eigenschaften:

a) Sie hat keine zwei gleichen Summanden.

b) Kein Summand enthält zwei gleiche Faktoren.

c) Kein Summand enthält eine Variable gleichzeitig mit deren Negation.

d) In jedem Summanden ist entweder die Variable X_i oder deren Negation als Faktor enthalten, wobei $i = 1, \ldots, n$ ist.

Es ist leicht zu sehen, daß diese Definition zur vorangehenden äquivalent ist. In der Tat, einerseits muß nach d) jeder Summand einer disjunktiven Normalform die n Faktoren $X'_1, \ldots, X'_n$ enthalten. Andererseits kann dieser Summand wegen b) und c) keinen anderen Faktor enthalten; denn ein solcher Faktor wäre entweder X_i oder $\overline{X}_i$, aber der Summand enthält bereits einen Faktor X_i oder $\overline{X}_i$. Damit besteht unsere Formel aus Summanden der Gestalt $X'_1 \ldots X'_n$, die nach a) alle verschieden sind. Daher ist die Summe dieser Summanden gerade die Darstellung der Formel $A(X_1, \ldots, X_n)$, die wir früher definiert hatten.

Damit sind die Bedingungen a), b), c) und d) notwendig und hinreichend dafür, daß eine disjunktive Normalform die kanonische Normalform ist. Weiterhin geben uns diese Bedingungen die Möglichkeit, Regeln zu formulieren, nach denen eine beliebige nicht kontradiktorische Formel in die kanonische disjunktive Normalform übergeführt werden kann. Wir geben diese Regeln an. Gegeben sei eine beliebige Formel $A_1(X_1, \ldots, X_n)$. Zuerst bringen wir sie auf eine disjunktive Normalform. Wenn dann irgendein Summand B die Variable X_i nicht enthält, ersetzen wir ihn durch die Summe

$$X_i \wedge B \vee \overline{X}_i \wedge B.$$

Diese Ersetzung ist eine (logisch) gleichwertige Transformation, denn es ist

$$X_i \wedge B \vee \overline{X}_i \wedge B \quad \text{gleichwertig mit} \quad (X_i \vee \overline{X}_i) \wedge B.$$

Nun ist aber $X_i \vee \overline{X}_i$ allgemeingültig, und daher ist

$$(X_i \vee \overline{X}_i) \wedge B \quad \text{gleichwertig mit} \quad B;$$

folglich ist auch

$$X_i \wedge B \vee \overline{X}_i \wedge B \quad \text{gleichwertig mit} \quad B.$$

Somit können wir unsere Normalform so umgestalten, daß Bedingung d) erfüllt wird.

Wenn in dem erhaltenen Ausdruck mehrere gleiche Summanden vorkommen, dann erhalten wir wieder einen (logisch) gleichwertigen Ausdruck, wenn wir alle bis auf einen Summanden weglassen. Wenn danach in gewissen Summanden mehrere gleiche Faktoren vorkommen, können wir die überflüssigen Faktoren weglassen. Schließlich kann man alle die Summanden streichen, die eine gewisse Variable gemeinsam mit deren Negation enthalten, denn solche Summanden sind Kontradiktionen. Wären alle Summanden von dieser Art, so wäre die gesamte Summe eine Kontradiktion. Dann ist aber auch die Formel A kontradiktorisch und hat daher keine kanonische disjunktive Normalform. Wenn daher die Formel A nicht kontradiktorisch ist, müssen in einer beliebigen disjunktiven Normalform derselben solche Summanden vorkommen, die die Bedingung c) erfüllen. Haben wir alle diejenigen Summanden entfernt, die mit einer Variablen auch deren Negation enthalten, so erhalten wir eine den Bedingungen a), b), c) und d) genügende disjunktive Normalform der Formel A, d. h. die kanonische Normalform. Wir bemerken, daß wir von vornherein nicht zu wissen brauchen, ob A kontradiktorisch ist oder nicht. Wenn wir die angegebenen Operationen durchführen, klären wir das im Anschluß daran, wenn wir alle Summanden entfernt haben, die mit irgendeiner Variablen auch deren Negation enthalten. Wenn A kontradiktorisch ist, werden alle Summanden entfernt, und wir erhalten keine kanonische disjunktive Normalform.

In analoger Weise läßt sich die kanonische konjunktive Normalform definieren. Diese Definition geschieht in Termini, die zu den bei der Definition der kanonischen disjunktiven Normalform verwendeten dual sind.

Unter der *kanonischen konjunktiven Normalform* einer Formel $A(X_1, \ldots, X_n)$ von n Variablen verstehen wir eine konjunktive Normalform, die als Produkt verschiedener Summen der Form $X_1' \vee X_2' \vee \ldots \vee X_n'$ dargestellt ist.

Man kann auch eine äquivalente Definition in Form von Bedingungen angeben.

Eine konjunktive Normalform einer Formel $A(X_1, \ldots, X_n)$ heißt deren *kanonische konjunktive Normalform*, wenn sie folgenden Bedingungen genügt:

a') Sie hat keine zwei gleichen Faktoren.

b') Kein Faktor enthält zwei gleiche Summanden.

c') Kein Faktor enthält eine Variable gleichzeitig mit deren Negation.

d') Jeder Faktor enthält entweder X_i oder $\overline{X}_i$ für jedes $i = 1, \ldots, n$ als Summand.

Man kann zeigen, daß jede nicht allgemeingültige Formel eine bis auf die Reihenfolge der Faktoren und Summanden eindeutig bestimmte kanonische konjunktive Normalform hat. Die Regeln zum Überführen einer beliebigen Formel in ihre kanonische konjunktive Normalform sind denjenigen analog, die wir zum Auffinden der kanonischen disjunktiven Normalform beschrieben haben, und werden in den dualen Termini ausgedrückt. Die Beweise aller Behauptungen in bezug auf die kanonische konjunktive Normalform kann man aus dem Dualitätstheorem erhalten, oder aber man führt sie genau so, wie wir das für die kanonische disjunktive Normalform gemacht haben.

Kanonische Normalformen gestatten es, ein Kriterium für die (logische) Gleichwertigkeit zweier beliebiger Formeln A und B anzugeben.

In der Tat, wir können, was A und B auch immer für Formeln sein mögen, annehmen, daß sie ein und dieselben Variablen enthalten. Wenn es nicht so wäre und die Formel A beispielsweise die zu B gehörende Variable V nicht enthielte, so könnte man A durch die gleichwertige Formel $A \wedge (V \vee \overline{V})$ ersetzen, welche die Variable V bereits enthält. Damit kann man zwei beliebige Formeln durch gleichwertige Formeln ersetzen, die ein und dieselben Variablen enthalten. Danach müssen diese Formeln auf die kanonischen disjunktiven bzw. konjunktiven Normalformen gebracht werden. Wenn A und B gleichwertige Formeln sind, müssen wegen der Eindeutigkeit der kanonischen Normalformen sowohl die disjunktiven als auch die konjunktiven Normalformen völlig übereinstimmen. Damit löst der Vergleich der kanonischen Normalformen zweier Formeln A und B das Problem ihrer Gleichwertigkeit.

Beispiele

1. $X \vee Y (X \vee \overline{Y})$.

Durch Auflösen der Klammern erhalten wir eine disjunktive Normalform dieser Formel:

$$X \vee YX \vee Y\overline{Y}.$$

Die erhaltene Formel ist jedoch nicht die kanonische disjunktive Normalform, da der erste Summand die Variable Y nicht enthält, während der letzte die Variable Y zusammen mit deren Negation enthält. Nach Ersetzen von X durch $XY \vee X\overline{Y}$ erhalten wir die Formel

$$XY \vee X\overline{Y} \vee YX \vee Y\overline{Y}.$$

Nach Entfernen der letzten beiden Summanden erhalten wir die Formel

$$XY \vee X\overline{Y}.$$

Diese Formel genügt den Bedingungen a), b), c) und d) und ist folglich die kanonische disjunktive Normalform der Formel $X \vee Y(X \vee \overline{Y})$.

Die erhaltene kanonische Form gestattet, die gegebene Formel zu vereinfachen. Klammern wir in der kanonischen Form X aus, so erhalten wir die Formel $X(Y \vee \overline{Y})$, welche mit X gleichwertig ist.

2. Wir bringen die Formel $(X \vee Y)(\overline{Y} \vee Z) \vee (X \vee \overline{Y})(Y \vee Z)$ auf ihre kanonische konjunktive Normalform.

Durch Anwendung des zweiten Distributivgesetzes bringen wir diese Formel auf eine konjunktive Normalform und erhalten

$$(X \vee Y \vee X \vee \overline{Y})(X \vee Y \vee Y \vee Z)(\overline{Y} \vee Z \vee X \vee \overline{Y}) \wedge (\overline{Y} \vee Z \vee Y \vee Z).$$

Wir entfernen die Faktoren, die allgemeingültig sind, und in den übrigen Faktoren streichen wir alle sich wiederholenden Summanden. Dadurch erhalten wir

$$(X \vee Y \vee Z)(\overline{Y} \vee Z \vee X).$$

Diese Formel genügt den Bedingungen a'), b'), c') und d') und ist daher die kanonische konjunktive Normalform der gegebenen Formel. Durch Anwendung des zweiten Distributivgesetzes kann man diese Formel weiter vereinfachen. Ausklammern des Summanden $X \vee Z$ liefert

$$X \vee Z \vee Y\overline{Y}.$$

Lassen wir den falschen Summanden $Y\overline{Y}$ weg, so erhalten wir schließlich

$$X \vee Z.$$

Zum Abschluß dieses Kapitels führen wir noch einige Beziehungen für (logische) Gleichwertigkeit auf, die zur Vereinfachung von Formeln von Nutzen sind:

$X \vee XY$	ist gleichwertig mit	X,	(17)
$X(X \vee Y)$	ist gleichwertig mit	X,	(18)
$X \vee \overline{X}Y$	ist gleichwertig mit	$X \vee Y$,	(19)
$\overline{X} \vee XY$	ist gleichwertig mit	$\overline{X} \vee Y$,	(20)
$X(\overline{X} \vee Y)$	ist gleichwertig mit	XY,	(21)
$\overline{X}(X \vee Y)$	ist gleichwertig mit	$\overline{X}Y$.	(22)

Diese Beziehungen kann man folgendermaßen formulieren.

(17) *Wenn in einer Summe ein Summand als Faktor in einem anderen Summanden vorkommt, so kann man diesen zweiten Summanden in der Summe streichen.*

(18) *Wenn in einem Produkt ein Faktor als Summand in einem anderen Faktor vorkommt, so kann man diesen zweiten Faktor streichen.*

(19) und (20) *In jedem Summanden kann man einen Faktor streichen, der mit der Negation eines anderen Summanden gleichwertig ist.*

(21) und (22) *In jedem Faktor kann man einen Summanden weglassen, der mit der Negation eines anderen Faktors gleichwertig ist.*

Beispiele

1. $X \vee XY \vee YZ \vee \overline{X}Z$.

Nach (17) entfernen wir XY. Nach (19) lassen wir im letzten Summanden den Faktor $\overline{X}$ weg. Dann erhalten wir $X \vee YZ \vee Z$. Nach (17) lassen wir YZ weg und erhalten $X \vee Z$.

2. $(X \vee Y)(\overline{XY} \vee Z) \vee \overline{Z} \vee (X \vee Y)(U \vee V)$.

Da $\overline{XY}$ gleichwertig mit $\overline{X \vee Y}$ ist, kann man nach (21) den Summanden $\overline{XY}$ weglassen. Dann erhalten wir

$$(X \vee Y) Z \vee \overline{Z} \vee (X \vee Y)(U \vee V).$$

Nach (20) kann man den Faktor Z weglassen. Wir erhalten dann

$$(X \vee Y) \vee \overline{Z} \vee (X \vee Y)(U \vee V).$$

Der letzte Summand enthält den Faktor $X \vee Y$, und dieser stimmt mit dem ersten Summanden überein. Daher kann man nach (17) den letzten Summanden weglassen. Wir erhalten dann schließlich $X \vee Y \vee \overline{Z}$.

2. Aussagenkalkül

2.1. Der Formelbegriff

Die Ausführungen des vorigen Kapitels zur Aussagenalgebra sowie alle dort angestellten Überlegungen über dieses System genügen durchaus den in der Einleitung entwickelten Forderungen nach Strenge, da sie in keiner Weise den Begriff des aktual Unendlichen verwenden, d. h. konstruktiv sind.

Die Aussagenalgebra betrachtet nämlich endliche Symbolzusammenstellungen und die gegenseitigen Beziehungen zwischen ihnen. Diese Symbolzusammenstellungen sind Formeln, welche Buchstaben und logische Operationszeichen enthalten. Anstelle der Buchstaben kann man die Symbole w und f setzen und danach den Wahrheitswert bestimmen, den die Formel dabei annimmt.

Die Anzahl der Buchstaben in einer Formel ist endlich, die Anzahl aller möglichen Verteilungen der Symbole w und f in dieser Formel ist ebenfalls endlich. Die Definitionen der logischen Operationen enthalten ebenfalls endlich viele Bedingungen. Andererseits haben wir Aussagen über Formeln nur in den Termini der erwähnten Symbole und Beziehungen zwischen ihnen gemacht, und daher waren diese Aussagen frei vom Gebrauch des aktual Unendlichen.

Dennoch kann man nicht immer die Aussagenalgebra unmittelbar auf Aussagen in der Mathematik anwenden, ohne dabei den Begriff des aktual Unendlichen heranzuziehen. Um das immer tun zu können, müßten wir voraussetzen, daß jede Aussage in der Mathematik entweder wahr oder falsch ist, denn darin besteht gerade der Sinn der Aussagen in der Aussagenalgebra. Eine solche Annahme stützt sich bereits auf den Begriff des aktual Unendlichen. Er stellt das hierbei auf unendliche Gesamtheiten ausgedehnte Prinzip vom ausgeschlossenen Dritten dar. In einer solchen Form kann dieses Prinzip aber nicht in dem Teilgebiet der Mathematik akzeptiert werden, das sich z. B. die Begründung dieses Prinzips zum Ziel gesetzt hat und zeigen will, daß seine Anwendung nicht zu Widersprüchen führt.

In diesem Kapitel betrachten wir ein axiomatisches logisches System, das in gewissem Sinne zur Aussagenalgebra adäquat ist. Dieses System bezeichnen wir als Aussagenkalkül.

Es ist notwendig, eine hinreichend vollständige Darstellung des Aussagenkalküls zu bringen, da er als wesentlicher Bestandteil in alle anderen logischen Kalküle eingeht, die wir im folgenden betrachten werden.

Wie in der Einleitung erwähnt wurde, schließt die Beschreibung jedes Kalküls die Beschreibung der Symbole dieses Kalküls, der Formeln, d. h. der endlichen Symbolzusammenstellungen, und schließlich die Definition wahrer Formeln ein.

Die Symbole des Aussagenkalküls bestehen aus drei Kategorien von Zeichen:

1. Die Symbole der ersten Kategorie sind große lateinische Buchstaben A, B, ..., X, Y, Z und dieselben mit Indizes versehenen Buchstaben A_1, A_2, ... Diese Symbole heißen *Aussagenvariablen.*

2. Die Symbole der zweiten Kategorie werden allgemein als aussagenlogische Verknüpfungen bezeichnet. Das sind die vier Symbole

$$\land\,,\ \lor\,,\ \longrightarrow\ \text{und}\ -\,.$$

Das erste Zeichen heißt *Konjunktionszeichen,* das zweite *Disjunktions-,* das dritte *Implikations-* und das letzte *Negationszeichen.*

3. Die dritte Kategorie sind Symbolpaare ( ), sie heißen *Klammern.*

Andere Symbole als die angegebenen besitzt der Aussagenkalkül nicht.

Formeln des Aussagenkalküls sind gewisse endliche Zeichenfolgen der erwähnten Kategorien. Diese kann man als Reihen aufschreiben.

Zur Bezeichnung von Formeln werden wir gewöhnlich fette lateinische Buchstaben **A, B,** … verwenden. Diese Buchstaben sind keine Symbole innerhalb des Kalküls. Sie sind lediglich eine abkürzende Schreibweise für Formeln.

Nicht jede Zeichenreihe ist eine Formel. Die vollständige Definition einer Formel erfolgt rekursiv: Es werden gewisse Grundformeln und danach Regeln angegeben, nach denen aus gegebenen Formeln neue gebildet werden können. Der Sinn dieser Definition besteht darin, daß wir unter Formeln solche und nur solche Zeichenreihen verstehen wollen, die aus den Grundformeln durch Nacheinanderanwendung der in der Definition angegebenen Regeln zur Bildung neuer Formeln entstehen.

Definition einer *Formel:*

a) Jede Aussagenvariable ist eine Formel.

b) Sind **A** und **B** Formeln, so sind die Zeichenreihen

$$(\mathbf{A} \wedge \mathbf{B}),$$
$$(\mathbf{A} \vee \mathbf{B}),$$
$$(\mathbf{A} \rightarrow \mathbf{B}),$$
$$-\mathbf{A}$$

ebenfalls Formeln.

In dieser Definition sind unter a) die Grundformeln, das sind hier die Aussagenvariablen, angegeben. Wir wollen die Aussagenvariablen als *Elementarformeln* bezeichnen.

Unter b) werden Regeln angegeben, nach denen aus erhaltenen Formeln neue gebildet werden können. Damit ist der Begriff einer Formel vollständig definiert.

Wir betrachten einige Beispiele von Formeln des Aussagenkalküls. Die Aussagenvariablen A und B sind nach a) Formeln. Folglich sind nach b) die Zeilen

$$(A \rightarrow B),$$
$$-A$$

ebenfalls Formeln. Dann ist aus demselben Grunde

$$(-A \wedge (A \rightarrow B)) \vee (A \wedge B)$$

ebenfalls eine Formel.

Man sieht leicht, daß die Zeichenreihen

$$(A \rightarrow -(A \wedge B)) \rightarrow ((C \vee D) \rightarrow (A \wedge B)),$$
$$(((A \wedge B) \wedge C) \wedge D),$$
$$(A \rightarrow (B \rightarrow (C \rightarrow D)))$$

Formeln sind.

Dagegen sind die folgenden Zeichenreihen keine Formeln:

$$(A \wedge B; \qquad\qquad A \rightarrow B;$$
$$A - B; \qquad\qquad A \wedge B;$$
$$\wedge A; \qquad\qquad A \vee B.$$

Die erste Zeile enthält eine nichtgeschlossene Klammer. Bei der Konstruktion von Formeln nach b) wird aber niemals eine nichtgeschlossene Klammer eingeführt. Folglich kann die Zeile $(A \wedge B;$ auf keiner Etappe der Formelbildung auftauchen. Man sieht leicht, daß auch die zweite und die dritte Zeichenreihe in keiner Weise nach b) konstruiert werden können. Obwohl A und B Formeln sind, ist doch die vierte Zeichenreihe keine Formel, weil die Verbindung zweier Formeln durch das Symbol $\rightarrow$ stets in Klammern eingeschlossen werden muß; dasselbe gilt auch für die letzten beiden Zeichenreihen.

Aus der Definition der Formel sehen wir, daß die Konstruktion einer beliebigen Formel **A** folgenden Charakter hat.

Wir nehmen einen gewissen Vorrat an Elementarformeln oder, was dasselbe ist, von Aussagenvariablen:

$$A^{(0)}_1, \ A^{(0)}_2, \ \ldots, \ A^{(0)}_{k_0} .$$

Aus ihnen bilden wir gewisse Formeln der Gestalt

$$(A^{(0)}_i \rightarrow A^{(0)}_j); \quad (A^{(0)}_i \wedge A^{(0)}_j); \quad (A^{(0)}_i \vee A^{(0)}_j) \quad \text{und} \quad -A^{(0)}_i .$$

Die erhaltenen Formeln bezeichnen wir mit $A^{(1)}_1, \ldots, A^{(1)}_{k_1} .$

Aus den Formeln $A^{(0)}_i$ und $A^{(1)}_j$ bilden wir in derselben Weise neue Formeln $A^{(2)}_1, \ldots, A^{(2)}_{k_2}$ usw. Im Ergebnis erhalten wir eine Formel $A^{(n)}_1$, das ist gerade die Formel **A**.

Alle Formeln $A^{(i)}_j$, die während des angegebenen Prozesses gebildet werden, heißen *Teilformeln* der Formel **A**.

Das angegebene Konstruktionsschema für eine Formel ist so angelegt, daß wir bei der Konstruktion der Formel auch alle Teilformeln konstruieren. Wir können natürlich eine Formel auch anders angeben. Da jede Formel eine endliche Zeichenreihe im Aussagenkalkül ist, können wir sie auch so konstruieren, daß wir einfach angeben, welches Zeichen an erster Stelle, welches an zweiter usw. steht. Wir betrachten z. B. die Zeile

$$((A \wedge B) \rightarrow (C \vee D)).$$

Sie ist durch die Angabe der Reihenfolge der einzelnen Zeichen vollständig definiert. An erster Stelle steht (, an zweiter A, an dritter $\wedge$, usw. Jedoch ist nicht jede Zeichenreihe eine Formel. Wir müssen also noch beweisen, daß die gegebene Zeichenreihe tatsächlich eine Formel ist. Dabei müssen wir nachweisen, daß die Zeichenreihe der Definition einer Formel genügt. Dem Sinn dieser Definition gemäß bedeutet der Nachweis, daß eine gegebene Zeichenreihe eine Formel ist, gerade ihre Konstruktion, ausgehend von Elementarformeln mit Hilfe der in b) angegebenen Konstruktionen.

In unserem Fall müssen wir folgendermaßen vorgehen. Da A und B Formeln sind, ist auch $(A \wedge B)$ eine Formel. Da C und D Formeln sind, ist auch $(C \vee D)$ eine Formel. Da $(A \wedge B)$ und $(C \vee D)$ Formeln sind, ist auch $((A \wedge B) \rightarrow (C \vee D))$ eine Formel.

An diesem Beispiel erkennen wir, daß für den Nachweis, daß eine gegebene Zeichenreihe eine Formel ist, die Konstruktion der Formel nach dem obigen Schema zu erfolgen hat, so daß wir bei der Konstruktion einer Formel auch alle ihre Teilformeln konstruieren müssen.

Wir bemerken jedoch, daß die gegebene Definition der Teilformel nicht genau ist. Die genaue Definition der Teilformel trägt ebenfalls rekursiven Charakter, der mit den zur Konstruktion der Formel benutzten Operationen zusammenhängt. Wir formulieren nämlich zunächst die Definition der Teilformeln von Elementarformeln und erklären dann unter der Voraussetzung, daß für die Formeln A und B die Teilformeln bereits definiert sind, die Teilformeln der Formeln $(A \wedge B)$, $(A \vee B)$, $(A \to B)$ und $-A$. Wir wenden uns der Definition des Begriffes „Teilformel" zu.

1. Teilformel einer Elementarformel (d. h. einer Aussagenvariablen) kann nur diese selbst sein.

2. Die Teilformeln der Formeln A und B seien bereits definiert. Teilformeln von $(A \wedge B)$ sind alle Teilformeln der Formeln A und B und die Formel $(A \wedge B)$ selbst. Ebenso werden die Teilformeln von $(A \vee B)$, $(A \to B)$ und $-A$ definiert.

Die Teilformeln einer Formel erkennt man unmittelbar aus der Schreibweise der Formel. Diesem Zweck dienen nämlich die Klammern; sie geben die Reihenfolge an, in der die einzelnen Operationen auszuführen sind, um die Formel zu konstruieren.

Wir wollen nun einige Änderungen in der Schreibweise einer Formel vereinbaren. Eine Formel kann Klammern enthalten, die alle übrigen Zeichen der Formel umschließen, z. B.

$(A \wedge B)$.

Solche Klammern wollen wir *äußere Klammern* nennen. Die Zeichenreihe $A \wedge B$ ist ohne Klammern nach Definition keine Formel. Wir wollen jedoch zwecks kürzerer Schreibweise äußere Klammern weglassen. Dabei brauchen wir die Definition der Formel nicht abzuändern, wir schreiben nur gewisse Zeichen nicht auf (hier die äußeren Klammern), deren Vorhandensein in der die Formel bildenden Zeichenreihe sich von selbst versteht. Eine weitere Änderung in der Schreibweise einer Formel betrifft das Negationszeichen. Die Formel $-A$ werden wir in der Gestalt

$\overline{A}$

aufschreiben, wobei mögliche äußere Klammern von A weggelassen werden sollen. Nach diesen Änderungen wird die Schreibweise der Formeln im Aussagenkalkül dieselbe wie die der Formeln der Aussagenalgebra. Weiter werden wir hier nach denselben Regeln Klammern weglassen, wie wir das in der Aussagenalgebra getan haben. Wir vereinbaren, daß die Verknüpfung $\wedge$ stärker bindet als alle übrigen, die Verknüpfung $\vee$ stärker als $\to$. Nach dieser Regel werden wir die Formel

$(A \wedge B) \vee C$

in der Gestalt $A \wedge B \vee C$ schreiben. Die Formel

$(A \vee B) \to (C \wedge D)$

schreiben wir in der Gestalt $A \vee B \to C \wedge D$ usw.

Beispiele

1. Die Formel $- ((A \vee B) \to - (C \to D))$ hat in veränderter Schreibweise die Gestalt

$$\overline{\overline{A \vee B \to \overline{C \to D}}}.$$

2. Die Formel $(- A \vee (B \to (C \wedge D)))$ bekommt die Gestalt

$$\overline{A} \vee (B \to C \wedge D).$$

Wir bemerken, daß wir die Definition einer Formel auch so anlegen können, daß die Konfiguration ihrer Zeichen sofort die Schreibweise besitzt, die wir hier erst durch Einführung von Abkürzungen erhalten haben. Dann würde jedoch die Definition der Formel umfangreicher werden, und eine Formel wäre keine einfache Zeichenfolge, sondern ein komplizierteres Gebilde. Andererseits bieten die zum Aufschreiben einer Formel von uns eingeführten Vereinfachungen wesentliche Vorteile.

2.2. Definition wahrer Formeln

Der nächste Schritt in der Beschreibung des Aussagenkalküls ist die Heraushebung einer gewissen Klasse von Formeln, die wir als *wahre* oder *innerhalb des Aussagenkalküls ableitbare Formeln* bezeichnen wollen. Die Definition von wahren Formeln hat denselben rekursiven Charakter wie die Definition der Formel selbst. Zunächst werden wahre Grundformeln definiert, und danach werden Regeln definiert, nach denen aus gegebenen wahren Formeln neue gebildet werden können. Diese Regeln wollen wir *Ableitungsregeln* nennen, die wahren Grundformeln *Axiome*. Die Bildung einer wahren Formel aus wahren Ausgangsformeln oder Axiomen mit Hilfe der Ableitungsregeln heißt die *Ableitung* einer gegebenen Formel aus den Axiomen.

Axiome des Aussagenkalküls

I.
1. $A \to (B \to A)$.
2. $(A \to (B \to C)) \to ((A \to B) \to (A \to C))$.

II.
1. $A \wedge B \to A$.
2. $A \wedge B \to B$.
3. $(A \to B) \to ((A \to C) \to (A \to B \wedge C))$.

III.
1. $A \to A \vee B$.
2. $B \to A \vee B$.
3. $(A \to C) \to ((B \to C) \to (A \vee B \to C))$.

IV.
1. $(A \to B) \to (\overline{B} \to \overline{A})$.
2. $A \to \overline{\overline{A}}$.
3. $\overline{\overline{A}} \to A$.

Die Axiome zerfallen, wie an dieser Liste zu erkennen ist, in vier Gruppen. Alle Axiome der Gruppe I enthalten nur die Implikation als logische Operation. Diese Operation kommt auch in allen anderen Gruppen vor. In Gruppe II kommt zur Implikation das logische Produkt, in Gruppe III die logische Summe und in Gruppe IV die Negation.

Ableitungsregeln

1. **Einsetzungsregel.** Es sei **A** eine Formel, die den Buchstaben A enthält. Wenn **A** eine im Aussagenkalkül wahre Formel ist, so entsteht eine ebenfalls wahre Formel, wenn man in **A** den Buchstaben A überall durch eine beliebige Formel **B** ersetzt.

2. **Abtrennungsregel.** Wenn **A** und **A** $\longrightarrow$ **B** wahre Formeln im Aussagenkalkül sind, so ist auch **B** eine wahre Formel.

Durch Angabe der Axiome und der Ableitungsregeln haben wir den Begriff der wahren oder innerhalb des Aussagenkalküls ableitbaren Formel vollständig definiert. Durch Anwendung der Ableitungsregeln können wir, ausgehend von den Axiomen, neue wahre Formeln konstruieren und auf diese Weise jede wahre Formel erhalten.

Beispiele

1. Wir zeigen, daß die Formel

$$(A \longrightarrow B) \longrightarrow (A \longrightarrow A)$$

innerhalb des Aussagenkalküls wahr ist.

Die Formel

$$(A \longrightarrow (B \longrightarrow A)) \longrightarrow ((A \longrightarrow B) \longrightarrow (A \longrightarrow A))$$

ist das Ergebnis der Ersetzung der Variablen C durch A in Axiom I.2. Da die Prämisse der erhaltenen Implikation unser Axiom I.1 ist, muß nach der Abtrennungsregel auch

$$(A \longrightarrow B) \longrightarrow (A \longrightarrow A)$$

eine wahre Formel sein.

2. Wir zeigen, daß

$$A \wedge B \longrightarrow B \wedge A$$

eine innerhalb des Aussagenkalküls wahre Formel ist.

Im Axiom II.3 ersetzen wir A durch die Formel $A \wedge B$ und erhalten die wahre Formel

$$(A \wedge B \longrightarrow B) \longrightarrow ((A \wedge B \longrightarrow C) \longrightarrow (A \wedge B \longrightarrow B \wedge C)).$$

Hierin ersetzen wir nun C durch A und erhalten die wahre Formel

$$(A \wedge B \longrightarrow B) \longrightarrow ((A \wedge B \longrightarrow A) \longrightarrow (A \wedge B \longrightarrow B \wedge A)).$$

Wir sehen, daß die Prämisse dieser Implikation gerade Axiom II.2 ist. Daher erhalten wir unter Verwendung der Abrennungsregel die wahre Formel

$$(A \wedge B \longrightarrow A) \longrightarrow (A \wedge B \longrightarrow B \wedge A) \, .$$

Die Prämisse dieser Formel ist gerade Axiom II.1. Nochmalige Anwendung der Abtrennungsregel liefert uns schließlich die geforderte Formel

$$A \wedge B \longrightarrow B \wedge A.$$

3. Wir zeigen, daß

$$\overline{\overline{\overline{A}}} \longrightarrow \overline{A}$$

eine wahre Formel ist.

In Axiom IV.1 ersetzen wir B durch die Formel $\overline{\overline{A}}$, dann erhalten wir die wahre Formel

$$(A \longrightarrow \overline{\overline{A}}) \longrightarrow (\overline{\overline{\overline{A}}} \longrightarrow \overline{A}).$$

Die Prämisse dieser Formel ist Axiom IV.2. Die Anwendung der Abtrennungsregel liefert die geforderte Formel

$$\overline{\overline{\overline{A}}} \longrightarrow \overline{A}.$$

An dieser Stelle wollen wir eine Bemerkung bezüglich der Einsetzungsregel machen. Diese Regel ist zwar klar formuliert, aber dennoch ist diese Formulierung nicht restlos zufriedenstellend. Wenn wir nämlich in einer Formel einen Buchstaben durch eine Formel ersetzen, so erhalten wir zwar eine gewisse Zeichenreihe, aber es bleibt noch zu zeigen, daß diese auch tatsächlich eine Formel ist.

Wir geben eine andere Definition der Einsetzungsregel, die zur alten äquivalent ist. Allerdings ist sie wesentlich umständlicher; dafür folgt aber aus ihr sofort, daß jede durch eine Einsetzung entstehende Zeichenreihe eine Formel ist. Außerdem wird diese Definition bei anderen Überlegungen von Nutzen sein.

Die Einsetzungsoperation ist eine Abbildung, bei der jeder Formel **A** bei gegebenem Buchstaben A und gegebener Formel **B** eine eindeutig bestimmte Formel zugeordnet wird. Wir bezeichnen sie mit $S_A^{\mathbf{B}}(\mathbf{A})$. Die Operation $S_A^{\mathbf{B}}(\mathbf{A})$ definieren wir folgendermaßen:

Wenn **A** *die Aussagenvariable* A *ist, so ist* $S_A^{\mathbf{B}}(\mathbf{A})$ *die Formel* **B**. *Wenn* **A** *eine von* A *verschiedene Aussagenvariable ist, etwa* B, *so ist* $S_A^{\mathbf{B}}(\mathbf{A})$ *die Formel* B.

Damit haben wir die Operation $S_A^{\mathbf{B}}(\mathbf{A})$ für alle Elementarformeln definiert.

Es seien für die Formeln **A**$_1$ und **A**$_2$ die Formeln $S_A^{\mathbf{B}}(\mathbf{A_1})$ und $S_A^{\mathbf{B}}(\mathbf{A_2})$ bereits definiert.

Die Einsetzungsoperation für die Formeln $\mathbf{A_1} \wedge \mathbf{A_2}$, $\mathbf{A_1} \vee \mathbf{A_2}$, $\mathbf{A_1} \longrightarrow \mathbf{A_2}$ und $\overline{\mathbf{A}}$ definieren wir folgendermaßen:

$$S_A^{\mathbf{B}}(\mathbf{A_1} \wedge \mathbf{A_2}) \quad \textit{ist die Formel} \quad S_A^{\mathbf{B}}(\mathbf{A_1}) \wedge S_A^{\mathbf{B}}(\mathbf{A_2}),$$

$$S_A^{\mathbf{B}}(\mathbf{A_1} \vee \mathbf{A_2}) \quad \textit{ist die Formel} \quad S_A^{\mathbf{B}}(\mathbf{A_1}) \vee S_A^{\mathbf{B}}(\mathbf{A_2}),$$

$$S_A^{\mathbf{B}}(\mathbf{A_1} \longrightarrow \mathbf{A_2}) \quad \textit{ist die Formel} \quad S_A^{\mathbf{B}}(\mathbf{A_1}) \longrightarrow S_A^{\mathbf{B}}(\mathbf{A_2}),$$

$$S_A^{\mathbf{B}}(\overline{\mathbf{A_1}}) \quad \textit{ist die Formel} \quad \overline{S_A^{\mathbf{B}}(\mathbf{A_1})}.$$

Damit haben wir eine rekursive Definition der Operation S_A^B für alle Formeln des Aussagenkalküls angegeben. Dabei ist die Einsetzungsoperation S_A^B auch für solche Formeln A definiert, in denen die Variable A nicht vorkommt. Wie man leicht sieht, ist $S_A^B(A)$ in diesem Fall A selbst. Die Einsetzungsregel lautet folgendermaßen:

Wenn A eine wahre Formel ist, so ist auch $S_A^B(A)$ eine wahre Formel für alle Variablen A und alle Formeln B.

Aus dieser neuen Formulierung der Einsetzungsregel folgt unmittelbar, daß das Ergebnis der Einsetzung in eine Formel A selbst eine Formel ist.

Die Operation S_A^B erläutern wir am Beispiel

$$S_A^{A \to A \vee C}(A \wedge B \to (B \vee C) \wedge \overline{A \to C}). \tag{1}$$

Nach Definition ist das die Formel

$$S_A^{A \to A \vee C}(A \wedge B) \to S_A^{A \to A \vee C}((B \vee C) \wedge \overline{A \to C}).$$

$S_A^{A \to A \vee C}(A \wedge B)$ ist $S_A^{A \to A \vee C}(A) \wedge S_A^{A \to A \vee C}(B)$. Nun ist aber $S_A^{A \to A \vee C}(A)$ die Formel $A \to A \vee C$, und $S_A^{A \to A \vee C}(B)$ ist B.

Also ist $S_A^{A \to A \vee C}(A \wedge B)$ die Formel $(A \to A \vee C) \wedge B$.

Weiter ist $S_A^{A \to A \vee C}((B \vee C) \wedge \overline{A \to C})$ die Formel

$$S_A^{A \to A \vee C}(B \vee C) \wedge S_A^{A \to A \vee C}(\overline{A \to C});$$

$S_A^{A \to A \vee C}(B \vee C)$ ist aber $B \vee C$, da diese Formel A nicht enthält.

$S_A^{A \to A \vee C}(\overline{A \to C})$ ist $\overline{S_A^{A \to A \vee C}(A \to C)}$,

$S_A^{A \to A \vee C}(A \to C)$ ist offensichtlich $(A \to A \vee C) \to C$.

Folglich stellt

$$S_A^{A \to A \vee C}(A \wedge B \to (B \vee C) \wedge \overline{A \to C})$$

die Formel

$$(A \to A \vee C) \wedge B \to (B \vee C) \wedge (\overline{(A \to A \vee C) \to C})$$

dar.

Wir sehen an diesem Beispiel, daß durch Anwendung der Einsetzungsregel die Variable A in der Formel

$$A \wedge B \to (B \vee C) \wedge \overline{A \to C}$$

durch die Formel

$$A \to A \vee C$$

ersetzt wurde.

Neben den Grundregeln des Ableitens, nämlich der Einsetzungsregel und der Abtrennungsregel, werden wir noch andere Regeln zur Bildung wahrer Formeln verwenden, und zwar von den Grundregeln abgeleitete Regeln als Abkürzung von mehrfacher Anwendung der Grundregeln. Für alle diese Regeln führen wir ein bestimmtes Schema für eine abkürzende Schreibweise ein. Die Regeln drücken wir gewöhnlich in folgenden Termini aus:

„Wenn die Formeln $\mathbf{A}, \mathbf{B}, \ldots$ wahr sind, so sind Formeln $\mathbf{M}, \mathbf{N}, \ldots$ ebenfalls wahr." Definitionen dieser Art schreiben wir in der Gestalt

$$\frac{\mathbf{A}, \mathbf{B}, \ldots}{\mathbf{M}, \mathbf{N}, \ldots} \ .$$

Die Grundregeln des Ableitens haben dann folgende Gestalt:

$$\textit{Einsetzungsregel} \qquad \frac{\mathbf{A}}{S_\mathbf{A}^\mathbf{B}(\mathbf{A})} \ ,$$

$$\textit{Abtrennungsregel} \qquad \frac{\mathbf{A}, \mathbf{A} \to \mathbf{B}}{\mathbf{B}} \ .$$

Ersetzt man die verschiedenen Variablen $A_1, \ldots, A_n$ einer Formel $\mathbf{A}$ nacheinander durch die Formeln $\mathbf{B_1}, \mathbf{B_2}$ usw., und zwar zunächst A_1 durch $\mathbf{B_1}$, dann A_2 durch $\mathbf{B_2}$ usw., so erhält man schließlich die Formel

$$S_{A_n}^{\mathbf{B_n}} (S_{A_{n-1}}^{\mathbf{B_{n-1}}} \ldots (S_{A_1}^{\mathbf{B_1}}(\mathbf{A})) \ldots).$$

Wenn die Formeln $\mathbf{B_i}$ die Variablen $A_1, \ldots, A_n$ nicht enthalten, so ist die Reihenfolge der Einsetzungen beliebig. Anderenfalls ist sie jedoch keineswegs beliebig. Wir führen folgende Operation ein. Die Variablen $A_1, \ldots, A_n$ in der Formel $\mathbf{A}(A_1, \ldots, A_n)$ ersetzen wir durch solche Variablen, die in keiner der Formeln $\mathbf{B_1}, \ldots, \mathbf{B_n}$ vorkommen. Es seien $X_1, \ldots, X_n$ solche Variablen. Dann erhalten wir die Formel $\mathbf{A}(X_1, \ldots, X_n)$. Danach setzen wir nacheinander ein:

$$S_{X_n}^{\mathbf{B_n}} \left(\ldots (S_{X_1}^{\mathbf{B_1}}(\mathbf{A}(X_1, \ldots, X_n))) \right).$$

Wir erhalten eine Formel, von der man sagen kann, daß sie das Resultat einer *simultanen Einsetzung* der Formeln $\mathbf{B_1}, \ldots, \mathbf{B_n}$ für die entsprechenden Variablen $A_1, \ldots, A_n$ ist. Die erhaltene Operation bezeichnen wir mit

$$S_{A_1 \ldots A_n}^{\mathbf{B_1} \ldots \mathbf{B_n}} (\mathbf{A}).$$

Bei dieser Operation spielt die Formel $\mathbf{A}(X_1, \ldots, X_n)$ eine Hilfsrolle. Wenn man keine Variablentransformation der A_i in die X_i vornimmt, so werden bei den nacheinander ausgeführten Einsetzungen auch die in den Formeln $\mathbf{B_j}$ enthaltenen A_i durch die ihnen entsprechenden X_i ersetzt; dann ist aber das Operationsergebnis keine simultane Einsetzung für die Variablen A_i in der Formel $\mathbf{A}$. Die Formel $\mathbf{A}(X_1, \ldots, X_n)$ heißt *Nennformel*. Die Operation $S_{A_1 \ldots A_n}^{\mathbf{B_1} \ldots \mathbf{B_n}} (\mathbf{A})$ wollen wir eine *simultane Einsetzung in die Formel* $\mathbf{A}$ oder einfach *Einsetzungen in die Formel* $\mathbf{A}$ nennen. Für n = 1 benötigen wir keine Nennformel, da in diesem Fall die Einsetzungsregel einfach angewendet wird. Wenn daher die Formel **A** im Aussagenkalkül wahr ist, so ist auch

$$S^{B_1 \ldots B_n}_{A_1 \ldots A_n}(A)$$

eine wahre Formel, und wir erhalten die Regel

$$\frac{A}{S^{B_1 \ldots B_n}_{A_1 \ldots A_n}(A)}.$$

Die zweite abgeleitete Regel wird auf Formeln der Gestalt

$$A_1 \rightarrow (A_2 \rightarrow (\ldots A_{n-1} \rightarrow A_n) \ldots))$$

angewendet und lautet folgendermaßen: *Wenn die Formeln*

$$A_1, \ldots, A_{n-1} \ \textit{und} \ A_1 \rightarrow (A_2 \rightarrow (\ldots (A_{n-1} \rightarrow A_n) \ldots))$$

wahr sind, so ist auch die Formel A_n *im Aussagenkalkül wahr.* Diese Behauptung läßt sich leicht durch mehrmalige Anwendung der Abtrennungsregel beweisen.

In der Tat, sind

$$A_1 \ \text{und} \ A_1 \rightarrow (A_2 \rightarrow (\ldots (A_{n-1} \rightarrow A_n) \ldots))$$

wahre Formeln, so ist auch

$$A_2 \rightarrow (\ldots (A_{n-1} \rightarrow A_n) \ldots)$$

eine wahre Formel. Da A_2 und $A_2 \rightarrow (A_3 \rightarrow (\ldots A_{n-1} \rightarrow A_n) \ldots))$ wahre Formeln sind, ist auch

$$A_3 \rightarrow (\ldots (A_{n-1} \rightarrow A_n) \ldots)$$

eine wahre Formel. Durch Fortführung dieser Schlußweise erhalten wir schließlich, daß A_n eine wahre Formel im Aussagenkalkül ist.

Auf diese Weise erhalten wir eine neue Regel, die wir *zusammengesetzte Abtrennungsregel* nennen wollen. Wir schreiben sie in der Gestalt

$$\frac{A_1, A_2, \ldots, A_{n-1}, A_1 \rightarrow (A_2 \rightarrow (\ldots (A_{n-1} \rightarrow A_n) \ldots))}{A_n}.$$

Eine Formel heißt *falsch*, wenn ihre Negation wahr ist. Eine im Aussagenkalkül wahre Formel bezeichnen wir mit **W**, eine falsche mit **F**.

Satz 1: B $\rightarrow$ **W** *ist eine wahre Formel.*

In Axiom I.1 ersetzen wir A durch **W**, dann erhalten wir

$$W \rightarrow (B \rightarrow W).$$

Da **W** eine wahre Formel ist, liefert die Anwendung der Abtrennungsregel auf die Formeln

$$W \ \text{und} \ W \rightarrow (B \rightarrow W)$$

unsere Behauptung

$$B \longrightarrow \mathbf{W}.$$

Satz 2: $A \longrightarrow A$ *ist eine wahre Formel.*

In Axiom I.2 ersetzen wir C durch A; dann erhalten wir

$$(A \longrightarrow (B \longrightarrow A)) \longrightarrow ((A \longrightarrow B) \longrightarrow (A \longrightarrow A)).$$

Die Prämisse dieser Formel ist gerade Axiom I.1. Die Anwendung der Abtrennungsregel liefert

$$(A \longrightarrow B) \longrightarrow (A \longrightarrow A).$$

Hierin ersetzen wir B durch $\mathbf{W}$ und erhalten

$$(A \longrightarrow \mathbf{W}) \longrightarrow (A \longrightarrow A).$$

Nach Satz 1 ist $A \longrightarrow \mathbf{W}$ eine wahre Formel. Nochmalige Anwendung der Abtrennungsregel beweist die Wahrheit der Formel

$$A \longrightarrow A.$$

2.3. Das Deduktionstheorem

Um wahre Formeln im Aussagenkalkül nicht durch unmittelbare Anwendung der Ableitungsregeln aus den Axiomen herleiten zu müssen, wählen wir ein kürzeren Weg, indem wir das sogenannte *Deduktionstheorem* beweisen. Dieser Satz gestattet es uns, die Ableitbarkeit verschiedener Formeln wesentlich einfacher festzustellen als durch ihre unmittelbare Herleitung selbst.

Eine Formel **B** heißt *ableitbar aus den Formeln* $A_1, \ldots, A_n$, wenn sich **B** allein unter Verwendung der Abtrennungsregel aus $A_1, \ldots, A_n$ und allen im Aussagenkalkül wahren Formeln herleiten läßt.

Eine exakte Definition der *Ableitbarkeit* einer Formel **B** aus den Formeln $A_1, \ldots, A_n$, welche die *Ausgangsformeln* heißen, lautet folgendermaßen:

a) Jede Formel A_i ($1 \leq i \leq n$) ist ableitbar aus den Formeln $A_1, \ldots, A_n$.
b) Jede im Aussagenkalkül wahre Formel ist aus $A_1, \ldots, A_n$ ableitbar.
c) Wenn die Formeln A und $A \longrightarrow B$ aus $A_1, \ldots, A_n$ ableitbar sind, so ist auch die Formel **B** aus $A_1, \ldots, A_n$ ableitbar.

Die Ableitbarkeit der Formel **B** aus $A_1, \ldots, A_n$ kennzeichnen wir durch

$$A_1, \ldots, A_n \vdash B.$$

Die Ableitbarkeit einer Formel **B** aus den Formeln $A_1, \ldots, A_n$ ist streng zu unterscheiden von der Ableitbarkeit einer wahren Formel aus den Axiomen des Aussagenkalküls, denn im zweiten Fall gehört die Einsetzungsregel zu den zulässigen Ableitungsregeln, während sie im ersten Fall nicht dazu gehört. Man könnte auch den Begriff der Ableitung einer Formel **B** aus den Formeln $A_1, \ldots, A_n$ so fassen, daß dabei auch die Einsetzungsregel zugelassen ist. Wenn wir dann den Begriff der Ableitbarkeit in diesem wie in jenem Sinne verwenden würden, müßten wir die beiden Begriffe unbedingt durch verschiedene Termini voneinander unterscheiden. Da wir es aber mit der Ableitbarkeit von B aus anderen Formeln nur in dem einem Sinne zu tun haben werden, der unserer Definition entspricht, werden wir für diesen Begriff keinen neuen Terminus einführen. Falls wir es mit der Ableitbarkeit einer Formel B aus den Formeln $A_1, \ldots, A_n$ im anderen Sinne zu tun haben, so werden wir diesen Umstand besonders betonen. Wenn $A_1, \ldots, A_n$ Axiome oder andere wahre Formeln sind, so fällt die Klasse der aus ihnen ableitbaren Formeln mit der Klasse aller wahren Formeln zusammen, da jede wahre Formel als aus jedem beliebigen System von Formeln ableitbar angesehen wird.

Wir erweitern den unter dem Ausdruck

$$A_1, \ldots, A_n \vdash B \tag{1}$$

zu verstehenden Begriff auf den Fall, daß es keine Formeln A_i gibt ($n = 0$). Dann soll B einfach eine wahre Formel im Aussagenkalkül sein. Der Ausdruck (1) nimmt in diesem Fall die Gestalt

$$\vdash B$$

an.

Alle weiteren Überlegungen über die Ableitbarkeit einer Formel B aus den Formeln $A_1, \ldots, A_n$ wollen wir auch auf diesen Fall ausdehnen.

Deduktionstheorem: *Wenn die Formel* B *aus den Formeln* $A_1, \ldots, A_n$ *ableitbar ist, so ist*

$$A_1 \rightarrow (A_2 \rightarrow (\ldots (A_n \rightarrow B) \ldots))$$

eine wahre Formel.

Zunächst beweisen wir: Wenn

$$A_1, A_2, \ldots, A_n \vdash B,$$

so

$$A_1, A_2, \ldots, A_{n-1} \vdash A_n \rightarrow B.$$

Diese Behauptung beweisen wir folgendermaßen durch vollständige Induktion. Zunächst zeigen wir, daß die Behauptung wahr ist, falls B eine der Formeln A_i oder eine wahre Formel im Aussagenkalkül ist. Danach zeigen wir, daß aus der Richtigkeit unserer Behauptung für die Formeln B' und $B' \rightarrow B''$ die Richtigkeit für B'' folgt.

Wenn B eine der Formeln A_i ist, so ist $i = n$ oder $i < n$. Im ersten Fall ist $A_n \rightarrow A_n$ eine wahre Formel, die wir durch Einsetzung in $A \rightarrow A$ (vgl. 2.2, Satz 2) erhalten. Daher ist

$$A_1, \ldots, A_{n-1} \vdash A_n \rightarrow A_n.$$

Es sei nun $i < n$, dann erhalten wir durch Einsetzung in Axiom I.1

$$\vdash A_i \rightarrow (A_n \rightarrow A_i).$$

Die letzte Formel ist als wahre Formel aus den Formeln $A_1, \ldots, A_{n-1}$ ableitbar. Die Formel A_i ist ebenfalls ableitbar aus den Formeln $A_1, \ldots, A_{n-1}$. Daher ist die Formel $A_n \rightarrow A_i$ ableitbar aus den Formeln $A_1, \ldots, A_{n-1}$.

Der Fall, daß B eine wahre Formel ist, ist trivial.

Es seien nun die Formeln $A_n \rightarrow B'$ und $A_n \rightarrow (B' \rightarrow B'')$ aus den Formeln $A_1, \ldots, A_{n-1}$ ableitbar. Die Formel

$$(A_n \rightarrow (B' \rightarrow B'')) \rightarrow ((A_n \rightarrow B') \rightarrow (A_n \rightarrow B''))$$

ist wahr im Aussagenkalkül, da sie durch Einsetzungen in Axiom I.2 entsteht. Daher ist diese Formel aus $A_1, \ldots, A_{n-1}$ ableitbar. Beide Prämissen dieser Formel sind nach Voraussetzung aus $A_1, \ldots, A_{n-1}$ ableitbar. Zweimalige Anwendung der Abtrennungsregel liefert uns die Formel $A_n \rightarrow B''$, die folglich ebenfalls aus den Formeln $A_1, \ldots, A_{n-1}$ ableitbar ist.

Damit haben wir gezeigt: Wenn

$$A_1, \ldots, A_n \vdash B,$$

so

$$A_1, \ldots, A_{n-1} \vdash A_n \rightarrow B.$$

Unsere Überlegung ist nach dem oben Gesagten auch auf den Fall $n = 1$ anwendbar. Dann lautet unsere Behauptung folgendermaßen: Wenn

$$A_n \vdash B,$$

so

$$A_n \rightarrow B.$$

Nach dem bisher Bewiesenen können wir nun mühelos die Gültigkeit des Deduktionstheorems erschließen. Es sei

$$A_1, \ldots, A_n \vdash B.$$

Dann haben wir

$$A_1, \ldots, A_{n-1} \vdash A_n \rightarrow B.$$

Nochmalige Anwendung ergibt

$$A_1, \ldots, A_{n-2} \vdash A_{n-1} \rightarrow (A_n \rightarrow B).$$

So weiter schließend erhalten wir endlich

$$A_1 \vdash A_2 \rightarrow (A_3 \rightarrow (\ldots \rightarrow (A_n \rightarrow B) \ldots)).$$

Eine letztmalige Anwendung unserer Überlegung führt zu

$$\vdash (A_1 \rightarrow (A_2 \rightarrow (A_3 \rightarrow (\ldots \rightarrow (A_n \rightarrow B) \ldots)))),$$

womit das Deduktionstheorem bewiesen ist.

2.4. Einige aussagenlogische Schlußregeln

Satz 1: $\vdash (A \to B) \to ((B \to C) \to (A \to C))$.

Wir betrachten die Formeln $A \to B$, $B \to C$ und A. Aus ihnen kann man allein mit Hilfe der Abtrennungsregel die Formel C ableiten. Dann erschließen wir nach dem Deduktionstheorem, daß

$$(A \to B) \to ((B \to C) \to (A \to C))$$

eine wahre Formel ist. Damit ist Satz 1 bewiesen.

Wir ersetzen in dieser Formel A durch die Formel **A**, B durch **B** und C durch **C**. Dann erhalten wir die wahre Formel

$$(\mathbf{A} \to \mathbf{B}) \to ((\mathbf{B} \to \mathbf{C}) \to (\mathbf{A} \to \mathbf{C})).$$

Wenn die Formeln $\mathbf{A} \to \mathbf{B}$ und $\mathbf{B} \to \mathbf{C}$ wahr sind, so liefert die Anwendung der zusammengesetzten Abtrennungsregel die Wahrheit der Formel $\mathbf{A} \to \mathbf{C}$. Damit haben wir eine Schlußregel gefunden, die wir in der Gestalt

$$\frac{\mathbf{A} \to \mathbf{B},\ \mathbf{B} \to \mathbf{C}}{\mathbf{A} \to \mathbf{C}}$$

aufschreiben und als *Kettenschluß* bezeichnen.

Satz 2: $\vdash (A \to (B \to C)) \to (B \to (A \to C))$.

Wir betrachten die Formeln $A \to (B \to C)$, B und A. Zweimalige Anwendung der Abtrennungsregel liefert

$$A \to (B \to C),\ B,\ A \vdash C.$$

Nach dem Deduktionstheorem folgt dann schließlich die gewünschte Formel. Aus der Wahrheit dieser Formel erhalten wir analog wie im vorigen Satz die Regel der *Prämissenvertauschung:*

$$\frac{\mathbf{A} \to (\mathbf{B} \to \mathbf{C})}{\mathbf{B} \to (\mathbf{A} \to \mathbf{C})}.$$

Satz 3: $\vdash A \to (B \to A \wedge B)$.

Zunächst zeigen wir

$$(W \to A) \to ((W \to B) \to (W \to A \wedge B)),\ A,\ B \vdash A \wedge B.$$

(Hierbei bedeutet **W** wie verabredet eine beliebige wahre Formel.) Die erste der linksstehenden Formeln bezeichnen wir zur Abkürzung mit $\mathbf{A}^0$. Die Formel $\mathbf{A} \to (\mathbf{W} \to \mathbf{A})$ ist wahr. Daher ist die Formel $\mathbf{W} \to \mathbf{A}$ aus der Formel $\mathbf{A}$ ableitbar und somit erst recht aus den Formeln $\mathbf{A}^0$, $\mathbf{A}$, $\mathbf{B}$. Damit erhalten wir

$$\mathbf{A}^0,\ \mathbf{A},\ \mathbf{B} \vdash \mathbf{W} \to \mathbf{A}.$$

In analoger Weise finden wir

$$\mathbf{A}^0,\ \mathbf{A},\ \mathbf{B} \vdash \mathbf{W} \to \mathbf{B}.$$

Aus A^0 leiten wir durch dreimalige Anwendung der Abtrennungsregel die Formel $A \wedge B$ ab, woraus seinerseits

$$A^0,\ A,\ B \vdash A \wedge B$$

folgt. Nach dem Deduktionstheorem erhalten wir

$$\vdash A^0 \to (A \to (B \to A \wedge B)).$$

Nun ist aber A^0 eine wahre Formel; sie kann durch Einsetzungen in Axiom II.3 (S. 44) erhalten werden. Daraus erhalten wir

$$\vdash A \to (B \to A \wedge B),$$

und Satz 3 ist bewiesen.

Er liefert die Schlußregel

$$\frac{A,\ B}{A \wedge B}.$$

Die umgekehrte Regel

$$\frac{A \wedge B}{A,\ B}$$

folgt aus den Axiomen II.1 und II.2. Aus beiden Regeln zusammen folgt die Regel

$$\frac{A \wedge B}{B \wedge A},$$

die man übrigens auch aus der Formel

$$\vdash A \wedge B \to B \wedge A,$$

deren Wahrheit bereits bewiesen wurde (vgl. S. 45), gewinnen kann.

Satz 4: $\vdash F \to A.$

In Axiom IV.1 ersetzen wir B durch W und erhalten

$$(A \to W) \to (\overline{W} \to \overline{A}).$$

Nach Satz 1 aus 2.2 ist aber $A \to W$ eine wahre Formel. Durch Anwendung der Abtrennungsregel erhalten wir die Formel

$$\vdash \overline{\overline{F}} \to \overline{A},$$

wobei wir unter Benutzung der Definition einer falschen Formel W durch $\overline{F}$ ersetzt haben. Ersetzen wir noch A durch $\overline{A}$, so erhalten wir

$$\vdash \overline{\overline{F}} \to \overline{\overline{A}}.$$

Aus dieser letzten Formel und aus den Axiomen IV.2 und IV.3 erhalten wir durch Anwendung des Kettenschlusses schließlich

$$\vdash F \to A.$$

Satz 5:

a) $\vdash (A \to (B \to C)) \to (A \wedge B \to C)$,

b) $\vdash (A \wedge B \to C) \to (A \to (B \to C))$.

Wir beweisen zunächst die erste Behauptung. Es gilt

$$A \to (B \to C),\ A \wedge B \vdash C.$$

Die Formeln

$$A \wedge B \to A \quad \text{und} \quad A \wedge B \to B$$

sind nämlich Axiome im Aussagenkalkül. Daher sind die Formeln A und B ableitbar aus den Formeln

$$A \to (B \to C) \quad \text{und} \quad A \wedge B.$$

Wir wenden die Abtrennungsregel zunächst auf die Formeln

$$A \quad \text{und} \quad A \to (B \to C)$$

und danach auf die Formeln

$$B \quad \text{und} \quad B \to C$$

an und erhalten die Ableitbarkeit von C aus den Formeln $A \to (B \to C)$, $A \wedge B$. Hieraus folgt nach dem Deduktionstheorem die Richtigkeit der Behauptung a).

Wir gehen nun zum Beweis von b) über. Dazu betrachten wir das Formelsystem

$$A \wedge B \to C,\ A,\ B.$$

Wir wollen zeigen, daß die Formel C aus diesem System ableitbar ist. Nach Satz 3 ist

$$\vdash A \to (B \to A \wedge B).$$

Hieraus folgt die Ableitbarkeit der Formel $A \wedge B$ aus den Formeln

$$A \wedge B \to C,\ A,\ B.$$

Dann ist aber auch C aus diesen Formeln ableitbar. Die Anwendung des Deduktionstheorems vollendet den Beweis der Behauptung b).

Aus dem bewiesenen Satz folgen die beiden Regeln

$$\frac{A \to (B \to C)}{A \wedge B \to C}\ , \qquad \frac{A \wedge B \to C}{A \to (B \to C)}\ .$$

Die erste heißt die Regel der *Prämissenverschmelzung*.

Satz 6: $\vdash A \wedge \bar{A} \to F$.

Aus Axiom I.1 erhalten wir durch Ersetzung

$$\vdash A \to (W \to A).$$

Da $\overline{W}$ gleich F ist, erhalten wir aus Axiom IV.1

$$\vdash (W \rightarrow A) \rightarrow (\overline{A} \rightarrow F).$$

Die Anwendung des Kettenschlusses auf beide Formeln ergibt

$$\vdash A \rightarrow (\overline{A} \rightarrow F),$$

woraus nach Prämissenverschmelzung

$$\vdash A \wedge \overline{A} \rightarrow F$$

folgt. Schließlich liefert eine Ersetzung die gesuchte Formel

$$\vdash A \wedge \overline{A} \rightarrow F.$$

2.5. Monotonie

Wir wollen eine Formel A *stärker* (besser vielleicht „nicht schwächer") als eine Formel B nennen, wenn $\vdash A \rightarrow B$.

Definition. Eine die Variable A enthaltende Formel $A(A)$ heißt *monoton steigend* (bzw. *monoton fallend*) bezüglich der Variablen A, wenn aus $B_1 \rightarrow B_2$ folgt $A(B_1) \rightarrow A(B_2)$ (bzw. wenn aus $B_1 \rightarrow B_2$ folgt $A(B_2) \rightarrow A(B_1)$). Hierbei bezeichnen $A(B_1)$ und $A(B_2)$ wie im folgenden die Formeln, die aus $A(A)$ durch Einsetzung von B_1 bzw. B_2 für die Aussagenvariable A entsteht.

Die Bedeutung der Monotonie erhellt der folgende Satz.

Satz 1: Alle logischen Grundoperationen sind monoton bezüglich aller in ihnen vorkommenden Variablen: Die Formeln $A \wedge B$ und $A \vee B$ sind monoton steigend bezüglich A und B, $\overline{A}$ ist fallend bezüglich A, während $A \rightarrow B$ bezüglich A fallend und bezüglich B steigend ist.

Beweis: 1. Die Formel $A \wedge B$ ist bezüglich A und B monoton steigend. Es sei

$$\vdash B_1 \rightarrow B_2. \tag{a}$$

Durch Einsetzung in Axiom II.1 erhalten wir

$$\vdash B_1 \wedge B \rightarrow B_1. \tag{b}$$

Aus diesen Formeln folgt nach dem Kettenschluß

$$\vdash B_1 \wedge B \rightarrow B_2. \tag{c}$$

Durch Einsetzungen in Axiom II.3 ($B_1 \wedge B$ für A, $B_2 \wedge B$ für B und B für C) erhalten wir

$$\vdash (B_1 \wedge B \rightarrow B_2) \rightarrow [(B_1 \wedge B \rightarrow B) \rightarrow (B_1 \wedge B \rightarrow B_2 \wedge B)]. \tag{d}$$

Die Formeln $B_1 \wedge B \rightarrow B$ und $B_1 \wedge B \rightarrow B_2$ sind wahr. Daher liefert die zweimalige Anwendung der Abtrennungsregel auf (d)

$$\vdash B_1 \wedge B \rightarrow B_2 \wedge B.$$

Damit ist bewiesen, daß die Formel $A \wedge B$ monoton steigend ist bezüglich A. Analog zeigt man, daß sie auch bezüglich B monoton steigend ist.

2. Die Formel $A \vee B$ ist bezüglich A und bezüglich B monoton steigend. Wir beweisen diese Behauptung bezüglich B. Es sei

$$\vdash B_1 \rightarrow B_2. \tag{a}$$

Aus Axiom III.2 erhalten wir durch Einsetzung

$$\vdash B_2 \rightarrow A \vee B_2. \tag{b$'$}$$

Die Regel des Kettenschlusses liefert dann

$$\vdash B_1 \rightarrow A \vee B_2. \tag{c$'$}$$

Außerdem ergibt eine Einsetzung in Axiom III.1

$$\vdash A \rightarrow A \vee B_2. \tag{c$''$}$$

In Axiom III.3 setzen wir nun B_1 für B und $A \vee B_2$ für C. Wir erhalten

$$\vdash (A \rightarrow A \vee B_2) \rightarrow [(B_1 \rightarrow A \vee B_2) \rightarrow (A \vee B_1 \rightarrow A \vee B_2)]. \tag{d$'$}$$

Auf (d$'$) wenden wir unter Verwendung von (c$'$) und (c$''$) die Abtrennungsregel an und erhalten

$$\vdash A \vee B_1 \rightarrow A \vee B_2.$$

3. Die Formel $\overline{A}$ ist monoton fallend bezüglich A. Das folgt unmittelbar aus Axiom IV.1.

4. Die Formel $A \rightarrow B$ ist monoton steigend bezüglich B und monoton fallend bezüglich A. Wir zeigen zunächst, daß die Formel $A \rightarrow B$ monoton fallend ist bezüglich A. Es sei

$$\vdash B_1 \rightarrow B_2. \tag{a}$$

Wegen der bereits bewiesenen Monotonie der Formel $A \wedge B$ erhalten wir

$$\vdash (B_2 \rightarrow B) \wedge B_1 \rightarrow (B_2 \rightarrow B) \wedge B_2. \tag{e}$$

Aus der wahren Formel $A \rightarrow A$ (2.2, Satz 2) finden wir durch Ersetzung

$$\vdash (B_2 \rightarrow B) \rightarrow (B_2 \rightarrow B)$$

und nach Prämissenverschmelzung

$$\vdash (B_2 \rightarrow B) \wedge B_2 \rightarrow B. \tag{f}$$

Mit Hilfe des Kettenschlusses erhalten wir aus (e) und (f)

$$\vdash (B_2 \rightarrow B) \wedge B_1 \rightarrow B.$$

Wenden wir auf die erhaltene Formel die zur Regel der Prämissenverschmelzung entgegengesetzte Regel an, so ergibt sich die behauptete Monotonie:

$$\vdash (B_2 \rightarrow B) \rightarrow (B_1 \rightarrow B).$$

Wir zeigen nun weiter, daß die Formel $A \rightarrow B$ monoton steigend ist bezüglich B. Es sei $\vdash B_1 \rightarrow B_2$. In Analogie zu Formel (f) erhalten wir

$$\vdash (A \rightarrow B_1) \wedge A \rightarrow B_1 . \tag{f'}$$

Aus (a) und (f′) folgt mit Hilfe des Kettenschlusses

$$\vdash (A \rightarrow B_1) \wedge A \rightarrow B_2 ,$$

woraus wir durch Anwendung der zur Regel der Prämissenverschmelzung entgegengesetzten Regel

$$\vdash (A \rightarrow B_1) \rightarrow (A \rightarrow B_2)$$

erhalten, w. z. b. w.

Aus der Definition der Monotonie folgt unmittelbar: Wenn die Formel $A(B)$ monoton steigend ist bezüglich B und wenn

$$\vdash A(B_1),$$

so erhalten wir wieder eine wahre Formel, wenn wir für B_1 eine schwächere Formel B_2 einsetzen. Wenn dagegen $A(B)$ monoton fallend ist bezüglich B, so bleibt $A(B_1)$ wahr bei Einsetzung einer stärkeren Formel für B_1.

Dieser Umstand gestattet oft die Vereinfachung von Beweisen, in denen gewisse Teilformeln durch schwächere bzw. stärkere Formeln ersetzt werden. In diesen Fällen genügt es oft, die entsprechende Monotonie zu überprüfen.

2.6. Äquivalente Formeln

Eine Formel der Gestalt

$$(A \rightarrow B) \wedge (B \rightarrow A)$$

wollen wir abgekürzt schreiben als

$$A \sim B.$$

Das Zeichen $\sim$ ist kein Symbol im Aussagenkalkül, sondern wird lediglich als Abkürzung im oben erklärten Sinne gebraucht. Seine Benutzung ist recht vorteilhaft. (Man könnte natürlich auch das Zeichen $\sim$ als Symbol im Aussagenkalkül einführen, damit das dann erhaltene System in bekannter Weise dem von uns betrachteten System völlig adäquat wird; dann müßten wir aber noch weitere Axiome einführen, was den Kalkül kompliziert machen würde. Andererseits würden wir dadurch keinerlei Vorteil gewinnen.)

Das Zeichen $\sim$ wollen wir Äquivalenzzeichen, die Formel $A \sim B$ eine *Äquivalenz* nennen.

Als Beispiel betrachten wir den Ausdruck

$$A \sim \overline{\overline{A}}.$$

Die Axiome IV.2 bzw. IV.3 haben die Gestalt

$$A \longrightarrow \overline{\overline{A}} \quad \text{bzw.} \quad \overline{\overline{A}} \longrightarrow A.$$

Wenden wir darauf die Regel $\dfrac{A, \; B}{A \wedge B}$ an, so erhalten wir

$$\vdash (A \longrightarrow \overline{\overline{A}}) \wedge (\overline{\overline{A}} \longrightarrow A).$$

In der verabredeten Form hat dieser Ausdruck die Gestalt

$$\vdash A \sim \overline{\overline{A}}.$$

Wir wollen nun den wichtigen Begriff der äquivalenten Formeln einführen. Die Formeln A und B heißen *äquivalent*, wenn gilt

$$\vdash A \sim B.$$

Wir bemerken sofort, daß je zwei wahre Formeln des Aussagenkalküls äquivalent sind.

Die Äquivalenz von Formeln ist symmetrisch, d. h., *wenn A äquivalent zu B ist, so ist auch B äquivalent zu A.* Denn gilt

$$\vdash A \sim B$$

oder, was dasselbe ist,

$$\vdash (A \longrightarrow B) \wedge (B \longrightarrow A),$$

so erhalten wir nach der Regel $\dfrac{A \wedge B}{A, \; B}$

$$\vdash A \longrightarrow B \quad \text{und} \quad \vdash B \longrightarrow A.$$

Durch Anwendung der entgegengesetzten Regel $\dfrac{A, \; B}{A \wedge B}$ erhalten wir

$$\vdash (B \longrightarrow A) \wedge (A \longrightarrow B)$$

oder

$$\vdash B \sim A.$$

Die Äquivalenz von Formeln ist transitiv, d. h., *wenn A äquivalent zu B und B äquivalent zu C ist, so ist auch A äquivalent zu C.* Denn aus $\vdash A \sim B$ und $\vdash B \sim C$ folgt (auf Grund von $\dfrac{A \wedge B}{A, \; B}$)

$$\vdash A \longrightarrow B, \quad \vdash B \longrightarrow C.$$

Wenden wir auf diese Formeln den Kettenschluß an, so erhalten wir

$$\vdash A \longrightarrow C.$$

Wegen der Symmetrie der Äquivalenz erhalten wir auch

$$\vdash C \longrightarrow A.$$

Schließlich liefert die Anwendung der Regel $\dfrac{A, \; B}{A \wedge B}$

$$\vdash A \sim C.$$

Um die Wahrheit der Äquivalenz

$$A \sim B$$

zu zeigen, genügt es, die beiden Implikationen

$$A \longrightarrow B \quad \text{und} \quad B \longrightarrow A$$

nachzuweisen, und umgekehrt sind diese Implikationen wahr, wenn die Äquivalenz $A \sim B$ wahr ist. Das läßt sich leicht aus dem oben Gesagten herleiten. Man kann diesen Umstand auch in Gestalt zweier Regeln angeben:

$$\frac{A \longrightarrow B, B \longrightarrow A}{A \sim B}, \qquad \frac{A \sim B}{A \longrightarrow B, B \longrightarrow A}.$$

Unter Benutzung eines früher eingeführten Begriffs können wir diese Behauptung folgendermaßen formulieren: *Zwei Formeln* A *und* B *sind genau dann äquivalent, wenn* A *stärker als* B *und* B *stärker als* A *ist.*

Beispiel. Aus der bewiesenen Äquivalenz

$$A \sim \overline{\overline{A}}$$

folgt durch Einsetzung die Äquivalenz der Formeln A und $\overline{\overline{A}}$.

Ersetzungstheorem für äquivalente Formeln. Ist $A(A)$ eine Formel, die die Aussagenvariable A enthält, und sind B_1 und B_2 äquivalent, so sind auch die Formeln $A(B_1)$ und $A(B_2)$, die aus $A(A)$ durch Einsetzung von B_1 bzw. B_2 anstelle von A entstehen, äquivalent:

$$\vdash (B_1 \sim B_2) \longrightarrow [A(B_1) \sim A(B_2)]. \tag{I}$$

Den Beweis führen wir durch vollständige Induktion nach der Anzahl der die Formel $A(A)$ bildenden Operationen.

Wenn diese Zahl gleich Null ist, so ist die Formel $A(A)$ einfach A selbst, und daher nimmt (I) die Gestalt

$$(B_1 \sim B_2) \longrightarrow (B_1 \sim B_2)$$

an. Diese Formel ist wahr, da sie aus der früher hergeleiteten Formel $A \longrightarrow A$ durch Einsetzung entsteht.

Es sei nun die Behauptung (I) für alle Formeln erfüllt, die durch höchstens n Operationen gebildet werden, und es sei $A(A)$ durch n + 1 Operationen gebildet. Die letzte bei der Bildung durch $A(A)$ auftretende Operation ist eine der vier möglichen Operationen $\wedge$, $\vee$, $\longrightarrow$ oder $^{-}$. Daher hat die Formel $A(A)$ eine der Gestalten

$$A_1(A) \wedge A_2(A), \qquad A_1(A) \vee A_2(A), \qquad A_1(A) \longrightarrow A_2(A), \qquad \overline{A_1(A)},$$

wobei die Formeln $A_1(A)$ und $A_2(A)$ durch höchstens n Operationen gebildet werden.

Hieraus folgt dann die Gültigkeit des Satzes, sobald unter den Voraussetzungen

$$\vdash (B_1 \sim B_2) \longrightarrow [A_1(B_1) \sim A_1(B_2)] \tag{a}$$

und

$$\vdash (B_1 \sim B_2) \rightarrow [A_2(B_1) \sim A_2(B_2)] \qquad \text{(b)}$$

die Behauptungen

1. $\vdash (B_1 \sim B_2) \rightarrow [A_1(B_1) \wedge A_2(B_1) \sim A_1(B_2) \wedge A_2(B_2)]$,
2. $\vdash (B_1 \sim B_2) \rightarrow [A_1(B_1) \vee A_2(B_1) \sim A_1(B_2) \vee A_2(B_2)]$,
3. $\vdash (B_1 \sim B_2) \rightarrow \{[A_1(B_1) \rightarrow A_2(B_1)] \sim [A_1(B_2) \rightarrow A_2(B_2)]\}$,
4. $\vdash (B_1 \sim B_2) \rightarrow [\overline{A_1(B_1)} \sim \overline{A_2(B_2)}]$

bewiesen sind [im Fall 4 genügt Voraussetzung (a)].

Wir beweisen nun diese Behauptungen:

1. Durch Einsetzung in Axiom II.1 erhalten wir

$$\vdash A_1(B_1) \wedge A_2(B_1) \rightarrow A_1(B_1). \qquad \text{(1)}$$

Andererseits erhalten wir aus der gegebenen Formel (a), die wir in der Gestalt

$$\vdash (B_1 \sim B_2) \rightarrow \{[A_1(B_1) \rightarrow A_1(B_2)] \wedge [A_1(B_2) \rightarrow A_1(B_1)]\}$$

aufschreiben können, durch Anwendung von Axiom II.1 und des Kettenschlusses

$$\vdash (B_1 \sim B_2) \rightarrow [A_1(B_1) \rightarrow A_1(B_2)].$$

Hieraus folgt nach Prämissenvertauschung

$$\vdash A_1(B_1) \rightarrow [(B_1 \sim B_2) \rightarrow A_1(B_2)]. \qquad \text{(2)}$$

Aus (1) und (2) erhalten wir mit Hilfe des Kettenschlusses

$$\vdash A_1(B_1) \wedge A_2(B_1) \rightarrow [(B_1 \sim B_2) \rightarrow A_1(B_2)],$$

woraus nach Prämissenvertauschung

$$\vdash (B_1 \sim B_2) \rightarrow [A_1(B_1) \wedge A_2(B_1) \rightarrow A_1(B_2)] \qquad \text{(3)}$$

folgt. Ganz analog ergibt sich

$$\vdash (B_1 \sim B_2) \rightarrow [A_1(B_1) \wedge A_2(B_1) \rightarrow A_2(B_2)]. \qquad \text{(4)}$$

Durch Einsetzung in Axiom II.3 und zweimalige Anwendung der Abtrennungsregel [auf Grund von (3) und (4)] finden wir

$$\vdash (B_1 \sim B_2) \rightarrow [A_1(B_1) \wedge A_2(B_1) \rightarrow A_1(B_2)]$$
$$\wedge [A_1(B_1) \wedge A_2(B_1) \rightarrow A_2(B_2)]. \qquad \text{(5)}$$

Andererseits erhalten wir durch Anwendung der Prämissenverschmelzung auf Axiom II.3 und durch Einsetzung

$$[A_1(B_1) \wedge A_2(B_1) \rightarrow A_1(B_2)] \wedge [A_1(B_1) \wedge A_2(B_1) \rightarrow A_2(B_2)] \rightarrow$$
$$\rightarrow [A_1(B_1) \wedge A_2(B_1) \rightarrow A_1(B_2) \wedge A_2(B_2)]. \qquad \text{(6)}$$

Anwendung des Kettenschlusses auf (5) und (6) ergibt

$$\vdash (B_1 \sim B_2) \rightarrow [A_1(B_1) \wedge A_2(B_1) \rightarrow A_1(B_2) \wedge A_2(B_2)]. \tag{7}$$

Aus (7) und aus der Formel

$$\vdash (B_1 \sim B_2) \rightarrow [A_1(B_2) \wedge A_2(B_2) \rightarrow A_1(B_1) \wedge A_2(B_1)], \tag{8}$$

die ganz analog bewiesen wird, erhalten wir durch Anwendung von Axiom II.3

$$\vdash (B_1 \sim B_2) \rightarrow [A_1(B_1) \wedge A_2(B_1) \sim A_1(B_2) \wedge A_2(B_2)].$$

2. Aus der Definition der Äquivalenz und aus Axiom II.1 folgt

$$\vdash (A \sim B) \rightarrow (A \rightarrow B). \tag{9}$$

Außerdem gilt (Axiom III.1)

$$\vdash B \rightarrow B \vee C. \tag{10}$$

Durch Einsetzung folgt aus 2.4, Satz 1, weiter

$$\vdash (A \rightarrow B) \rightarrow [(B \rightarrow B \vee C) \rightarrow (A \rightarrow B \vee C)],$$

woraus wir durch Prämissenvertauschung und Anwendung der Abtrennungsregel [auf Grund von (10)]

$$\vdash (A \rightarrow B) \rightarrow (A \rightarrow B \vee C) \tag{11}$$

erhalten.

Auf (9) und (11) wenden wir den Kettenschluß an und bekommen

$$\vdash (A \sim B) \rightarrow (A \rightarrow B \vee C).$$

Einsetzungen in diesen letzten Ausdruck liefern

$$\vdash [A_1(B_1) \sim A_1(B_2)] \rightarrow [A_1(B_1) \rightarrow A_1(B_2) \vee A_2(B_2)],$$

woraus wir unter Verwendung von (a) und mit Hilfe des Kettenschlusses

$$\vdash (B_1 \sim B_2) \rightarrow [A_1(B_1) \rightarrow A_1(B_2) \vee A_2(B_2)] \tag{12}$$

erhalten. Analog läßt sich

$$\vdash (B_1 \sim B_2) \rightarrow [A_2(B_1) \rightarrow A_1(B_2) \vee A_2(B_2)] \tag{13}$$

beweisen. Durch Anwendung von Axiom II.3 erhalten wir aus (12) und (13)

$$\vdash (B_1 \sim B_2) \rightarrow [A_1(B_1) \rightarrow A_1(B_2) \vee A_2(B_2)] \\ \wedge [A_2(B_1) \rightarrow A_1(B_2) \vee A_2(B_2)]. \tag{14}$$

Andererseits erhalten wir aus Axiom III.3 durch Prämissenvertauschung und nach Einsetzung

$$\vdash [A_1(B_1) \rightarrow A_1(B_2) \vee A_2(B_2)] \wedge [A_2(B_1) \rightarrow A_1(B_2) \vee A_2(B_2)] \rightarrow \\ \rightarrow [A_1(B_1) \vee A_2(B_1) \rightarrow A_1(B_2) \vee A_2(B_2)]. \tag{15}$$

Die Anwendung des Kettenschlusses auf (14) und (15) ergibt

$$\vdash (B_1 \sim B_2) \rightarrow [A_1(B_1) \vee A_2(B_1) \rightarrow A_1(B_2) \vee A_2(B_2)].$$

Hieraus und aus der analog zu beweisenden Behauptung

$$\vdash (B_1 \sim B_2) \sim [A_1(B_2) \vee A_2(B_2) \rightarrow A_1(B_1) \vee A_2(B_1)]$$

folgt nach Axiom II.3

$$\vdash (B_1 \sim B_2) \rightarrow [A_1(B_1) \vee A_2(B_1) \sim A_1(B_2) \vee A_2(B_2)].$$

3. Durch Anwendung von Axiom II.2 und des Kettenschlusses folgt aus der Voraussetzung (a)

$$\vdash (B_1 \sim B_2) \rightarrow [A_1(B_2) \rightarrow A_1(B_1)]. \tag{16}$$

Analog erhalten wir aus (b) durch Anwendung von Axiom II.1 und des Kettenschlusses

$$\vdash (B_1 \sim B_2) \rightarrow [A_2(B_1) \rightarrow A_2(B_2)]. \tag{17}$$

Durch Prämissenvertauschung in (16) und (17) erhalten wir

$$\vdash A_1(B_2) \rightarrow [(B_1 \sim B_2) \rightarrow A_1(B_1)] \tag{18}$$

bzw.

$$\vdash A_2(B_1) \rightarrow [(B_1 \sim B_2) \rightarrow A_2(B_2)]. \tag{19}$$

Durch Prämissenverschmelzung in (18) erhalten wir

$$\vdash A_1(B_2) \wedge (B_1 \sim B_2) \rightarrow A_1(B_1). \tag{20}$$

Andererseits führt eine Einsetzung in die Formel

$$\vdash A \rightarrow A$$

zu

$$\vdash [A_1(B_1) \rightarrow A_2(B_1)] \rightarrow [A_1(B_1) \rightarrow A_2(B_1)],$$

woraus wir durch Prämissenvertauschung

$$\vdash A_1(B_1) \rightarrow \{[A_1(B_1) \rightarrow A_2(B_1)] \rightarrow A_2(B_1)\} \tag{21}$$

erhalten. Anwendung des Kettenschlusses auf (20) und (21) führt zu

$$\vdash A_1(B_2) \wedge (B_1 \sim B_2) \rightarrow \{[A_1(B_1) \rightarrow A_2(B_1)] \rightarrow A_2(B_1)\},$$

woraus nach Prämissenverschmelzung

$$\vdash [A_1(B_2) \wedge (B_1 \sim B_2)] \wedge [A_1(B_2) \rightarrow A_2(B_1)] \rightarrow A_2(B_1) \tag{22}$$

folgt. Aus (22) und (19) ergibt sich mit Hilfe des Kettenschlusses

$$\vdash [A_1(B_2) \wedge (B_1 \sim B_2)] \wedge [A_1(B_1) \rightarrow A_2(B_1)] \rightarrow [(B_1 \sim B_2) \rightarrow A_2(B_2)]. \tag{23}$$

Auf (23) wenden wir die zur Regel der Prämissenverschmelzung entgegengesetzte Regel an und erhalten

$$\vdash [A_1(B_2) \wedge (B_1 \sim B_2)] \to \{[A_1(B_1) \to A_2(B_1)] \to [(B_1 \sim B_2) \to A_2(B_2)]\},$$

woraus durch nochmalige Anwendung derselben Regel und durch Prämissenvertauschung

$$\vdash (B_1 \sim B_2) \to (A_1(B_2) \to \{[A_1(B_1) \to A_2(B_1)] \to [(B_1 \sim B_2) \to A_2(B_2)]\})$$

folgt. Die Formel

$$\vdash (B_1 \sim B_2) \to ([A_1(B_1) \to A_2(B_1)] \to \{A_1(B_2) \to [(B_1 \sim B_2) \to A_2(B_2)]\}) \quad (24)$$

erhalten wir aus der vorangehenden durch Prämissenvertauschung und Kettenschluß. In derselben Weise erhalten wir aus (24)

$$\vdash (B_1 \sim B_2) \to ((B_1 \sim B_2) \to \{[A_1(B_1) \to A_2(B_1)] \to$$
$$\to [A_1(B_2) \to A_2(B_2)]\}), \quad (25)$$

nämlich durch (zweimalige) Prämissenvertauschung, (zweimaligen) Kettenschluß und Monotonie der Implikation. Aus (25) ergibt sich durch Prämissenverschmelzung und unter Verwendung der Formel

$$\vdash A \to A \wedge A \quad (26)$$

schließlich

$$\vdash (B_1 \sim B_2) \to \{[A_1(B_1) \to A_2(B_1)] \to [A_1(B_2) \to A_2(B_2)]\}. \quad (27)$$

[Formel (26) erhalten wir aus Axiom II.3 durch Ersetzung aller Variablen durch den Buchstaben A.]

In derselben Weise wie (27) wird

$$\vdash (B_1 \sim B_2) \to \{[A_1(B_2) \to A_2(B_2)] \to [A_1(B_1) \to A_2(B_1)]\} \quad (28)$$

bewiesen.

Aus (27) und (28) folgt (Axiom II.3)

$$\vdash (B_1 \sim B_2) \to \{[A_1(B_1) \to A_2(B_1)] \sim [A_1(B_2) \to A_2(B_2)]\}.$$

4. Aus der Voraussetzung (a) und aus der Formel

$$\vdash [A_1(B_1) \to A_1(B_2)] \to [\overline{A_1(B_2)} \to \overline{A_1(B_1)}],$$

die wir aus Axiom IV.1 durch Einsetzungen erhalten, erschließen wir mit Hilfe des Kettenschlusses die Behauptung 4:

$$\vdash (B_1 \sim B_2) \to [\overline{A_1(B_1)} \sim \overline{A_1(B_2)}].$$

Damit ist das Ersetzungstheorem für äquivalente Formeln vollständig bewiesen. Wir bemerken, daß wir weder in der Formulierung noch im Beweis dieses Satzes vorausgesetzt bzw. verwendet haben, daß die Ersetzung von A durch B_1 bzw. B_2 in der Formel A(A) an allen Stellen vollzogen wird, an denen A in A(A) auftritt. Es ist nur erforderlich, daß bei der Bildung der Formeln $A(B_1)$ bzw. $A(B_2)$ an allen Stellen, an denen A in A auftritt, eine solche Ersetzung durch $\mathbf{B_1}$ bzw. $\mathbf{B_2}$ entweder *gleichzeitig* vollzogen wird oder überhaupt nicht.

Diese Bemerkung gestattet nun folgende Formulierung des bewiesenen Resultates:

Wird in einer Formel $\mathbf{A}$ irgendein Teil $\mathbf{B_1}$ durch einen zu ihm äquivalenten ersetzt so ist die neu erhaltene Formel $\mathbf{A(B_2)}$ äquivalent zur ursprünglichen:

$$\vdash (\mathbf{B_1} \sim \mathbf{B_2}) \to [\mathbf{A(B_1)} \sim \mathbf{A(B_2)}].$$

2.7. Einige Ableitbarkeitssätze

Satz 1: $\vdash (A \sim W) \sim A$.

Beweis: Nach Definition der Äquivalenz ist folgendes zu zeigen:

$$\vdash [(A \sim W) \to A] \wedge [A \to (A \sim W)].$$

Dafür genügt es nach Satz 3 aus Kap. 2, 2.4, zu zeigen, daß

$$\vdash (A \sim W) \to A \tag{1}$$

und

$$\vdash A \to (A \sim W). \tag{2}$$

Wir zeigen zunächst (1). Nach Definition der Ableitbarkeit ist $W \to A \vdash A$, und daher ist nach dem Deduktionstheorem

$$\vdash (W \to A) \to A. \tag{3}$$

Aus Axiom II.2 folgt

$$\vdash [(A \to W) \wedge (W \to A)] \to (W \to A),$$

d. h.

$$\vdash (A \sim W) \to (W \to A). \tag{4}$$

Aus (3) und (4) schließen wir (Kettenschluß)

$$\vdash (A \sim W) \to A. \tag{1}$$

Wir gehen nun zum Beweis von (2) über. Wir haben $\vdash W$ und erst recht $A \vdash W$. Das Deduktionstheorem liefert dann $\vdash A \to W$, also erst recht $A \vdash A \to W$. Die abermalige Anwendung des Deduktionstheorems ergibt

$$\vdash A \to (A \to W). \tag{5}$$

Nach Axiom I.1 gilt

$$\vdash A \to (W \to A). \tag{6}$$

Durch Einsetzungen in Axiom II.3 erhalten wir

$$\vdash [A \to (A \to W)] \to \{[A \to (W \to A)] \to [A \to (A \to W) \wedge (W \to A)]\}.$$

Zweimalige Anwendung der Abtrennungsregel führt unter Verwendung von (5) und (6) zu

$$\vdash A \rightarrow (A \rightarrow W) \wedge (W \rightarrow A),$$

d. h.

$$\vdash A \rightarrow (A \sim W), \tag{2}$$

was zu beweisen war.

Satz 2: $\vdash (A \sim F) \sim \overline{A}$.

Wir zeigen zunächst

$$\vdash (A \sim F) \rightarrow \overline{A}.$$

Eine Einsetzung in Axiom IV.1 liefert

$$\vdash (A \rightarrow F) \rightarrow (\overline{F} \rightarrow \overline{A}),$$

d. h.

$$\vdash (A \rightarrow F) \rightarrow (W \rightarrow \overline{A}). \tag{7}$$

Ersetzen wir in der oben bewiesenen Formel (3)

$$\vdash (W \rightarrow A) \rightarrow A$$

die Variable A durch $\overline{A}$, so erhalten wir

$$\vdash (W \rightarrow \overline{A}) \rightarrow \overline{A}. \tag{8}$$

Aus (7) und (8) folgt mit Hilfe des Kettenschlusses

$$\vdash (A \rightarrow F) \rightarrow \overline{A}. \tag{9}$$

Durch Einsetzungen in Axiom II.1 erhalten wir

$$\vdash (A \rightarrow F) \wedge (F \rightarrow A) \rightarrow (A \rightarrow F). \tag{10}$$

Aus (9) und (10) folgt mit Hilfe des Kettenschlusses

$$\vdash (A \rightarrow F) \wedge (F \rightarrow A) \rightarrow \overline{A},$$

d. h.

$$\vdash (A \sim F) \rightarrow \overline{A}. \tag{11}$$

Nun zeigen wir

$$\vdash \overline{A} \rightarrow (A \sim F),$$

d. h.

$$\vdash \overline{A} \rightarrow (A \rightarrow F) \wedge (F \rightarrow A). \tag{12}$$

Durch Einsetzungen in die Axiome I.1 bzw. IV.1 bekommen wir

$$\vdash \overline{A} \rightarrow (W \rightarrow \overline{A}) \tag{13}$$

bzw.

$$\vdash (W \rightarrow \overline{A}) \rightarrow (\overline{\overline{A}} \rightarrow \overline{W}). \tag{14}$$

Wegen $\bar{\bar{A}} \sim A$ ist nach dem Äquivalenztheorem die bei Ersetzung von $\bar{A}$ durch A entstehende Formel ebenfalls wahr:

$$\vdash (W \rightarrow \bar{A}) \rightarrow (A \rightarrow \bar{W}),$$

d. h. (da $\bar{W}$ dasselbe wie F ist)

$$\vdash (W \rightarrow \bar{A}) \rightarrow (A \rightarrow F). \tag{15}$$

Aus (13) und (15) schließen wir (Kettenschluß)

$$\vdash \bar{A} \rightarrow (A \rightarrow F). \tag{16}$$

Wegen $\vdash F \rightarrow A$ (2.4., Satz 4) ist $\bar{A} \vdash F \rightarrow A$, und nach dem Deduktionstheorem ist

$$\vdash \bar{A} \rightarrow (F \rightarrow A). \tag{17}$$

Durch Einsetzungen in Axiom II.3 erhalten wir

$$\vdash [\bar{A} \rightarrow (A \rightarrow F)] \rightarrow \{[\bar{A} \rightarrow (F \rightarrow A)] \rightarrow$$
$$\rightarrow [\bar{A} \rightarrow (A \rightarrow F) \wedge (F \rightarrow A)]\}.$$

Unter Berücksichtigung von (16) und (17) bekommen wir durch zweimalige Anwendung der Abtrennungsregel

$$\vdash \bar{A} \rightarrow (A \rightarrow F) \wedge (F \rightarrow A),$$

d. h.

$$\vdash \bar{A} \rightarrow (A \sim F). \tag{18}$$

Schließlich setzen wir in die wahre Formel $\vdash A \rightarrow (B \rightarrow A \wedge B)$ (vgl. 2.4., Satz 3) anstelle von A die Formel (11) und anstelle von B die Formel (18) ein, dann liefert die zweimalige Anwendung der Abtrennungsregel

$$\vdash [(A \sim F) \rightarrow \bar{A}] \wedge [\bar{A} \rightarrow (A \sim F)],$$

d. h.

$$\vdash (A \sim F) \sim \bar{A},$$

was zu beweisen war.

Satz 3: $\vdash A(W) \wedge A(F) \rightarrow [(A \rightarrow W) \rightarrow A(A)] \wedge [(A \sim F) \rightarrow A(A)]$.

Beweis: Nach dem Ersetzungstheorem für äquivalente Formeln ist

$$\vdash (A \sim B) \rightarrow [A(A) \sim A(B)]. \tag{19}$$

Aus Axiom II.2 folgt

$$\vdash [A(A) \sim A(B)] \rightarrow [A(B) \rightarrow A(A)]. \tag{20}$$

Aus (19) und (20) folgt mit Hilfe des Kettenschlusses

$$\vdash (A \sim B) \rightarrow [A(B) \rightarrow A(A)]$$

bzw. nach Prämissenvertauschung

$$\vdash A(B) \to [(A \sim B) \to A(A)]. \tag{21}$$

Durch Ersetzung von B durch W bzw. F erhalten wir aus (21)

$$\vdash A(W) \to [(A \sim W) \to A(A)] \tag{22}$$

bzw.

$$\vdash A(F) \to [(A \sim F) \to A(A)]. \tag{23}$$

Nach Axiom II.1 bzw. II.2 ist aber

$$\vdash A(W) \wedge A(F) \to A(W) \tag{24}$$

bzw.

$$\vdash A(W) \wedge A(F) \to A(F). \tag{25}$$

Die Anwendung des Kettenschlusses auf die Formelpaare (22), (24) bzw. (23), (25) liefert dann

$$\vdash A(W) \wedge A(F) \to [(A \sim W) \to A(A)]$$

bzw.

$$\vdash A(W) \wedge A(F) \to [(A \sim F) \to A(A)],$$

woraus nach Axiom II.3

$$\vdash A(W) \wedge A(F) \to [(A \sim W) \to A(A)] \wedge [(A \sim F) \to A(A)]$$

folgt, was zu beweisen war.

Satz 4: $\vdash [(A \sim W) \to A(A)] \wedge [(A \sim F) \to A(A)] \to [(A \sim W) \vee (A \sim F) \to A(A)].$

Durch Einsetzungen in Axiom III.3 erhalten wir unmittelbar

$$\vdash [(A \sim W) \to A(A)] \to \{[(A \sim F) \to A(A)] \to$$
$$\to [(A \sim W) \vee (A \sim F) \to A(A)]\}.$$

Die Anwendung der Regel der Prämissenverschmelzung beendet den Beweis.

Satz 5: $\vdash A \vee \overline{A}.$

Beweis: Aus Axiom III.1 und III.2 erhalten wir durch Einsetzung

$$\vdash A \to A \vee \overline{A},$$
$$\vdash \overline{A} \to A \vee \overline{A}.$$

Weiter folgt nach Axiom IV.1 und durch Anwendung der Abtrennungsregel

$$\vdash \overline{A \vee \overline{A}} \to \overline{A},$$
$$\vdash \overline{A \vee \overline{A}} \to \overline{\overline{A}}.$$

Durch Einsetzungen in Axiom II.3 bekommen wir

$$\vdash (\overline{A \vee \overline{A}} \to \overline{\overline{A}}) \to ((\overline{A \vee \overline{A}} \to \overline{A}) \to (\overline{A \vee \overline{A}} \to \overline{\overline{A}} \wedge \overline{A})),$$

woraus durch zweimalige Anwendung der Abtrennungsregel

$$\vdash \overline{A \vee \overline{A}} \to \overline{\overline{A}} \wedge \overline{A}$$

folgt. Wegen der Äquivalenz von A mit $\overline{\overline{A}}$ wird

$$\vdash \overline{A \vee \overline{A}} \to A \wedge \overline{A}.$$

Durch Anwendung des Kettenschlusses auf diese letzte Formel und auf die Behauptung von Satz 6 aus 2.4 finden wir

$$\vdash \overline{A \vee \overline{A}} \to \mathsf{F}.$$

Einsetzungen in Axiom IV.1 ergeben

$$\vdash (\overline{A \vee \overline{A}} \to \mathsf{F}) \to (\overline{\mathsf{F}} \to \overline{\overline{A \vee \overline{A}}}),$$

woraus wir nach der Abtrennungsregel

$$\vdash \overline{\mathsf{F}} \to \overline{\overline{A \vee \overline{A}}}$$

erhalten. $\overline{\mathsf{F}}$ ist aber W, und die Formel $\overline{\overline{A \vee \overline{A}}}$ ist äquivalent zu $A \vee \overline{A}$. Also ist

$$\vdash \mathsf{W} \to A \vee \overline{A}.$$

Da W ableitbar ist, finden wir nach der Abtrennungsregel

$$\vdash A \vee \overline{A},$$

was zu beweisen war.

Satz 6: $\vdash (A \sim \mathsf{W}) \vee (A \sim \mathsf{F}).$

Der Beweis ergibt sich durch Anwendung von Satz 1 und Satz 2 auf Satz 5.

Satz 7: $\vdash A(\mathsf{W}) \wedge A(\mathsf{F}) \to A(A).$

Beweis: Durch Anwendung des Kettenschlusses auf Satz 3 und Satz 4 erhalten wir

$$\vdash A(\mathsf{W}) \wedge A(\mathsf{F}) \to [(A \sim \mathsf{W}) \vee (A \sim \mathsf{F}) \to A(A)].$$

Hieraus folgt nach Prämissenvertauschung und nach der Abtrennungsregel

$$\vdash A(\mathsf{W}) \wedge A(\mathsf{F}) \to A(A),$$

was zu beweisen war.

Wir führen nun eine für das Folgende wichtige abkürzende Bezeichnungsweise ein. Die Formel A möge genau n Aussagenvariablen enthalten:

$$A = A(A_1, A_2, \ldots, A_n).$$

Für **A** definieren wir induktiv die Formel

$$\prod_{\delta_1, \ldots, \delta_n = \mathbf{W}, \mathbf{F}} \mathbf{A}(\delta_1, \ldots, \delta_n). \tag{$*$}$$

Für $n = 1$ ist $\prod\limits_{\delta_1 = \mathbf{W}, \mathbf{F}} \mathbf{A}(\delta_1)$ die Formel $\mathbf{A}(\mathbf{W}) \wedge \mathbf{A}(\mathbf{F})$. Die Formel ($*$) sei bereits für alle **A**

mit $n \leqq k$ definiert. Wenn **A** genau $k + 1$ Aussagenvariable $A_1, \ldots, A_k, A_{k+1}$ enthält, so verstehen wir unter

$$\prod_{\delta_1, \ldots, \delta_{k+1} = \mathbf{W}, \mathbf{F}} \mathbf{A}(\delta_1, \ldots, \delta_k, \delta_{k+1})$$

die Formel

$$\left[\prod_{\delta_1, \ldots, \delta_k = \mathbf{W}, \mathbf{F}} \mathbf{A}(\delta_1, \ldots, \delta_k, \mathbf{W}) \right] \wedge \left[\prod_{\delta_1, \ldots, \delta_k = \mathbf{W}, \mathbf{F}} \mathbf{A}(\delta_1, \ldots, \delta_k, \mathbf{F}) \right].$$

Damit ist die Formel ($*$) für $\mathbf{A}(A_1, \ldots, A_{k+1})$ mit $k + 1$ Aussagenvariablen mit Hilfe der Formel ($*$) für $\mathbf{A}(A_1, \ldots, A_k, \mathbf{W})$ bzw. $\mathbf{A}(A_1, \ldots, A_k, \mathbf{F})$ mit je k Aussagenvariablen definiert.

Die Formel ($*$) kann also als das *logische Produkt* aller möglichen Formeln angesehen werden, die aus $\mathbf{A}(A_1, \ldots, A_n)$ durch alle möglichen Ersetzungen der Aussagenvariablen $A_1, A_2, \ldots, A_n$ durch **W** bzw. **F** erhalten werden. Allerdings ist bisher nicht bewiesen, daß ein solches Produkt assoziativ und kommutativ ist, d. h. von der Klammerung und der Reihenfolge der Faktoren unabhängig ist. Daher mußten wir in die Definition der Formel ($*$) eine bestimmte Reihenfolge der Faktoren und eine bestimmte Art der Klammerung mit eingehen lassen.

Auf Grund des letzten Satzes können wir (durch vollständige Induktion) leicht die folgende Behauptung beweisen:

Satz 8

$$\vdash \prod_{\delta_1, \ldots, \delta_n = \mathbf{W}, \mathbf{F}} \mathbf{A}(\delta_1, \ldots, \delta_n) \to \mathbf{A}(A_1, A_2, \ldots, A_n).$$

2.8. Formeln in der Aussagenalgebra und im Aussagenkalkül

Die Formeln im Aussagenkalkül kann man als Formeln der Aussagenalgebra interpretieren. Dazu fassen wir die freien Variablen des Aussagenkalküls als Variable der Aussagenalgebra auf, d. h. als Variable im inhaltlichen Sinne, welche die Werte w und f annehmen können. Die Operationen $\wedge$, $\vee$, $\to$ und $^-$ erklären wir genau wie in der Aussagenalgebra; dann nimmt jede Formel bei beliebiger Belegung der Variablen den Wert w bzw. f an, und diesen Wert können wir nach den Regeln der Aussagenalgebra bestimmen.

In einer beliebigen Formel **A** des Aussagenkalküls ersetzen wir die in ihr auftretenden Aussagenvariablen durch die Formeln **W** bzw. **F**. Wenn wir in derselben Formel **A**, jetzt als Formel der Aussagenalgebra betrachtet, die Aussagenvariablen mit w bzw. f derart belegen, daß in **A** immer dort w (bzw. f) steht, wo früher **W** (bzw. **F**) stand, so nimmt die Formel **A** in der Aussagenalgebra entweder den Wert w oder den Wert f an. Wir zeigen: *Wenn dabei* **A** *den Wert* w *(bzw.* f*) annimmt, so erhalten wir bei der entsprechenden Einsetzung in* **A** *als Formel im Aussagenkalkül*

$$\vdash \mathbf{A(W, F)} \sim \mathbf{W} \qquad (bzw. \vdash \mathbf{A(W, F)} \sim \mathbf{F}).$$

Es genügt, diese Behauptung für die einfachsten Formeln, die aus den Aussagenvariablen mit Hilfe einer einzigen Operation, also mit $\wedge$, $\vee$, $\rightarrow$ bzw. $^-$ gebildet werden, zu beweisen. Dann läßt sich nämlich nach dem Ersetzungstheorem diese Behauptung durch vollständige Induktion für jede beliebige Formel beweisen.

Wir beweisen unsere Behauptung nun für die Formeln

a) $A \rightarrow B$, c) $A \vee B$,

b) $A \wedge B$, d) $\overline{A}$.

Für jede dieser Formeln müssen wir alle möglichen Ersetzungen der Variablen durch die Formeln **W** und **F** betrachten; wir wollen uns jedoch mit einigen wenigen Fällen begnügen, da in den anderen Fällen der Beweis völlig analog verläuft.

Wir betrachten zunächst Formel d). Es ist

$$d_1) \quad \vdash \overline{\mathbf{F}} \sim \mathbf{W}$$

und

$$d_2) \quad \vdash \overline{\mathbf{W}} \sim \mathbf{F}$$

zu zeigen.

Behauptung d_1) folgt aus der Definition der falschen Formel und daraus, daß je zwei wahre Formeln des Aussagenkalküls äquivalent sind.

d_2) aus 2.4., Satz 4, ergibt sich $\vdash \mathbf{F} \rightarrow \overline{\mathbf{W}}$. Wir zeigen

$$\vdash \overline{\mathbf{W}} \rightarrow \mathbf{F}.$$

Einsetzungen in Axiom IV.1 ergeben

$$\vdash (\overline{\mathbf{F}} \rightarrow \mathbf{W}) \rightarrow (\overline{\mathbf{W}} \rightarrow \overline{\overline{\mathbf{F}}}).$$

Die Prämisse dieser Formel ist nach d_1) ableitbar. Nach der Abtrennungsregel ist dann

$$\vdash \overline{\mathbf{W}} \rightarrow \overline{\overline{\mathbf{F}}}.$$

Da nach Axiom IV.3

$$\vdash \overline{\overline{\mathbf{F}}} \rightarrow \mathbf{F}$$

ist, liefert uns der Kettenschluß

$$\vdash \overline{\mathbf{W}} \rightarrow \mathbf{F}.$$

a) Wir betrachten alle möglichen Fälle und beweisen

$a_1) \quad \vdash (\mathbf{W} \rightarrow \mathbf{F}) \sim \mathbf{F}, \qquad a_3) \quad \vdash (\mathbf{W} \rightarrow \mathbf{W}) \sim \mathbf{W},$

$a_2) \quad \vdash (\mathbf{F} \rightarrow \mathbf{W}) \sim \mathbf{W}, \qquad a_4) \quad \vdash (\mathbf{F} \rightarrow \mathbf{F}) \sim \mathbf{W}.$

Wir beginnen mit a_1). Es genügt,

$$\vdash F \to (W \to F) \tag{1}$$

und

$$\vdash (W \to F) \to F \tag{2}$$

zu zeigen. Die Formel (1) erhalten wir aber unmittelbar durch Einsetzung in die in 2.4 bewiesene Formel $\vdash F \to A$. Um (2) zu beweisen, setzen wir in Axiom IV.1 ein und erhalten

$$\vdash (W \to F) \to (\overline{F} \to \overline{W}),$$

woraus durch Prämissenvertauschung

$$\vdash \overline{F} \to [(W \to F) \to \overline{W}]$$

folgt. Wegen $\vdash \overline{F} \sim W$ und $\vdash \overline{W} \sim F$ liefert die Anwendung des Ersetzungstheorems (S. 60) und der Abtrennungsregel die Behauptung

$$\vdash (W \to F) \to F.$$

In den übrigen drei Fällen folgt der Beweis sofort aus der Wahrheit der Formeln $F \to W$, $W \to W$ und $F \to F$. Wir erhalten nämlich $\vdash F \to W$ durch die in 2.4 bewiesene wahre Formel

$$\vdash F \to A.$$

Die Wahrheit der Formeln $W \to W$ und $F \to F$ folgt aus 2.2, Satz 2, wo wir $\vdash A \to A$ gezeigt hatten.

Abschließend betrachten wir als Beispiel noch einen möglichen Fall von Formel c): $A \vee B$. Wir zeigen

$$\vdash W \vee F \sim W.$$

Aus 2.2, Satz 1, folgt $\vdash W \vee F \to W$; dann ergibt sich

$$\vdash W \to W \vee F$$

nach Einsetzung in Axiom III.1.

Die Beweise der anderen Fälle verlaufen ähnlich, wir überlassen sie dem Leser.

2.9. Widerspruchsfreiheit des Aussagenkalküls

In jedem Kalkül stellt sich die Frage nach seiner Widerspruchsfreiheit, einem Kardinalproblem der mathematischen Logik. Weiter unten definieren wir die Widerspruchsfreiheit eines logischen Kalküls. Diese Definition bezieht sich nicht nur auf den Aussagenkalkül, sondern auf alle in der mathematischen Logik auftretenden logischen Systeme.

Ein logischer Kalkül heißt *widerspruchsfrei*, wenn sich in diesem Kalkül keine zwei Formeln ableiten lassen, von denen die eine die Negation der anderen ist. Mit anderen Worten: Aus den Axiomen eines widerspruchsfreien Kalküls kann man niemals gleichzeitig die Formeln A und $\overline{A}$ mit Hilfe der in ihm gegebenen Regeln ableiten.

Das *Problem der Widerspruchsfreiheit* besteht darin, ob ein gegebener Kalkül widerspruchsfrei ist oder nicht.

Falls in einem Kalkül ableitbare Formeln der Gestalt A und $\overline{A}$ auftreten, so heißt er *widerspruchsvoll.* Ein solcher Kalkül besitzt keinerlei Wert. Alle einigermaßen wesentlichen logischen Systeme sind der Gestalt, daß sich, wenn sie widerspruchsvoll sind, *alle* Formeln in ihnen ableiten lassen; daher sind solche Systeme ungeeignet, den Unterschied zwischen wahr und falsch widerzuspiegeln.

Wenn etwa im Aussagenkalkül die Formeln A und $\overline{A}$ ableitbar wären, so würde aus den früher bewiesenen Formeln (vgl. Satz 4 und Satz 6 aus 2.4)

$$\vdash F \rightarrow A$$

und

$$\vdash A \wedge \overline{A} \rightarrow F$$

sofort die Formel

$$\vdash A \wedge \overline{A} \rightarrow A$$

folgen. Wenn A und $\overline{A}$ ableitbar sind, so ist aufgrund der Regel $\dfrac{A,\ B}{A \wedge B}$ auch $A \wedge \overline{A}$ ableitbar. Folglich ist auch die Formel A im Aussagenkalkül ableitbar. Wenn aber die Aussagenvariable A ableitbar ist, so ist durch Einsetzung jede Formel ableitbar.

Alles hier über den Aussagenkalkül Gesagte gilt auch für alle später zu betrachtenden logischen Kalküle.

Die Tatsache, daß in einem widerspruchsvollen Kalkül jede Formel ableitbar ist, kann zum Beweis der Widerspruchsfreiheit herangezogen werden. Dazu genügt es zu zeigen, daß es wenigstens eine nichtableitbare Formel gibt. Hieraus folgt dann die Widerspruchsfreiheit des Kalküls. Die Widerspruchsfreiheit des Aussagenkalküls läßt sich allerdings auf anderem Wege recht einfach zeigen.

Satz: Der Aussagenkalkül ist widerspruchsfrei.

Wie oben erwähnt, können wir jede Formel des Aussagenkalküls gleichzeitig als Formel der Aussagenalgebra betrachten. Wir zeigen, daß alle im Aussagenkalkül ableitbaren Formeln, als Formeln der Aussagenalgebra aufgefaßt, allgemeingültig sind, d. h. bei beliebiger Belegung der Variablen den Wert w haben.

Man prüft leicht, daß die Axiome des Aussagenkalküls allgemeingültig sind.

Die Formel $A(A)$ mit der Variablen A sei allgemeingültig. Dann ist auch die aus $A(A)$ durch Einsetzung entstehende Formel $A(B)$ allgemeingültig, denn $A(A)$ nimmt für alle Werte der Variablen den Wert w an. Also haben $A(w)$ und $A(f)$ den Wert w, unabhängig vom Wert der anderen Variablen. B kann aber bei beliebiger Belegung der Variablen mit Wahrheitswerten nur den Wert w bzw. f annehmen. Folglich nimmt $A(B)$ stets den Wert w an.

Wir beweisen nun: Wenn die Formeln A und $A \rightarrow B$ allgemeingültig sind, dann ist auch die Formel B allgemeingültig.

Wenn die Formel **A** allgemeingültig ist, hat sie stets den Wert w. Da die Formel **A** $\longrightarrow$ **B** ebenfalls stets den Wert w annimmt, kann **B** bei keiner Belegung der Variablen den Wert f annehmen, da sonst die Formel **A** $\longrightarrow$ **B** den Wert w $\longrightarrow$ f annehmen müßte, der nach Definition der Implikation in der Aussagenalgebra f ist.

Damit haben wir gezeigt:

1. Alle Axiome sind allgemeingültig.

2. Die Anwendung der Ableitungsregeln auf allgemeingültige Formeln liefert wieder allgemeingültige Formeln.

Folglich sind ableitbare Formeln des Aussagenkalküls, aufgefaßt als Formeln der Aussagenalgebra, allgemeingültige Formeln. Wenn also eine Formel **A** im Aussagenkalkül ableitbar ist, dann ist in diesem Fall klar, daß $\overline{\textbf{A}}$ nicht ableitbar sein kann, da **A** immer wahr und $\overline{\textbf{A}}$ immer falsch ist. Damit ist die Widerspruchsfreiheit des Aussagenkalküls bewiesen.

2.10. Vollständigkeit des Aussagenkalküls

In 2.8. hatten wir bereits darauf hingewiesen, daß wir die Formeln des Aussagenkalküls als Formeln der Aussagenalgebra interpretieren können. Mit dem Beweis der Widerspruchsfreiheit des Aussagenkalküls haben wir gezeigt, daß jede im Aussagenkalkül ableitbare Formel allgemeingültig ist, falls man sie als Formel der Aussagenalgebra betrachtet. Nun entsteht die umgekehrte Frage: *Ist jede allgemeingültige Formel der Aussagenalgebra im Aussagenkalkül ableitbar?*

Diese Frage ist das *Vollständigkeitsproblem* für den Aussagenkalkül im weiteren Sinne.

Der Sinn einer solchen Fragestellung besteht darin, daß wir bei der Konstruktion eines logischen Kalküls, der eine inhaltliche Logik ausdrücken soll, wissen müssen, ob wir genügend Axiome und Regeln zur Ableitung jeder im inhaltlichen Sinne identisch wahren Formel zur Verfügung haben.

Das Vollständigkeitsproblem im weiteren Sinne erfährt eine positive Lösung.

Satz: Jede allgemeingültige Formel der Aussagenalgebra ist im Aussagenkalkül ableitbar.

Zum Beweis betrachten wir eine beliebige Formel **A**, die in der Aussagenalgebra allgemeingültig ist, und wenden Satz 8 aus 2.7 an:

$$\vdash \quad \prod_{\delta_1, \ldots, \delta_n = \textbf{W, F}} \textbf{A}(\delta_1, \ldots, \delta_n) \longrightarrow \textbf{A}(\textbf{A}_1, \ldots, \textbf{A}_n). \tag{1}$$

Da die Formel $\textbf{A} = \textbf{A}(\textbf{A}_1, \ldots, \textbf{A}_n)$ allgemeingültig ist, führt jede Ersetzung von $\textbf{A}_1, \ldots, \textbf{A}_n$ durch **W** bzw. **F** zu einer wahren, d. h. im Aussagenkalkül ableitbaren Formel (das wurde in 2.8 gezeigt). Folglich sind alle Faktoren der Prämisse

$$\prod_{\delta_1, \ldots, \delta_n = \textbf{W, F}} \textbf{A}(\delta_1, \ldots, \delta_n)$$

von (1) wahre Formeln, und damit ist auch die gesamte Formel wahr. Die Anwendung der Abtrennungsregel auf (1) liefert die Wahrheit der Formel $\textbf{A}(\textbf{A}_1, \ldots, \textbf{A}_n)$, d. h. ihre Ableitbarkeit im Aussagenkalkül. Damit ist die Vollständigkeit des Aussagenkalküls im weiteren Sinne bewiesen.

Wir haben gezeigt, daß der von uns früher gebrauchte Terminus „im Aussagenkalkül wahre Formel" mit dem inhaltlichen Begriff einer identisch wahren Formel übereinstimmt. Eine Folgerung aus dem Vollständigkeitstheorem ist die Möglichkeit, alle in der Aussagenalgebra erfüllten „Schlußregeln" für Formeln unmittelbar in den Aussagenkalkül übertragen zu können. Beispielsweise folgt hieraus die Richtigkeit der folgenden Behauptungen im Aussagenkalkül:

$$\vdash A \wedge B \sim B \wedge A,$$
$$\vdash A \vee B \sim B \vee A,$$
$$\vdash A \wedge (B \wedge C) \sim (A \wedge B) \wedge C,$$
$$\vdash A \vee (B \vee C) \sim (A \vee B) \vee C,$$
$$\vdash A \wedge (B \vee C) \sim A \wedge B \vee A \wedge C,$$
$$\vdash A \vee B \wedge C \sim (A \vee B) \wedge (A \vee C),$$
$$\vdash (A \rightarrow B) \sim \overline{A} \vee B,$$
$$\vdash \overline{A \vee B} \sim \overline{A} \wedge \overline{B},$$
$$\vdash \overline{A \wedge B} \sim \overline{A} \vee \overline{B}.$$

Nicht weniger wichtig als die Vollständigkeit im weiteren Sinne ist der Begriff der Vollständigkeit eines logischen Systems im engeren Sinne. Ein logischer Kalkül heißt *vollständig im engeren Sinne*, wenn jede Erweiterung seines Axiomensystems um eine in ihm nicht ableitbare Formel zu einem Widerspruch führt.

Der Aussagenkalkül ist im engeren Sinne vollständig. Der Beweis dieses Satzes läßt sich leicht mit Hilfe der konjunktiven Normalform führen. Wir überlassen ihn dem Leser.

2.11. Unabhängigkeit der Axiome des Aussagenkalküls

Wie oben bereits erwähnt, kann jeder logische Kalkül durch die Definitionen der Begriffe „Formel" und „wahre Formel" gegeben werden. Das geschieht erstens durch die Angabe gewisser Aussagenformeln, die als wahr erklärt und *Axiome* genannt werden, und zweitens durch die Aufstellung gewisser *Ableitungsregeln*, d. h. solcher Regeln, mit deren Hilfe aus wahren Formeln neue wahre Formeln gebildet werden können. Für jeden Kalkül dieser Art stellt sich die Frage nach der Unabhängigkeit seiner Axiome. Diese Frage können wir folgendermaßen formulieren:

Kann man unter Verwendung der Ableitungsregeln eines gegebenen Systems wenigstens ein Axiom aus den übrigen ableiten?

Falls sich ein Axiom auf diese Weise aus den übrigen ableiten läßt, dann kann es aus dem Axiomensystem gestrichen werden, ohne daß sich dabei der logische Kalkül ändert, d. h., die Gesamtheit der in ihm wahren Formeln bleibt erhalten.

Ein Axiom heißt innerhalb eines Axiomensystems *unabhängig*, wenn es sich aus den übrigen Axiomen dieses Systems nicht ableiten läßt. Ein Axiomensystem heißt *unabhängig*, wenn sich kein Axiom aus den übrigen ableiten läßt. Sonst heißt ein Axiomensystem *abhängig*. Offenbar ist ein abhängiges Axiomensystem in gewissem Sinne weniger vollkommen als ein unabhängiges, denn es enthält überflüssige Axiome. Auf den ersten Blick scheint die Frage nach der Unabhängigkeit eines Axiomensystems nicht sehr wesentlich und lediglich von technischem Interesse zu sein. Das ist nicht immer der Fall. Die Frage nach der Unabhängigkeit eines Axioms von den übrigen Axiomen eines Axiomensystems ist oft gleichbedeutend mit der Frage, ob es möglich ist, in einem betrachteten Axiomensystem ein gegebenes Axiom durch die Negation desselben zu ersetzen, ohne dabei auf einen Widerspruch zu stoßen. Als Beispiel erwähnen wir die Frage nach der Unabhängigkeit des fünften euklidischen Postulats im Axiomensystem der Geometrie. Diese Frage war ja bekanntlich für die Entwicklung der Mathematik von großer Bedeutung.

Wir beweisen hier, daß das Axiomensystem des Aussagenkalküls unabhängig ist. Die Beweismethode ähnelt der zum Beweis der Widerspruchsfreiheit des Aussagenkalküls verwendeten Methode (vgl. 2.9). Damals hatten wir die Variablen des Aussagenkalküls als Variable der Aussagenalgebra gedeutet, die die Werte w bzw. f annehmen können. Die Operationen $\wedge$, $\vee$, $\rightarrow$ und $^-$ hatten wir dabei genau wie in der Aussagenalgebra definiert und hatten erhalten, daß jede ableitbare Formel des Aussagenkalküls für alle Werte der Variablen stets den Wert w annimmt. Um die Frage nach der Unabhängigkeit eines Axioms **A** des Aussagenkalküls zu entscheiden, wollen wir die Variablen der Aussagenalgebra als Variable deuten, die endlich viele Werte annehmen können. Diese Werte bezeichnen wir mit griechischen Buchstaben α, β, ... Die Operationen $\wedge$, $\vee$, $\rightarrow$ und $^-$ erklären wir so, daß folgende Bedingungen erfüllt sind:

1. Alle Axiome außer **A** nehmen für alle Werte der Variablen den Wert α an.

2. Alle Formeln, die sich aus dem um **A** verminderten Axiomensystem ableiten lassen, nehmen für alle Werte der Variablen den Wert α an.

3. Axiom **A** nimmt für gewisse Werte der Variablen von α verschiedene Werte an.

Die Unabhängigkeit des Axioms **A** von den übrigen ist offenbar bewiesen, wenn es gelingt, eine solche Interpretation zu finden. Wäre nämlich **A** aus den übrigen Axiomen ableitbar, so würde **A** für alle Werte der Variablen den Wert α annehmen. Wir bemerken noch, daß auch solche Formeln sinnvoll sind, in denen anstelle der Variablen deren Werte stehen, beispielsweise:

$$\alpha \wedge \beta, \qquad \bar{\alpha}, \qquad A \rightarrow \alpha \quad \text{usw.}$$

Zur Abkürzung werden wir im folgenden unter Verwendung des Gleichheitszeichens

$$\mathbf{A} = \mathbf{B}$$

schreiben, wenn die beiden Formeln **A** und **B** für alle Werte der in ihnen auftretenden Variablen den gleichen Wert α, β, ... annehmen.

Dabei wollen wir stets annehmen, daß das Zeichen = schwächer bindet als die logischen Verknüpfungen $\wedge$, $\vee$ und $\rightarrow$.

Am einfachsten läßt sich die Unabhängigkeit der Axiome der Gruppen II bis IV zeigen. Zunächst beweisen wir die Unabhängigkeit des Axioms II.1. Zu diesem Zweck interpretieren wir die Variablen des Aussagenkalküls als Variable, welche die Werte α und β annehmen können. Dabei spielt α die Rolle von w und β die Rolle von f. Alle logischen Operationen bis auf das logische Produkt erklären wir genau wie in der Aussagenalgebra. Ausführlich geschrieben haben wir

$$\alpha \rightarrow \alpha = \alpha, \qquad \beta \rightarrow \beta = \alpha, \qquad \beta \rightarrow \alpha = \alpha, \qquad \alpha \rightarrow \beta = \beta,$$
$$\alpha \vee \alpha = \alpha, \qquad \alpha \vee \beta = \alpha, \qquad \beta \vee \alpha = \alpha, \qquad \beta \vee \beta = \beta,$$
$$\overline{\alpha} = \beta, \qquad \overline{\beta} = \alpha.$$

Die Operation $\wedge$ erklären wir durch die Bedingung

$$A \wedge B = B.$$

Danach zeigen wir, daß alle Formeln I bis IV außer II.1 für alle Werte der Variablen den Wert α annehmen. In den Formeln der Gruppen I, III und IV kommt kein Produkt vor; alle übrigen Operationen sind aber genauso wie in der Aussagenalgebra erklärt. Da diese Formeln in der Aussagenalgebra allgemeingültig sind, nehmen sie in unserer Interpretation für alle Werte der Variablen stets den Wert α an.

Die Formeln der Gruppe II betrachten wir einzeln. Formel II.2 nimmt stets den Wert α an, da sie in unserer Interpretation äquivalent ist zu

$$B \rightarrow B.$$

Formel II.3 ist äquivalent zur Formel

$$(A \rightarrow B) \rightarrow ((A \rightarrow C) \rightarrow (A \rightarrow C)).$$

Diese Formel enthält die Produktoperation nicht und ist daher in der Aussagenalgebra allgemeingültig. Also nimmt sie stets den Wert α an.

Formel II.1 ist nicht identisch gleich α. Für $A = \beta$ und $B = \alpha$ nimmt sie nämlich die Gestalt

$$\beta \wedge \alpha \rightarrow \beta$$

an. Nach Definition der Operation $\wedge$ ist

$$\beta \wedge \alpha = \alpha.$$

Daher nimmt unsere Formel die Gestalt

$$\alpha \rightarrow \beta$$

an; dieser Ausdruck ist aber nach unserer Interpretation der Wert β.

Wir zeigen nun, daß unter Verwendung der Ableitungsregeln aus solchen Formeln, die identisch gleich α sind, stets wieder solche Formeln entstehen.

Für die Einsetzungsregel ist das unmittelbar klar: Wenn eine Formel für alle Werte der Variablen stets den Wert α annimmt, dann nimmt auch jede aus ihr durch Variableneinsetzung entstehende Formel identisch den Wert α an.

Wir gehen nun zur Abtrennungsregel über. Wenn die Formeln A und $A \rightarrow B$ für alle Werte der in ihnen vorkommenden Variablen identisch den Wert α annehmen, dann ist

$$A \rightarrow B = \alpha \rightarrow B.$$

B kann in diesem Fall den Wert β nicht annehmen, da wir sonst

$$\mathbf{A} \longrightarrow \mathbf{B} = \alpha \longrightarrow \beta = \beta$$

hätten, was aber nicht sein kann. (Wir haben hier für die Abtrennungsregel im wesentlichen die Überlegungen von 2.10 wiederholt, wo wir gezeigt hatten, daß die Anwendung der Abtrennungsregel auf allgemeingültige Formeln im Sinne der Aussagenalgebra stets wieder allgemeingültige Formeln liefert.)

Damit ist die Unabhängigkeit des Axioms II.1 bewiesen.

Die Unabhängigkeit eines beliebigen Axioms der Gruppen II bis IV kann man generell nach folgendem Schema beweisen: Wir nehmen an, daß die Variablen nur zwei Werte α bzw. β annehmen können. Alle logischen Operationen $\wedge$, $\vee$, $\longrightarrow$ und $^-$ definieren wir bis auf eine genau so wie in der Aussagenalgebra. Dabei spielt α die Rolle von w und β die Rolle von f. Eine Operation wird so definiert, daß dasjenige Axiom, dessen Unabhängigkeit wir zeigen wollen, nicht identisch den Wert α annimmt. Wir wollen nicht alle diese Beweise hier explizit ausführen, sondern begnügen uns mit einer Tabelle, in deren erster Spalte diejenigen Axiome stehen, deren Unabhängigkeit zu beweisen ist. In der zweiten Spalte führen wir die Definition derjenigen Operation $\wedge$, $\vee$, $\longrightarrow$ bzw. $^-$ an, die anders als in der Aussagenalgebra definiert wird. In der dritten Spalte sind diejenigen Werte der Variablen angegeben, für die das entsprechende Axiom den Wert β annimmt.

	Axiom	Ausgezeichnete Operation	Werte der Variablen
II.1.	$A \wedge B \longrightarrow A$	$A \wedge B = B$	$A = \beta,\ B = \alpha$
II.2.	$A \wedge B \longrightarrow B$	$A \wedge B = A$	$A = \alpha,\ B = \beta$
II.3.	$(A \longrightarrow B) \longrightarrow ((A \longrightarrow C) \longrightarrow$ $\longrightarrow (A \longrightarrow B \wedge C))$	$A \wedge B = \beta$	$A = \alpha,\ B = \alpha,\ C = \alpha$
III.1	$A \longrightarrow A \vee B$	$A \vee B = B$	$A = \alpha,\ B = \beta$
III.2.	$B \longrightarrow A \vee B$	$A \vee B = A$	$A = \beta,\ B = \alpha$
III.3.	$(A \longrightarrow C) \longrightarrow$ $((B \longrightarrow C) \longrightarrow$ $\longrightarrow (A \vee B \longrightarrow C))$	$A \vee B = \alpha$	$A = \beta,\ B = \beta,\ C = \beta$
IV.1.	$(A \longrightarrow B) \longrightarrow (\overline{B} \longrightarrow \overline{A})$	$\overline{A} = A$	$A = \beta,\ B = \alpha$
IV.2.	$A \longrightarrow \overline{\overline{A}}$	$\overline{A} = \beta$	$A = \alpha$
IV.3.	$\overline{\overline{A}} \longrightarrow A$	$\overline{A} = \alpha$	$A = \beta$

Bei allen angegebenen Interpretationen nehmen die Formeln aller der Gruppen, zu denen das zu untersuchende Axiom nicht gehört, bei beliebiger Belegung der Variablen den Wert α an. Das ist deshalb so, weil in diesen Axiomengruppen die anders als in der Aussagenalgebra definierte ausgezeichnete Operation nicht auftritt. Folglich ist die Interpretation dieser Formeln dieselbe wie in der Aussagenalgebra. Daher nehmen alle diese Formeln für jede Belegung der Variablen den Wert α an.

Für die Axiome der Gruppe, zu der das zu untersuchende Axiom gehört, können wir uns durch unmittelbare Überprüfung davon überzeugen, daß je zwei von ihnen identisch gleich α sind, während das zu untersuchende Axiom selbst für die in der dritten Spalte angegebenen Variablenwerte den Wert β annimmt.

Der Beweis dafür, daß bei beliebiger Interpretation die Anwendung der Ableitungsregeln auf Formeln, die identisch gleich α sind, wieder solche Formeln liefert, wird wie oben beim Nachweis der Unabhängigkeit des Axioms II.1 geführt. Damit bleibt nur noch die Unabhängigkeit der Axiome aus Gruppe I zu zeigen. Der Beweis der Unabhängigkeit dieser Axiome ist schwieriger, da das Zeichen $\longrightarrow$ in allen Axiomengruppen vorkommt.

Die für den Beweis der Unabhängigkeit der Axiome der Gruppe I verwendeten Interpretationen genügen folgenden allgemeinen Bedingungen:

$$\left.\begin{array}{lll}
A \longrightarrow A = \alpha, & A \longrightarrow \alpha = \alpha, & \beta \longrightarrow A = \alpha, \\
A \wedge B = B \wedge A, & A \wedge \alpha = A, & A \wedge \beta = \beta, \\
A \vee B = B \vee A, & A \vee \alpha = \alpha, & A \vee \beta = A, \\
\overline{\alpha} = \beta, & \overline{\beta} = \alpha, & A \wedge A = A, \quad A \vee A = A
\end{array}\right\} \quad \text{(a)}$$

Diese Bedingungen sind offenbar verträglich, da ihnen z. B. die Interpretation als Aussagenalgebra, in der α für w und β für f steht, genügt. Diese Bedingungen bestimmen aber, wie wir gleich sehen werden, die Interpretation nicht eindeutig.

Zum Beweis der Unabhängigkeit des Axioms I.1 wählen wir folgende Interpretation. Die Variablen nehmen die Werte α, β, γ und δ an, und neben den Bedingungen (a) sollen noch folgende Bedingungen erfüllt sein:

$$\left.\begin{array}{lll}
\alpha \longrightarrow \beta = \beta, & \alpha \longrightarrow \gamma = \beta, & \alpha \longrightarrow \delta = \beta, \\
\gamma \longrightarrow \beta = \beta, & \gamma \longrightarrow \delta = \beta, & \\
\delta \longrightarrow \beta = \beta, & \delta \longrightarrow \gamma = \alpha, & \\
\gamma \wedge \delta = \delta, & \gamma \vee \delta = \gamma, & \overline{\gamma} = \delta, \quad \overline{\delta} = \gamma.
\end{array}\right\} \quad \text{(b)}$$

Wie man leicht sieht, bestimmen die Bedingungen (a) und (b) eindeutig eine Interpretation. Zum Beispiel ist die Operation $\longrightarrow$ durch die Bedingungen (a) und (b) eindeutig bestimmt. Ist nämlich β das erste Glied der Implikation oder ist α das zweite Glied oder sind beide Glieder gleich, so wird die Operation $\longrightarrow$ durch die Bedingungen (a) definiert. In allen anderen Fällen ist der Wert der Formel $A \longrightarrow B$ durch die Bedingungen (b) bestimmt.

Die Operationen $\wedge$ und $\vee$ werden ebenfalls durch die Bedingungen (a) erklärt, falls ein Glied gleich α oder gleich β ist oder falls beide Glieder übereinstimmen. Es bleibt nur der Fall übrig, daß ein Glied gleich γ und das andere gleich δ ist. Dann wird aber die Operation durch die Bedingungen $A \wedge B = B \wedge A$, $A \vee B = B \vee A$ aus (a) und durch die Bedingungen (b) vollständig definiert. Die Negation ist in einfacher Weise durch die Bedingungen (a) und (b) erklärt.

Aus den Bedingungen (a) und (b) folgt, daß die Anwendung der Abtrennungsregel auf Formeln, die identisch gleich α sind, wieder solche Formeln liefert.

Ist nämlich $A = \alpha$ und $A \longrightarrow B = \alpha$, so wird $\alpha \longrightarrow B = \alpha$. Aus den Bedingungen (a) und (b) folgt aber, daß $\alpha \longrightarrow B$ niemals gleich α sein kann, wenn B einen von α verschiedenen Wert hat. Daher ist auch B identisch gleich α.

Offenbar bleibt für jede Interpretation richtig, daß jede Einsetzung in eine Formel, die identisch gleich α ist, eine Formel liefert, die ebenfalls identisch gleich α ist. Damit liefert die Anwendung der Ableitungsregeln auf Formeln, die identisch gleich α sind, immer wieder Formeln, die ebenfalls identisch gleich α sind. Außerdem hat die von uns gewählte Interpretation die Eigenschaft, daß für die Werte α bzw. β der Variablen die Operationen $\wedge$, $\vee$, $\rightarrow$ und $^{-}$ genau so wie in der Aussagenalgebra wirken, wenn wir α als w und β als f deuten.

In der betrachteten Interpretation nimmt die Formel I.1 für die Variablenwerte $A = \delta$ und $B = \alpha$ den Wert β an. Denn für diese Werte erhält die Formel die Gestalt $\delta \rightarrow (\alpha \rightarrow \delta)$. Wegen (b) ist $\alpha \rightarrow \delta = \beta$, und unsere Formel nimmt die Gestalt $\delta \rightarrow \beta = \beta$ an.

Man kann zeigen, daß alle übrigen Axiome bei beliebiger Belegung der Variablen den Wert α annehmen. Wir werden diese Behauptung nicht für alle Axiome beweisen. Man kann sich von der Richtigkeit jederzeit leicht durch unmittelbare Überprüfung überzeugen. Wir wollen uns darauf beschränken, die Richtigkeit unserer Behauptung für einige Axiome nachzuweisen.

Wir zeigen, daß das Axiom I.2 identisch gleich α ist. Es hat die Gestalt

$$(A \rightarrow (B \rightarrow C)) \rightarrow ((A \rightarrow B) \rightarrow (A \rightarrow C)).$$

Wir zeigen zunächst: Wenn

$$A \rightarrow B = \alpha, \qquad B \rightarrow C = \alpha,$$

so ist auch $A \rightarrow C = \alpha$, und das Axiom I.2 nimmt folglich den Wert α an.

Ist nämlich $A \rightarrow B = \alpha$, so sind nur folgende Fälle möglich:

1. $A = \beta$,
2. $B = \alpha$,
3. $A = B$,
4. $A = \delta$, $B = \gamma$.

In den ersten drei Fällen sieht man unmittelbar, daß

$$A \rightarrow C = \alpha$$

ist. Im letzten Fall sind wegen $B \rightarrow C = \alpha$ für C nur zwei Werte möglich, nämlich γ und α. In beiden Fällen ist $A \rightarrow C = \alpha$.

Es bleibt noch der Fall zu betrachten, daß entweder $A \rightarrow B$ oder $B \rightarrow C$ nicht gleich α ist. Wir bemerken, daß die Implikation, wie man leicht aus (a) und (b) sieht, nur die Werte α oder β annehmen kann. Ist $A \rightarrow B = \beta$, so ist

$$(A \rightarrow B) \rightarrow (A \rightarrow C) = \alpha,$$

und die gesamte Formel I.2 nimmt den Wert α an.

Es ist noch der Fall

$$B \rightarrow C = \beta$$

zu betrachten. Nimmt dabei A einen von β verschiedenen Wert an, so ist

$$A \rightarrow (B \rightarrow C) = \beta,$$

und die gesamte Formel I.2 nimmt den Wert α an. Ist aber $A = \beta$, so wird $A \rightarrow C = \alpha$, und die Formel I.2 nimmt für beliebige Werte der Variablen den Wert α an.

Wir überprüfen nun Axiom II.1:

$$A \wedge B \rightarrow A.$$

Wenn A oder B den Wert β annehmen, ist

$$A \wedge B = \beta,$$

und daher wird

$$A \wedge B \rightarrow A = \alpha.$$

Ist $A = \alpha$, so nimmt II.1 ebenfalls den Wert α an. Ist $B = \alpha$, so ist

$$A \wedge B = A, \qquad A \wedge B \rightarrow A = A \rightarrow A = \alpha,$$

und die Formel II.1 nimmt wieder den Wert α an. Wenn $A = B$ ist, wird II.1 gleich der Formel

$$A \wedge A \rightarrow A.$$

Wegen der letzten und der ersten Bedingung aus (a) haben wir

$$A \wedge A \rightarrow A = \alpha.$$

Es bleibt noch der Fall zu betrachten, daß A und B die Werte δ bzw. γ annehmen und dabei A nicht gleich B ist.

Unter Berücksichtigung der Kommutativität der Operation $\wedge$ genügt die Betrachtung der beiden Fälle

$$\gamma \wedge \delta \rightarrow \gamma \quad \text{und} \quad \gamma \wedge \delta \rightarrow \delta.$$

Wegen $\gamma \wedge \delta = \delta$ ist der erste Ausdruck gleich

$$\delta \rightarrow \gamma$$

und der zweite gleich

$$\delta \rightarrow \delta.$$

Aufgrund von (a) und (b) haben beide Ausdrücke den Wert α.

Wir betrachten noch Axiom IV.1:

$$(A \rightarrow B) \rightarrow (\overline{B} \rightarrow \overline{A}).$$

Die Implikation $A \rightarrow B$ kann, wie oben bereits erwähnt, nur die Werte α bzw. β annehmen. Ist

$$A \rightarrow B = \beta,$$

so nimmt die Formel IV.1 den Wert α an. Es sei nun

$$A \rightarrow B = \alpha.$$

Dann sind nur die folgenden Fälle möglich:

1. $A = \beta$,   3. $A = B$,
2. $B = \alpha$,   4. $A = \delta$, $B = \gamma$.

Aus (a) und (b) sehen wir, daß in jedem Fall

$$\overline{B} \longrightarrow \overline{A} = \alpha$$

ist, und folglich nimmt die Formel IV.1 ebenfalls den Wert α an.

Wir gehen nun zum Beweis der Unabhängigkeit des Axioms I.2 über. Zu diesem Zweck wählen wir eine Interpretation, in der die Variablen die Werte α, β, γ annehmen.

Die Operationen werden durch die Bedingungen (a) und durch die Zusatzbedingungen

$$\alpha \longrightarrow \beta = \beta, \qquad \alpha \longrightarrow \gamma = \gamma, \qquad \gamma \longrightarrow \beta = \gamma, \qquad \overline{\gamma} = \gamma \tag{c}$$

definiert.

Durch die Bedingungen (a) und (c) sind Implikation und Negation vollständig bestimmt.

Die Operationen $\wedge$ und $\vee$ sind dabei schon durch die Bedingungen (a) vollständig bestimmt.

Nimmt z. B. im Produkt $A \wedge B$ eine Variable den Wert α bzw. β an, so ist $A \wedge B$ durch die Bedingungen (a) bestimmt. Wenn beide Variable den Wert γ annehmen, ist $A \wedge B$ ebenfalls gleich γ.

In dieser Interpretation nimmt das Axiom I.2

$$(A \longrightarrow (B \longrightarrow C)) \longrightarrow ((A \longrightarrow B) \longrightarrow (B \longrightarrow C))$$

für gewisse Werte der Variablen den Wert γ an. Die übrigen Axiome nehmen für alle Werte der Variablen den Wert α an.

Um die Richtigkeit der ersten Behauptung zu zeigen, setzen wir

$$A = \gamma, \qquad B = \gamma, \qquad C = \beta$$

und erhalten

$$(\gamma \longrightarrow (\gamma \longrightarrow \beta)) \longrightarrow ((\gamma \longrightarrow \gamma) \longrightarrow (\gamma \longrightarrow \beta)) =$$
$$= (\gamma \longrightarrow \gamma) \longrightarrow (\alpha \longrightarrow \gamma) = \alpha \longrightarrow (\alpha \longrightarrow \gamma) = \gamma.$$

Den Beweis der zweiten Behauptung werden wir nicht für alle Axiome durchführen. Als Beispiel überprüfen wir einige von ihnen.

Wir betrachten etwa das Axiom I.1:

$$A \longrightarrow (B \longrightarrow A).$$

Falls $A = B$ ist, nimmt diese Formel den Wert α an. Wenn $A = \alpha$ ist, haben wir $B \longrightarrow A = \alpha$, und die Formel I.1 nimmt den Wert α an. Für $A = \beta$ ist ebenfalls $A \longrightarrow (B \longrightarrow A) = \alpha$. Es bleibt der Fall $A = \gamma$ zu betrachten. Dann haben wir

$$\gamma \longrightarrow (B \longrightarrow \gamma).$$

$B \longrightarrow \gamma$ kann aber die Werte α bzw. γ annehmen. In beiden Fällen ist $\gamma \longrightarrow (B \longrightarrow \gamma) = \alpha$.

Wir betrachten Axiom III.1:

$$A \longrightarrow A \vee B.$$

Wenn $A = \beta$ ist, nimmt diese Formel den Wert α an. Wenn $A = \alpha$ ist, wird $A \vee B = \alpha$, und die Formel nimmt wieder den Wert α an. Es sei nun $A = \gamma$, dann haben wir

$$\gamma \longrightarrow \gamma \vee B.$$

Ist $B = \alpha$ oder $B = \gamma$, so ist der letzte Ausdruck gleich α. Ist $B = \beta$, so ist $\gamma \vee B = \gamma$, und Formel III.1 nimmt den Wert α an.

Wir überprüfen schließlich noch Axiom IV.1:

$$(A \longrightarrow B) \longrightarrow (\overline{B} \longrightarrow \overline{A}).$$

Wenn A und B gleich α bzw. gleich β sind, nimmt Formel IV.1 den Wert α an, da dann die Gesetze der Aussagenalgebra gelten. Wenn $A = B$ ist, wird Formel IV.1 gleich

$$\alpha \longrightarrow \alpha = \alpha.$$

Für $A = \gamma$ erhalten wir

$$(\gamma \longrightarrow B) \longrightarrow (\overline{B} \longrightarrow \overline{\gamma}).$$

Wegen $\overline{\gamma} = \gamma$ ist der letzte Ausdruck gleich

$$(\gamma \longrightarrow B) \longrightarrow (\overline{B} \longrightarrow \gamma).$$

Wenn $B = \alpha$ ist, wird $\overline{B} = \beta$, $\overline{B} \longrightarrow \gamma = \alpha$, und damit nehmen alle Ausdrücke den Wert α an. Wenn $B = \beta$ ist, wird

$$(\gamma \longrightarrow \beta) \longrightarrow (\overline{\beta} \longrightarrow \gamma) = (\gamma \longrightarrow \beta) \longrightarrow (\alpha \longrightarrow \gamma) = \gamma \longrightarrow \gamma = \alpha.$$

Wenn $B = \gamma$ und $A = \alpha$ sind, wird

$$(\alpha \longrightarrow \gamma) \longrightarrow (\overline{\gamma} \longrightarrow \overline{\alpha}) = (\alpha \longrightarrow \gamma) \longrightarrow (\gamma \longrightarrow \beta) = \gamma \longrightarrow \gamma = \alpha.$$

Wenn schließlich $B = \gamma$ und $A = \beta$ sind, wird

$$(\beta \longrightarrow \gamma) \longrightarrow (\overline{\gamma} \longrightarrow \overline{\beta}) = (\beta \longrightarrow \gamma) \longrightarrow (\gamma \longrightarrow \alpha) = \alpha \longrightarrow \alpha = \alpha.$$

Also nimmt die Formel IV.1 für alle Werte der Variablen den Wert α an. Ganz analog beweist man diese Behauptung für alle übrigen Axiome.

Damit ist die Unabhängigkeit des Axiomensystems des Aussagenkalküls bewiesen.

3. Prädikatenlogik

Wir haben schon gesehen, daß man zwei verschiedene Beschreibungen der Aussagenlogik angeben kann. In Kapitel 1 gaben wir eine inhaltliche Beschreibung, die sogenannte Aussagenalgebra; in Kapitel 2 dagegen haben wir sie als axiomatisches System beschrieben.

Beim Übergang zur Betrachtung eines anderen logischen Systems, das wir als Prädikatenlogik bezeichnen wollen, geben wir zunächst wieder eine inhaltliche Darstellung in der Art und Weise der Aussagenalgebra. In Kapitel 4 beschreiben wir die Prädikatenlogik als axiomatischen Kalkül.

Hierbei möchten wir bemerken, daß wir zur Beschreibung der Aussagenalgebra keine über den Rahmen der Konstruierbarkeit hinausgehenden Hilfsmittel brauchten. In der Prädikatenlogik ist das jedoch anders. Um sie in ihrer inhaltlichen Form darzustellen, müssen wir auf den Begriff des aktual Unendlichen zurückgreifen und ohne jede Begründung Denkmethoden der Mengenlehre verwenden. Bei einer solchen Darstellung der Prädikatenlogik können wir uns natürlich nicht die Aufgabe einer Grundlegung der Mathematik stellen, da wir die Mengenlehre, die einer solchen Grundlegung in erster Linie bedarf, als Grundlage unserer Darstellung betrachten.

Die inhaltliche Auffassung der Prädikatenlogik hat jedoch den Vorteil, daß sie das Studium sowohl des Prädikatenkalküls wie auch anderer abstrakter logischer Systeme wesentlich erleichtert. Obwohl sie selbst kein axiomatisches System darstellt, enthält sie doch reiche heuristische Hilfsmittel, die uns eine leichte Orientierung in Fragen bezüglich axiomatischer logischer Systeme gestatten.

3.1. Prädikate

Die Prädikatenlogik ist eine Weiterentwicklung der Aussagenalgebra. Sie umfaßt die gesamte Aussagenalgebra, d. h. die als Größen betrachteten und die Werte w bzw. f annehmenden Elementaraussagen, alle Operationen der Aussagenalgebra und folglich auch alle ihre Formeln. Daneben betrachtet die Prädikatenlogik auf Gegenstände bezogene Aussagen. In ihr haben wir bereits eine Aufspaltung der Aussagen in Subjekt und Prädikat.

Es sei **M** eine Menge von Gegenständen, und a, b, c, d seien irgendwelche bestimmte Gegenstände aus dieser Menge. Aussagen über diese Gegenstände beschreiben wir dann in der Form

P(a),   Q(b),   R(c, d)   usw.

P(a) bezeichnet eine Aussage über den Gegenstand a, Q(b) eine Aussage über den Gegenstand b, R(c, d) eine Aussage über die Gegenstände c und d usw. Es sei etwa **M** die Menge der natürlichen Zahlen, und a, b, c und d bezeichne die Zahlen 5, 8, 3 bzw. 1. Es sei P(a) etwa die Aussage "5 ist eine Primzahl", Q(b) sei die Aussage „8 ist eine ungerade Zahl", R(c, d) sei die Aussage „3 ist größer als 1".

Solche Aussagen können wahr oder auch falsch sein. Genau wie in der Aussagenalgebra werden wir diese Aussagen nur auf ihre Wahrheit bzw. Falschheit hin betrachten und diesen Umstand mit w bzw. f bezeichnen. Im Unterschied zur Aussagenalgebra werden wir hier annehmen, daß die Werte w bzw. f bezüglich gewisser Gegenstände oder Gruppen von Gegenständen erscheinen. So ist P(a) in den oben betrachteten Beispielen w bezüglich 5; Q(b) ist f bezüglich 8; R(c, d) ist w bezüglich des Paares 3, 1.

Es sei nun **M** eine beliebige nichtleere Menge und x ein beliebiger Gegenstand dieser Menge. Dann bezeichnet F(x) eine Aussage, die dann zu einer bestimmten wird, wenn für x ein bestimmter Gegenstand aus **M** eingesetzt wird. F(a), F(b), … sind bereits völlig bestimmte Aussagen. Ist beispielsweise **M** die Menge der natürlichen Zahlen, dann bezeichne F(x) etwa die Aussage „x ist eine Primzahl".[1]

Diese unbestimmte Aussage wird zu einer bestimmten, wenn für x eine gewisse Zahl eingesetzt wird, etwa „3 ist eine Primzahl", „4 ist eine Primzahl" usw.

Die Aussage „x ist kleiner als y" bezeichnen wir mit S(x, y).

Diese Aussage wird zu einer bestimmten, wenn für x und y Zahlen eingesetzt werden: „1 ist kleiner als 3", „5 ist kleiner als 2" usw.

Da nach unserem Standpunkt jede bestimmte Aussage entweder w oder f ist, ordnet F(x) jedem Gegenstand aus **M** eindeutig eines der Symbole w bzw. f zu. Mit anderen Worten, F(x) ist eine über **M** definierte Funktion, die nur die beiden Werte w bzw. f annimmt. Ebenso sind auch unbestimmte Aussagen über zwei oder mehrere Gegenstände H(x, y), G(x, y, z) usw. als Funktionen von zwei, drei usw. Veränderlichen zu deuten. Die Veränderlichen x, y, z durchlaufen dabei ganz **M**, die Funktion nimmt nur die Werte w bzw. f an. Solche unbestimmten Aussagen oder Funktionen von einer oder mehreren Veränderlichen heißen *logische Funktionen* oder *Prädikate*. Durch ein Prädikat mit einer Variablen kann man eine *Eigenschaft* des Gegenstandes ausdrücken, beispielsweise: „x ist eine Primzahl", „x ist ein rechtwinkliges Dreieck" usw.

Der Begriff des Prädikats in der klassischen aristotelischen Logik entspricht in unserer Terminologie dem Prädikat mit einer Variablen. Der von uns eingeführte Begriff des Prädikats ist umfangreicher. Als Prädikate bezeichnen wir auch logische Funktionen mit mehreren Variablen. Durch solche Prädikate kann man *Beziehungen* zwischen den Gegenständen ausdrücken. Es sei beispielsweise **M** die Menge der reellen Zahlen, und x, y, z, … seien Gegenstände aus **M**. Dann kann man durch Prädikate mit zwei und mehr Variablen verschiedene Beziehungen zwischen Zahlen ausdrücken, etwa

$$x < y, \quad x + y + z = 0$$

und andere. Diese Prädikate bezeichnen wir mit A(x, y), B(x, y, z) usw. Es sei **M** die Menge aller Angehörigen einer Familie. Dann kann man Verwandschaftsverhältnisse durch Prädikate ausdrücken, etwa „Vater und Sohn sein", „Bruder und Schwester sein" usw. Das Prädikat L(x, y) bezeichne etwa „x ist der Vater von y", M(x, y) bezeichne „x und y sind Brüder" usw.

Wir erkennen weiter, daß die Einführung von Prädikaten von mehreren Variablen, durch welche Beziehungen zwischen den Gegenständen ausgedrückt werden können, etwa im Vergleich zur Prädikatenlogik mit einer Variablen wesentlich Neues bringt. Es zeigt sich, daß in allen Axiomensystemen mathematischer Disziplinen solche Axiome vorkommen, die

---

[1] In der Literatur findet sich auch folgende Terminologie: Die *Aussageform* F (x) wird zu einer *Aussage*, wenn für x ein bestimmtes a aus **M** eingesetzt wird. – *Anm. d. Übers.*

sich nicht durch Prädikate mit einer Variablen formulieren lassen. Mit Hilfe von Prädikaten von mehreren Variablen können jedoch alle Axiome dieser Systeme formuliert werden.

Alle einzuführenden Begriffe beziehen sich im folgenden stets auf eine beliebige Menge **M**, die wir *Individuenbereich* nennen. Die Elemente des Individuenbereiches bezeichnen wir mit kleinen lateinischen Buchstaben (die wir mitunter mit Indizes versehen). Die Endbuchstaben des lateinischen Alphabetes

$$x, y, z, u, v, x_1, x_2, \ldots$$

bezeichnen unbestimmte Elemente des Individuenbereichs. Wir wollen sie *Individuenvariable* nennen. Die Anfangsbuchstaben

$$a, b, c, a_1, a_2, \ldots$$

des Alphabets bezeichnen bestimmte Elemente des Individuenbereichs. Wir wollen sie *Individuen* oder *Individuenkonstanten* nennen.

Mit großen lateinischen Buchstaben

$$A, B, \ldots, X, A_1, A_2, \ldots$$

wollen wir wie in der Aussagenalgebra solche Variablen bezeichnen, die den Wert w bzw. f annehmen können. Wir nennen sie *Aussagenvariablen.* Wir werden aber auch konstante Aussagen betrachten. Diese wollen wir ebenfalls mit großen lateinischen Buchstaben bezeichnen, die wir entweder irgendwie kennzeichnen oder einfach mit einer Zusatzbemerkung verwenden.

Die Ausdrücke

$$F(x), \quad G(x, y), \quad P(x_1, \ldots, x_n), \quad A(x, x), \ldots$$

bezeichnen Prädikate, d. h. Funktionen, deren Argumente Werte aus dem Individuenbereich **M** annehmen, während die Funktionen selbst nur die beiden Werte w bzw. f annehmen können. Wenn ein solcher Ausdruck nicht besonders gekennzeichnet bzw. ohne Zusatzbemerkung verwendet wird, bezeichnet er ein variables (d. h. beliebiges) mehrstelliges Prädikat über dem Individuenbereich. Ein bestimmtes Prädikat werden wir mit demselben Symbol mit entsprechender Zusatzbemerkung bzw. mit einem gewissen Kennzeichen bezeichnen. Außerdem werden wir gewisse Prädikate in den Symbolen wiedergeben, die für sie üblich sind.

Zum Beispiel wollen wir das Prädikat „x ist kleiner als y" mit $x < y$, das Prädikat „x ist gleich y" mit $x = y$ bezeichnen usw.

Mit großen lateinischen Buchstaben dargestellte Aussagenvariablen bzw. Aussagenkonstanten sowie Ausdrücke der Gestalt

$$F(a), \quad G(a, b), \ldots,$$

in denen F, G Prädikate und a, b Individuenkonstanten sind, heißen *Elementaraussagen.*
Große lateinische Buchstaben und Prädikatensymbole von Individuenkonstanten bzw. -variablen heißen *Elementarformeln.* Diesen Terminus gebrauchen wir, um diese Formeln von aus Elementarformeln zusammengesetzten Formeln zu unterscheiden.

Individuensymbole sind keine Formeln. Die Elementarformeln, sowohl die Aussagen als auch die logischen Funktionen, sind stets Größen, die nur die beiden Werte w bzw. f annehmen können. Daher kann man die Elementarformeln durch die logischen Operationen

$$\wedge, \vee, \rightarrow, \overline{}$$

der Aussagenalgebra miteinander verbinden, und dabei bleiben die Definitionen die aus der Aussagenalgebra her bekannten. Die auf diese Weise erhaltenen Formeln können ihrerseits Aussagen oder Prädikate definieren, z. B.

1. $A \vee F(x)$,
2. $A(x, y) \rightarrow (B \wedge \overline{A}(x, x))$,
3. $G(x, y) \rightarrow G(x, x)$,
4. $L(x) \rightarrow L(y)$

usw. Die erste Formel definiert bei festen A und F(x) ein Prädikat. Die vierte Formel stellt für alle L ein zweistelliges Prädikat von x und y dar. Wenn x und y den gleichen Wert annehmen, nimmt dieses Prädikat den Wert w an.

3.2. Quantoren

Neben den Operationen der Aussagenalgebra verwenden wir noch zwei neue Operationen. Diese Operationen kamen in der Aussagenalgebra nicht vor, da sie mit den Besonderheiten der Prädikatenlogik eng zusammenhängen. Sie drücken Allgemeingültigkeit bzw. Existenz aus. Man nennt sie *Quantoren*.

1. **Der Generalisator:** Es sei R(x) ein wohlbestimmtes Prädikat, das für jedes Element x eines Individuenbereiches **M** den Wert w oder f annimmt. Dann verstehen wir unter

$$\forall x\, R(x)$$

eine *wahre Aussage*, falls R(x) für jedes Element x aus dem Grundbereich **M** wahr ist. Im entgegengesetzten Fall ist sie falsch. Diese Aussage hängt bereits nicht mehr von x ab. Die entsprechende Formulierung in Worten lautet: „Für jedes x ist R(x) wahr.“

Es sei **A**(x) eine Formel der Prädikatenlogik, die bei einer bestimmten Einsetzung für die in ihr auftretenden Individuenvariablen sowie Prädikatenvariablen einen bestimmten Wert annimmt. Die Formel **A**(x) kann neben x auch andere Variable enthalten. Dann ist der Ausdruck **A**(x) bei Ersetzung aller von x verschiedenen Individuen- oder auch Prädikatenvariablen, ein konkretes, nur noch von x abhängiges Prädikat. Die Formel

$$\forall x\, \mathbf{A}(x)$$

wird dann zu einer wohlbestimmten Aussage. Folglich ist diese Formel vollständig bestimmt durch Angabe der Werte aller von x verschiedenen Variablen und hängt also nicht von x ab. Das Symbol $\forall$ heißt *Generalisator*.

2. **Der Partikularisator:** Es sei R(x) ein beliebiges Prädikat. Die Formel

$$\exists x\, R(x)$$

soll per Definition wahr sein, wenn es ein Element des Individuenbereichs **M** gibt, für das R(x) wahr ist. Sie ist falsch im entgegengesetzten Fall. Wenn nun **A**(x) eine bestimmte Formel der Prädikatenlogik ist, dann ist die Formel

$$\exists\, x\ \mathbf{A}(x)$$

ebenfalls definiert und von der Bedeutung von x unabhängig. Das Symbol $\exists$ heißt *Partikularisator.*

Die Quantoren $\exists$ und $\forall$ heißen zueinander *dual.* Wir nennen die Quantoren $\forall$ bzw. $\exists$ in den Formeln

$$\forall\, x\ \mathbf{A}(x) \quad\text{bzw.}\quad \exists\, x\ \mathbf{A}(x)$$

Quantoren bezüglich x; die Variable x heißt *durch den betreffenden Quantor gebunden.*

Individuenvariablen, die durch keinen Quantor gebunden sind, heißen *freie Variablen.* Damit haben wir alle Formeln der Prädikatenlogik beschrieben.

Zwei Formeln **A** und **B** heißen über einem Individuenbereich **M** *(logisch) gleichwertig,* wenn sie bei allen Einsetzungen für die Prädikatenvariablen, die Aussagenvariablen und die freien Variablen von speziellen über **M** definierten Prädikaten, von speziellen Aussagen bzw. von speziellen Individuen aus **M** stets den gleichen Wert w bzw. f annehmen. (Bei der Einsetzung für Prädikaten-, Aussagen- und Individuenvariablen werden natürlich die in den Formeln **A** und **B** in gleicher Weise bezeichneten auch in gleicher Weise ersetzt.)

Sind zwei Formeln über beliebigen Individuenbereichen **M** gleichwertig, so heißen sie gleichwertig schlechthin. Wie in der Aussagenalgebra können gleichwertige Formeln gegeneinander ausgetauscht werden.

Die Gleichwertigkeit von Formeln gestattet es, sie in verschiedenen Fällen auf eine bequemere Gestalt zu bringen.

Es ist klar, daß sich alle Gleichwertigkeiten aus der Aussagenalgebra auf die Prädikatenlogik übertragen. Insbesondere ist

$$\mathbf{A} \longrightarrow \mathbf{B} \quad\text{gleichwertig mit}\quad \overline{\mathbf{A}} \vee \mathbf{B}.$$

Unter Verwendung dieser Gleichwertigkeit können wir für jede Formel eine ihr gleichwertige angeben, in der von den aus der Aussagenalgebra bekannten Operationen nur $\wedge$, $\vee$ und $^{-}$ auftreten, z. B.

1. $\exists\, x (\mathbf{A}(x) \longrightarrow \forall y\ \mathbf{B}(y))$ ist gleichwertig mit

$$\exists\, x (\overline{\mathbf{A}}(x) \vee \forall y\ \mathbf{B}(y)).$$

2. $\forall x\ \mathbf{A}(x) \longrightarrow (\mathbf{B}(z) \longrightarrow \forall x\ \mathbf{C}(x))$ ist gleichwertig mit

$$\overline{\forall x\ \mathbf{A}(x)} \vee (\overline{\mathbf{B}}(z) \vee \forall x\ \mathbf{C}(x)).$$

3. $(\exists x\ \mathbf{A}(x) \longrightarrow \forall y\ \mathbf{B}(y)) \longrightarrow \mathbf{C}(z)$ ist gleichwertig mit

$$\overline{\exists\, x\ \mathbf{A}(x) \longrightarrow \forall y\ \mathbf{B}(y)} \vee \mathbf{C}(z).$$

Der letzte Ausdruck ist seinerseits gleichwertig mit

$$\overline{\overline{\exists x\ \mathbf{A}(x)} \vee \forall y\ \mathbf{B}(y)} \vee \mathbf{C}(z).$$

Nach Ausführung von Transformationen der Aussagenalgebra erhalten wir die gleichwertige Formel

$$\exists\, x\, A(x) \wedge \overline{\forall y\, B(y)} \vee C(z).$$

Neben die Gleichwertigkeiten der Aussagenalgebra treten in der Prädikatenlogik die mit den Quantoren zusammenhängenden Gleichwertigkeiten.

Zur Erläuterung des Gesetzes über den Zusammenhang zwischen Quantoren und Negation betrachten wir den Ausdruck

$$\overline{\forall x\, A(x)}.$$

Die Aussage „$\forall x\, A(x)$ ist falsch" ist gleichwertig zur Aussage „es gibt ein Element y, für das $A(y)$ falsch ist" oder, was dasselbe ist, „es gibt ein Element y, für das $\overline{A}(y)$ wahr ist". Folglich ist der Ausdruck $\overline{\forall x\, A(x)}$ gleichwertig mit

$$\exists\, y\, \overline{A}(y).$$

In derselben Weise betrachten wir den Ausdruck

$$\overline{\exists\, x\, A(x)}.$$

Das ist die Aussage „$\exists x\, A(x)$ ist falsch". Diese Aussage ist aber gleichwertig zur Aussage „für alle y ist $A(y)$ falsch oder „für alle y ist $\overline{A}(y)$ wahr". Also ist $\overline{\exists x\, A(x)}$ gleichwertig dem Ausdruck

$$\forall\, y\, \overline{A}(y).$$

Damit haben wir folgende Regel erhalten:

Ein Negationszeichen kann hinter ein Quantorenzeichen geschoben werden, indem man den Quantor durch seinen dualen ersetzt.

Wie bereits erwähnt, gibt es zu jeder Formel eine zu ihr gleichwertige, in der von den in der Aussagenalgebra auftretenden Operationen nur $\wedge$, $\vee$ und $^{-}$ vorkommen. Unter Verwendung der zuletzt genannten Gleichwertigkeiten bezüglich der Quantoren und der Gesetze der Aussagenalgebra können wir für jede Formel eine zu ihr gleichwertige angeben, in der sich das Negationszeichen nur auf Elementaraussagen und auf Elementarprädikate bezieht. Auf den Beweis dieser Behauptung verzichten wir hier und begnügen uns mit der Angabe eines Beispiels.

1. Wir betrachten die Formel

$$\overline{\exists\, x\, (A(x) \longrightarrow \forall y\, B(y))}.$$

Wir geben eine ihr gleichwertige Formel an, in der das Zeichen $\longrightarrow$ nicht auftritt, nämlich

$$\overline{\exists\, x\, (\overline{A}(x) \vee \forall\, y\, B(y))}.$$

Die Anwendung der oben betrachteten Regel über die Negation des Quantors $\exists$ liefert die gleichwertige Formel

$$\forall\, x\, \overline{(\overline{A}(x) \vee \forall\, y\, B(y))}.$$

Anschließende Umformungen der Aussagenalgebra liefern

$$\forall\, x \,(A(x) \wedge \overline{\forall y \, B(y)}).$$

Abermalige Anwendung unserer Verschiebungsregel der Negation hinter den Quantor $\forall$
liefert schließlich

$$\forall\, x \,(A(x) \wedge \exists y \, \overline{B}(y)).$$

In dieser Formel bezieht sich das Negationszeichen nur auf das Elementarprädikat B(y).

Eine Formel heißt *reduzierte Formel,* wenn in ihr von den logischen Operationen
der Aussagenalgebra nur $\wedge$, $\vee$ und $^-$ vorkommen und wenn sich das Negationszeichen
nur auf Elementarprädikate und Elementaraussagen bezieht.

Aus dem Gesagten schließen wir: *Für jede Formel gibt es eine ihr gleichwertige reduzierte Formel.* Diese reduzierte Formel nennen wir die *reduzierte Form* der gegebenen Formel

3.3. Mengentheoretische Deutung der Prädikate

Zwei logische Größen, sowohl Aussagen als auch Prädikate, die stets dieselben Werte
w bzw. f annehmen, verbinden wir durch das Zeichen $\equiv$. In diesem Paragraphen wollen
wir Mengen betrachten, die den logischen Ausdrücken entsprechen. Die Identität zweier
Mengen bezeichnen wir mit $=$.

Es sei **M** eine Menge, über der Prädikate definiert sind. Eine solche Menge wollen wir
ebenfalls als *Individuenbereich* bezeichnen. Jedem einstelligen Prädikat F(x) kann man die
Menge aller der Elemente a aus **M** zuordnen, für die F(a) wahr ist. Diese Menge bezeichnen
wir mit E_F. Umgekehrt kann man jeder Teilmenge E von **M** ein Prädikat P(x) zuordnen,
nämlich die Aussage $x \in E$. Das Prädikat P(x) nimmt über E den Wert w an und ist falsch,
wenn x nicht aus E ist. Folglich ist E die Menge E_P. Damit verfügen wir über eine eineindeutige Beziehung zwischen allen Teilmengen von **M** und allen über **M** definierten einstelligen Prädikaten. Im folgenden wollen wir, wenn nicht ausdrücklich anders betont, den Individuenbereich **M** stets als nicht leer annehmen.

Bekanntlich versteht man unter der *Vereinigungsmenge (Summe)* $E_1 \cup E_2$ der beiden
Mengen E_1 und E_2 die Menge aller in E_1 oder in E_2 enthaltenen Elemente. Der *Durchschnitt* (das *Produkt*) $E_1 \cap E_2$ zweier Mengen E_1 und E_2 ist die Menge aller gleichzeitig
in E_1 und in E_2 enthaltenen Elemente. Analog wird die Vereinigungsmenge bzw. die Durch-
schnittsmenge von beliebig endlich oder unendlich vielen Mengen definiert.

Es sei

$$P(x) \equiv P_1(x) \vee P_2(x).$$

Dann ist

$$E_P = E_{P_1} \cup E_{P_2},$$

d. h., E_P ist die Vereinigungsmenge von E_{P_1} und E_{P_2}. Denn ist $x \in E_P$, so ist P(x) wahr;
also ist $P_1(x)$ oder $P_2(x)$ wahr. Im ersten Fall ist $x \in E_{P_1}$, im zweiten $x \in E_{P_2}$, folglich ist

$$x \in E_{P_1} \cup E_{P_2}.$$

Es sei umgekehrt $x \in E_{P_1} \cup E_{P_2}$. Dann ist $x \in E_{P_1}$ oder $x \in E_{P_2}$, d. h., $P_1(x)$ oder $P_2(x)$ ist wahr. Folglich ist $P(x)$ wahr und damit $x \in E_P$.

In analoger Weise zeigt man: Ist

$$P(x) \equiv P_1(x) \wedge P_2(x),$$

so ist

$$E_P = E_{P_1} \cap E_{P_2}.$$

Die dem Prädikat $\overline{P}(x)$ entsprechende Menge ist das Komplement der dem Prädikat $P(x)$ entsprechenden Menge. In mengentheoretischer Symbolik schreiben wir

$$E_{\overline{P}} = C\,E_P,$$

wobei $C\,E_P$ die Gesamtheit aller Elemente aus **M** bedeutet, die nicht in E_P liegen, d. h. die *Komplementärmenge* zu E_P.

Die mit großen lateinischen Buchstaben bezeichneten in der Prädikatenlogik auftretenden Formeln der Aussagenalgebra kann man als Prädikate auffassen, die für alle Individuen stets ein und denselben Wert w bzw. f behalten. Zu solchen Prädikaten gehört im ersten Fall der gesamte Individuenbereich **M** und im zweiten Fall die leere Menge als zugeordnete Menge.

Die für die Größen der Aussagenalgebra geltenden logischen Gesetze behalten ihre Gültigkeit für logische Funktionen, da die Werte dieser Funktionen eben jene Größen sind. Wegen der eineindeutigen Beziehung zwischen logischen Funktionen und Mengen entsprechen den Gesetzen der Prädikatenlogik die bekannten Regeln für mengentheoretische Operationen.

Zum Beispiel entsprechen den beiden Distributivgesetzen für logische Operationen die Distributivgesetze für mengentheoretische Vereinigungs- und Durchschnittsbildung. Dem ersten Distributivgesetz

$$F(x)\,[G(x) \vee H(x)] \equiv F(x)\,G(x) \vee F(x)\,H(x)$$

entspricht das folgende Gesetz der Mengenlehre:

$$P \cap (Q \cup S) = (P \cap Q) \cup (P \cap S).$$

Hierbei bedeuten P, Q, S beliebige Mengen.

Dem zweiten Distributivgesetz

$$F(x) \vee G(x)\,H(x) \equiv (F(x) \vee G(x))\,(F(x) \vee H(x))$$

entspricht das Gesetz der Mengenlehre

$$P \cup (Q \cap S) = (P \cup Q) \cap (P \cup S).$$

Bisher haben wir einen Zusammenhang zwischen Mengen und einstelligen Prädikaten hergestellt. In analoger Weise kann man das auch für Funktionen mit mehreren Variablen tun. Wir begnügen uns hier mit dem Fall von Funktionen zweier Variabler. Es sei M^2 die Menge aller geordneten Paare (x, y) von Elementen der Menge **M**.

Der Funktion $P(x, y)$ ordnen wir die Menge aller Paare (x, y) aus $\mathbf{M}^2$ zu, für die $P(x, y)$ wahr ist. Diese Menge bezeichnen wir mit E_P. Die Beziehung zwischen den Funktionen $P(x, y)$ und den Teilmengen von $\mathbf{M}^2$ ist dieselbe wie im Fall von Funktionen mit einer Variablen und den Teilmengen von $\mathbf{M}$.

Wir wollen uns nun um eine mengentheoretische Deutung der Quantoren bemühen. Es sei

$$F(x) = \exists y \, P(x, y).$$

Die dem Prädikat F entsprechende Menge E_F besteht aus genau den Elementen des Individuenbereichs $\mathbf{M}$, für die $F(x)$, d. h. $\exists y \, P(x, y)$, wahr ist. Der letzte Ausdruck ist aber für ein festes x_0 wahr, wenn es ein y derart gibt, daß $P(x_0, y)$ wahr ist. Der Funktion $P(x, y)$ entspricht eine Teilmenge der Menge F_P aus $\mathbf{M}^2$. Damit besteht E_F aus allen Elementen x des Individuenbereichs $\mathbf{M}$, für die es ein Paar (x, y) aus E_P gibt. Unter der *Projektion eines beliebigen Paares* (x_0, y) verstehen wir das Element x_0, unter der *Projektion einer Menge* die Gesamtheit aller Projektionen der zu ihr gehörenden Paare. Wie man leicht sieht, ist E_F die Projektion von E_P. Es sei $\mathbf{M}$ die Menge der reellen Zahlen. Wie in der analytischen Geometrie deuten wir $\mathbf{M}^2$ als Ebene, deren Punkte die Koordinaten x, y haben; $\mathbf{M}$ deuten wir als die x-Achse dieser Ebene. In diesem Fall ist ein Punkt x Projektion des Punktes (x, y) im direkten geometrischen Sinne. Daher stimmt die der logischen Funktion $F(x)$, die gleich $\exists y \, P(x, y)$ ist, entsprechende Menge E_F mit der gewöhnlichen Orthogonalprojektion der Menge E_P auf die x-Achse überein. Bezeichnen wir die Projektion einer Menge H auf $\mathbf{M}$ mit $\mathrm{proj}_x H$, so wird

$$E_F = \mathrm{proj}_x \, E_P.$$

Um den Generalisator mengentheoretisch zu deuten, negieren wir ihn. Es sei

$$F(x) = \forall y \, P(x, y).$$

Dann ist

$$\forall y \, P(x, y) = \overline{(\exists y \, \overline{P}(x, y))}.$$

Der logischen Negation entspricht bekanntlich die Bildung der Komplementärmenge. Damit ist

$$E_F = \mathbf{C} \, \mathrm{proj}_x \, \mathbf{C} \, E_P,$$

d. h., die der Funktion $\forall y \, P(x, y)$ entsprechende Menge ist die Komplementärmenge der Projektion der Komplementärmenge von E_P.

Es gilt auch die Umkehrung. Jede Menge R, die Projektion einer Teilmenge U aus $\mathbf{M}^2$ ist, also

$$R = \mathrm{proj}_x \, U,$$

kann als E_F dargestellt werden, wobei $F(x)$ die Funktion $\exists y \, P(x, y)$ ist. Dabei ist $U = E_P$. Denn der Menge R entspricht ein über $\mathbf{M}$ definiertes Prädikat $F(x)$, der Menge U ein über $\mathbf{M}^2$ definiertes Prädikat $P(x, y)$, und offenbar ist

$$F(x) = \exists y \, P(x, y).$$

Es sei R' die Komplementärmenge der Projektion von U, dann entspricht die Menge R' offenbar dem Prädikat $\forall y\, \overline{P}(x, y)$. Denn dem Prädikat $\forall y\, \overline{P}(x, y)$ entspricht die Menge $C\,\text{proj}_x\, C\, E_{\overline{P}}$; da aber $C\, E_{\overline{P}} = E_P = U$ ist, gilt folglich

$$C\,\text{proj}_x\, C\, E_{\overline{P}} = C\,\text{proj}_x\, U.$$

Die Quantoren hängen also mit der geometrischen Operation der Projektion zusammen, und umgekehrt hat die Projektion die erwähnte logische Bedeutung.

3.4. Axiome

Wir geben die Prädikatenkonstanten $S(x)$ und $x = y$ vor. Die erste ist eine Funktion, die den Wert w für alle Elemente des Individuenbereichs annimmt. Die zweite nimmt den Wert w an, wenn x und y dasselbe Element sind; sie nimmt den Wert f an, wenn x verschieden von y ist. Das Prädikat $S(x)$ kann mit Hilfe einer Formel der Prädikatenlogik explizit definiert werden, etwa in der Gestalt

$$F(x) \vee \overline{F}(x),$$

wobei $F(x)$ ein beliebiges Prädikat über demselben Individuenbereich ist. Das Prädikat $x = y$ kann nicht unmittelbar als Formel der Prädikatenlogik dargestellt werden. Aber durch solche Formeln kann man Bedingungen angeben, die das Prädikat der Identität eindeutig definieren.

Es sei uns nicht bekannt, welches Prädikat durch das Symbol $x = y$ ausgedrückt wird. Von den beiden Formeln

1. $x = x$,
2. $x = y \longrightarrow (A(x) \longrightarrow A(y))$

fordern wir dann, daß sie für das Prädikat $x = y$ wahr sind bei beliebigem Prädikat A und für alle x und y. Wie man leicht sieht, kann unter diesen Bedingungen das Prädikat $x = y$ nur die Identität von x und y sein. Wenn nämlich x und y durch dasselbe Individuum ersetzt werden, nimmt nach Formel 1 das Prädikat $x = y$ den Wert w an. Es seien nun x und y durch verschiedene Individuen a bzw. b ersetzt. Das Prädikat $A(t)$ ersetzen wir durch ein anderes Prädikat $A^0(t)$, das für x gleich a den Wert w annimmt und das f ist, falls x und a nicht übereinstimmen. Die Formel

$$A^0(a) \longrightarrow A^0(b)$$

hat den Wert f, da $A^0(a)$ wahr und $A^0(b)$ falsch ist. Dagegen muß die Formel

$$a = b \longrightarrow (A^0(a) \longrightarrow A^0(b))$$

wahr sein. Daher ist die Formel $a = b$ falsch. Damit ist gezeigt, daß das unseren Bedingungen genügende Prädikat $x = y$ nur das Prädikat der Identität sein kann.

In analoger Weise kann man auch andere Prädikate charakterisieren. Häufig wird durch eine solche Kennzeichnung das zu charakterisierende Prädikat nicht eindeutig definiert, sondern eine gewisse Klasse von Prädikaten. Aber auch in diesem Fall wollen wir das Symbol des zu charakterisierenden Prädikats als Prädikatenkonstante bezeichnen.

In manchen Fällen kennzeichnen die Formeln nicht nur ein bestimmtes Prädikat, sondern auch einen Individuenbereich. Das ist dann der Fall, wenn es nicht zu jedem Individuenbereich ein diesen Formeln genügendes Prädikat gibt. Schließlich können Formeln auch überhaupt keine Prädikatenkonstante enthalten, dann charakterisieren sie nur einen Individuenbereich. Die Formel

$$A(x) \longrightarrow A(y),$$

in der A eine Prädikatenvariable bedeutet, charakterisiert z. B. einen einelementigen Individuenbereich. Enthält nämlich der Individuenbereich M nur ein Element a, so erhalten wir bei beliebiger Ersetzung von x und y durch Individuen des Bereichs die Formel

$$A(a) \longrightarrow A(a),$$

die immer wahr ist. Wenn umgekehrt der Individuenbereich mehr als ein Individuum enthält, läßt sich ein Individuum auswählen, für das unsere Formel falsch wird.

Beispiel: Die das mit $x < y$ bezeichnete Prädikat charakterisierenden Formeln lauten:

1. $\overline{x < x}$,
2. $x < y \longrightarrow (y < z \longrightarrow x < z)$.

Das mit dem Symbol $x < y$ bezeichnete Prädikat muß so beschaffen sein, daß für alle in ihm frei vorkommenden Variablen x, y und z die Formeln 1 und 2 richtig sind, mit anderen Worten: Das Prädikat $x < y$ muß den Bedingungen 1 und 2 genügen. Es läßt sich leicht ein Beispiel eines solchen Individuenbereichs und eines solchen Prädikats angeben, für die unsere Formeln wahr sind. Wir betrachten einen Individuenbereich aus drei Individuen a, b, c. Für diesen Individuenbereich definieren wir folgendermaßen ein Prädikat:

Es mögen $a < b$ wahr, $b < c$ wahr und $a < c$ wahr sein. Für alle anderen Belegungen von x und y sei das Prädikat falsch. Da der Individuenbereich endlich ist, ergibt eine unmittelbare Überprüfung, daß die Formeln 1 und 2 über ihm erfüllt sind.

In der Mengenlehre heißt jede den Formeln 1 und 2 genügende Relation eine *(partielle) Ordnungsrelation.* Für zwei bezüglich $<$ in Relation stehende Elemente x und y gebrauchen wir mitunter die Sprechweise „x kommt vor y". Eine Menge heißt bezüglich der Relation $<$ *geordnet,* wenn diese Relation neben 1 und 2 auch der Formel

3. $\overline{x = y} \longrightarrow (x < y \lor y < x)$

genügt.

Fassen wir das Prädikat $x = y$ inhaltlich auf, so sind zur Beschreibung einer geordneten Menge die Formeln 1, 2 und 3 ausreichend. Wenn nicht, so müssen wir den Formeln 1, 2 und 3 noch solche hinzufügen, die die Gleichheit charakterisieren.

Im folgenden benötigen wir noch einen Begriff der Mengenlehre. Eine geordnete Menge heißt *wohlgeordnet,* wenn jede nichtleere Teilmenge ein erstes Element besitzt. Aus der Mengenlehre ist der folgende *Satz von Zermelo* bekannt: *Jede Menge kann wohlgeordnet werden.* Hieraus folgt insbesondere, daß es für jeden Individuenbereich ein Prädikat gibt, welches den Axiomen 1, 2 und 3 genügt.

Formeln, die eine Prädikatenkonstante, einen Individuenbereich oder beides charakterisieren, heißen *Axiome.* Wir wollen diesen Begriff exakt definieren.

Es seien $A_1, A_2, \ldots, A_n$ Formeln der Prädikatenlogik mit den Prädikatensymbolen $P_1, P_2, \ldots, P_k$ und $A_1, A_2, \ldots, A_s$ und den Individuensymbolen $a_1, a_2, \ldots, a_p$ und $x_1, x_2, \ldots, x_q$. Wir sagen:

Der Individuenbereich M und ein System von Prädikaten $P_1^0, P_2^0, \ldots, P_k^0$ genügen dem Axiomensystem $A_1, A_2, \ldots, A_n$, wenn es Individuen $a_1^0, a_2^0, \ldots, a_p^0$ des Individuenbereichs M und über M definierte Prädikate $P_1^0, P_2^0, \ldots, P_k^0$ gibt derart, daß nach Einsetzung für dieselben von $a_1, a_2, \ldots, a_p$ bzw. $P_1, P_2, \ldots, P_k$ in allen Formeln A diese Formeln wahr sind bei beliebiger Belegung der in ihnen enthaltenen freien Individuenvariablen $x_1, x_2, \ldots, x_q$ mit Individuen aus M.

Die Symbole $P_1, P_2, \ldots, P_k$ heißen in diesen Axiomen Symbole für konstante Prädikate; die Symbole $A_1, A_2, \ldots, A_s$ sind Symbole für variable Prädikate.

Wenn ein Axiom $A(x, y, \ldots)$ die freien Variablen $x, y, \ldots$ enthält, kann man es durch

$$\forall x \, \forall y \ldots A(x, y, \ldots) \qquad \text{ersetzen.}$$

Dabei genügt sowohl der Individuenbereich M als auch die Gesamtheit aller dem ursprünglichen Axiomensystem genügenden Prädikate P_i^0 auch dem neuen Axiomensystem. Denn wenn die Prädikate $P_1^0, P_2^0, \ldots, P_k^0$ dem Axiomensystem genügen, müssen die Axiome bei beliebiger Belegung der freien Variablen wahr sein.

Ein Individuenbereich M mit den Prädikaten $P_1^0, P_2^0, \ldots, P_k^0$ heißt eine *Interpretation* dieses Axiomensystems, wenn die Prädikate diesem System genügen.

3.5. Widerspruchsfreiheit und Unabhängigkeit der Axiome

Ein Axiomensystem heißt *interpretierbar* oder *inhaltlich (semantisch) widerspruchsfrei*, wenn es eine Interpretation gibt. Ein Axiomensystem, das keine Interpretation gestattet, heißt *nicht interpretierbar* oder *inhaltlich widerspruchsvoll*. Die Definition der inhaltlichen Widerspruchsfreiheit bzw. der Interpretierbarkeit setzt voraus, daß eine Gesamtheit von Dingen existiert, aus denen Mengen (Individuenbereiche) gebildet und auf welchen Prädikate definiert werden können derart, daß diese Mengen und Prädikate als Interpretationen für zu untersuchende Axiomensysteme dienen können.

Die für die genannten Ziele in der Mathematik gebräuchlichen Gesamtheiten von Dingen sind, wie bereits in der Einleitung erwähnt, die natürlichen Zahlen und alle Gesamtheiten, die man aus ihnen mit Hilfe der üblichen mengentheoretischen Konstruktionen bilden kann, insbesondere die rationalen Zahlen, die reellen Zahlen, die komplexen Zahlen, verschiedene Funktionen und andere Objekte.

Man kann die Widerspruchsfreiheit auch anders auffassen. Ein Axiomensystem gilt als widerspruchsfrei, wenn wir beim Herleiten von logischen Folgerungen hieraus niemals zu einem Widerspruch kommen in dem Sinne, daß gleichzeitig die Wahrheit und die Falschheit ein und derselben Behauptung herleitbar ist.

Um über die Widerspruchsfreiheit im letzten Sinne urteilen zu können, müssen wir die für die Herleitung von Folgerungen aus den Axiomen zulässigen logischen Mittel angeben. Eine Beschreibung der logischen Schlüsse geben wir im nächsten Kapitel, und zwar durch die Konstruktion eines abstrakten logischen Systems. Dadurch wird die Definition der Widerspruchsfreiheit im zweiten Sinne ganz exakt. Um die hier eingeführten unter-

schiedlichen Begriffe der Widerspruchsfreiheit unterscheiden zu können, werden wir anstelle von Widerspruchsfreiheit im zweiten Sinne den Terminus „klassische Widerspruchsfreiheit" benutzen. Als Beispiel eines klassisch widerspruchsfreien logischen Systems dient
der im vorigen Kapitel behandelte Aussagenkalkül. Wenn wir auch bisher kein Mittel in der
Hand haben, um über die eingeführten Begriffe genügend streng und exakt zu urteilen, können wir doch diese Definitionen der Widerspruchsfreiheit bis zu einem gewissen Grad miteinander vergleichen. Wenn wir annehmen, daß das Gebiet der mengentheoretischen Begriffe, aus dem wir die Interpretationen für Axiomensysteme schöpfen, selbst klassisch
widerspruchsfrei ist, ist klar, daß dann auch jedes interpretierbare Axiomensystem klassisch
widerspruchsfrei ist.

Damit führt die mögliche Interpretation eines Axiomensystems die Frage nach der
Widerspruchsfreiheit dieses Systems zurück auf die Widerspruchsfreiheit des zur Interpretation verwendeten Begriffssystems. Wenn wir von der klassischen Widerspruchsfreiheit
dieses Begriffssystems überzeugt sind, zieht die Interpretierbarkeit die klassische Widerspruchsfreiheit des betrachteten Axiomensystems nach sich. Die umgekehrte Frage, ob
nämlich ein klassisch widerspruchsfreies System auch interpretierbar ist, ist nicht ganz klar,
und zu ihrer Beantwortung benötigen wir unbedingt eine axiomatische Beschreibung der
logischen Schlußregeln. Wir werden diese Frage hier nicht berühren.

Gegeben sei ein beliebiges Axiomensystem

$$A_1, A_2, \ldots, A_n. \tag{1}$$

Ein Axiom A_i heißt von den übrigen *unabhängig,* wenn es einen Individuenbereich **M**
mit den Prädikaten F_j gibt, der zwar dem Axiomensystem

$$A_1, \ldots, A_{i-1}, A_{i+1}, \ldots, A_n,$$

aber nicht dem betrachteten System

$$A_1, \ldots, A_i, \ldots, A_n \qquad\qquad \text{genügt.}$$

Der Terminus „Unabhängigkeit eines Axioms von den übrigen" wird wie auch die
Widerspruchsfreiheit noch in einem anderen Sinne gebraucht. Wir sagen, ein Axiom A_i sei
klassisch unabhängig von den übrigen Axiomen, wenn es aus den übrigen Axiomen nicht
abgeleitet werden kann.

Wie im Fall der Widerspruchsfreiheit ist der Begriff der klassischen Unabhängigkeit
nur dann exakt, wenn wir eine Beschreibung der logischen Schlußregeln angeben. Die beiden Unabhängigkeitsdefinitionen lassen sich miteinander vergleichen, allerdings sind unsere
Überlegungen dabei etwas unexakt.

Es sei das Axiom A_i im ersten Sinne von den übrigen unabhängig. Dann gibt es eine
Interpretation des Axiomensystems

$$A_1, \ldots, A_{i-1}, A_{i+1}, \ldots, A_n, \tag{2}$$

die dem gesamten Axiomensystem einschließlich A_i nicht genügt. Dann kann aber die
Formel A_i aus den übrigen Axiomen nicht logisch abgeleitet werden. Wenn sie nämlich
aus den übrigen Axiomen ableitbar wäre, dann wäre diese Ableitung auch für jede Interpretation richtig. Für einen beliebigen Individuenbereich mit beliebigen Prädikaten würde

aber aus der Wahrheit der Axiome $A_1, \ldots, A_{i-1}, A_{i+1}, \ldots, A_n$ die Wahrheit des Axioms A_i folgen. Nach Voraussetzung gibt es aber eine Interpretation, in der die Axiome (2) wahr sind, Axiom A_i aber nicht wahr ist. Hieraus schließen wir: Wenn ein Axiom im ersten Sinne von den übrigen unabhängig ist, dann ist es auch klassisch unabhängig.

Die umgekehrte Frage, ob nämlich ein von den übrigen Axiomen klassisch unabhängiges Axiom auch im ersten Sinne unabhängig ist, übergehen wir hier.

Wenn ein Axiom von den übrigen Axiomen eines Axiomensystems nicht unabhängig ist, dann heißt es von ihnen *abhängig*. Wir wollen den Begriff des abhängigen Axioms direkt definieren.

Ein Axiom A_i heißt *abhängig* von den übrigen Axiomen

$$A_1, \ldots, A_{i-1}, A_{i+1}, \ldots, A_n ,$$

wenn jede Interpretation dieses Systems auch dem um das Axiom A_i vermehrten System genügt.

Die Begriffe der Widerspruchsfreiheit und Unabhängigkeit eines Axiomensystems sind für die Mathematik äußerst wichtig. Wenn wir irgendein Axiomensystem benutzen, müssen wir unbedingt von der klassischen Widerspruchsfreiheit desselben überzeugt sein, da wir in einem widerspruchsvollen System, wie oben bereits erwähnt, Wahrheit und Falschheit nicht voneinander unterscheiden können. In einem solchen System läßt sich die Wahrheit jeder Behauptung beweisen.

Die klassische Unabhängigkeit benötigen wir (auch darüber haben wir oben bereits gesprochen) dafür, daß im System keine überflüssigen Axiome vorkommen. Wie wir bereits gesehen haben, läßt sich diese Unabhängigkeit ebenfalls durch Interpretationen feststellen. Mit der Frage nach der Unabhängigkeit von Axiomen war die allgemein bekannte Geschichte des fünften euklidischen Postulats, des Parallelenaxioms, eng verknüpft. Nach zahlreichen mißlungenen Versuchen, dieses Postulat zu beweisen, d. h. es aus den übrigen Prinzipien der Geometrie abzuleiten, äußerte Lobatschewski den Gedanken der Nichtableitbarkeit des Postulats aus den übrigen Axiomen der Geometrie und gab dafür eine überzeugende Begründung. In seinen Untersuchungen waren bereits Elemente der Interpretationsmethode enthalten, und später konnte die Nichtableitbarkeit des fünften Postulats auf diesem Wege auch endgültig bewiesen werden. Es konnte ein solches System von Objekten angegeben werden, das allen Axiomen der Geometrie bis auf das Parallelenaxiom genügt, das aber diesem letzten nicht genügt. Nun ist die Interpretationsmethode jedoch nur in gewissen Grenzen auf Fragen der Widerspruchsfreiheit und der Unabhängigkeit anwendbar. Andere Methoden hängen bereits mit der Betrachtung abstrakter logischer Systeme zusammen, die wir in diesem Kapitel nicht behandeln werden.

3.6. Eineindeutige Abbildung von Individuenbereichen

Wir führen einen für das Weitere wichtigen Begriff der Mengenlehre ein.

Zwischen den Elementen zweier Mengen M und M' besteht eine *eineindeutige Abbildung*, wenn jedem Element aus M genau ein Element aus M' und umgekehrt jedem Element aus M' genau ein Element aus M entspricht. Für die Elemente schreiben wir dann

$$x \longrightarrow x'.$$

Die Elemente der Mengen **M** und **M**′ seien eineindeutig aufeinander abgebildet. Es sei $F(x_1, ..., x_n)$ ein beliebiges über **M** definiertes n-stelliges Prädikat. Über **M**′ erklären wir dann folgendermaßen das Prädikat $F'(x'_1, ..., x'_n)$: Es sei $a'_1, a'_2, ..., a'_n$ eine beliebige Belegungsmenge der Variablen $x'_1, ..., x'_n$. Dann entspricht jedem a'_i ein bestimmtes Element a_i der Menge **M**. Das Prädikat $f(x_1, ..., x_n)$ ist für jede Belegung der Variablen definiert, und daher hat $F(a_1, ..., a_n)$ einen wohlbestimmten Wert w bzw. f. Denselben Wert ordnen wir dem Prädikat $F'(x'_1, ..., x'_n)$ zu, wenn x'_1 mit $a'_1, ..., x'_n$ mit a'_n belegt ist. Mit anderen Worten, $F(a_1, ..., a_n)$ und $F'(a'_1, ..., a'_n)$ sind gleichzeitig wahr bzw. falsch.

Damit ist das Prädikat $F'(x'_1, ..., x'_n)$ über dem Individuenbereich **M**′ definiert. Dieses Prädikat ordnen wir nun dem Prädikat $F(x_1, ..., x_n)$ zu. Aus unserer Definition folgt, daß auch umgekehrt jedem Prädikat über **M**′ genau ein über **M** definiertes Prädikat entspricht.

Die so erklärte Abbildung ist offenbar eineindeutig, denn wenn zwei über **M** definierte Prädikate $F_1(x_1, ..., x_n)$ und $F_2(x_1, ..., x_n)$ verschieden sind, läßt sich eine Belegungsmenge $a_1, ..., a_n$ finden derart, daß für sie ein Prädikat den Wert w und das andere den Wert f annimmt.

Es habe beispielsweise $F_1(a_1, ..., a_n)$ den Wert w und $F_2(a_1, ..., a_n)$ den Wert f. Sind nun F'_1 und F'_2 die über **M**′ definierten Prädikate, die F_1 bzw. F_2 entsprechen, so hat $F'_1(a'_1, ..., a'_n)$ den Wert w und $F'_2(a'_1, ..., a'_n)$ den Wert f. Daher sind auch die Prädikate F'_1 und F'_2 verschieden.

Die erhaltene Eineindeutigkeit zwischen den Prädikaten kennzeichnen wir genau wie bei den Individuen durch

$$F \longrightarrow F'.$$

Es sei

$$x_1 \longrightarrow x'_1, \quad x_2 \longrightarrow x'_2, ..., x_n \longrightarrow x'_n \qquad \text{und} \qquad F \longrightarrow F';$$

dann ist

$$F(x_1, ..., x_n) \equiv F'(x'_1, ..., x'_n).$$

Wegen der Eineindeutigkeit gilt auch die Umkehrung: Ist

$$F(x_1, ..., x_n) \equiv F'(x'_1, ..., x'_n),$$

so ist

$$F \longrightarrow F'.$$

Es sei **A** eine Formel, die aus gewissen über **M** definierten Prädikaten gebildet ist. Bei jeder Einsetzung von Objekten aus dem Individuenbereich **M** für die freien Individuenvariablen nimmt diese Formel einen bestimmten Wert w bzw. f an. Wenn wir für die in **A** vorkommenden Prädikate die ihnen entsprechenden über **M**′ definierten Prädikate einsetzen, erhalten wir eine Formel **A**′ von Prädikaten über **M**′. Man sieht leicht, daß

$$\mathbf{A}' \equiv \mathbf{A} \tag{1}$$

bei entsprechender Belegung der Variablen gilt. Wenn eine Formel nur mit Hilfe von Operationen der Aussagenalgebra gebildet wird, dann werden nach Einsetzung der entsprechenden Prädikate über M' für die entsprechenden Prädikate über M und nach Einsetzung der entsprechenden Belegungen aus M' für die Belegungen der Individuenvariablen aus M die Werte der in der Formel auftretenden Prädikate nicht geändert. Offenbar liefern die Operationen der Aussagenalgebra nach einer solchen Einsetzung dasselbe Ergebnis wie vor der Einsetzung. Weiter ist leicht zu sehen: Wenn die Formel $A(x_1, \ldots, x_n)$ bei den angegebenen Einsetzungen in $A'(x'_1, \ldots, x'_n)$ übergeht, wobei

$$A(x_1, \ldots, x_n) \equiv A'(x'_1, \ldots, x'_n)$$

ist, dann gilt

$$\forall x_i \, A(x_1, \ldots, x_n) \equiv \forall x'_i \, A'(x'_1, \ldots, x'_n),$$
$$\exists x_i \, A(x_1, \ldots, x_n) \equiv \exists x'_i \, A'(x'_1, \ldots, x'_n).$$

Folglich führen sowohl die Operationen der Aussagenalgebra als auch die Quantoren in ihrer Anwendung auf Formeln mit den angegebenen Eigenschaften wieder zu Formeln mit denselben Eigenschaften. Aus dem Gesagten folgt, daß jede aus über M definierten Prädikaten bestehende Formel ebenfalls diese Eigenschaft hat, d. h., für sie gilt die Beziehung (1).

3.7. Isomorphie von Individuenbereichen und Vollständigkeit des Axiomensystems

Gegeben sei ein Individuenbereich M und ein System von über diesem Individuenbereich definierten Prädikaten

$$F_1(x_1, \ldots, x_n),$$
$$F_2(x_1, \ldots, x_n),$$
$$\ldots\ldots\ldots\ldots\ldots\ldots$$
$$F_k(x_1, \ldots, x_n)$$

und ein anderer Individuenbereich M' mit den Prädikaten

$$F'_1(x'_1, \ldots, x'_n),$$
$$F'_2(x'_1, \ldots, x'_n),$$
$$\ldots\ldots\ldots\ldots\ldots\ldots$$
$$F'_k(x'_1, \ldots, x'_n).$$

Der Individuenbereich M mit den Prädikaten F_i heißt *isomorph* zum Individuenbereich M' mit den Prädikaten F'_i, wenn sich M eineindeutig auf M' abbilden läßt vermöge

$$x \longrightarrow x',$$

so daß

$$F'_i(x'_1, \ldots, x'_n)$$

dieselben Werte (w bzw. f) hat wie

$$F_i(x_1, \ldots, x_n),$$

wobei x'_1 dem Element x_1, x'_2 dem Element x_2, $\ldots$, x'_n dem Element x_n entspricht.

Diese Abbildung der Elemente von **M** auf die von **M′** heißt ein *die Prädikate*

$$F_1(\dots), \qquad F_2(\dots), \qquad \dots, \qquad F_k(\dots)$$

erhaltender Isomorphismus.

Beispiel: Der Individuenbereich **M** sei die Menge der natürlichen Zahlen

$$1, \quad 2, \quad 3, \quad 4, \quad 5.$$

Über ihm sei ein Prädikat $F(x, y)$ definiert, das wir in Worten folgendermaßen ausdrücken: Die Differenz der Zahlen x und y ist durch 3 teilbar. Zahlentheoretisch formuliert bedeutet das „x ist kongruent y modulo 3", in Zeichen

$$x \equiv y \;(\mathrm{mod}\ 3).$$

Mit anderen Worten, $F(x, y)$ ist wahr für x kongruent y modulo 3 und falsch im anderen Fall.
Der Individuenbereich **M′** sei die Zahlenmenge

$$21, \quad 22, \quad 23, \quad 24, \quad 25.$$

Das Prädikat $F'(x', y')$ über **M′** wird genau so definiert wie über **M**. $F'(x', y')$ ist wahr genau dann, wenn

$$x' \equiv y' \;(\mathrm{mod}\ 3)$$

ist.

Man sieht leicht, daß der Individuenbereich **M** mit dem Prädikat $F(x, y)$ isomorph ist zum Individuenbereich **M′** mit dem Prädikat $F'(x', y')$.

Die Individuenbereiche **M** und **M′** bilden wir folgendermaßen eineindeutig aufeinander ab:

$$1 — 21,$$
$$2 — 22,$$
$$\dots\dots\dots\dots$$
$$5 — 25.$$

Die Differenzen zwischen den Elementen aus **M** und den ihnen entsprechenden Elementen aus **M′** sind gleich, und daher folgt aus $x \equiv y \;(\mathrm{mod}\ 3)$ auch $x' = y' \;(\mathrm{mod}\ 3)$ und umgekehrt.

Wenn ein Individuenbereich **M** mit den Prädikaten $F_1, \dots, F_k$ isomorph ist zum Individuenbereich **M′** mit den Prädikaten

$$F'_1, \dots, F'_k$$

und der Individuenbereich **M′** seinerseits isomorph ist zum Individuenbereich **M″** mit den Prädikaten $F''_1, \dots, F''_k$, dann sind offenbar auch die Individuenbereiche **M** und **M″** isomorph. Mit anderen Worten, die Isomorphie von Individuenbereichen ist *transitiv*.

Gegeben sei ein beliebiges Axiomensystem mit den Prädikatenkonstanten

$$F_1, F_2, \dots, F_k$$

und nur mit diesen. (Diese Bedingung bezieht sich nicht auf Prädikatenvariablen, solche können in den Axiomen beliebig auftreten.) Der Individuenbereich **M** mit den Prädikaten

$$F^0_1, F^0_2, \dots, F^0_k$$

möge unserem Axiomensystem genügen. Es sei $\mathbf{M}'$ ein Individuenbereich mit den Prädikaten

$$F'_1, F'_2, \ldots, F'_k$$

und isomorph zum Individuenbereich $\mathbf{M}$. Dann genügt der Individuenbereich $\mathbf{M}'$ mit den Prädikaten F'_i offenbar demselben Axiomensystem. Mit anderen Worten: Sind zwei Individuenbereiche mit gewissen Variablen isomorph und genügt einer von ihnen gemeinsam mit seinen Prädikaten einem gewissen Axiomensystem, so genügt auch der andere Individuenbereich demselben Axiomensystem.

Hierbei entsteht die umgekehrte Frage: Sind zwei Individuenbereiche mit gewissen Prädikaten isomorph, wenn sie demselben Axiomensystem genügen? Man überzeugt sich leicht davon, daß die Antwort auf diese Frage negativ ausfällt.

Als Beispiel eines Axiomensystems, für das es nichtisomorphe Interpretationen gibt, dienen die Axiome der oben behandelten Ordnungsrelation:

1. $\overline{x < x}$,
2. $x < y \rightarrow (y < z \rightarrow x < z)$.

Denn diesem Axiomensystem mit dem Prädikat $x < y$ genügt ein aus den Elementen a und b bestehender Individuenbereich mit $a < b$ wahr und $a < a$, $b < b$, $b < a$ falsch. Daneben genügt der Individuenbereich $\mathbf{M}'$ mit den Elementen a, b, c ebenfalls diesem Axiomensystem, wenn das Prädikat $x < y$ wie in 3.4 definiert wird. Der Individuenbereich $\mathbf{M}$ kann aber nicht isomorph sein zum Individuenbereich $\mathbf{M}'$, da beide unterschiedlich viel Elemente besitzen.

Ein Axiomensystem heißt *vollständig,* wenn alle Interpretationen desselben isomorph sind.

Satz: Das Axiomensystem

$$A_1, A_2, \ldots, A_k, A_{k+1}$$

gestatte eine Interpretation, und das Axiomensystem

$$A_1, A_2, \ldots, A_k \tag{1}$$

sei vollständig. Wenn dann das Axiom A_{k+1} keine von den in (1) auftretenden verschiedenen Prädikatenkonstanten enthält, so ist das Axiom A_{k+1} abhängig von den Axiomen (1).

Das Axiomensystem (1) enthalte die Prädikatenkonstanten

$$F_1, F_2, \ldots, F_p.$$

Nach Voraussetzung enthält das Axiom A_{k+1} keine anderen Prädikatenkonstanten.

Genügt ein Individuenbereich mit Prädikaten einem Axiomensystem, so genügt, wie bereits gezeigt, auch jeder andere zum gegebenen Individuenbereich isomorphe Individuenbereich mit den entsprechenden Prädikaten diesem Axiomensystem. Wenn daher ein Individuenbereich mit Prädikaten einem Axiomensystem nicht genügt, dann genügt folglich kein zum gegebenen Individuenbereich isomorpher Individuenbereich mit Prädikaten diesem Axiomensystem.

Nach Voraussetzung des Satzes gibt es eine Interpretation des Axiomensystems

$$A_1, A_2, \ldots, A_k, A_{k+1}. \tag{2}$$

Diese Interpretation ist ein Individuenbereich $\mathbf{M}'$ mit den Prädikaten $F'_1, \ldots, F'_p$, welche in den Axiomen die Prädikatenkonstanten $F_1, \ldots, F_p$ ersetzen. Dieser Individuenbereich genügt offenbar auch dem System (1). Wegen der Vollständigkeit von (1) sind alle seine Interpretationen isomorph. Da nun dieses System dieselben Prädikatenkonstanten enthält wie das System (2), ist jede Interpretation des Systems (1) isomorph zur gegebenen Interpretation des Systems (2). Aus den Eigenschaften des Isomorphismus folgt, daß dann jede Interpretation des Systems (1) auch dem System (2) genügt. Damit ist jede Interpretation des Systems (1) auch eine Interpretation des Systems (2). Das bedeutet aber, daß das Axiom $\mathbf{A}_{k+1}$ abhängig ist vom Axiomensystem (1), was zu beweisen war.

Natürlich gibt es für jedes widerspruchsfreie Axiomensystem von ihm unabhängige Axiome. Als Beispiel betrachten wir die Formel

$$\forall x \, F^*(x),$$

wobei $F^*(x)$ eine im gegebenen Axiomensystem nicht auftretende Prädikatenkonstante ist. Wir können sie als neues Axiom zum System hinzufügen. Wenn unser Ausgangssystem über einem Individuenbereich $\mathbf{M}$ mit den Prädikaten

$$F_1, \ldots, F_p$$

interpretierbar ist, können wir darüber $F^*(x)$ so definieren, daß die Formel $\forall x \, F^*(x)$ falsch wird. Dann genügt der Individuenbereich mit den Prädikaten

$$F_1, \ldots, F_p, F^*$$

dem ursprünglichen Axiomensystem, aber er genügt nicht dem um das Axiom $\forall x \, F^*(x)$ vermehrten ursprünglichen Axiomensystem.

Es ist übrigens völlig klar, daß ein Axiom, welches keine tautologische (identisch wahre) Aussage über Eigenschaften und Beziehungen von Gegenständen ist, unabhängig ist von den Axiomen, in denen von diesen Eigenschaften und Beziehungen nicht die Rede ist.

Den Begriff der Vollständigkeit eines Axiomensystems haben wir früher bereits in einem anderen Sinne gebraucht. Im weiteren wollen wir diesen Begriff in zwei Bedeutungen gebrauchen. Um beide voneinander trennen zu können, werden wir die in diesem Paragraphe definierte Vollständigkeit als *Vollständigkeit bis auf Isomorphie* oder als *semantische Vollständigkeit* bezeichnen. Dabei ist zu beachten, daß wir es hier mit Isomorphismen zu tun haben, welche die im betrachteten Axiomensystem beschriebenen Prädikate erhalten.

3.8. Axiome der natürlichen Zahlen

Zur Abkürzung schreiben wir das Prädikat

$$x < y \vee x = y$$

in der Gestalt

$$x \leqq y.$$

Das Prädikat der Gestalt

$$x < y \land \forall u \, [u \leqq x \lor y \leqq u]$$

bezeichnen wir mit $\sigma(x, y)$. Der Sinn des Prädikats $\sigma(x, y)$ läßt sich mit „y ist unmittelbarer Nachfolger von x" in Worten beschreiben, da die Wahrheit von $\sigma(x, y)$ zu der Behauptung äquivalent ist, daß y auf x folgt und es zwischen ihnen kein Individuum gibt.

Axiome

I.
1. $x = x$,
2. $x = y \rightarrow (A(x) \rightarrow A(y))$.

II.
1. $\overline{x < x}$,
2. $x < y \rightarrow (y < z \rightarrow x < z)$,
3. $\forall x \, \exists y \, [\sigma(x, y) \land \forall u \, (\sigma(x, u) \rightarrow u = y)]$.

III.
$\quad A(0) \land \forall x \, \forall y \, [A(x) \land \sigma(x, y) \rightarrow A(y)] \rightarrow A(z)$.

Wie man aus diesen Axiomen sieht, enthält der durch sie charakterisierte Individuenbereich das Individuum 0.

Die Axiome I definieren das Prädikat Gleichheit. Die ersten beiden Axiome der zweiten Gruppe definieren das Prädikat $<$, d. h. Vorgänger sein.

Axiom II.3 drückt aus, daß es zu jedem Individuum einen eindeutig bestimmten unmittelbaren Nachfolger gibt.

Axiom III ist das Axiom der vollständigen Induktion. Es behauptet: *Wenn ein Satz richtig ist für das Individuum* 0 *und wenn aus der Richtigkeit desselben für* x *die Richtigkeit für den unmittelbaren Nachfolger im Individuenbereich folgt, dann ist der Satz richtig für beliebiges* z.

Wir bemerken, daß das Prädikat $x = y$ in allen Interpretationen nichts anderes als die Identität der Objekte x und y bedeuten kann, da nur dieses Prädikat auch den Axiomen I bis III genügen kann. Man überzeugt sich leicht, daß die natürlichen Zahlen

$$0, \; 1, \; 2, \ldots, \; n, \ldots$$

(wir betrachten hier und im weiteren 0 als natürliche Zahl) den Axiomen I, II, III genügen. Dabei bedeutet das Prädikat $x < y$ „die natürliche Zahl x ist kleiner als die natürliche Zahl y" im üblichen Sinne. Damit ist dieses Axiomensystem semantisch widerspruchsfrei.

Wir benötigen noch einen Begriff aus der Mengenlehre. M_1 und M_2 seien geordnete Mengen, und in jeder sei ein Prädikat definiert, das Ordnungsrelation (in der ersten $x_1 < y_1$, in der zweiten $x_2 < y_2$) ist. Zwei geordnete Mengen heißen *ähnlich*, wenn sie sich eineindeutig und ordnungstreu aufeinander abbilden lassen vermöge

$$x_1 \longrightarrow x_2 ,$$

d. h., wenn $x_1 < y_1$ wahr ist, soll auch für die entsprechenden Elemente $x_2 < y_2$ stets wahr sein. Wenn $x_1 < y_1$ falsch ist, ist wegen der Ordnung der betrachteten Mengen für die entsprechenden Elemente auch $x_2 < y_2$ falsch. Denn ist $x_1 < y_1$ falsch, so ist entweder $x = y$ oder $y_1 < x_1$ wahr. Im ersten Fall ist wegen der Eineindeutigkeit der Abbildung $x_2 = y_2$, also ist $x_2 < y_2$ falsch. Im zweiten Fall ist $y_2 < x_2$ wahr. Dann ist aber $x_2 < y_2$ falsch, da wir sonst einen Widerspruch zu den Ordnungsaxiomen bekämen.

Damit können wir folgenden Sachverhalt formulieren: *Zwei geordnete Mengen sind genau dann ähnlich, wenn sie zusammen mit ihren Ordnungsprädikaten isomorph sind.*

Die Menge der natürlichen Zahlen ist eine geordnete, den Axiomen I, II, III genügende Menge. In allen diesen Axiomen traten nur zwei Prädikatenkonstanten auf, nämlich die Gleichheit und die Ordnung. Das Gleichheitsprädikat bleibt bei jeder eineindeutigen Abbildung erhalten. Da bei Ähnlichkeit auch das Ordnungsprädikat erhalten bleibt, ist die Ähnlichkeit mit der Menge der natürlichen Zahlen ein Isomorphismus. Hieraus folgt, daß *jede der Menge der natürlichen Zahlen ähnliche und damit isomorphe Menge den Axiomen I, II, III genügt.*

Wir zeigen auch die Umkehrung: *Jede Menge mit einem über ihr definierten Ordnungsprädikat, die den Axiomen I, II, III genügt, ist der Menge der natürlichen Zahlen ähnlich.*

Ein Individuenbereich **M** möge den Axiomen I, II, III genügen. Daneben betrachten wir die Menge der natürlichen Zahlen mit der gewöhnlichen Ordnungsrelation „n kleiner m". Der natürlichen Zahl 0 ordnen wir das ebenso bezeichnete Element des Individuenbereiches **M** zu. Dieses Element werden wir auch mit x_0 bezeichnen. Der natürlichen Zahl 1 ordnen wir das unmittelbar auf x_0 folgende Element x_1 zu. Der natürlichen Zahl n sei das Element x_n zugeordnet, dann ordnen wir der natürlichen Zahl n + 1 das Element des Individuenbereichs **M** zu, welches unmittelbar auf x_n folgt. Nach Axiom II.3 existiert genau ein solches Element. Wir bezeichnen es mit x_{n+1}. Damit haben wir jeder natürlichen Zahl genau ein Element des Individuenbereichs **M** zugeordnet. Offenbar gilt

$$x_0 < x_1, \quad x_1 < x_2, \quad \ldots, \quad x_n < x_{n+1}, \quad \ldots$$

Aus diesen Beziehungen folgt:

$$\text{wenn} \quad n < m, \quad \text{so} \quad x_n < x_m.$$

Folglich ist die Menge **M**′ der Elemente $x_0, x_1, \ldots, x_n, \ldots$ geordnet und der Menge der natürlichen Zahlen ähnlich.

Wir zeigen noch, daß die Menge **M**′ mit dem gesamten Individuenbereich **M** übereinstimmt. Von der Richtigkeit dieser Behauptung überzeugen wir uns durch Anwendung des Axioms der vollständigen Induktion, das ja im Individuenbereich **M** gilt. Die Aussage „ein Element z des Individuenbereichs **M** liegt in der Menge **M**′ " ist richtig für z gleich x_0 (bzw. 0). Unsere Behauptung sei richtig für ein beliebiges x; dann gilt sie auch für das unmittelbar auf x folgende Element. Denn ist x das Element x_n, dann ist x_{n+1} der unmittelbare Nachfolger von x_n. Nach Axiom II.3 gibt es zu jedem Element x_n genau einen unmittelbaren Nachfolger x_{n+1}, der ebenfalls in **M**′ liegt. Nach dem Axiom der vollständigen Induktion folgt nun, daß jedes Element des Individuenbereichs **M** auch Element von **M**′ ist, d. h., **M** und **M**′ stimmen überein.

Damit haben wir gezeigt, daß jeder den Axiomen I, II, III genügende Individuenbereich geordnet und der Menge der natürlichen Zahlen ähnlich ist. Das erhaltene Ergebnis können wir auch folgendermaßen formulieren: *Jede Interpretation der Axiome I, II, III ist isomorph zur Menge der natürlichen Zahlen.* Hieraus folgt, daß verschiedene Interpretationen der Axiome I, II, III isomorph sind. *Das betrachtete Axiomensystem ist also vollständig.* Gleichzeitig müssen wir aber sagen, daß die Axiome I, II, III nicht alle Eigenschaften der natürlichen Zahlen beschreiben. Sie enthalten beispielsweise die arithmetischen Operationen Addition und Multiplikation nicht. Die Axiome I, II, III definieren nur die Ordnungsbeziehungen in der Menge der natürlichen Zahlen, und die Vollständigkeit dieses Systems ist in gewissem Sinne beschränkt. Wir können sie, wie oben verabredet, als Vollständigkeit bis auf die die Ordnungsrelation erhaltende Isomorphie bezeichnen.

Es läßt sich zeigen, daß jedes Axiom des betrachteten Systems unabhängig ist von den übrigen Axiomen. Wir wollen uns hier mit dem Beweis der Unabhängigkeit des Axioms der vollständigen Induktion begnügen. Zu diesem Zweck müssen wir eine Interpretation finden, die zwar den Axiomen I und II, aber nicht dem ganzen Axiomensystem genügt.

Der Individuenbereich M sei die Menge der rationalen Zahlen der Gestalt $\frac{i}{i+1}$ und $1 + \frac{i}{i+1}$, wobei i alle natürlichen Zahlen durchläuft. Die betrachtete Menge besteht also aus folgenden Zahlen:

$$0, \ \tfrac{1}{2}, \ \tfrac{2}{3}, \ ..., \ \tfrac{i}{i+1}, \ ..., \ 1, \ 1\tfrac{1}{2}, \ 1\tfrac{2}{3}, \ ..., \ 1 + \tfrac{i}{i+1}, \ ...$$

Das im betrachteten Individuenbereich mit „0" bezeichnete Individuum sei die rationale Zahl 0, das Prädikat $x < y$ möge „die rationale Zahl x ist kleiner als die rationale Zahl y" im gewöhnlichen Sinne bedeuten.

Man prüft leicht nach, daß die betrachtete Interpretation den Axiomen I und II genügt.

Für das Prädikat Gleichheit der Objekte sind die Axiome I wahr für alle Ersetzungen der Prädikatenvariablen A. Die Axiome II.1 und II.2 sind ebenfalls wahr, da ihnen das Prädikat „die Zahl x ist kleiner als die Zahl y" genügt.

In Axiom II.3 wird behauptet, daß es zu jedem Objekt ein und nur ein unmittelbar darauf folgendes gibt. Nun ist aber für jede Zahl der Gestalt $\frac{i}{i+1}$ die Zahl $\frac{i+1}{i+2}$ unmittelbarer Nachfolger, denn es ist $\frac{i}{i+1} < \frac{i+1}{i+2}$, und in unserem Individuenbereich M gibt es keine Zahl zwischen $\frac{i}{i+1}$ und $\frac{i+1}{i+2}$. Außerdem ist $\frac{i+1}{i+2}$ der einzige unmittelbare Nachfolger von $\frac{i}{i+1}$, da jede größere, nicht mit $\frac{i+1}{i+2}$ übereinstimmende Zahl nicht unmittelbarer Nachfolger von $\frac{i}{i+1}$ sein kann. Ebenso sehen wir, daß die Zahl $1 + \frac{i+1}{i+2}$ unmittelbarer Nachfolger der Zahl $1 + \frac{i}{i+1}$ ist. Damit genügt der Grundbereich M mit dem Prädikat $x < y$ den Axiomen I und II.

Wir wollen nun zeigen, daß für gewisse Einsetzungen für die Prädikatenvariable A und die Individuenvariable z das Axiom III in unserer Interpretation falsch ist. Für die Prädikatenvariable A setzen wir das Prädikat $A^0(x)$ ein, das wahr ist für alle Zahlen der Gestalt $\frac{i}{i+1}$ und falsch für alle Zahlen der Gestalt $1 + \frac{i}{i+1}$. Dann ist $A^0(0)$ wahr. Die Formel

$$A^0(x) \wedge \sigma(x, y) \longrightarrow A^0(y) \tag{3}$$

ist auch wahr für alle x und y unseres Individuenbereichs. Denn wenn $A^0(x)$ oder $\sigma(x, y)$ falsch sind, ist Formel (3) wahr, weil die Prämisse falsch ist. Es seien $A^0(x)$ und $\sigma(x, y)$ wahr. Dann ist x eine Zahl der Gestalt $\frac{i}{i+1}$, und die unmittelbar darauf folgende Zahl y ist $\frac{i+1}{i+2}$, also von derselben Gestalt. Daher ist $A^0\left(\frac{i+1}{i+2}\right)$ ebenfalls wahr, und folglich ist $A^0(y)$ wahr. In diesem Fall ist aber (3) wieder wahr. Damit ist (3) wahr für alle x und alle y aus dem Individuenbereich M.

Folglich ist auch die Formel

$$\forall x \, \forall y \, (A^0(x) \wedge \sigma(x, y) \longrightarrow A^0(y))$$

wahr, d. h., die Formel

$$A^0(0) \wedge \forall x \, \forall y \, (A^0(x) \wedge \sigma(x, y) \longrightarrow A^0(y))$$

ist wahr für den Individuenbereich **M**. Wenn aber z eine Zahl der Gestalt $1 + \frac{i}{i+1}$ ist, dann ist $A^0(z)$ falsch, und daher ist die Formel

$$A^0(0) \wedge \forall x \, \forall y \, (A^0(x) \wedge \sigma(x, y) \longrightarrow A^0(y)) \longrightarrow A^0(z)$$

falsch, falls z eine Zahl der Gestalt $1 + \frac{i}{i+1}$ ist. Wir haben gesehen, daß Axiom III für gewisse Einsetzungen für die Prädikatenvariablen A und Individuenvariablen z falsch ist. Daher genügt der Individuenbereich **M** nicht dem Axiomensystem I, II, III.

Nach Definition der Unabhängigkeit von Axiomen ist also Axiom III unabhängig von den übrigen Axiomen des betrachteten Systems.

3.9. Normalformeln und Normalformen

Wie wir bereits in 3.2 gesehen haben, gibt es zu jeder Formel eine zu ihr äquivalente reduzierte Formel. Unter den reduzierten Formeln wählen wir eine bestimmte Klasse von Formeln aus, die wir *Normalformeln* nennen wollen.

Eine reduzierte Formel heißt *normal*, wenn sie keine Quantoren enthält oder wenn bei ihrer Bildung aus Elementarformeln die Verknüpfungen mit Quantoren auf alle Operationen der Aussagenalgebra folgen.

Wenn in einer Normalformel Quantoren auftreten, stehen sie vor allen übrigen logischen Symbolen. Die reduzierte Formel

$$\forall x_1 \, \forall x_2 \, \exists x_3 \, \forall x_4 \, A(x_1, \ldots, x_4)$$

ist beispielsweise normal, wenn $A(x_1, \ldots, x_4)$ keine Quantoren enthält.

Satz 1: Zu jeder Formel gibt es eine zu ihr äquivalente Normalformel.

Der Beweis dieses Satzes gründet sich auf einige gleichwertige Formeln, die sich leicht gewinnen lassen.

1. $\forall x \, A(x) \vee H$ ist gleichwertig mit $\forall x (A(x) \vee H)$.

Die Formel $\forall x \, A(x) \vee H$ sei wahr für einen gewissen Individuenbereich **M** und für gewisse Einsetzungen für die freien Individuen- bzw. Prädikatenvariablen. Dann ist $\forall x \, A(x)$ entweder für alle Einsetzungen wahr, oder H ist wahr. Im ersten Fall ist $A(x)$ wahr für jedes x aus **M**. Dann ist aber

$$A(x) \vee H \tag{4}$$

ebenfalls wahr für alle x aus **M**. Also ist auch die Formel

$$\forall x \, [A(x) \vee H] \tag{5}$$

wahr. Im zweiten Fall, d. h., wenn H wahr ist, sind die Formeln (4) und (5) ebenfalls wahr über **M** bei gegebenen Einsetzungen für die freien Variablen.

Die Formel $\forall x\, A(x) \vee H$ sei falsch bei gegebenen Einsetzungen. Dann ist sowohl die Formel $\forall x\, A(x)$ als auch H falsch. Folglich gibt es eine Element x_0 des Grundbereichs **M**, für das $A(x_0)$ falsch ist. Für dieses Element ist aber $A(x_0) \vee H$ falsch, und folglich ist Formel (5) falsch.

2. Die Formel $\forall x\, A(x) \wedge H$ ist gleichwertig mit $\forall x\, [A(x) \wedge H]$.
3. Die Formel $\exists x\, A(x) \wedge H$ ist gleichwertig mit $\exists x\, [A(x) \wedge H]$.
4. Die Formel $\exists x\, A(x) \vee H$ ist gleichwertig mit $\exists x\, [A(x) \vee H]$.

Die Gleichwertigkeiten 2, 3 und 4 lassen sich wie die erste Gleichwertigkeit beweisen. Offenbar sind die entsprechenden Behauptungen auch für den Fall richtig, daß sich die Quantoren auf den zweiten Summanden (Faktor) beziehen.

Der Fall, daß eine Formel Konstanten enthält, wird in den betrachteten Fällen mit erfaßt, da in die Formeln **A** und H eingehende Konstanten a, b, c als Einsetzungen von Elementen a, b, c für die freien Variablen y, z, t betrachtet werden können.

Wir beweisen jetzt Satz 1 durch vollständige Induktion nach dem Gesetz der Bildung von Formeln der Prädikatenalgebra. Für Elementarformeln, das sind Buchstaben A, B, ... bzw. Elementarprädikate $A(x), B(x), \ldots$, ist unsere Behauptung wahr, da diese Formeln selbst normal sind. Die Formeln A_1 und A_2 mögen die Normalformeln A_1^* bzw. A_2^* haben. A_1^* habe etwa die Gestalt

$$\forall x_1\, \forall x_2 \ldots \exists x_i \ldots \exists x_n\, B_1(x_1, \ldots, x_n),$$

A_2^* habe die Gestalt

$$\exists y_1\, \forall y_2 \ldots \forall y_m\, B_2(y_1, \ldots, y_m).$$

Wir zeigen, daß dann für die Formel $A_1 \vee A_2$ ebenfalls eine zu ihr äquivalente Normalformel existiert. Die Formel $A_1^* \vee A_2^*$ ist äquivalent zur Formel $A_1 \vee A_2$, aber sie ist im allgemeinen keine Normalformel. Unter Verwendung der oben bewiesenen Gleichwertigkeiten kann man sie in eine Normalformel transformieren.

Zunächst kann man die Formel $A_1^* \vee A_2^*$ ersetzen durch die Formel

$$\forall x_1 [\forall x_2 \ldots \exists x_n\, B_1(x_1, \ldots, x_n) \vee \exists y_1\, \forall y_2 \ldots \forall y_m\, B_2(y_1, \ldots, y_m)],$$

indem man A_2^* in den Wirkungsbereich des ersten Quantors der Formel A_1^* bringt. Nach der ersten Gleichwertigkeit ist diese Formel gleichwertig mit der Formel $A_1^* \vee A_2^*$. Weiter kann man hinter dem Quantor $\forall x_1$ gleichwertig transformieren, da die Quantifizierung zweier gleichwertiger Formeln mit demselben Quantor nach derselben Variablen x_1 wieder zwei gleichwertige Formeln liefert. Aus demselben Grunde kann man die Formel A_2^* in den Wirkungsbereich des zweiten Quantors $\forall x_2$ bringen usw. Die Formel A_2^* sei bereits in den Wirkungsbereich aller Quantoren der Formel A_1^* gebracht. Dann erhalten wir die Formel

$$\forall x_1\, \forall x_2 \ldots \exists x_n\, [B_1(x_1, \ldots, x_n) \vee \exists y_1\, \forall y_2 \ldots \forall y_m\, B_2(y_1, \ldots, y_m)].$$

In derselben Weise kann man $B_1(x_1, \ldots, x_n)$ nacheinander in die Wirkungsbereiche aller Quantoren der Formel A_2^* bringen.

Danach erhalten wir die Normalformel

$$\forall x_1 \ \forall x_2 \dots \exists x_n \ \exists y_1 \ \forall y_2 \dots \forall y_m \ [B_1(x_1, \dots, x_n) \lor B_2(y_1, \dots, y_m)],$$

die zur Formel $A_1 \lor A_2$ gleichwertig ist.

In analoger Weise kann man mit Hilfe der Gleichwertigkeiten 3 und 4 eine Normalformel konstruieren, die der Formel $A_1 \land A_2$ äquivalent ist, falls die zu A_1 bzw. A_2 gleichwertigen Normalformeln A_1^* und A_2^* bekannt sind.

Es sei A^* eine zur Formel A gleichwertige Normalformel der Gestalt

$$\forall x_1 \ \exists x_2 \ \forall x_3 \dots \forall x_n \ H(x_1, \dots, x_n).$$

Die Formel $\overline{A}^*$ ist gleichwertig mit $\overline{A}$. Die Formel $\overline{A}^*$ ist aber ihrerseits gleichwertig der Formel

$$\exists x_1 \ \forall x_2 \ \exists x_3 \dots \exists x_n \ \overline{H}(x_1, \dots, x_n),$$

die selbst auch eine Normalformel ist. Damit können wir aus einer A gleichwertigen Normalformel eine $\overline{A}$ gleichwertige Normalformel konstruieren.

Die Formel $\forall x \ A^*(x)$ ist offenbar gleichwertig mit $\forall x \ A(x)$, während die Formel $\exists x \ A^*(x)$ gleichwertig ist mit $\exists x \ A(x)$. Die Formeln $\forall x \ A^*(x)$ und $\exists x \ A^*(x)$ sind aber Normalformeln.

Damit existieren für die elementaren Formeln gleichwertige Normalformeln. Wenn A mit Hilfe der Operationen $\land$, $\lor$, $^-$ und durch Quantoren aus Formeln erhalten wird, zu denen gleichwertige Normalformeln existieren, dann existiert auch für A eine gleichwertige Normalformel.

Da aber jede Formel der Prädikatenalgebra aus Elementarformeln mit Hilfe der angegebenen Operationen entsteht, gibt es zu jeder Formel der Prädikatenalgebra eine ihr gleichwertige Normalformel, was zu beweisen war.

Eine einer Formel A gleichwertige Normalformel heißt *Normalform der Formel* A.

3.10. Das Entscheidungsproblem

Wir untersuchen das Entscheidungsproblem für solche Formeln des Prädikatenkalküls, in denen weder Individuen- noch Prädikatenkonstanten vorkommen. Wir wollen (wenn nichts anderes verabredet) in diesem Kapitel stets voraussetzen, daß die betrachteten Formeln von dieser Art sind.

Jede solche Formel ist eine wahre bzw. falsche Aussage, wenn sie bezüglich eines festen Individuenbereichs M betrachtet wird und wenn für alle in ihr auftretenden Prädikatenvariablen über M definierte Prädikate eingesetzt werden.

Eine solche Formel heißt *erfüllbar,* wenn es einen Individuenbereich M und gewisse über M definierte Prädikate gibt, so daß sie in bezug auf diese wahr ist.

Eine Formel heißt über einem festen Individuenbereich M *gültig,* wenn sie bezüglich M für alle über M definierten Prädikate wahr ist.

Eine Formel heißt *allgemeingültig* oder *wahr*, wenn sie gültig ist für jeden Individuenbereich M und für alle Prädikate.

Eine Formel heißt *falsch* oder *unerfüllbar,* wenn sie für keinen Individuenbereich und bei keiner Einsetzung für die Prädikate wahr ist. Man kann leicht zeigen, daß eine Formel **A** genau dann wahr ist, wenn die Formel $\overline{\mathbf{A}}$ falsch ist.

Das Entscheidungsproblem für die Prädikatenlogik läßt sich in Analogie zum Entscheidungsproblem der Aussagenalgebra wie folgt formulieren: *Es ist ein effektives Verfahren anzugeben, mit dessen Hilfe von einer gegebenen Formel festgestellt werden kann, ob sie erfüllbar ist oder nicht.*

Wenn wir die Frage nach der Erfüllbarkeit einer beliebigen Formel beantworten können, dann können wir damit gleichzeitig über die Wahrheit derselben entscheiden. Denn wenn die Formel **A** wahr ist, so ist $\overline{\mathbf{A}}$ unerfüllbar und umgekehrt. Wenn wir daher die Erfüllbarkeit bzw. Unerfüllbarkeit von $\overline{\mathbf{A}}$ beweisen können, haben wir damit über die Wahrheit von **A** entschieden. Das Entscheidungsproblem der Prädikatenlogik ist eine Verschärfung des Entscheidungsproblems des Aussagenkalküls, da alle Formeln des Aussagenkalküls auch Formeln der Prädikatenlogik sind. Während die Lösung des Entscheidungsproblems für den Aussagenkalkül keinerlei Schwierigkeiten bereitet, ist das Entscheidungsproblem für die Prädikatenlogik mit ernsthaften Schwierigkeiten verbunden.

Neuere Untersuchungen haben diese Schwierigkeiten geklärt. Gegenwärtig ist man sich genügend klar darüber geworden, daß die Lösung dieses Problems im erwähnten Sinn überhaupt unmöglich ist. Mit anderen Worten: Es kann überhaupt keine konstruktive Regel geben, mit deren Hilfe man feststellen kann, ob eine beliebige Formel der Prädikatenlogik wahr ist oder nicht. Um sich ungefähr eine Vorstellung von der Schwierigkeit zu machen, erwähnen wir, daß man eine Formel angeben kann, bei der die Frage nach der Erfüllbarkeit zum Fermatschen Problem äquivalent ist. Für gewisse spezielle Formeltypen ist das Entscheidungsproblem jedoch lösbar. Wir wollen hier den wichtigsten Formeltyp untersuchen, für den das Entscheidungsproblem gelöst werden kann.

3.11. Einstellige Prädikatenlogik

Hier behandeln wir ausnahmslos solche Formeln der Prädikatenlogik, die nur von einer Variablen abhängige Prädikate enthalten. Eine nur solche Ausdrücke benutzende Logik entspricht der aristotelischen und gilt als traditioneller Bestandteil der humanistischen Bildung. Die bekannten Aussageformen dieser Logik und deren Schlußfiguren, die sogenannten „Modi von Syllogismen", lassen sich sämtlich in der Sprache der einstelligen Prädikatenlogik ausdrücken.

Satz: Ist eine Formel der einstelligen Prädikatenlogik in einem Individuenbereich **M** *erfüllbar, so ist sie schon in einem aus 2^n Elementen bestehenden Individuenbereich erfüllbar. Dabei ist* n *die Anzahl der in der betrachteten Formel auftretenden Prädikate.*

Die Formel $A(A_1, \ldots, A_n)$ enthalte die einstelligen Prädikate $A_1, \ldots, A_n$ und sei in einem Individuenbereich **M** erfüllbar. Wir denken uns diese Formel in einer Normalform gegeben, in der alle Individuenvariablen gebunden sind. Wir können nämlich jede Formel **A** durch die in 3.9 angegebenen Transformationen auf eine Form bringen, in der alle Quantoren vor den übrigen Symbolen der Formel stehen, ohne daß sich dabei die Zusammensetzung ihrer Prädikate und der Individuenvariablen ändert. Wenn **A** freie Variable enthält, können wir sie durch den Generalisator binden.

Es sei also **A** eine Normalformel. Dann können wir sie folgendermaßen darstellen:

$$\sigma x_1 \, \sigma x_2 \ldots \sigma x_p \; \mathbf{B}(A_1, \ldots, A_n, x_1, \ldots, x_p).$$

Hierbei bedeutet jedes der Symbole σx_i den Quantor $\forall$ bzw. $\exists$, die Formel

$$\mathbf{B}(A_1, \ldots, A_n, x_1, \ldots, x_p)$$

enthält keine Quantoren.

In der Formel $\mathbf{B}(A_1, \ldots, A_n, x_1, \ldots, x_p)$ gehören alle Variablen $x_1, \ldots, x_p$ zu den Prädikaten $A_1, \ldots, A_n$, und daher kann sie in der Form

$$\mathbf{B}(A_1(x_{i_1}), \ldots, A_n(x_{i_n}))$$

geschrieben werden, in der $i_1, \ldots, i_n$ Zahlen zwischen 1 und p bedeuten. Es ist für uns jedoch bequemer, den Ausdruck

$$\mathbf{B}(A_1, \ldots, A_n, x_1, \ldots, x_p)$$

zu verwenden, wenn **B** eine logische Funktion der Prädikate A_k ist und wenn jedes Prädikat A_k von einer der Variablen x_{i_k} abhängt.

Wir zeigen nun: Wenn über einem Individuenbereich **M** Prädikate

$$A_1^0, \ldots, A_n^0$$

existieren, für welche die Formel $\mathbf{A}(A_1^0, \ldots, A_n^0)$ wahr ist, dann ist diese Formel auch über einer gewissen Teilmenge dieses Individuenbereichs wahr, der höchstens 2^n Elemente enthält. Damit wird der Satz bewiesen sein. Wir können annehmen, daß der Individuenbereich mehr als 2^n Elemente enthält, da sonst unsere Behauptung trivial ist. Die Elemente der Menge **M** teilen wir folgendermaßen in Klassen ein. Für jede Folge

$$(w, f, f, \ldots, w)$$

von n Symbolen w und f in beliebiger Reihenfolge gibt es eine (möglicherweise leere) Teilmenge von **M**, die genau die Elemente x enthält, für welche die Folge der Werte der Prädikate $A_1^0(x), A_2^0(x), \ldots, A_n^0(x)$ mit der gegebenen Folge der Symbole w und f übereinstimmt. Mit

$$\delta_1, \delta_2, \ldots, \delta_n$$

bezeichnen wir eine Folge der Symbole w und f, wobei δ_i entweder w oder f bedeuten kann. Die zu dieser Folge gehörende Klasse von Elementen x bezeichnen wir mit

$$\alpha_{\delta_1, \delta_2, \ldots, \delta_n}.$$

Unter diesen Klassen können gewisse leer sein, da es gewisse Folgen $\delta_1, \ldots, \delta_n$ geben kann, zu denen es kein Element gibt, für welches die Prädikate $A_1^0, \ldots, A_n^0$ die entsprechenden Werte $\delta_1, \ldots, \delta_n$ annehmen. Offenbar liegt jedes Element der Menge **M** in einer Klasse α, und verschiedene Klassen sind durchschnittsfremd. Die Anzahl aller Klassen (der leeren sowie der nichtleeren) ist gleich der Anzahl aller Folgen $\delta_1, \ldots, \delta_n$, d. h. gleich 2^n. Folglich ist die Anzahl q der nichtleeren Klassen α höchstens gleich 2^n. Aus jeder nichtleeren Klasse wählen wir nun einen Repräsentanten und bezeichnen diese Repräsentanten mit

$$a_1, a_2, \ldots, a_q .$$

Es sei $\mathbf{M}'$ die Menge aller dieser Elemente. Wenn nun eine Formel $A(A_1^0, \ldots, A_n^0)$ über dem Individuenbereich $\mathbf{M}$ wahr ist, ist sie auch über dem Individuenbereich $\mathbf{M}'$ wahr. (Da $\mathbf{M}'$ eine Teilmenge des Individuenbereichs $\mathbf{M}$ ist, sind die Prädikate A_i^0 über $\mathbf{M}'$ definiert.) Wir bilden nun jedes Element x des Individuenbereichs $\mathbf{M}$ auf dasjenige Element aus $\mathbf{M}'$ ab, das in derselben Klasse wie x liegt. In $\mathbf{M}'$ gibt es genau ein solches Element. Wir bezeichnen es mit $\varphi(x)$. Damit haben wir eine Funktion von $\mathbf{M}$ auf $\mathbf{M}'$ definiert.

Wie man leicht sieht, gilt die Gleichwertigkeit

$$A_i^0(x) \sim A_i^0(\varphi(x)) .$$

Es liegt nämlich $\varphi(x)$ in derselben Klasse α, in der auch x liegt. Nach Definition nimmt aber für die Elemente derselben Klasse ein Prädikat A_i^0 stets denselben Wert an. Wenn wir nun in der Formel $A(A_1^0, \ldots, A_n^0)$ für jede Individuenvariable t jeden Ausdruck $A_i^0(t)$ durch $A_i^0(\varphi(t))$ ersetzen, dann geht die Formel $A(A_1^0, \ldots, A_n^0)$ in die Formel $A'(A_1^0, \ldots, A_n^0)$ über, und diese ist mit der ersten gleichwertig. In der Schreibweise unterscheiden sich die Formeln A' und A nur dadurch, daß alle Variablen x, y, z, ..., u der Formel A durch $\varphi(x)$, $\varphi(y)$, ..., $\varphi(u)$ ersetzt sind. Das folgt daraus, daß die Formel $A(A_1^0, \ldots, A_n^0)$ nach Voraussetzung nur die Prädikate $A_1^0, \ldots, A_n^0$ enthält und daß daher jede Individuenvariable nur zu einem dieser Prädikate gehört.

Es sei $R(x, y, \ldots, u)$ ein über dem Individuenbereich $\mathbf{M}$ definiertes Prädikat. Unter dem Ausdruck

$$\widehat{\forall} x \, R(x, y, \ldots, u)$$

wollen wir dasjenige von y, ..., u abhängende Prädikat (bzw. die Aussage, falls y, ..., u fehlen) verstehen, das den Wert w annimmt, wenn $R(x, y, \ldots, u)$ für gegebene y, z, ..., u und für alle x des Individuenbereichs $\mathbf{M}'$ den Wert w, und sonst den Wert f hat. Analog wollen wir unter dem Ausdruck

$$\widehat{\exists} x \, R(x, y, \ldots, u)$$

dasjenige von y, ..., u abhängige Prädikat verstehen, das den Wert w annimmt, wenn $R(x, y, \ldots, u)$ für gegebene y, z, ..., u und für wenigstens ein x des Individuenbereichs $\mathbf{M}'$ den Wert w, und sonst den Wert f hat. Die Zeichen $\forall$ und $\exists$ bei $\widehat{\forall} x$ und $\widehat{\exists} x$ heißen *eingeschränkte Quantoren*. Wenn wir in einem Prädikat $R(x, y, \ldots, z)$ alle Variablen durch eingeschränkte Quantoren binden, z. B.

$$\widehat{\forall} x \, \widehat{\exists} y \ldots \widehat{\forall} u \, R(x, y, \ldots, u),$$

so erhalten wir eine Formel bezüglich $\mathbf{M}'$. Wir zeigen nun, daß der Ausdruck

$$\forall x \, R(\varphi(x), y, \ldots, u)$$

gleichwertig ist mit dem Ausdruck

$$\widehat{\forall} x \, R(x, y, \ldots, u). \tag{6}$$

Es habe $\forall x\ R(\varphi(x), y, ..., u)$ den Wert w. Dann nimmt $R(\varphi(x), y, ..., u)$ für gegebene $y, ..., u$ und für alle x den Wert w an. Da aber die Funktion $\varphi(x)$ den gesamten Individuenbereich $\mathbf{M}'$ durchläuft, wenn x den Individuenbereich $\mathbf{M}$ durchläuft, hat $R(x, y, ..., u)$ für gegebene $y, ..., u$ und für alle x aus $\mathbf{M}'$ den Wert w. Nach Definition nimmt dann auch $\widehat{\forall x}\ R(x, y, ..., u)$ den Wert w an. Wenn umgekehrt $\widehat{\forall x}\ R(x, y, ..., u)$ den Wert w annimmt, hat $R(x, y, ..., u)$ für gegebene $y, ..., u$ und für alle x aus $\mathbf{M}'$ den Wert w. In diesem Fall hat $R(\varphi(x), y, ..., u)$ für gegebene $y, ..., u$ und für alle x aus $\mathbf{M}$ den Wert w, da für beliebiges x stets $\varphi(x)$ in $\mathbf{M}'$ liegt.

Analog läßt sich zeigen, daß auch die Ausdrücke

$$\exists x\ R(\varphi(x), y, ..., u) \quad \text{und} \quad \widehat{\exists x}\ R(x, y, ..., u) \tag{7}$$

gleichwertig sind.

Es sei $\mathbf{A}(A_1^0, ..., A_n^0)$ eine Formel, die sich in der Gestalt

$$\sigma x_1\ \sigma x_2\ ...\ \sigma x_p\ \mathbf{B}(A_1^0, ..., A_n^0, x_1, ..., x_p)$$

darstellen läßt. Dabei ist

$$\mathbf{B}(A_1^0, ..., A_n^0, x_1, ..., x_p)$$

ein Prädikat, das über dem Individuenbereich $\mathbf{M}$ definiert ist und von den p Variablen $x_1, ..., x_p$ abhängt. Jede dieser Variablen geht nur über die Prädikate $A_1^0, ..., A_n^0$ in die Formel $\mathbf{B}$ ein. Andererseits haben wir gesehen, daß die Prädikate $A_i^0(x)$ und $A_i^0(\varphi(x))$ gleichwertig sind. Wenn wir daher in der Formel $\mathbf{B}(A_1^0, ..., A_n^0, x_1, ..., x_p)$ die x_i durch $\varphi(x_i)$ ersetzen, erhalten wir einen gleichwertigen Ausdruck:

$$\mathbf{B}(A_1^0, ..., A_n^0, x_1, ..., x_p) \sim \mathbf{B}(A_1^0, ..., A_n^0, \varphi(x_1), ..., \varphi(x_p)).$$

Hieraus folgt

$$\sigma x_p\ \mathbf{B}(A_1^0, ..., A_n^0, x_1, ..., x_p) \sim \sigma x_p\ \mathbf{B}(A_1^0, ..., A_n^0, \varphi(x_1), ..., \varphi(x_p)).$$

Weiter können wir folgern, daß

$$\sigma x_p\ \mathbf{B}(A_1^0, ..., A_n^0, \varphi(x_1), ..., \varphi(x_p)) \sim \widehat{\sigma x_p}\ \mathbf{B}(A_1^0, ..., A_n^0, \varphi(x_1), ..., \varphi(x_{p-1}), x_p)$$

ist. Denn wenn wir in dem Ausdruck $\mathbf{B}(A_1^0, ..., A_n^0, \varphi(x_1), ..., \varphi(x_p))$ die Variablen $x_1, ..., x_{p-1}$ beliebig fixieren, so erhalten wir ein Prädikat der einen Variablen x_p. Darauf wenden wir (6) bzw. (7) an und erhalten die behauptete Gleichwertigkeit. Aus den letzten beiden Gleichwertigkeiten folgt

$$\sigma x_p\ \mathbf{B}(A_1^0, ..., A_n^0, x_1, ..., x_p) \sim \widehat{\sigma x_p}\ \mathbf{B}(A_1^0, ..., A_n^0, \varphi(x_1), ..., \varphi(x_{p-1}), x_p).$$

Durch analoge Überlegungen finden wir

$$\sigma x_{p-1}\ \sigma x_p\ \mathbf{B}(A_1^0, ..., A_n^0, x_1, ..., x_{p-1}, x_p) \sim$$
$$\sim \widehat{\sigma x_{p-1}}\ \widehat{\sigma x_p}\ \mathbf{B}(A_1^0, ..., A_n^0, \varphi(x_1), ..., \varphi(x_{p-2}), x_{p-1}, x_p),$$

und schließlich gelangen wir zu

$$\sigma x_1\ ...\ \sigma x_p\ \mathbf{B}(A_1^0, ..., A_n^0, x_1, ..., x_p) \sim \widehat{\sigma x_1}\ ...\ \widehat{\sigma x_p}\ \mathbf{B}(A_1^0, ..., A_n^0, x_1, ..., x_p).$$

Die rechte Seite ist nach Definition des Symbols $\widehat{\sigma x}$ gerade die Formel

$$\sigma x_1 \ldots \sigma x_p \, B(A_1^0, \ldots, A_n^0, x_1, \ldots, x_p)$$

bezüglich des Individuenbereichs M'.

Damit ist gezeigt, daß die Formel $A(A_1^0, \ldots, A_n^0)$ ihren Wert behält, wenn sie auf den Individuenbereich M' bezogen wird. Damit ist unser Satz bewiesen.

Folgerung: Ist eine Formel A, *in der nur einstellige Prädikate vorkommen, über jedem Individuenbereich mit höchstens* 2^n *Elementen gültig, so ist die Formel* A *allgemeingültig* (d. h. über jedem beliebigen Individuenbereich gültig). *Hierbei bedeutet* n *die Anzahl der Prädikate in* A.

Wäre die Formel A nicht allgemeingültig, dann wäre ihre Negation $\overline{A}$ über einem gewissen Individuenbereich erfüllbar. Da auch $\overline{A}$ den Bedingungen des Satzes genügt, ließe sich ein Individuenbereich mit höchstens 2^n Elementen finden, über dem die Formel $\overline{A}$ erfüllbar ist. Folglich kann A über diesem Individuenbereich nicht erfüllbar sein; das ist aber ein Widerspruch zur Voraussetzung. Damit führt also die Annahme, daß A nicht allgemeingültig ist, zu einem Widerspruch, was zu beweisen war.

Der bewiesene Satz gestattet es, das Entscheidungsproblem für Formeln zu lösen, die nur einstellige Prädikate enthalten. Um von einer Formel A festzustellen, ob sie allgemeingültig ist oder nicht, genügt es aufgrund der Folgerung zu prüfen, ob sie über jedem höchstens 2^n Elemente enthaltenden Individuenbereich gültig ist.

Wir bemerken, daß es genügt, über einem Individuenbereich mit genau 2^n Elementen zu prüfen, ob eine gegebene Formel A gültig ist. Das folgt daraus, daß für jede Formel vom betrachteten Typ gilt: Wenn eine Formel A über einem gewissen Individuenbereich gültig ist, dann ist sie auch über jedem Teilbereich gültig.

Wir betrachten nun einen beliebigen, aus genau 2^n Elementen $x_1, x_2, \ldots, x_{2^n}$ bestehenden Individuenbereich. Wie man leicht sieht, ist jede Formel der Gestalt

$$\forall x \, B(x)$$

über dem betrachteten Individuenbereich gleichwertig mit

$$B(x_1) \wedge B(x_2) \wedge \ldots \wedge B(x_{2^n}).$$

Dagegen ist jede Formel der Gestalt

$$\exists x \, B(x)$$

gleichwertig mit

$$B(x_1) \vee B(x_2) \vee \ldots \vee B(x_{2^n}).$$

In diesem Fall ist eine beliebige Formel A über dem Individuenbereich $\{x_1, \ldots, x_{2^n}\}$ gleichwertig mit einer Formel A', in der alle Quantoren durch logische Produkte und logische Summen ersetzt sind. Wenn in A nur einstellige Prädikate auftreten, wird die Formel A nur mit Hilfe von Operationen der Aussagenalgebra aus den Ausdrücken $A_i(x_j)$, $1 \leq i \leq n$, $1 \leq j \leq 2^n$ gebildet. Da die Prädikate $A_i(x)$ völlig beliebig gewählt waren, sind die Ausdrücke $A_i(x_j)$ ganz beliebige Aussagen. Die Formel A' kann dann als Formel der

Aussagenalgebra aufgefaßt werden, in der die $A_i(x_j)$ elementare Aussagenvariablen sind. Dann erweist sich die Frage nach der Allgemeingültigkeit von **A** über dem Individuenbereich $\{x_1, \ldots, x_{2n}\}$ als äquivalent zur Frage nach der Allgemeingültigkeit von **A′** als Formel der Aussagenalgebra mit den Aussagenvariablen $A_i(x_j)$.

Wir bemerken, daß die Formel **A′** der Aussagenalgebra nicht von der Art der Elemente des Individuenbereichs $\{x_1, \ldots, x_p\}$ abhängt, sondern nur von ihrer Anzahl. Wenn wir nämlich einen anderen Individuenbereich $\{x'_1, \ldots, x'_p\}$ wählen, ändert sich in **A** nur die Bezeichnung der Aussagenvariablen $A_i(x_j)$ in $A_i(x'_j)$. Daher können wir sagen: Wenn **A** als Formel der Aussagenalgebra allgemeingültig ist, dann ist die Formel **A** über jedem Individuenbereich aus p Elementen gültig und umgekehrt. Andererseits hatten wir in Kapitel 1 ein konstruktives Verfahren erhalten, das es gestattet, von einer beliebigen Formel der Aussagenalgebra zu entscheiden, ob sie allgemeingültig ist oder nicht. Unter Anwendung dieses Kriteriums können wir feststellen, ob eine beliebige Formel **A**, die nur einstellige Prädikate enthält, über einem beliebigen Individuenbereich aus $p = 2^n$ Elementen gültig ist. In diesem Fall können wir nach dem oben geschilderten Sachverhalt auch die Frage entscheiden, ob eine Formel **A** wahr ist oder nicht.

3.12. Endliche und unendliche Individuenbereiche

Zur Entscheidung der Frage, welche Individuenbereiche durch Axiome, in denen nur einstellige Prädikate auftreten, charakterisiert werden können, müssen wir das Ergebnis des vorigen Paragraphen etwas verschärfen. Wir beweisen den folgenden Satz.

*Satz: Wenn eine Formel **A** keine freien Individuenvariablen enthält, sondern nur Individuenkonstanten $c_1, \ldots, c_q$, einstellige Prädikatenkonstanten $A_1, \ldots, A_n$ und einstellige Prädikatenvariablen $B_1, \ldots, B_m$, und wenn die Formel **A** über einem gewissen Individuenbereich **M** mit über ihm erklärten Prädikaten $A_1^0, \ldots, A_n^0$ wahr ist bei beliebiger Einsetzung von Prädikaten für die Symbole $B_1, \ldots, B_m$, dann gibt es einen Individuenbereich **M′** mit höchstens 2^n Elementen und mit über ihm definierten Prädikaten $A'_1, \ldots, A'_n$, über dem die Formel **A** ebenfalls wahr ist.*

Die Sprechweise „die Formel **A** ist wahr über dem Individuenbereich **M** mit den Prädikaten A_i" verwenden wir hier in demselben Sinne wie in 3.4. In unserem Fall besteht das Axiomensystem allerdings nur aus dem einen Axiom **A**. Dieser Umstand ist übrigens nicht wesentlich, da wir ein beliebiges Axiomensystem stets durch ein einziges Axiom ersetzen können, indem wir die Axiome des gegebenen Systems durch das Symbol $\wedge$ miteinander verbinden. Gegeben sei ein Axiomensystem

$$A_1, A_2, \ldots, A_n.$$

Dann wird das aus dem einen Axiom

$$A_1 \wedge A_2 \wedge \ldots \wedge A_n$$

bestehende System, wie aus der Bedeutung der Operation $\wedge$ unmittelbar klar ist, durch dieselben Individuenbereiche und Prädikate erfüllt wie das System $A_1, A_2, \ldots, A_n$.

Wir gehen nun zum Beweis des Satzes über. Dazu betrachten wir die wie im vorigen Paragraphen definierten Klassen α bezüglich der Prädikate $A_1^0, ..., A_n^0$. Es seien $a_1, ..., a_p$ Repräsentanten aller nichtleeren Klassen α. Mit $\mathbf{M}'$ bezeichnen wir die Gesamtheit aller dieser Elemente. Über dem Individuenbereich $\mathbf{M}$ betrachten wir nun solche einstelligen Prädikate B', die für die Elemente ein und derselben Klasse wertverlaufsgleich sind. Es sei $\varphi(x)$ wie im vorigen Paragraphen ein Element a_i der Klasse α, die x enthält. Bekanntlich ist

$$A_i^0(x) \sim A_i^0(\varphi(x)).$$

Nach Definition haben auch die Prädikate $B'(x)$ diese Eigenschaft, d. h.

$$B'(x) \sim B'(\varphi(x)),$$

da x und $\varphi(x)$ stets in derselben Klasse liegen. Durch dieselben Überlegungen wie beim Beweis des vorigen Satzes können wir dann zeigen: Wenn die Formel

$$A(c_1, ..., c_q, A_1, ..., A_n, B_1, ..., B_m)$$

für gewisse Einsetzungen von Individuen und Prädikaten aus $\mathbf{M}$ für die Individuenkonstanten c und die Prädikate A und B wahr ist, dann ist auch die Formel

$$A(\varphi(c_1), ..., \varphi(c_q), A_1, ..., A_n, B_1', ..., B_m')$$

wahr.

Nach Voraussetzung wird die Formel $\mathbf{A}$ vom Individuenbereich $\mathbf{M}$ mit den Prädikaten $A_1^0, ..., A_n^0$ erfüllt. Daher existieren Individuen $c_1^0, ..., c_q^0$ derart, daß die Formel

$$A(c_1^0, ..., c_q^0, A_1^0, ..., A_n^0, B_1, ..., B_m)$$

für alle Einsetzungen von über $\mathbf{M}$ definierten Prädikaten für die Prädikatenvariablen B wahr ist. In diesem Fall ist die Formel

$$A(c_1^0, ..., c_q^0, A_1^0, ..., A_n^0, B_1', ..., B_m')$$

wahr für alle möglichen Prädikate B'. Aus dem Gesagten folgt, daß die Formel

$$A(\varphi(c_1^0), ..., \varphi(c_q^0), A_1^0, ..., A_n^0, B_1', ..., B_m')$$

über dem Individuenbereich $\mathbf{M}'$ für alle möglichen Prädikate B' wahr ist. Nun stimmt aber die Gesamtheit aller Prädikate B' über dem Individuenbereich $\mathbf{M}'$ mit der Menge aller Prädikate dieses Individuenbereichs überein, da die Werte der Prädikate B' für die Elemente von verschiedenen Klassen α durch keinerlei Bedingung miteinander verknüpft sind und da in $\mathbf{M}'$ aus jeder Klasse α nur ein Element auftritt. Daher ist die Formel

$$A(\varphi(c_1^0), ..., \varphi(c_q^0), A_1^0, ..., A_n^0, B_1, ..., B_m)$$

wahr für alle möglichen B aus dem Individuenbereich $\mathbf{M}'$, und folglich erfüllt der Individuenbereich $\mathbf{M}'$ mit den Prädikaten $A_1^0, ..., A_n^0$ diese Formel. Damit ist der Satz bewiesen.

Wir untersuchen nun die Frage, welche Mengen durch nur einstellige Prädikate enthaltende Axiome gekennzeichnet werden können. Es sei

$$A_1, A_2, ..., A_n$$

ein Axiomensystem, das nur einstellige Prädikate enthält. Wie wir in 3.4 bemerkt haben, können wir stets annehmen, daß die Axiome A_i keine freien Individuenvariablen enthalten. Außerdem kann dieses Axiomensystem durch das eine Axiom

$$A_1 \wedge A_2 \wedge \ldots \wedge A_n$$

ersetzt werden, das wir mit A (ohne Index) bezeichnen. Aus dem zuletzt bewiesenen Satz folgt, daß sich jede Formel A, die über irgendeinem Individuenbereich interpretiert werden kann, schon über einem endlichen Individuenbereich interpretieren läßt. Dasselbe gilt für das Axiomensystem $A_1, A_2, \ldots, A_n$.

Insgesamt folgt hieraus, daß *es kein solches verträgliches Axiomensystem mit nur einstelligen Prädikaten gibt, aus dem die Unendlichkeit des dadurch gekennzeichneten Individuenbereichs folgt.*

Mit anderen Worten: Mit Hilfe von Axiomen mit einstelligen Prädikaten ist es unmöglich, endliche und unendliche Mengen voneinander zu unterscheiden. Das bedeutet, daß wir eine unendliche Menge nicht von einer endlichen unterscheiden können, wenn wir nur Aussagen über Eigenschaften ihrer Elemente, aber nicht über Beziehungen zwischen ihnen machen. Folglich müssen wir zur vollständigen Charakterisierung solcher Mengen, wie z. B. der Menge der natürlichen Zahlen und der Menge der reellen Zahlen, ohne die die Mathematik undenkbar ist, unbedingt mehrstellige Prädikate verwenden.

Unendliche Mengen können charakterisiert werden durch Axiome, in denen beliebig vielstellige Prädikate zugelassen sind. Als Beispiel betrachten wir das Axiomensystem für die natürlichen Zahlen aus 3.8. Jeder diesen Axiomen genügende Individuenbereich ist der Menge der natürlichen Zahlen ähnlich und kann daher nicht endlich sein.

Wir können leicht eine Formel angeben, die über keinem endlichen Individuenbereich erfüllbar ist, während sie über einem unendlichen Bereich erfüllbar wird. Eine solche Formel ist

$$\forall x \, \forall y \, \forall z \, \exists u \, [F(x, x) \wedge (\overline{F}(x, y) \rightarrow (\overline{F}(y, z) \rightarrow \overline{F}(x, z))) \wedge \overline{F}(x, u)].$$

Diese Formel sei über irgendeinem Individuenbereich M erfüllbar. Dann muß es ein Prädikat $F^0(x, y)$ geben, für das diese Formel über dem Individuenbereich M wahr ist. Man sieht leicht, daß in diesem Fall die Formel $\overline{F}^0(x, y)$ ein Prädikat ist, das eine Ordnungsrelation in M erklärt. Aus der Formel sehen wir, daß das Prädikat $\overline{F}^0(x, y)$ tatsächlich den Ordnungsaxiomen genügt:

1. $\overline{\overline{F}}^0(x, x)$,
2. $\overline{F}^0(x, y) \rightarrow (\overline{F}^0(y, z) \rightarrow \overline{F}^0(x, z))$.

Wir verabreden, $\overline{F}^0(x, y)$ durch die Worte „x kommt vor y" auszudrücken. Allerdings sehen wir aus der Formel, daß es für jedes x ein u geben muß, für welches $\overline{F}(x, u)$ wahr ist, d. h., „x vor u kommt". Es sei x_1 ein beliebiges Element; dann muß es unter den Elementen des Individuenbereichs ein Element x_2 geben derart, daß „x_1 vor x_2 kommt". Ebenso muß es ein Element x_3 geben derart, daß „x_2 vor x_3 kommt", usw. Auf diese Weise erhalten wir eine Folge von Elementen

$$x_1, x_2, \ldots, x_n.$$

Nach den Axiomen 1 und 2 ist jedes Element dieser Folge von jedem Element mit niedrigerem Index verschieden, da x_1 vor x_n, x_2 vor x_n, x_{n-1} vor x_n kommt. Das bedeutet aber, daß je zwei Elemente der Folge voneinander verschieden sind und der Individuenbereich **M** unendlich ist. Damit haben wir gezeigt, daß jeder Individuenbereich, über dem die betrachtete Formel erfüllbar ist, unendlich ist.

Wir zeigen nun, daß es auch wirklich einen Individuenbereich gibt, über dem die gegebene Formel erfüllbar ist. Es sei **M** die Menge der natürlichen Zahlen, F(x, y) bedeute „x ist größer oder gleich y". Dann bedeutet $\overline{F}$(x, y) offenbar x < y. Bei einer solchen Einsetzung für das Prädikat F(x, y) nimmt die Formel die Gestalt

$$\forall x \, \forall y \, \forall z \, \exists u \, [\overline{x < x} \wedge ((x < y) \rightarrow (y < z \rightarrow x < z)) \wedge x < u]$$

an. Man sieht leicht, daß dieser Ausdruck für die Menge der natürlichen Zahlen tatsächlich wahr ist.

Um gewisse Fragen bezüglich über unendlichen Individuenbereichen erfüllbarer Formeln betrachten zu können, benötigen wir einen Begriff aus der Mengenlehre, der eine Verallgemeinerung des Begriffs der Anzahl der Elemente einer endlichen Menge darstellt und mit dessen Hilfe unendliche Mengen voneinander unterschieden werden können, ohne daß dabei auf die Art der Elemente oder auf Relationen zwischen den Elementen der betrachteten Mengen eingegangen werden muß.

Zwei Mengen **M** und **M**′ heißen *gleichmächtig,* wenn sie sich eineindeutig aufeinander abbilden lassen. Nach dieser Definition zerfällt die Gesamtheit aller Mengen in Klassen zueinander gleichmächtiger Mengen, und die Sprechweise „Mächtigkeit einer Menge" bzw. „Anzahl der Elemente einer gegebenen Menge" bedeutet die Zugehörigkeit einer gegebenen Menge zu dieser oder jener Klasse.

Eine Menge heißt *abzählbar,* wenn sie zur Menge der natürlichen Zahlen gleichmächtig ist. Eine unendliche Menge heißt *überabzählbar,* wenn sie zur Menge der natürlichen Zahlen nicht gleichmächtig ist. In der Mengenlehre wird gezeigt, daß es überabzählbare Mengen gibt. So ist beispielsweise die Menge der reellen Zahlen überabzählbar.

Die abzählbaren Mengen sind von allen unendlichen Mengen die von kleinster Mächtigkeit. (Der Sinn der Aussage „die Mächtigkeit der Menge **M** ist kleiner als die Mächtigkeit der Menge **M**′" wird in der Mengenlehre folgendermaßen erklärt: Die Mächtigkeit von **M** ist kleiner als die Mächtigkeit von **M**′, wenn **M** und **M**′ nicht gleichmächtig sind und wenn **M** gleichmächtig ist mit einer Teilmenge von **M**′.)

Für die Erfüllbarkeit von Formeln der Prädikatenlogik gilt der folgende Satz, den wir in 3.14 beweisen werden:

Satz von Löwenheim: *Wenn eine Formel über einer unendlichen Menge erfüllbar ist, dann ist sie auch über einer abzählbaren Menge erfüllbar.*

3.13. Entscheidungsfunktionen (Skolemsche Funktionen)

Gegeben sei eine Formel der Gestalt

$$\exists x_1 \ldots \exists x_n \, \forall y_1 \ldots \forall y_i \ldots \exists z_1 \ldots \forall u_1 \ldots \exists v_1 \ldots B(x_1, \ldots, y_1, \ldots, v_1, \ldots), \qquad (1)$$

in der **B** ein über einem Individuenbereich **M** definiertes Prädikat bedeutet. Wir setzen voraus, daß alle Variablen in Formel (1) gebunden sind. Die Anordnung und die Anzahl der vor **B** stehenden Quantoren ist beliebig; insbesondere ist es völlig bedeutungslos, daß im Ausdruck (1) gerade der Partikularisator an erster Stelle steht. Ohne Beschränkung der Allgemeinheit können wir jedoch annehmen, daß im Ausdruck (1) der Partikularisator stets auftritt und daß darüber hinaus an letzter Stelle der Partikularisator steht. Nur müssen wir dazu folgendes bemerken: Wenn I(t) ein immer wahres Prädikat über dem Individuenbereich **M** ist, wobei t frei ist in **B**, dann gilt

$$\mathbf{B}(x_1, \ldots, v_1 \ldots) \sim \exists t(\mathbf{B}(x_1, \ldots, v_1, \ldots) \wedge I(t))$$

für alle Werte der in **B** auftretenden Variablen. Ist nun in Formel (1) der letzte auftretende Quantor der Generalisator, so können wir den Ausdruck **B** durch den gleichwertigen Ausdruck $\exists t(\mathbf{B} \wedge I(t))$ ersetzen. Dann erhalten wir eine Formel, in der der letzte auftretende Quantor der Partikularisator ist. Im folgenden nehmen wir stets an, daß der letzte Quantor der Partikularisator ist.

Die Quantoren in Formel (1) teilen wir so in Gruppen ein, daß zu einer Gruppe die unmittelbar aufeinander folgenden Quantoren desselben Typs (Partikularisator bzw. Generalisator) gehören. So haben wir im Ausdruck (1) die folgenden Gruppen:

Erste Gruppe	zweite Gruppe	dritte Gruppe
$\exists x_1, \ldots, \exists x_{n_1},$	$\forall y_1, \ldots, \forall y_{n_2},$	$\exists z_1, \ldots, \exists z_{n_3},$

usw. Jeder durch den Partikularisator gebundenen Variablen ordnen wir nun eine gewisse über einem Individuenbereich **M** definierte Funktion zu, die Werte aus dem Individuenbereich **M** annimmt und die nur von solchen Variablen abhängt, die durch einen Generalisator gebunden sind und vor dem gegebenen Partikularisator vorkommen. Wenn allerdings kein Generalisator vor einem Partikularisator kommt, ordnen wir ihm ein gewisses Individuum des Individuenbereichs zu. (In diesem Fall artet die Funktion in eine Konstante aus.) In Formel (1) werden den Variablen x_i auf diese Weise gewisse Individuen x_i^0 zugeordnet, den Variablen z_i dagegen Funktionen $\varphi_i(y_1, \ldots, y_{n_2})$ usw. und den Variablen v_i Funktionen

$$\psi_i(y_1, \ldots, y_{n_2}, \ldots, u_1, \ldots, u_{n_{k-1}}).$$

Wenn diese Individuen und Funktionen so beschaffen sind, daß durch ihre Einsetzung für die entsprechenden Variablen aus dem Prädikat

$$\mathbf{B}(x_1, \ldots, x_{n_1}, y_1, \ldots, y_{n_2}, \ldots)$$

das für alle Werte der in ihm auftretenden Variablen wahre Prädikat

$$\mathbf{B}(x_1^0, \ldots, x_{n_1}^0, y_1, \ldots, y_{n_2}, \varphi_1(y_1, \ldots, y_{n_2}), \ldots, \varphi_{n_3}(y_1, \ldots, y_{n_2}), \ldots$$
$$\ldots, u_1, \ldots, u_{n_{k-1}}, \psi_{n_k}(y_1, \ldots, u_1, \ldots, u_{n_{k-1}}), \ldots) \tag{2}$$

entsteht, dann nennen wir die angegebenen Individuen und Funktionen

$$x_1^0, \ldots, x_{n_1}^0, \varphi_1(y_1, \ldots, y_{n_2}), \ldots, \psi_{n_k}(y_1, \ldots, u_{n_{k-1}})$$

Entscheidungsfunktionen (oder *Skolemsche Funktionen*) für die Formel (1). (Diese Bezeichnungsweise wenden wir auch auf die Individuen x_i^0 an, um für sie nicht einen neuen Begriff einführen zu müssen.)

Lemma: Die Formel (1) *ist über dem Individuenbereich* **M** *genau dann wahr, wenn Entscheidungsfunktionen für sie existieren.*

Erstens ist klar, daß (1) genau dann wahr ist, wenn es Individuen $x_1^0, \ldots, x_{n_1}^0$ des Individuenbereichs **M** gibt derart, daß

$$\forall y_1 \ldots \forall y_{n_2} \, \exists z_1 \ldots \exists v_{n_k} \, B(x_1^0, \ldots, x_{n_1}^0, y_1, \ldots, v_{n_k})$$

eine über **M** wahre Formel ist.

Wir beweisen das Lemma durch vollständige Induktion über die Anzahl der Quantorengruppen.

Die Richtigkeit des Lemmas für den Fall nur einer Quantorengruppe in Formel (1) ·folgt aus der am Anfang dieses Paragraphen gemachten Bemerkung. In diesem Fall hat die Formel nämlich die Gestalt

$$\exists x_1 \ldots \exists x_{n_1} \, B(x_1, \ldots, x_{n_1}),$$

da nach Voraussetzung der letzte Quantor der Partikularisator sein soll. Offenbar ist in diesem Fall die Formel genau dann wahr, wenn im Individuenbereich **M** Elemente

$$x_1^0, x_2^0, \ldots, x_{n_1}^0$$

existieren derart, daß die Formel

$$B(x_1^0, x_2^0, \ldots, x_{n_1}^0)$$

wahr ist. In diesem Fall ist also das System der Elemente $x_1^0, \ldots, x_{n_1}^0$ ein System von Entscheidungsfunktionen.

Die Formel (1) habe nun insgesamt $p + 1$ Quantorengruppen. Dann sind zwei Fälle möglich:

1. Die erste Gruppe besteht aus Partikularisatoren;
2. die erste Gruppe besteht aus Generalisatoren.

Im ersten Fall hat die Formel (1) die Gestalt

$$\exists x_1 \ldots \exists x_{n_1} \, \forall y_1 \ldots \forall y_{n_2} \ldots B(x_1, \ldots, x_{n_1}, y_1, \ldots). \tag{3}$$

Diese Formel ist wahr genau dann, wenn es im Individuenbereich **M** Individuen

$$x_1^0, x_2^0, \ldots, x_{n_1}^0$$

gibt, für die

$$\forall y_1 \ldots \forall y_{n_2} \ldots B(x_1^0, \ldots, x_{n_1}^0, y_1 \ldots)$$

wahr ist. Nun ist aber die letzte Formel selbst von der Gestalt (1) und enthält nur p Quantorengruppen. Nach Induktionsvoraussetzung ist diese Formel genau dann wahr, wenn es ein System von Entscheidungsfunktionen

$$\varphi_1(y_1, \ldots, y_{n_2}), \ldots, \varphi_{n_3}(y_1, \ldots, y_{n_2}), \ldots, \psi_{n_k}(y_1, \ldots, y_{n_2}, \ldots, u_{n_{k-1}}), \tag{4}$$

9 Novikov

d. h. ein System von Funktionen gibt derart, daß der Ausdruck

$$\mathbf{B}(x_1^0, ..., x_{n_1}^0, y_1, ..., y_{n_2}, \varphi_1(y_1, ..., y_{n_2}), ..., \psi_{n_k}(y_1, ..., u_{n_{k-1}})) \tag{5}$$

wahr ist für alle Werte der Variablen über dem Individuenbereich **M**. Folglich ist die Formel (3) genau dann wahr, wenn es Individuen $x_1^0, x_2^0, ..., x_{n_1}^0$ und Funktionen $\varphi_1(y_1, ... y_{n_2})$, ..., $\psi_{n_k}(y_1, ..., u_{n_{k-1}})$ gibt, für die der Ausdruck (5) wahr ist für alle Werte der Variablen. Das bedeutet aber gerade, daß die Individuen $x_1^0, ..., x_{n_1}^0$ und die Funktionen (4) ein System von Entscheidungsfunktionen für die Formel (1) bilden.

Damit haben wir gezeigt, daß im betrachteten Fall die Formel (1) genau dann wahr ist, wenn es ein System von Entscheidungsfunktionen gibt.

Wir gehen nun zum zweiten Fall über, wenn die erste Quantorengruppe aus Generalisatoren besteht. In diesem Fall hat die Formel (1) die Gestalt

$$\forall x_1 ... \forall x_{n_1} \exists y_1 ... \exists y_{n_2} ... \mathbf{B}(x_1, ..., y_1, ..., v_{n_k}), \tag{6}$$

wobei die Anzahl der Quantorengruppen dieser Formel nach Voraussetzung gleich p + 1 ist.

Diese Formel ist genau dann wahr, wenn die Formel

$$\exists y_1 ... \exists y_{n_2} ... \mathbf{B}(x_1, ..., x_{n_1}, y_1, ..., y_{n_2}, ..., v_{n_k})$$

wahr ist für alle Werte der Variablen $x_1, ..., x_{n_1}$ aus **M**. Wir greifen beliebige Werte

$$x_1^0, x_2^0, ..., x_{n_1}^0$$

dieser Variablen aus dem Individuenbereich **M** heraus. Die Formel

$$\exists y_1 ... \exists y_{n_2} \forall z_1 ... \mathbf{B}(x_1^0, ..., x_{n_1}^0, y_1, ..., y_{n_2}, ..., v_{n_k}) \tag{7}$$

hat für derart fixierte Werte der Variablen $x_1, ..., x_{n_1}$ keine freien Individuenvariablen und stellt daher einen Ausdruck der Form (1) dar. Die Anzahl der verschiedenen Quantorengruppen ist in dieser Formel gleich p. Nach Induktionsvoraussetzung ist diese Formel genau dann wahr, wenn es ein System

$$y_1^0, ..., y_{n_2}^0, \chi_1(z_1, z_2, ..., z_{n_3}), ..., \psi_{n_k}(z_1, ..., u_{n_{k-1}})$$

von Entscheidungsfunktionen gibt.

Die Formel (6) sei wahr. Dann muß es für jede Wertemenge $x_1^0, ..., x_{n_1}^0$ der Variablen ein System von Entscheidungsfunktionen für Formel (7) geben. Für jede Wertemenge $x_1^0, ..., x_{n_1}^0$ der Variablen wählen wir ein wohlbestimmtes System von Entscheidungsfunktionen für Formel (7) und bezeichnen diese mit

$$y_1^0(x_1^0, ..., x_{n_1}^0), ..., y_{n_2}^0(x_1^0, ..., x_{n_1}^0),$$
$$\chi_1(x_1^0, ..., x_{n_1}^0, z_1, ..., z_{n_3}), ... \tag{8}$$

Der Ausdruck

$$\mathbf{B}(x_1^0, ..., x_{n_1}^0, y_1^0(x_1^0, ..., x_{n_1}^0), ..., \psi_{n_k}(x_1^0, ..., x_{n_1}^0, z_1, ...))$$

ist für alle Werte der in ihm auftretenden freien Variablen wahr, wie auch $x_1^0, x_2^0, ..., x_{n_1}^0$ aus dem Individuenbereich **M** gewählt sein mögen. Nun können wir aber $y_i^0(x_1^0, ..., x_{n_1}^0)$ als über dem Individuenbereich **M** definierte Funktionen auffassen, die Werte aus **M** annehmen und von den Variablen $x_1, ..., x_{n_1}$ abhängen. Wir bezeichnen sie mit $\varphi_i(x_1, ..., x_{n_1})$. Ebenso können wir $\chi_i(x_1^0, ..., x_{n_1}^0, z_1, ..., z_{n_3})$ als Funktionen betrachten, die von den Variablen $x_1, ..., x_{n_1}, z_1, ..., z_{n_3}$ abhängen, und in der Form

$$\chi_i(x_1, ..., x_{n_1}, z_1, ..., z_{n_3})$$

schreiben. So verfahren wir bei allen Funktionen des Systems (8). In diesem Fall ist das Prädikat

$$B(x_1, ..., x_{n_1}, \varphi_1(x_1, ..., x_{n_1}), ..., \psi_{n_k}(x_1, ..., u_{n_{k-1}}))$$

wahr für alle Werte der in ihm auftretenden Variablen. Dann ist das Funktionensystem

$$\varphi_1(x_1, ..., x_{n_1}), ..., \varphi_{n_2}(x_1, ..., x_{n_1}), ..., \psi_{n_k}(x_1, ..., u_{n_{k-1}}) \tag{9}$$

ein Entscheidungssystem für die Formel (6). (Man sieht leicht, daß die Abhängigkeit der in diesem System enthaltenen Funktionen von den Variablen gerade von der Art ist, die für Entscheidungssysteme gefordert wird.)

Es möge umgekehrt ein System von Entscheidungsfunktionen (9) für die Formel (6) existieren. Dann ist

$$B(x_1, ..., x_{n_1}, \varphi_1(x_1, ..., x_{n_1}), ..., \psi_{n_k}(x_1, ..., u_{n_{k-1}}))$$

wahr für alle Werte der auftretenden Variablen. Dann ist aber für jede Wertemenge $x_1^0, ..., x_{n_1}^0$ der Variablen die Formel

$$B(x_1^0, ..., x_{n_1}^0, \varphi_1(x_1^0, ..., x_{n_1}^0), ..., \psi_{n_k}(x_1^0, ..., x_{n_{k-1}}))$$

wahr, und folglich ist das Funktionensystem

$$\varphi_1(x_1^0, ..., x_{n_1}^0), ..., \psi_{n_k}(x_1^0, ..., x_{n_1}^0, z_1, ..., u_{n_{k-1}})$$

das aus dem gegebenen Funktionensystem durch Fixierung der Variablen $x_1, ..., x_{n_1}$ entsteht, ein Entscheidungssystem für die Formel (7).

Nach dem oben Gesagten folgt, daß dann auch Formel (7) für beliebige Werte der Variablen $x_1, ..., x_{n_1}$ und Formel (6) wahr sind. Da das Lemma für den Fall gilt, daß in Formel (1) nur eine Quantorengruppe auftritt, und da aus der Gültigkeit für p Quantorengruppen die Gültigkeit für p + 1 Quantorengruppen folgt, ist das Lemma vollständig bewiesen.

3.14. Der Satz von Löwenheim

Alle Betrachtungen des vorigen Paragraphen sind unabhängig davon, ob in den betrachteten Formeln Individuenkonstanten auftreten oder nicht. Daher können wir alle in diesem Paragraphen bewiesenen Tatsachen auch auf die Erfüllbarkeit im weiteren Sinne anwenden, die wir anschließend definieren werden.

Der Begriff der Erfüllbarkeit einer Formel war in 3.10 nur für solche Formeln erklärt, die keine Individuen- und Prädikatenkonstanten enthalten. Wir erweitern nun den Begriff der Erfüllbarkeit derart, daß er auch auf den Fall anwendbar ist, daß in der Formel Individuenkonstanten auftreten.

Die Formel **A** möge allen früher formulierten Bedingungen genügen außer der Forderung, daß sie keine Individuenkonstanten enthält. Eine Formel **A** heißt erfüllbar über einem Individuenbereich **M**, wenn man für alle in **A** auftretenden Prädikatenkonstanten über **M** definierte Prädikate und für alle Individuenkonstanten Individuen aus **M** derart einsetzen kann, daß die dabei entstehende Formel wahr ist.

Satz von Löwenheim: Wenn eine Formel, die keine freien Individuenvariablen enthält (die aber Individuenkonstanten enthalten kann) über einem gewissen Individuenbereich erfüllbar ist, dann ist sie schon über einem endlichen oder abzählbaren Individuenbereich erfüllbar.

Beim Beweis dieses Satzes können wir uns auf die Betrachtung von Normalformeln beschränken, da eine Normalform einer beliebigen Formel über jedem Individuenbereich gleichzeitig mit dieser erfüllbar bzw. nichterfüllbar ist. Wir betrachten eine beliebige Normalformel, deren Individuenvariablen sämtlich gebunden sind, die aber durchaus Individuenkonstanten enthalten kann, beispielsweise:

$$\forall x_1 \ldots \forall x_{n_1} \exists y_1 \ldots \exists y_{n_2} \ldots B(x_1, \ldots, a_1, \ldots, a_p, A_1, \ldots, A_q), \tag{1}$$

wobei $a_1, \ldots, a_p$ Individuenkonstanten und $A_1, \ldots, A_q$ in der Formel enthaltene Elementarprädikate bedeuten. Für unsere Überlegungen ist es bedeutungslos, daß an erster Stelle der Generalisator steht. Diese Formel sei erfüllbar über einem gewissen Individuenbereich **M**. Dann lassen sich in diesem Individuenbereich Individuen $a_1^0, \ldots, a_p^0$ und über diesem Individuenbereich definierte Prädikate $A_1^0, \ldots, A_q^0$ finden, so daß die Formel

$$\forall x_1 \ldots \forall x_{n_1} \ldots B(x_1, \ldots, x_{n_1}, \ldots, a_1^0, \ldots, a_p^0, A_1^0, \ldots, A_q^0) \tag{2}$$

eine wahre Aussage ist.

Unter Verwendung der im vorigen Paragraphen bewiesenen Wahrheitskriterien können wir sagen, daß es für die Formel (2) ein System von Entscheidungsfunktionen

$$\varphi_i(x_1, \ldots, x_{n_1}), \ \psi_j(x_1, \ldots, x_{n_1}, z_1, \ldots, z_{n_3}), \ldots$$

gibt. Dann ist der Ausdruck

$$B(x_1, \ldots, x_{n_1}, \varphi_1(x_1, \ldots, x_{n_1}), \ldots, z_1, \ldots$$
$$\ldots, z_{n_3}, \psi_1(x_1, \ldots, x_{n_1}, z_1, \ldots, z_{n_3}), \ldots$$
$$\ldots, a_1^0, \ldots, a_p^0, A_1^0, \ldots, A_q^0)$$

ein Prädikat, das für alle Werte der in ihm auftretenden Variablen den Wert w annimmt. Wir bezeichnen dieses Prädikat kurz mit

$$R(x_1, \ldots, x_{n_1}, z_1, \ldots, z_{n_3}, \ldots),$$

wobei die Variablen $x_1, \ldots, x_{n_1}$ in Formel (2) durch den Generalisator gebunden sind. Wir konstruieren nun eine Menge **M'** als Teilmenge des Individuenbereichs **M**. Sie wird als Vereinigungsmenge einer Folge von endlichen Mengen

$$M_1', M_2', \ldots, M_n', \ldots$$

definiert. Die Menge M_1' besteht aus allen Individuen $a_1^0, \ldots, a_p^0$. Wenn in Formel (2) keine Individuen auftreten, dann soll M_1' aus einem beliebig gewählten Element des Individuenbereichs M bestehen.

Die Menge M_n' sei bereits definiert. Dann erklären wir die Menge M_{n+1}' als diejenige Menge, die alle Elemente von M_n' und außerdem alle die Werte aller Entscheidungsfunktionen enthält, die sie bei allen möglichen Einsetzungen von Individuen aus der Menge M_n' für ihre Individuenvariablen annimmt. Wenn die Menge M_n' endlich ist, dann ist offenbar auch die Menge M_{n+1}' endlich. Damit haben wir eine Folge endlicher Mengen

$$M_1', M_2', \ldots, M_n', \ldots$$

definiert. Die Vereinigungsmenge dieser Mengen ist höchstens abzählbar. Das ist eine unmittelbare Folgerung aus bekannten Sätzen der Mengenlehre, aber diese Behauptung ist auch so unmittelbar einleuchtend.

Die Vereinigungsmenge

$$M_1' \cup M_2' \cup \ldots \cup M_n' \cup \ldots \tag{3}$$

bezeichnen wir mit M'. Sie hat folgende Eigenschaften:

Wenn die Argumente einer beliebigen Entscheidungsfunktion

$$\ldots, \varphi_i, \ldots, \psi_j, \ldots$$

Werte aus M' annehmen, dann ist auch der Wert der Funktion selbst ein Element aus M'. Es sei $\vartheta(x_1, \ldots, x_{n_1}, z_1, \ldots, z_{n_3}, \ldots)$ eine beliebige Funktion des Systems $\varphi_i, \psi_j, \ldots$. Die Variable x_1 nehme den Wert x_1^0, x_2 den Wert $x_2^0, \ldots, z_1$ den Wert $z_1^0, \ldots, z_{n_3}$ den Wert $z_{n_3}^0$ aus dem Individuenbereich M' an. Jedes dieser Elemente gehört einem M_i' an. Es sei

$$x_1^0 \in M_{k_1}', \quad x_2^0 \in M_{k_2}', \quad \ldots, \quad z_1^0 \in M_{g_1}', \quad \ldots \, .$$

Aus allen Mengen $M_{k_1}', \ldots, M_{g_1}', \ldots$ wählen wir diejenige aus, die den größten Index hat. Das sei M_t'. Die Mengen M_n' sind so definiert, daß jede folgende alle Elemente der vorhergehenden enthält. Daher liegen alle Elemente

$$x_1^0, \ldots, x_{n_1}^0, z_1^0, \ldots, z_{n_3}^0, \ldots$$

in M_t'. In diesem Fall ist $\vartheta(x_1^0, \ldots)$ ein Element von M_{t+1}' und gehört deshalb ebenfalls zu M_t'.

Wir betrachten nun wieder Formel (2), setzen aber voraus, daß sie sich jetzt auf den Individuenbereich M' bezieht. Das darf man durchaus tun, da der Individuenbereich M' ein Teilbereich von M ist. Die über M definierten Prädikate $A_1^0, \ldots, A_q^0$ sind auch für alle Elemente aus M' erklärt, während die Individuen $a_1^0, \ldots, a_p^0$ nach Konstruktion in M' liegen. Die Entscheidungsfunktionen

$$\ldots, \varphi_i(x_1, \ldots, x_{n_1}), \ldots, \psi_j(x_1, \ldots, x_{n_1}, z_1, \ldots, z_{n_3}), \ldots$$

nehmen Werte aus M' an, wenn ihre Argumente in M' liegen. Daher ist die Formel (2) über dem Individuenbereich M' genau dann gültig, wenn das Prädikat

$$B(x_1, \ldots, x_{n_1}, \varphi_1(x_1, \ldots, x_{n_1}), \ldots)$$

über dem Individuenbereich M' gültig ist. Da dieses Prädikat über M' tatsächlich gültig ist, können wir schließen, daß die Formel (2) über dem Individuenbereich M' gültig ist. In diesem Fall ist Formel (1) über M' erfüllbar.

Damit haben wir folgende Behauptung bewiesen: Wenn die Formel (1) über einem gewissen Individuenbereich erfüllbar ist, dann ist sie auch über einem endlichen oder abzählbaren Teilbereich erfüllbar. Damit ist der Satz von Löwenheim bewiesen.

Axiomatische Kennzeichnung unendlicher Mengen. Wir haben gesehen, daß Axiome mit nur einstelligen Prädikaten keinen unendlichen Individuenbereich charakterisieren können, weil stets auch ein endlicher Individuenbereich einem solchen Axiomensystem genügen wird.

Axiome mit zwei- und mehrstelligen Prädikaten können unendliche Individuenbereiche charakterisieren. Dabei entsteht die Frage: Können sie auch überabzählbare Individuenbereiche charakterisieren? Es sei

$$A_1, A_2, \ldots, A_n$$

ein Axiomensystem, das nur Symbole von Prädikaten enthält. Wie wir oben bereits angegeben haben, können wir dieses System durch das eine Axiom

$$A_1 \wedge A_2 \wedge \ldots \wedge A_n$$

ersetzen und immer nur ein Axiom betrachten. In diesem Fall fällt der Begriff der Interpretierbarkeit eines Axioms zusammen mit dem Begriff der Erfüllbarkeit dieser Formel über einem gewissen Individuenbereich (vgl. 3.10). Nach dem Satz von Löwenheim folgt aus der Erfüllbarkeit dieser Formel über einem gewissen Individuenbereich die Erfüllbarkeit derselben über einem höchstens abzählbaren Individuenbereich. Hieraus folgt, daß es unmöglich ist, mit Hilfe von Axiomen des betrachteten Typs einen überabzählbaren Individuenbereich von einem höchstens abzählbaren zu unterscheiden.

Es zeigt sich jedoch, daß Axiome, welche Prädikatenvariablen enthalten, sehr wohl überabzählbare Mengen und sogar Mengen einer vorgegebenen Mächtigkeit in dem Sinne charakterisieren können, daß alle ihnen genügenden Individuenbereiche überabzählbar sind und genau die vorgegebene Mächtigkeit besitzen.

4. Der Prädikatenkalkül

In diesem Kapitel beschäftigen wir uns mit der axiomatischen Beschreibung der Prädikatenlogik, die wir im vorangehenden Kapitel vom semantischen Standpunkt aus beschrieben haben. Dabei bemerken wir, daß die Prädikatenlogik im Unterschied zur Aussagenalgebra von ausgesprochen nichtkonstruktivem Charakter ist. Alle ihre Begriffe werden über beliebigen Individuenbereichen definiert. Daher mußten wir uns bei einer semantischen Darstellung der Prädikatenlogik auf nichtkonstruktive Prinzipien der Mengenlehre stützen. Unsere in diesem Kapitel zu gebende Beschreibung der Prädikatenlogik wird dem Hilbertschen Finitismus völlig entsprechen.

Der Prädikatenkalkül enthält wie jedes axiomatische System Zeichen, aus denen Formeln gebildet werden. Danach zeichnen wir unter diesen Formeln solche aus, die wir wahr nennen. Die Auswahl der wahren Formeln im Prädikatenkalkül erfolgt wie auch im Aussagenkalkül durch Angabe einer gewissen endlichen Menge von Formeln, die Axiome genannt werden, und durch die Angabe von Ableitungsregeln, mit deren Hilfe aus wahren Formeln neue wahre Formeln gewonnen werden können.

4.1. Formeln des Prädikatenkalküls

Jede Formel des Prädikatenkalküls ist eine endliche Folge von Zeichen dieses Kalküls. Wir geben eine Übersicht über die Zeichen des Prädikatenkalküls.

1. Kleine lateinische Buchstaben mit bzw. ohne Indizes:

$$a, b, c, \ldots, x, y, z, \ldots, a_1, a_2, \ldots, x_1, x_2, \ldots .$$

Diese Zeichen heißen *Individuenvariable.*

2. Große lateinische Buchstaben mit unteren Indizes bzw. ohne Indizes:

$$A, B, \ldots, A_1, A_2, \ldots .$$

Diese Zeichen heißen *Aussagenvariable.*

3. Große lateinische Buchstaben mit oberen Indizes:

$$F^p, G^p, \ldots, S^p, T^p, \ldots$$

und dieselben Zeichen mit unteren Indizes:

$$F^p_1, F^p_2, \ldots, G^p_1, G^p_2, \ldots, S^p_1, S^p_2, \ldots .$$

Diese Zeichen heißen *p-stellige Prädikatenvariable* ($p = 1, 2, \ldots$).

4. Die Zeichen des Aussagenkalküls:

$$\wedge, \vee, \rightarrow, -.$$

5. Klammern:

$$(\qquad).$$

6. Die Zeichen $\forall$, $\exists$.

Definition von Formeln:

Wie bereits erwähnt, ist jede Formel eine Zeichenfolge bzw. eine Zeichenreihe. Dadurch ist der Begriff der Formel jedoch noch nicht vollständig definiert. Wir müssen festlegen, welche Zeichenreihen Formeln sind.

1. Jede Aussagenvariable ist eine Formel.

2. Wenn F^p Zeichen für eine Prädikatenvariable ist und $a_1, a_2, \ldots, a_p$ nicht notwendig verschiedene Individuenvariable sind, dann ist

$$F^p(a_1, a_2, \ldots, a_p)$$

eine Formel. Solche Formeln heißen ebenfalls *Prädikatenvariable.* Die in 1 und 2 definierten Formeln heißen *Elementarformeln.*

Bevor wir den Formelbegriff weiter definieren, müssen wir die in den Formeln auftretenden Individuenvariablen voneinander unterscheiden. Die einen wollen wir *gebunden,* die anderen *frei* nennen. Den Unterschied zwischen ihnen wollen wir parallel zur Definition einer Formel herausarbeiten. In Elementarformeln sind alle Individuenvariablen frei.

3. Die Formel **A** enthalte die freie Variable x. Dann sind auch die Zeichenreihen

$$\forall x \, \mathbf{A} \quad \text{und} \quad \exists x \, \mathbf{A} \tag{1}$$

Formeln. Die Zeichen $\forall$ und $\exists$ heißen *Quantoren:* Der erste heißt *Generalisator,* der zweite *Partikularisator.* Die Variable x in den Formeln (1) heißt *gebundene Variable.* Insbesondere heißt die Variable x in der Formel $\forall x \, \mathbf{A}$ *durch den Quantor* $\forall x$ *gebunden,* während sie in der Formel $\exists x \, \mathbf{A}$ *durch den Quantor* $\exists x$ *gebunden* ist. Alle übrigen in der Formel **A** frei vorkommenden Variablen bleiben in beiden Formeln (1) frei. Variable, die in der Formel **A** gebunden sind, bleiben auch in den Formeln (1) gebunden.

4. Es seien **A** und **B** Formeln, in denen keine solchen Individuenvariablen auftreten, die in der einen Formel gebunden und in der anderen frei sind. Dann sind die Zeichenreihen

$$\begin{aligned}
&(\mathbf{A} \wedge \mathbf{B}), \\
&(\mathbf{A} \vee \mathbf{B}), \\
&(\mathbf{A} \rightarrow \mathbf{B}), \\
&- \mathbf{A}
\end{aligned} \tag{2}$$

Formeln. Dabei bleiben freie Variable in den Formeln **A** und **B** auch frei in allen Formeln (2), während gebundene Variablen in den Formeln **A** und **B** auch gebunden in den Formeln (2) bleiben.

Die Definition einer Formel des Prädikatenkalküls ist von demselben induktiven Charakter wie die Definition einer Formel des Aussagenkalküls. Sie kann folgendermaßen formuliert werden:

Unter einer *Formel* verstehen wir eine Zeichenreihe, die, ausgehend von Elementarformeln, mit Hilfe von Operationen, die einen Übergang von einer Formel **A** zu den Formeln $\forall x \, \mathbf{A}$ und $\exists x \, \mathbf{A}$ bzw. von den Formeln **A** und **B** zu $(\mathbf{A} \wedge \mathbf{B})$, $(\mathbf{A} \vee \mathbf{B})$, $(\mathbf{A} \rightarrow \mathbf{B})$ und $- \mathbf{A}$ gestatten, aufgebaut werden kann.

Damit können wir beim Beweis einer Behauptung über Formeln die Methode der vollständigen Induktion anwenden. Ein solcher Beweis wird folgendermaßen geführt. Zunächst zeigen wir die Behauptung für Elementarformeln. Danach zeigen wir, daß unter der Voraussetzung der Wahrheit der Behauptung für **A** ihre Wahrheit für $\forall$ x **A** und $\exists$ x **A** folgt und daß aus der Wahrheit der Behauptung für **A** und **B** die Wahrheit derselben für die Formeln (2) folgt. Hieraus folgern wir, daß unsere Behauptung allgemeingültig ist.

Aus den Punkten 1 bis 4 sehen wir, daß alle Formeln des Aussagenkalküls auch Formeln des Prädikatenkalküls sind. Zu den Formeln des Prädikatenkalküls gehören nämlich auch die Aussagenvariablen, und wir können, von ihnen ausgehend, unter Verwendung der im Aussagenkalkül üblichen Operationen neue Formeln bilden. Dabei können wir bei den nur aus Aussagenvariablen aufgebauten (d. h. keine Prädikatensymbole enthaltenden) Formeln auf die in Punkt 4 erwähnten Beschränkungen verzichten, da diese sich nur auf Formeln mit Prädikatenvariablen beziehen.

Beispiele von Formeln:

1. $\exists$ x $[F^1(x) \longrightarrow \forall y\, G^2(y, z)]$.

Diese Zeichenreihe ist eine Formel; denn $G^2(y, z)$ ist eine Prädikatenvariable mit den beiden freien Variablen y und z, also eine Elementarformel. Nach Punkt 3 ist die Zeichenreihe $\forall y\, G^2(y, z)$ ebenfalls eine Formel mit der freien Variablen z und der durch den Generalisator gebundenen Variablen y. In den Formeln $F^1(x)$ und $G^2(y, z)$ treten keine Variablen auf, die in der einen Formel gebunden und in der anderen frei sind. Daher ist die Zeichenreihe

$$F^1(x) \longrightarrow \forall y\, G^2(y, z)$$

nach Punkt 4 eine Formel, in der x und z freie Variable sind und y durch den Quantor $\forall$y gebunden ist. Schließlich ist nach Punkt 3 die Zeichenreihe

$$\exists x\, [F^1(x) \longrightarrow \forall y\, G^2(y, z)]$$

ebenfalls eine Formel, in der die Variable x durch den Quantor $\exists$ x und die Variable y durch den Quantor $\forall$y gebunden sind, während die Variable z frei ist.

2. $[\forall x\, F^1(x) \vee \forall x\, \exists y\, G^2(x, y)]$.

Man sieht, daß $\forall x\, F^1(x)$ eine Formel ist, in der die Variable x gebunden ist. Ebenso ist $\forall x\, \exists y\, G^2(x, y)$ eine Formel, in der beide Variablen gebunden sind. Diese Formeln genügen der Bedingung in Punkt 4, da in ihnen alle Variablen gebunden sind. Daher ist auch die Ausgangszeichenreihe eine Formel.

3. $[\exists x\, F^1(x) \wedge \exists y\, G^2(x, y)]$.

Diese Zeichenreihe ist keine Formel. Die beiden Zeichenreihen $\exists x\, F^1(x)$ und $\exists y\, G^2(x,y)$ sind zwar Formeln, aber in der ersten Formel ist die Variable x gebunden, während sie in der zweiten frei ist. Folglich genügen diese Formeln nicht der Bedingung in Punkt 4, und eine Verbindung derselben durch das Zeichen $\wedge$ liefert keine Formel.

Für die Formeln des Prädikatenkalküls können wir wie im Aussagenkalkül den Begriff der Teilformel definieren:

Unter einer *Teilformel* einer Elementarformel verstehen wir diese selbst.

Unter einer *Teilformel* der Formel $\forall$ x A (bzw. $\exists$ x A) verstehen wir die Formel selbst und jede Teilformel der Formel A.

Teilformeln der Formeln (A $\wedge$ B), (A $\vee$ B) und (A $\rightarrow$ B) sind diese Formeln selbst und alle Teilformeln der Formeln A und B.

Teilformeln der Formel $-$A sind diese Formel selbst und alle Teilformeln der Formel A

Bei der Schreibweise von Formeln wollen wir gewisse Abänderungen vereinbaren. Erstens wollen wir einige Klammern weglassen. Die Regeln für das Weglassen von Klammern bleiben dieselben wie beim Aussagenkalkül. Zweitens wollen wir die äußeren Klammern weglassen. Die Formel (A $\wedge$ F^1(x)) werden wir beispielsweise in der Gestalt

$$A \wedge F^1(x)$$

schreiben, die Formel ($\forall$ x G^1(x) $\vee$ A) in der Gestalt

$$\forall \, x \, G^1(x) \vee A$$

usw. Weiter wollen wir Klammern weglassen gemäß der Regel, daß $\wedge$ stärker bindet als $\vee$ und $\rightarrow$ und daß $\vee$ stärker bindet als $\rightarrow$. So werden wir beispielsweise die Formel

$$((A \wedge B) \vee C)$$

in der Gestalt

$$A \wedge B \vee C$$

und die Formel

$$(B \rightarrow (F^1(x) \vee G^1(y)))$$

in der Gestalt

$$B \rightarrow F^1(x) \vee G^1(y)$$

schreiben.

Das Negationszeichen wollen wir über die Formel schreiben, d. h. anstelle von $-$A schreiben wir $\overline{A}$. Wenn A dabei äußere Klammern hat, lassen wir sie in der Formel $\overline{A}$ weg.

Schließlich wollen wir beim Prädikat F^p(x$_1$, ..., x$_p$) den oberen Index p weglassen, und ein sich auf das gesamte Prädikat beziehendes Negationszeichen wollen wir nur über das Prädikatensymbol schreiben, beispielsweise $\overline{A}$(x, y).

Wir wollen noch verabreden, daß Buchstaben, die in einer Formel Prädikate mit unterschiedlich vielen Variablen darstellen, verschieden sein sollen. Dann kann man in der Schreibung einer Formel ein Prädikat nicht mit einer Aussagenvariablen verwechseln, da es in der Formel immer in einer Zeichenreihe der Form F^p(x$_1$, ..., x$_p$) auftritt, d. h. gemeinsam mit den Individuenvariablen, was bei Aussagenvariablen nicht sein kann.

Beispiele:

1. ($-\forall$y $\forall$x A^2(x, y)) $\vee$ (C $\wedge$ $-\exists$y B^1(y)) läßt sich schreiben in der Form

$$\overline{\forall y \, \forall x \, A(x, y)} \vee C \wedge \overline{\exists y \, B(y)}.$$

2. $-\forall x - \exists y\, F^2(x, y)$ läßt sich schreiben in der Form

$$\overline{\forall x\, \overline{\exists y\, F(x, y)}}.$$

3. $(\exists x\, \forall y - (\forall z(H^1(x) \rightarrow G^2(y, z)))))$ nimmt die Form

$$\exists x\, \forall y\, \overline{\forall z(H(x) \rightarrow G(y, z))}$$

an.

Wir könnten natürlich ebenso wie im Aussagenkalkül eine Formel gleich so definieren, daß dabei die von uns nach den angegebenen Änderungen erhaltene Schreibweise erscheint. Ein solches Vorgehen würde allerdings größere Schwierigkeiten bei der Definition einer Formel bereiten.

Wir wollen nun den Begriff des Wirkungsbereichs eines Quantors einführen. Eine Formel habe die Gestalt $\forall x\, A$ bzw. $\exists x\, A$. Dann heißt die Formel A der *Wirkungsbereich* des Quantors $\forall$ (bzw. $\exists$).

Nach Punkt 4 dürfen die Bezeichnungen von freien und gebundenen Variablen nicht übereinstimmen. Daraus folgt:

a) *In einer Formel sind freie und gebundene Variable mit verschiedenen Buchstaben bezeichnet.*

b) *Wenn ein Quantor sich im Wirkungsbereich eines anderen Quantors befindet, so werden die Variablen bezüglich dieser Quantoren mit verschiedenen Buchstaben bezeichnet.*

Beweis der Behauptungen a) und b). Für Elementarformeln ist Behauptung a) trivial, da sie keine gebundenen Variablen enthalten. Ist a) richtig für eine Formel $A(x)$ mit der freien Variablen x, dann gilt a) auch für die Formeln $\forall x\, A(x)$ und $\exists x\, A(x)$. Alle in $\forall x\, A(x)$ und $\exists x\, A(x)$ auftretenden gebundenen Variablen außer x selbst sind nämlich auch in der Formel $A(x)$ gebunden. Daher sind sie nach Voraussetzung von den freien Variablen der Formel A verschieden. Dann sind sie erst recht von den freien Variablen in $\forall x\, A$ und $\exists x\, A$ verschieden. Die Variable x selbst ist in diesen Formeln von den freien Variablen der Formeln verschieden, da die Variable x in der Formel A von den übrigen freien Variablen verschieden ist.

Ist a) richtig für die Formeln A und B, dann gilt a) auch für die Formeln $A \wedge B$, $A \vee B$ und $A \rightarrow B$, falls diese Ausdrücke Formeln sind. Um diese Formeln bilden zu können, müssen sich notwendig die freien Variablen in A von den gebundenen Variablen in B unterscheiden und umgekehrt. Enthalten also A und B keine gleichen freien bzw. gebundenen Variablen, so treten solche auch in den neu gebildeten Formeln $A \wedge B$, $A \vee B$ und $A \rightarrow B$ nicht auf. Wenn schließlich Behauptung a) für A gilt, dann gilt sie offensichtlich auch für $\overline{A}$. Damit ist die Richtigkeit der Behauptung a) durch vollständige Induktion bewiesen.

Wir gehen nun zum Beweis der Behauptung b) über. Trivialerweise ist sie für Elementarformeln richtig.

Die Behauptung b) sei richtig für eine Formel A mit der freien Variablen x. Wenn sich ein Quantor von A im Wirkungsbereich eines anderen Quantors befindet, dann sind nach Induktionsvoraussetzung die durch diese Quantoren gebundenen Variablen verschieden. In den Formeln $\forall x\, A$ und $\exists x\, A$ tritt noch ein weiterer Quantor auf, in dessen Wirkungsbereich sich alle übrigen Quantoren befinden. Die Variable x ist aber von allen übrigen gebundenen Variablen dieser Formeln verschieden, da x in **A** frei ist und folglich mit keiner gebundenen Variablen übereinstimmen kann. Gilt b) für die Formeln **A** und **B**, so gilt b) auch für die Formeln **A** $\wedge$ **B**, **A** $\vee$ **B** und **A** $\longrightarrow$ **B**; denn wenn ein Quantor dieser Formeln sich im Wirkungsbereich eines anderen befindet, gehören diese beiden Quantoren zu einer der Formeln **A** bzw. **B**, und nach Induktionsvoraussetzung sind die durch diese Quantoren gebundenen Variablen verschieden. Damit ist auch Behauptung b) bewiesen.

Eine Zeichenreihe des Prädikatenkalküls ist also genau dann eine Formel, wenn die Eigenschaften a) und b) erfüllt sind. Wir sprechen von *Variablenkollision,* wenn diese Bedingungen nicht erfüllt sind.

Beispiel:

$$\forall x\, [F(x) \longrightarrow \exists x\, G(x, y)].$$

Diese Zeichenreihe ist keine Formel, da b) nicht erfüllt ist. Man sieht leicht, daß sie mit Hilfe der Operationen 3 und 4 nicht aus Elementarformeln aufgebaut werden kann; denn aus den Formeln $F(x)$ und $\exists x\, G(x, y)$ läßt sich nicht $F(x) \longrightarrow \exists x\, G(x, y)$ bilden, da diese Formeln nicht der Bedingung 4 genügen. Dagegen ist die Zeichenreihe

$$\forall x\, F(x) \wedge \exists x\, G(x, y)$$

eine Formel, da wir nicht gefordert haben, daß die in den Formeln **A** und **B** durch verschiedene Quantoren gebundenen Variablen auch selbst verschieden sind, um aus **A** und **B** die Formeln **A** $\wedge$ **B**, **A** $\vee$ **B** und **A** $\longrightarrow$ **B** bilden zu können.

4.2. Variablenumbenennung in Formeln

*Satz: Werden in einer Formel **A** die Bezeichnungen sowohl der freien als auch der gebundenen Variablen durchgängig geändert, so daß dabei die Bedingungen a) und b) erfüllt sind, so ist die auf diese Weise erhaltene Zeichenreihe wieder eine Formel.*

Das gilt offenbar für Elementarformeln, etwa für $F(x, y, z)$, da die beliebige Ersetzung der Individuenvariablen eines Prädikats wieder ein Prädikat, d. h. eine Elementarformel liefert. Unsere Behauptung gelte für eine Formel **A** mit der freien Variablen x. Wir ändern nun unter Beachtung der Bedingungen a) und b) die Bezeichnungen der Individuenvariablen in der Formel $\forall x\, A$. Wird dabei der Buchstabe x etwa durch den neuen Buchstaben y ersetzt, so muß sich y von allen übrigen Variablen unterscheiden, die für die alten Variablen der Formel **A** stehen, da jede von x verschiedene Variable entweder frei in $\forall x\, A$ vorkommt oder durch einen sich im Wirkungsbereich von $\forall x$ befindenden Quantor gebunden ist. Da die vorgenommene Umbenennung der Variablen in der Formel $\forall x\, A$ und folglich auch in der Formel **A** den Bedingungen a) und b) genügt, ist nach Induktionsvoraussetzung die bei dieser Umbenennung aus $A(x)$ entstandene Zeichenreihe $A'(y)$ eine Formel. Da weiter alle in $A'(y)$ auftretenden gebundenen Variablen von y verschieden sind, ist die Zeichenreihe $\forall y\, A'(y)$ eine Formel, was zu beweisen war.

In derselben Weise läßt sich zeigen: Gilt die Behauptung für **A**, dann gilt sie auch für $\exists$ x **A**.

Weiterhin nehmen wir an, unsere Behauptung gelte für solche Formeln **A** und **B**, in welchen die gebundenen Variablen der einen verschieden sind von den freien Variablen der anderen. Wir zeigen, daß sie dann auch für die Formel **A** $\wedge$ **B** gilt. Die Bezeichnung der Variablen ändern wir in dieser Formel derart ab, daß die Bedingungen a) und b) erfüllt sind. Danach gehen die Teile **A** und **B** unserer Formel über in **A'** bzw. **B'**. Nach Induktionsvoraussetzung genügen die aus **A** und **B** erhaltenen Zeichenreihen **A'** bzw. **B'** den Bedingungen a) und b) und sind Formeln. Nach Bedingung a) sind die gebundenen Variablen in **A'** verschieden von den freien Variablen in **B'** und umgekehrt. Daher ist die aus **A'** und **B'** gebildete Zeichenreihe **A'** $\wedge$ **B'** eine Formel, was zu beweisen war.

In derselben Weise läßt sich zeigen, daß die Behauptung auch für die Formeln **A** $\vee$ **B** und **A** $\longrightarrow$ **B** gilt, wenn sie für **A** und für **B** gilt. Für die Operation Negation ist die Behauptung trivial.

Damit ist der Satz für jede Formel gezeigt.

Wir bemerken, daß die oben angegebenen Arten von Umbenennungen der Individuenvariablen nicht alle möglichen Verfahren ausschöpfen, bei denen eine Formel eine Formel bleibt. So ist beispielsweise in der Formel

$$\forall x\, [F(x) \vee G(y)]$$

die Umbenennung von y in x aufgrund der Forderungen nicht erlaubt, da die Variable y frei und die Variable x gebunden ist. Eine solche Umbenennung führt jedoch zu der Zeichenreihe

$$\forall x\, [F(x) \vee G(x)],$$

und das ist eine Formel. Die Bedingungen a) und b) sind also nicht nowendig dafür, daß bei der Umbenennung von Variablen einer Formel wieder eine Formel entsteht. Im folgenden benötigen wir nur solche Variablenumbenennungen, die den Bedingungen a) und b) genügen.

4.3. Axiome des Prädikatenkalküls

Wahre Formeln wollen wir in derselben Weise definieren wie im Aussagenkalkül. Wir nehmen endlich viele gegebene wohldefinierte Formeln als wahr an und nennen sie Axiome des Prädikatenkalküls. Danach geben wir Regeln an, die aus schon erhaltenen Formeln bzw. aus Axiomen neue liefern. Ausgehend von den Axiomen wollen wir genau die Formeln wahr nennen, die wir durch Anwendung dieser Regeln erhalten können.

Axiome des Prädikatenkalküls

I.

1. $A \longrightarrow (B \longrightarrow A)$,
2. $(A \longrightarrow (B \longrightarrow C)) \longrightarrow ((A \longrightarrow B) \longrightarrow (A \longrightarrow C))$.

II.

1. $A \wedge B \longrightarrow A$,
2. $A \wedge B \longrightarrow B$,
3. $(A \longrightarrow B) \longrightarrow ((A \longrightarrow C) \longrightarrow (A \longrightarrow B \wedge C))$.

III.

1. $A \rightarrow A \vee B$,
2. $B \rightarrow A \vee B$,
3. $(A \rightarrow C) \rightarrow ((B \rightarrow C) \rightarrow (A \vee B \rightarrow C))$.

IV.

1. $(A \rightarrow B) \rightarrow (\bar{B} \rightarrow \bar{A})$,
2. $A \rightarrow \bar{\bar{A}}$,
3. $\bar{\bar{A}} \rightarrow A$.

V.

1. $\forall x\, F(x) \rightarrow F(y)$,
2. $F(y) \rightarrow \exists x\, F(x)$.

Die ersten vier Axiomengruppen sind nichts anderes als die Axiome des Aussagenkalküls (vgl. S. 44). Es kommen nur noch die beiden neuen Axiome der Gruppe V hinzu. Das ist aber auch schon das gesamte Axiomensystem des Prädikatenkalküls.

4.4. Regeln zur Bildung wahrer Formeln

1. Abtrennungsregel: Sind G und $G \rightarrow H$ wahre Formeln, so ist auch H eine wahre Formel.

Diese Regel wird genau wie im Aussagenkalkül formuliert. Nur ist hier der Umfang der Formeln, auf die sie angewendet wird, größer.

2. Einsetzungsregel für Aussagen- und Prädikatenvariable: Diese Regel ist das Analogon zur Einsetzungsregel im Aussagenkalkül (vgl. Kapitel 2). Diese lief darauf hinaus, daß die Einsetzung einer beliebigen Formel für eine Aussagenvariable einer wahren Formel wieder eine wahre Formel liefert. In der Prädikatenlogik haben wir es mit Einsetzungen von Formeln für Aussagenvariable und Prädikatenvariable zu tun. Während im Aussagenkalkül die Formel, die für eine Aussagenvariable in einer wahren Formel eingesetzt wird, beliebig sein konnte, müssen jetzt einige zusätzliche Forderungen an diese Formeln gestellt werden, da sonst nach der Einsetzung ein Ausdruck entstehen kann, der keine Formel ist.

Zunächst beschreiben wir die notwendigen Einsetzungsoperationen für eine beliebige Formel ohne Rücksicht auf Wahrheit oder Falschheit derselben in einer weniger strengen, dafür aber anschaulicheren Weise.

Einsetzung für eine Aussagenvariable. Die Formel **A**(A) enthalte die Aussagenvariable A. Dann können wir in der Formel **A** den Buchstaben A durchgängig durch eine beliebige Formel G ersetzen, die den folgenden Bedingungen genügt:

b^1) Die freien Variablen in G sind durch andere Buchstaben bezeichnet als die gebundenen Variablen in **A** und die gebundenen Variablen in G durch andere als die freien Variablen in **A**.

b^2) Liegt A in **A** im Wirkungsbereich eines mit irgendeinem Buchstaben bezeichneten Quantors, so ist dieser Buchstabe nicht in G enthalten.

Eine solche Ersetzung heißt *Einsetzung einer Formel* G *für die Variable* **A**.

Beispiel: Es sei **A**(A) die Formel

$$\forall x \, \forall y \, [A \vee \forall z \, H(z, x) \wedge (\overline{A} \vee F(x, y))].$$

Hier darf für A weder die Formel $\forall x \, B(x)$ noch die Formel $\exists x \, C(x)$ eingesetzt werden, da bei einer solchen Einsetzung die Bedingung $b^2)$ verletzt wird. Führen wir diese Einsetzung dennoch durch, so ist die erhaltene Zeichenreihe keine Formel, da in ihr zwei Quantoren auftreten, von denen sich der eine im Wirkungsbereich des anderen befindet, die mit denselben Buchstaben bezeichnet sind. Die Einsetzung der Formel

$$\forall z \, \forall t \, [A \wedge H(z, t) \vee B \wedge F(z, t)]$$

für den Buchstaben A ist erlaubt, da hierbei die Bedingungen $b^1)$ und $b^2)$ erfüllt sind. Die durch die Einsetzung erhaltene Zeichenreihe

$$\forall x \, \forall y \left\{ \forall z \, \forall t \, (A \wedge H(z, t) \vee B \wedge F(z, t)) \vee \forall z \, H(z, x) \wedge \right.$$
$$\left. \wedge \, [\overline{\forall z \, \forall t \, (A \wedge H(z, t) \vee B \wedge F(z, t))} \vee F(x, y)] \right\}$$

ist eine Formel.

Einsetzung für eine Prädikatenvariable. Die Formel **A**(F) enthalte die n-stellige Prädikatenvariable F, weiter sei $B(t_1, t_2, \ldots, t_n)$ eine Formel mit n freien Variablen $t_1, t_2, \ldots, t_n$ (B kann auch noch weitere Variable enthalten), die von allen Individuenvariablen der Formel A verschieden sind. Die Formel B genüge der Bedingung $b^1)$ und darüber hinaus folgender Bedingung:

$b_2^2)$ Wenn F in **A** im Wirkungsbereich eines irgendeinen Buchstaben bindenden Quantors liegt, dann kommt dieser Buchstabe nicht in **B** vor.

Dann ist die Einsetzung der Formel **B** anstelle des Prädikats F in **A** erlaubt. Diese Operation der Einsetzung der Formel $B(t_1, t_2, \ldots, t_n)$ anstelle von F(...) in die Formel **A**(F) ist die Ersetzung jeder in **A**(F) auftretenden Elementarformel der Gestalt $F(x_1, x_2, \ldots, x_n)$ (wobei $x_1, x_2, \ldots, x_n$ irgendwelche nicht notwendig verschiedene Variable bedeuten) durch einen Ausdruck, den man aus **B** durch Umbenennung der Variablen $t_1, t_2, \ldots, t_n$ in $x_1, x_2, \ldots, x_n$ erhält. Dabei muß genau angegeben werden, welcher Variablen $t_1, t_2, \ldots, t_n$ jede Leerstelle in F(...) entspricht.

Beispiel: Die Formel **A** habe die Gestalt:

$$\forall x \, \exists y \, \exists z \, [F(x, y) \vee \overline{F}(x, z)].$$

Wir wollen für F die Formel

$$\forall u \, \exists v \, [H(u, t_1) \vee H(v, t_2)]$$

einsetzen. Dabei soll die erste Leerstelle in F(...) der Variablen t_1, die zweite der Variablen t_2 entsprechen. Die Bedingungen $b^1)$ und $b_2^2)$ sind hierbei erfüllt, und das Einsetzungsergebnis ist die Formel

$$\forall x \, \exists y \, \exists z \, \{ \forall u \, \exists v \, [H(u, x) \vee H(v, y)] \vee \overline{\forall u \, \exists v \, [H(u, x) \vee H(v, z)]} \}.$$

Sind die Bedingungen $b^1)$, $b^2)$ bzw. $b_2^2)$ nicht erfüllt, so sieht man leicht, daß dann im allgemeinen als Einsetzungsergebnis ein Ausdruck entsteht, der keine Formel ist.

Beispiele:

1. In der Formel

$$A \vee \forall x\, F(x)$$

soll A durch U(x) ersetzt werden. Dabei entsteht die Zeichenreihe

$$U(x) \vee \forall x\, F(x).$$

Es tritt eine Variablenkollision auf. Hier ist die Bedingung b[1]) nicht erfüllt.

2. In der Formel

$$\forall x\, (A \longrightarrow F(x))$$

soll A durch $\forall x\, U(x)$ ersetzt werden. Dabei entsteht die Zeichenreihe

$$\forall x\, (\forall x\, U(x) \longrightarrow F(x)),$$

die keine Formel ist. Bei der Einsetzung ist die Bedingung b[2]) nicht erfüllt.

Eine andere Definition der Einsetzungsoperation. Die Einsetzungsoperation werden wir durch das Symbol

$$R_A^B \qquad (\text{bzw.}\ \ R_{F(\ldots)}^{B(t_1,\ldots,t_n)})$$

kennzeichnen, das wir vor die Formel schreiben, in der die Einsetzung durchgeführt werden soll,

$$R_A^B(A) \qquad (\text{bzw.}\ \ R_{F(\ldots)}^{B(t_1,\ldots,t_n)}(A)),$$

wobei A eine Aussagenvariable und F eine n-stellige Prädikatenvariable bedeuten. Unter den freien Individuenvariablen der Formel $B(t_1,\ldots,t_n)$ sind die Variablen $t_1,\ldots,t_n$ besonders gekennzeichnet; ihre Anzahl ist gleich der Anzahl der Variablen im Prädikat F, also n.

Wenn eine Formel A *eine Aussagenvariable* A *(bzw. die Prädikatenvariable* F*) enthält, dann ist die Einsetzungsoperation*

$$R_A^B(A) \qquad (bzw.\ \ R_{F(\ldots)}^{B(t_1,\ldots,t_n)}(A))$$

anwendbar, falls für die Formeln B *und* A *(bzw.* $B(t_1,\ldots,t_n)$ *und* A*) die Bedingungen* b[1]) *und* b[2]) *(bzw.* b[1]) *und* b_2^2) *) und außerdem die folgende Bedingung erfüllt sind: Die gekennzeichneten Variablen* $t_1,\ldots,t_n$ *dürfen nicht in der Formel* A *auftreten.*

Die Definition der Einsetzungsoperation geben wir nun induktiv an, beginnend mit den Elementarformeln:

$$R_A^B(A) \quad \text{ist} \quad B,$$

$$R_A^B(C) \quad \text{ist} \quad C,$$

falls C eine von A verschiedene Aussagenvariable ist;

$$R^{B(t_1,\ldots,t_n)}_{F(\ldots)}(F(x_1,\ldots,x_n)) \quad \text{ist} \quad B(x_1,\ldots,x_n);$$

$$R^{B(t_1,\ldots,t_n)}_{F(\ldots)}(G(x_1,\ldots,x_n)) \quad \text{ist} \quad G(x_1,\ldots,x_m),$$

falls $G(x_1,\ldots,x_m)$ eine von $F(x_1,\ldots,x_n)$ verschiedene Prädikatenvariable ist.

Die Einsetzungsoperation sei erklärt für die Formeln A_1 und A_2; dann erklären wir sie folgendermaßen für die Formeln $A_1 \wedge A_2$, $A_1 \vee A_2$, $A_1 \rightarrow A_2$ und $\overline{A}$:

$$R^B_A(A_1 \wedge A_2) \quad \text{ist} \quad R^B_A(A_1) \wedge R^B_A(A_2);$$

$$R^{B(t_1,\ldots,t_n)}_{F(\ldots)}(A_1 \wedge A_2) \quad \text{ist} \quad R^{B(t_1,\ldots,t_n)}_{F(\ldots)}(A_1) \wedge R^{B(t_1,\ldots,t_n)}_{F(\ldots)}(A_2);$$

$$R^B_A(A_1 \vee A_2) \quad \text{ist} \quad R^B_A(A_1) \vee R^B_A(A_2);$$

$$R^{B(t_1,\ldots,t_n)}_{F(\ldots)}(A_1 \vee A_2) \quad \text{ist} \quad R^{B(t_1,\ldots,t_n)}_{F(\ldots)}(A_1) \vee R^{B(t_1,\ldots,t_n)}_{F(\ldots)}(A_2);$$

$$R^B_A(A_1 \rightarrow A_2) \quad \text{ist} \quad R^B_A(A_1) \rightarrow R^B_A(A_2);$$

$$R^{B(t_1,\ldots,t_n)}_{F(\ldots)}(A_1 \rightarrow A_2) \quad \text{ist} \quad R^{B(t_1,\ldots,t_n)}_{F(\ldots)}(A_1) \rightarrow R^{B(t_1,\ldots,t_n)}_{F(\ldots)}(A_2);$$

$$R^B_A(\overline{A}) \quad \text{ist} \quad \overline{R^B_A(A)};$$

$$R^{B(t_1,\ldots,t_n)}_{F(\ldots)}(\overline{A}) \quad \text{ist} \quad \overline{R^{B(t_1,\ldots,t_n)}_{F(\ldots)}(A)}.$$

Die Operationen $R^B_A(A(x))$ bzw. $R^{B(t_1,\ldots,t_n)}_{F(\ldots)}(A(x))$ seien definiert. Dann gilt

$$R^B_A(\forall x\, A(x)) \quad \text{ist} \quad \forall x\, R^B_A(A(x))$$

und

$$R^{B(t_1,\ldots,t_n)}_{F(\ldots)}(\forall x\, A(x)) \quad \text{ist} \quad \forall x\, R^{B(t_1,\ldots,t_n)}_{F(\ldots)}(A(x)).$$

Analog gilt

$$R^B_A(\exists x\, A(x)) \quad \text{ist} \quad \exists x\, R^B_A(A(x))$$

und

$$R^{B(t_1,\ldots,t_n)}_{F(\ldots)}(\exists x\, A(x)) \quad \text{ist} \quad \exists x\, R^{B(t_1,\ldots,t_n)}_{F(\ldots)}(A(x)).$$

Damit ist die Einsetzungsoperation vollständig definiert. Es läßt sich leicht zeigen: Wenn die Einsetzungsoperation unter Beachtung aller erwähnten Bedingungen angewendet wird, so erhält man im Ergebnis stets eine Formel.

3. Umbenennungsregel für freie Individuenvariable. Es sei **A** eine wahre Formel des Prädikatenkalküls, und die Formel **A′** entstehe aus **A** dadurch, daß für jede Individuenvariable eine andere Individuenvariable eingesetzt wird; dann ist auch **A′** eine wahre Formel des Prädikatenkalküls.

Hierbei setzen wir natürlich voraus, daß die angegebene Variablenumbenennung nicht zu einer Variablenkollision führt. Das folgt übrigens nicht aus der Annahme, daß auch **A′** eine Formel ist.

Beispiel: Wir betrachten die Formel

$$\forall x(F(x) \longrightarrow G(y)) \wedge (\overline{F}(y) \longrightarrow \exists x\, G(x)).$$

Setzen wir für die Variable y die Variable z ein, so erhalten wir die Formel

$$\forall x(F(x) \longrightarrow G(z)) \wedge (\overline{F}(z) \longrightarrow \exists x\, G(x)).$$

Dabei haben wir, wie gefordert, die Variable y durchgängig ersetzt. Wir weisen darauf hin, daß für die Variable y nicht die Variable x eingesetzt werden darf, da nach Definition für die freie Variable y nur eine freie Variable eingesetzt werden darf.

4. Umbenennungsregel für gebundene Individuenvariable. Es sei **A** eine wahre Formel des Prädikatenkalküls, und die Formel **A′** entstehe aus **A** durch Einsetzung von gebundenen Variablen durch andere gebundene Variable, die in **A** nicht frei vorkommen. Dann ist **A′** ebenfalls eine wahre Formel. Hierbei muß jede ersetzte gebundene Variable durchgängig im Wirkungsbereich des sie bindenden Quantors und im Quantor selbst ersetzt werden.

Diese Operation der Umbenennung von gebundenen Variablen unterscheidet sich grundlegend von der Operation der Einsetzung in freie Variable. Eine Umbenennung von gebundenen Variablen in einer Formel **A** muß nicht notwendig durchgängig erfolgen, sondern nur im Wirkungsbereich des diese Variable bindenden Quantors. Das bedeutet, daß gleiche Variable, für die die Wirkungsbereiche der sie bindenden Quantoren nicht ineinandergreifen, verschiedenartig umbenannt werden können. Es kann auch eine Variable umbenannt werden, die andere dagegen nicht.

Beispiele:

1. Wir betrachten die Formel

$$\exists x\, F(x) \longrightarrow \forall x\, G(x).$$

Durch Umbenennung der gebundenen Variablen können wir hieraus die Formel

$$\exists y\, F(y) \longrightarrow \forall z\, G(z)$$

erhalten. Hierbei haben wir die Variable x im Wirkungsbereich des Partikularisators durch y ersetzt, während sie im Wirkungsbereich des Generalisators durch die Variable z ersetzt wurde.

Da die Wirkungsbereiche dieser Quantoren nicht ineinandergreifen, ist diese Umbenennung der gebundenen Variablen erlaubt. Eine andere Umbenennung der gebundenen Variablen liefert uns etwa die Formel

$$\exists x\, F(x) \longrightarrow \forall z\, G(z).$$

2. Wir betrachten die Formel

$$\exists\, v\, \exists\, x\, \forall y\, [(F(x, y) \lor \exists\, z\, G(z)) \land G(y) \lor H(v)].$$

Eine Umbenennung der Variablen y in dieser Formel muß durchgängig erfolgen. Die zu der Formel

$$\exists\, v\, \exists\, x\, \forall u\, [F(x, u) \lor \exists\, z\, G(z)) \land G(u) \lor H(v)]$$

führende Umbenennung ist erlaubt, während die Ersetzung von y, die zu der Formel

$$\exists\, v\, \exists\, x\, \forall u\, [F(x, u) \lor \exists\, z\, G(z)) \land G(v) \lor H(v)]$$

führt, keine erlaubte Umbenennung von gebundenen Variablen darstellt, da wir hierbei die durch den Quantor $\forall$ gebundene Variable y innerhalb des Wirkungsbereichs dieses Quantors verschiedenartig ersetzt haben, nämlich einmal durch die Variable u und das andere Mal durch die Variable v.

5. Quantifizierungsregeln. **Erste Regel** (Generalisierungsregel). Wenn

$$B \longrightarrow A(x)$$

eine wahre Formel ist und B die Variable x nicht enthält, dann ist auch

$$B \longrightarrow \forall x\, A(x)$$

eine wahre Formel.

Zweite Regel (Partikularisierungsregel). Wenn

$$A(x) \longrightarrow B$$

eine wahre Formel ist und B die Variable x nicht enthält, dann ist auch

$$\exists\, x\, A(x) \longrightarrow B$$

eine wahre Formel[1]).

Wir weisen noch einmal darauf hin, daß zu den wahren Formeln des Prädikatenkalküls auch die wahren Formeln des Aussagenkalküls gehören. Alle Axiome des Aussagenkalküls sind nämlich Axiome des Prädikatenkalküls, und die beiden Regeln der Aussagenlogik – die Abtrennungsregel und die Einsetzungsregel – sind auch Regeln der Prädikatenlogik. Die Anwendung der Abtrennungsregel und der Einsetzungsregel des Prädikatenkalküls auf Formeln des Aussagenkalküls stimmt mit den entsprechenden Regeln des Aussagenkalküls überein (vgl. Kapitel 2). Die Anwendung dieser Regeln auf die Axiome liefert daher alle wahren Formeln des Aussagenkalküls. Die Frage, ob es Formeln des Aussagenkalküls gibt, die im Prädikatenkalkül wahr, aber im Aussagenkalkül nicht wahr sind, erfährt eine negative Antwort. Das folgt leicht aus der Widerspruchsfreiheit des Prädikatenkalküls und aus der Vollständigkeit des Aussagenkalküls im engeren Sinne. Wir werden darauf im nächsten Paragraphen genauer eingehen.

---

[1]) In der Formulierung der ersten und der zweiten Regel haben wir es mit der Individuenvariablen x zu tun. Mit Hilfe der Einsetzungsregel für freie Individuenvariable und der Umbenennungsregel für gebundene Variable können wir beide Regeln leicht auf beliebige Individuenvariable ausdehnen.

Wir wollen die Frage untersuchen, welcher Zusammenhang zwischen dem Begriff der Wahrheit einer Formel innerhalb des beschriebenen Kalküls und dem in Kapitel 3 behandelten semantischen Begriff der Allgemeingültigkeit einer Formel besteht. Man sieht leicht, daß jede wahre Formel des Prädikatenkalküls auch gleichzeitig eine in unserem mengentheoretischen Sinne allgemeingültige Formel ist. Erstens ist es klar, daß die Axiome des Prädikatenkalküls allgemeingültig sind. Zweitens führt die Anwendung der Ableitungsregeln des Prädikatenkalküls auf allgemeingültige Formeln stets zu allgemeingültigen Formeln. Für die Abtrennungsregel ist das trivial. Ebenso klar ist es für die Umbenennungsregel für freie und gebundene Variablen.

Wir betrachten die Einsetzungsregel. $R_{F(\ldots)}^{B(t_1, \ldots, t_n)}(A)$ entsteht aus der Formel A durch durchgängige Ersetzung des Elementarprädikats $F(\ldots)$ durch die Formel $B(t_1, \ldots, t_n)$. Dabei treten die Variablen $t_1, \ldots, t_n$ jedes Mal an die Stelle der entsprechenden Variablen des zu ersetzenden Symbols $F(\ldots)$. Nun können wir aber die Formel $B(t_1, \ldots, t_n)$ ebenfalls als n-stelliges Prädikat auffassen, sobald die Werte aller anderen freien Variablen fixiert werden. Da die Formel A nach Voraussetzung über jedem Individuenbereich und bei beliebiger Einsetzung von Prädikatenkonstanten für die Prädikatenvariablen wahr ist, bleibt sie offenbar auch bei der Einsetzung der Formel $B(t_1, \ldots, t_n)$ in F wahr. Der Fall der Einsetzung für eine Aussagenvariable ist trivial.

Wir betrachten nun die Quantifizierungsregeln. Es sei

$$B \longrightarrow A(x) \tag{1}$$

eine allgemeingültige Formel, und B enthalte die Variable x nicht. Dann ist B im semantischen Sinne über jedem Individuenbereich und für beliebige Prädikate von x unabhängig. Wenn daher die Formel B für eine gewisse Einsetzung für die Variablen wahr ist, dann ist sie wahr für jeden Wert von x bei gegebener Einsetzung für die übrigen Variablen. Da (1) nach Voraussetzung wahr ist, ist auch $A(x)$ wahr für beliebiges x und die gegebene Einsetzung für die übrigen Variablen. Dann ist aber auch die Formel $\forall x\, A(x)$ und folglich die Formel

$$B \longrightarrow \forall x\, A(x) \tag{2}$$

wahr bei der gegebenen Einsetzung für die übrigen Variablen. Wenn die Formel B für eine gewisse Einsetzung für die Variablen falsch ist, dann ist die Formel (2) ebenfalls wahr. Damit ist die Formel (2) allgemeingültig, was zu beweisen war.

Ganz analog kann man zeigen, daß auch die Anwendung der zweiten Regel (Partikularisierungsregel) auf allgemeingültige Formeln stets wieder allgemeingültige Formeln liefert.

Damit haben wir gezeigt, daß jede aus den Axiomen nach den Regeln des Prädikatenkalküls ableitbare Formel eine im semantischen Sinne allgemeingültige Formel ist. Wir bemerken, daß wir damit gleichzeitig auch einen Beweis für die Widerspruchsfreiheit des Prädikatenkalküls auf der Grundlage der naiven Mengenlehre erhalten.

Wenn nämlich jede im Prädikatenkalkül beweisbare Formel allgemeingültig ist, dann können zwei Formeln, von denen die eine die Negation der anderen ist, nicht gleichzeitig allgemeingültig sein. Der angegebene Beweis für die Widerspruchsfreiheit stützt sich jedoch auf den Begriff des aktual Unendlichen. Dieser darf bei der Untersuchung der Frage nach der Widerspruchsfreiheit der Mengenlehre selbst nicht verwendet werden, da das zu einem Zirkelschluß führen würde. Übrigens gründet sich der strenge Beweis für die Widerspruchsfreiheit des Prädikatenkalküls, den wir im nächsten Paragraphen behandeln wollen, auf dieselbe Idee wie der hier dargestellte.

4.5. Widerspruchsfreiheit des Prädikatenkalküls

Die Frage nach der Widerspruchsfreiheit des Prädikatenkalküls läßt sich leicht positiv beantworten. Die Problemstellung ist bei der Frage nach der Widerspruchsfreiheit des Prädikatenkalküls dieselbe wie beim Aussagenkalkül: Ein Kalkül heißt *(in sich) widerspruchsvoll*, wenn sich in ihm wenigstens eine Formel samt deren Negation ableiten läßt.

Für den Prädikatenkalkül wie für ein beliebiges logisches System, das aus dem Prädikatenkalkül durch Hinzunahme neuer Formeln als Axiome entsteht, gilt wie für den Aussagenkalkül: Wenn dieses System widerspruchsvoll ist, dann ist in ihm jede Formel wahr. Angenommen, die Formeln A und $\overline{A}$ seien im Prädikatenkalkül bewiesen. Da die Formel

$$A \wedge \overline{A} \rightarrow B$$

wahr ist im Aussagenkalkül, ist sie auch im Prädikatenkalkül wahr. Wir ersetzen den Buchstaben A durch die Formel A und erhalten die wahre Formel

$$A \wedge \overline{A} \rightarrow B.$$

Nach der Abtrennungsregel ist B eine wahre Formel. Setzen wir in B eine beliebige Formel B ein, so finden wir, daß B eine wahre Formel ist. Damit ist auch für den Prädikatenkalkül das Auftreten irgendeiner nichtwahren Formel ein Beweis für seine Widerspruchsfreiheit.

Inhaltlich bedeutet der Beweis der Widerspruchsfreiheit folgendes: Wir betrachten die Formeln semantisch und deuten sie so wie im vorigen Kapitel. Insbesondere wollen wir annehmen, daß alle in den Formeln auftretenden Prädikate über einem gewissen Individuenbereich M definiert sind. Falls dieser Individuenbereich nur ein Element enthält, können wir auf Quantoren verzichten, da die beiden Aussagen $\forall x\, A(x)$ und $\exists x\, A(x)$ für einen nur ein Element a enthaltenden Individuenbereich zu der Aussage $A(a)$ äquivalent sind. Damit werden bei einer solchen Interpretation alle Formeln des Prädikatenkalküls durch Formeln des Aussagenkalküls ersetzt. Dabei werden alle Axiome des Prädikatenkalküls zu wahren Formeln des Aussagenkalküls, die Ableitungsregeln für wahre Formeln gehen in Grundregeln bzw. ableitbare Regeln des Aussagenkalküls über. Wäre eine aus dem Buchstaben A bestehende Formel im Prädikatenkalkül beweisbar, so wäre sie auch im neuen (transformierten) System beweisbar. Dann wäre aber das transformierte System widerspruchsvoll. Das transformierte System ist aber der Aussagenkalkül, der ja bekanntlich (vgl. Kapitel 2) widerspruchsfrei ist. Nach diesen vorläufigen Bemerkungen führen wir einen formalen Beweis für die Widerspruchsfreiheit des Prädikatenkalküls.

Jeder Formel A des Prädikatenkalküls ordnen wir eine gewisse Formel A^* folgendermaßen zu: Jede Aussagenvariable wird sich selbst zugeordnet.

Jeder Elementarformel der Form $F(x, y, \ldots, u)$ ordnen wir den Buchstaben F zu.

Wenn den Formeln $A_1, A_2, A, B(x)$ die Formeln A_1^*, A_2^*, A^* bzw. B^* zugeordnet sind, werden den Formeln

1. $A_1 \wedge A_2$,   2. $A_1 \vee A_2$,   3. $A_1 \rightarrow A_2$,
4. $\overline{A}$,   5. $\forall x\, B(x)$,   6. $\exists x\, B(x)$

die Formeln

$1'$. $A_1^* \wedge A_2^*$, $2'$. $A_1^* \vee A_2^*$, $3'$. $A_1^* \rightarrow A_2^*$,
$4'$. $\overline{A}^*$, $5'$. B^*, $6'$. B^*

zugeordnet. Dabei fällt auf, daß das Auftreten von Quantoren in einer Formel des Prädikatenkalküls keinerlei Einfluß auf die ihr zugeordnete Formel hat. Den Formeln $B(x)$, $\forall x\, B(x)$ und $\exists x\, B(x)$ entspricht ein und dieselbe Formel. Die einer Formel A zugeordnete Formel A^* läßt sich kurz so beschreiben: Die Formel A^* entsteht aus der Formel A, indem in der letzten alle Quantoren und alle Individuenvariablen weggelassen werden, so daß von jedem Elementarprädikat $F(x, y, \ldots, u)$ der Formel A nur der Buchstabe F übrig bleibt. Aus dieser Zuordnungsvorschrift folgt, daß jeder Formel des Prädikatenkalküls eine Formel des Aussagenkalküls zugeordnet wird. Für Elementarformeln des Prädikatenkalküls ist das unmittelbar klar. Bei der Bildung einer beliebigen Formel des Prädikatenkalküls aus Elementarformeln verwenden wir die in 4.1 beschriebenen Operationen 3 und 4 (S. 126). Dann wird aber die ihr zugeordnete Formel aus Elementarformeln entsprechenden Formeln ausschließlich durch Operationen 4 gebildet, d. h. durch dieselben Operationen mit Ausnahme der Quantifizierungen. Quantifizieren wir irgendeine Formel des Prädikatenkalküls, so ändert sich die ihr zugeordnete Formel nicht. Daher wird für jede Formel des Prädikatenkalküls die ihr zugeordnete Formel aus Aussagenvariablen mit Hilfe von Operationen des Aussagenkalküls gebildet, und diese ist daher selbst eine Formel des Aussagenkalküls.

Wir zeigen nun, daß *wahren Formeln des Prädikatenkalküls wahre Formeln des Aussagenkalküls entsprechen*. Den Beweis führen wir durch vollständige Induktion.

Den Axiomen des Prädikatenkalküls entsprechen wahre Formeln des Aussagenkalküls.

Die Axiome der Gruppen I bis IV entsprechen sich nämlich selbst. Diese Formeln sind auch Axiome des Aussagenkalküls. Den beiden Axiomen der Gruppe V entspricht die Formel

$$F \rightarrow F,$$

und diese ist eine wahre Formel des Aussagenkalküls.

Den Regeln zur Bildung wahrer Formeln des Prädikatenkalküls entsprechen gewisse Regeln zur Bildung neuer Formeln. Wir zeigen nun, daß diese Regeln selbst Regeln für die Bildung wahrer Formeln des Aussagenkalküls sind. Daraus folgt dann bereits, daß wahren Formeln des Prädikatenkalküls wahre Formeln des Aussagenkalküls entsprechen.

Abtrennungsregel im Prädikatenkalkül: Wenn A und $A \rightarrow B$ wahre Formeln sind, ist auch B eine wahre Formel. Wenn nun die entsprechenden Formeln A^* und $A^* \rightarrow B^*$ wahre Formeln des Aussagenkalküls sind, ist nach der Abtrennungsregel im Aussagenkalkül auch B^* eine wahre Formel des Aussagenkalküls.

Umbenennungsregel für freie und gebundene Variable: Wenn sich die Formeln **A** und **A'** nur durch Individuenvariable voneinander unterscheiden, stimmen die ihnen entsprechenden Formeln überein. Das folgt unmittelbar aus der oben angeführten kurzen Beschreibung der zugeordneten Formel. Wenn also der Formel **A** des Prädikatenkalküls die wahre Formel **A*** des Aussagenkalküls entspricht, dann entspricht der Formel **A'**, die aus **A** durch Umbenennung der Individuenvariablen entsteht, dieselbe wahre Formel **A***.

Einsetzungsregel: Wir bemerken zunächst: H sei eine Formel, die aus einer Formel **A** nach Einsetzung der Formel **B** für den Buchstaben A oder das Prädikat F(...) entsteht. Dann entsteht die der Formel H entsprechende Formel H* aus der Formel **A*** nach Einsetzung der Formel **B*** für die Buchstaben A oder F. Unter Verwendung des Symbols für die Einsetzungsoperation können wir unsere Behauptung wie folgt schreiben:

$$[R_A^B(A)]^* \quad \text{ist} \quad R_A^{B^*}(A^*)$$

und

$$[R_{F(...)}^{B(t_1,...,t_n)}(A)]^* \quad \text{ist} \quad R_F^{B^*}(A^*).^1)$$

Diese Behauptung ist offenbar richtig, wenn **A** eine Elementarformel A oder F ist.

Weiter wollen wir die Operationen der Bildung neuer Formeln betrachten und durch vollständige Induktion beweisen, daß aus der Richtigkeit unserer Behauptung für die Formeln A_1, A_2, $A(x)$ die Richtigkeit für die hieraus unter Verwendung der logischen Operationen Addition, Multiplikation, Implikation, Negation und Quantifizierung gebildeten Formeln folgt. Das können wir sehr kurz unter Verwendung der Vertauschbarkeit der Operationen R_A^B und $R_{F(...)}^{B(t_1,...,t_n)}$ mit diesen logischen Operationen tun. Wir begnügen uns mit dem Beweis unserer Behauptung für die Einsetzungsoperation $R_{F(...)}^{B(t_1,...,t_n)}$ und die logischen Operationen Multiplikation und Quantifizierung.

Es ist zu zeigen, daß die Formel

$$[R_{F(...)}^{B(t_1,...,t_n)}(A_1 \wedge A_2)]^*$$

übereinstimmt mit

$$R_F^{B^*}(A_1^* \wedge A_2^*)$$

unter der Voraussetzung, daß die Behauptung für die Formeln A_1 und A_2 richtig ist. Wegen der Eigenschaften des Operators $R_{F(...)}^{B(t_1,...,t_n)}$ erhalten wir:

$$[R_{F(...)}^{B(t_1,...,t_n)}(A_1 \wedge A_2)]^*$$

ist

$$[R_{F(...)}^{B(t_1,...,t_n)}(A_1) \wedge R_{F(...)}^{B(t_1,...,t_n)}(A_2)]^*. \tag{1}$$

$^1)$ Wir bemerken, daß die Operation $R_F^{B^*}(A^*)$ stets ausführbar ist. Sie stellt in einer Formel des Aussagenkalküls die Einsetzung einer Formel **B*** des Aussagenkalküls für **A*** dar.

Wegen des Zusammenhanges zwischen 1 und $1'$ (vgl. S. 140) erhalten wir:

$$[R_{F(\ldots)}^{B(t_1,\ldots,t_n)}(A_1) \wedge R_{F(\ldots)}^{B(t_1,\ldots,t_n)}(A_2)]^*$$

ist

$$[R_{F(\ldots)}^{B(t_1,\ldots,t_n)}(A_1)]^* \wedge [R_{F(\ldots)}^{B(t_1,\ldots,t_n)}(A_2)]^*. \tag{2}$$

Nach Induktionsvoraussetzung wird dann:

$$[R_{F(\ldots)}^{B(t_1,\ldots,t_n)}(A_1)]^* \quad \text{ist} \quad R_F^{B^*}(A_1^*)$$

und

$$[R_{F(\ldots)}^{B(t_1,\ldots,t_n)}(A_2)]^* \quad \text{ist} \quad R_F^{B^*}(A_2^*). \tag{3}$$

Aus (1), (2) und (3) folgt:

$$[R_{F(\ldots)}^{B(t_1,\ldots,t_n)}(A_1 \wedge A_2)]^* \quad \text{ist} \quad R_F^{B^*}(A_1^*) \wedge R_F^{B^*}(A_2^*),$$

und wegen der Eigenschaften des Operators $R_F^{B^*}$ erhalten wir:

$$[R_{F(\ldots)}^{B(t_1,\ldots,t_n)}(A_1 \wedge A_2)]^* \quad \text{ist} \quad R_F^{B^*}(A_1^* \wedge A_2^*).$$

Wir wenden uns nun der Quantifizierung mit $\forall$ zu. Wir müssen zeigen:

$$[R_{F(\ldots)}^{B(t_1,\ldots,t_n)}(\forall x\, A(x))]^* \quad \text{ist} \quad R_F^{B^*}[\forall x\, A(x)]^*.$$

In der Tat,

$$[R_{F(\ldots)}^{B(t_1,\ldots,t_n)}(\forall x\, A(x))]^* \quad \text{ist} \quad [\forall x\, R_{F(\ldots)}^{B(t_1,\ldots,t_n)}(A(x))]^*$$

bzw.

$$[R_{F(\ldots)}^{B(t_1,\ldots,t_n)}(A(x))]^*.$$

Nach Induktionsvoraussetzung wird:

$$[R_{F(\ldots)}^{B(t_1,\ldots,t_n)}(A(x))]^* \quad \text{ist} \quad R_F^{B^*}(A^*),$$

oder, was dasselbe ist,

$$[R_{F(\ldots)}^{B(t_1,\ldots,t_n)}(A(x))]^* \quad \text{ist} \quad R_F^{B^*}[\forall x\, A(x)]^*;$$

daraus erhalten wir:

$$[R_{F(\ldots)}^{B(t_1,\ldots,t_n)}(\forall x\, A(x))]^* \quad \text{ist} \quad R_F^{B^*}[\forall x\, A(x)]^*,$$

was zu beweisen war.

Für die übrigen logischen Operationen läßt sich die Behauptung ganz analog beweisen.

Es sei nun H eine wahre Formel des Prädikatenkalküls, die aus einer wahren Formel **A** durch Einsetzung der Formel **B** in $F(\ldots)$ (bzw. in A) entsteht. Nach Voraussetzung wird der Formel **A** die im Aussagenkalkül wahre Formel **A*** zugeordnet, der Formel **B** die Formel **B*** des Aussagenkalküls. Dann entspricht aber nach dem bereits Bewiesenen der Formel H die Formel H*, die aus der wahren Formel **A*** des Aussagenkalküls nach Einsetzung der Formel **B*** in F(bzw. A) entsteht. Folglich ist H* eine wahre Formel des Aussagenkalküls, was zu beweisen war.

Quantifizierungsregel. Es sei **B** $\longrightarrow$ **A**(x) eine wahre Formel, und **B** enthalte die Variable x nicht. Dieser Formel entspricht die Formel **B*** $\longrightarrow$ **A***. Diese Formel sei wahr. Der Formel

$$\mathbf{B} \longrightarrow \forall x\, \mathbf{A}(x) \tag{4}$$

entspricht die Formel

$$\mathbf{B^*} \longrightarrow [\forall x\, \mathbf{A}(x)]^*$$

oder, was dasselbe ist, die Formel

$$\mathbf{B^*} \longrightarrow \mathbf{A^*}.$$

Damit entspricht der Formel (4) dieselbe Formel wie der Formel **B** $\longrightarrow$ **A**(x), d. h. eine wahre Formel des Aussagenkalküls.

In derselben Weise läßt sich die Behauptung für die zweite Quantifizierungsregel beweisen.

Damit haben wir gezeigt:

Wenn den Formeln

$$\mathbf{A, B, \ldots} \tag{5}$$

des Prädikatenkalküls die wahren Formeln

$$\mathbf{A^*, B^*, \ldots}$$

des Aussagenkalküls entsprechen, dann entsprechen allen aus (5) mit Hilfe der Abtrennungsregel, der Einsetzungsregel, der Umbenennung von Variablen und durch Quantifizierung entstehenden Formeln stets wahre Formeln des Aussagenkalküls.

Da den Axiomen des Prädikatenkalküls wahre Formeln des Aussagenkalküls entsprechen, *entspricht jeder wahren Formel des Prädikatenkalküls eine wahre Formel des Aussagenkalküls.*

Hieraus folgt unmittelbar die innere Widerspruchsfreiheit des Prädikatenkalküls. Wenn nämlich der Prädikatenkalkül widerspruchsvoll wäre, dann wäre in ihm jede Formel wahr. Insbesondere wäre in ihm die aus dem einen Buchstaben A bestehende Formel wahr. Dann müßte aber auch die A entsprechende Formel, d. h. A selbst, eine im Aussagenkalkül wahre Formel sein. Das ist aber bekanntlich nicht der Fall, da der Aussagenkalkül widerspruchsfrei ist (wenn A wahr wäre, wäre auch jede Formel wahr, da jede Formel **B** des Aussagenkalküls aus A durch Einsetzung von **B** in A erhalten werden kann).

Nun sind wir in der Lage, die oben gestellte Frage zu beantworten: Kann eine Formel des Aussagenkalküls, die im Aussagenkalkül nicht wahr ist, im Prädikatenkalkül wahr sein?

Wir zeigen, daß es eine solche Formel nicht geben kann. Es sei **A** eine Formel des Aussagenkalküls, die im Prädikatenkalkül wahr ist. Dann ist die ihr entsprechende Formel **A*** im Aussagenkalkül wahr. Da aber **A** selbst eine Formel des Aussagenkalküls ist, stimmt **A*** mit **A** überein, d. h., **A** ist eine im Aussagenkalkül wahre Formel, was zu beweisen war.

Wir haben damit nachgewiesen, daß *jede Formel des Aussagenkalküls, die im Prädikatenkalkül wahr ist, auch im Aussagenkalkül wahr ist.*

4.6. Vollständigkeit im engeren Sinne

Auch im Prädikatenkalkül taucht die Frage nach der Vollständigkeit sowohl im weiteren als auch im engeren Sinne auf (vgl. Kap. 2, 2.10). Die Vollständigkeit im weiteren Sinne werden wir erst später betrachten. Die Frage nach der Vollständigkeit im engeren Sinne läßt sich aber leicht negativ beantworten.

Zunächst erinnern wir an die Definition der Vollständigkeit im engeren Sinne. Ein logisches Schema heißt *im engeren Sinne vollständig,* wenn sich zu seinen Axiomen kein in ihm nicht ableitbares Axiom hinzufügen läßt, so daß das erhaltene System widerspruchsfrei bleibt. Im Unterschied zum Aussagenkalkül erweist sich der Prädikatenkalkül im engeren Sinne als unvollständig. Zu seinen Axiomen läßt sich die in ihm unbeweisbare Formel

$$\exists\, x\, F(x) \longrightarrow \forall\, x\, F(x) \tag{1}$$

hinzufügen, ohne daß dadurch die Widerspruchsfreiheit gestört wird.

Der Beweis dieses Sachverhaltes stützt sich auf dieselbe Beziehung, durch die wir jeder Formel **A** des Prädikatenkalküls eine Formel **A*** des Aussagenkalküls zuordnen. Aus den Überlegungen von 4.5 folgt, daß jede Formel, der eine wahre Formel des Aussagenkalküls entspricht, zu den Axiomen des Prädikatenkalküls hinzugenommen werden kann, ohne daß dabei ein Widerspruch entsteht. Der Formel (1) entspricht im Aussagenkalkül die Formel

$$F \longrightarrow F,$$

welche dort wahr ist.

Damit können wir Formel (1) zu den Axiomen des Prädikatenkalküls hinzunehmen. Es mag eigenartig erscheinen, daß sich solch eine offensichtlich falsche Formel widerspruchslos zu den Axiomen des Prädikatenkalküls hinzufügen läßt. Zur Klärung dieser Frage gehen wir auf den inhaltlichen Sinn der Formeln des Prädikatenkalküls zurück. Aus den allgemeinen logischen Axiomen folgt nämlich gar nichts darüber, wie viele und welche Individuen in dem Individuenbereich **M** existieren, auf den sich unsere Aussagen und Prädikate beziehen. Aus allgemeinlogischen Sachverhalten läßt sich beispielsweise nicht schließen, daß der Individuenbereich **M** mehr als ein Element enthält. Wenn nämlich ein Individuenbereich **M** nur ein Element enthält, ist die Formel (1) für ihn wahr. Hierbei sei noch einmal bemerkt, daß unser Beweisverfahren der Widerspruchsfreiheit dieser oder jener Axiomensysteme ja gerade darin bestand, daß wir alle unsere Formeln über einem nur aus einem Element bestehenden Individuenbereich interpretiert haben.

Um die Unvollständigkeit des Prädikatenkalküls im engeren Sinne zu beweisen, müssen wir noch zeigen, daß die Formel (1) sich nicht aus den Axiomen des Prädikatenkalküls ableiten läßt. Von semantischen Standpunkt aus betrachtet ist diese Frage völlig klar. Aus der Allgemeingültigkeit der Formel (1) würde nämlich folgen, daß im Individuenbereich höchstens ein Element existiert. Wenn es sich aber aus allgemeinlogischen Sachverhalten nicht beweisen läßt, daß mehr als ein Individuum existiert, so läßt sich die Existenz von nur einem Individuum ebenfalls nicht beweisen.

Dennoch läßt sich auch ein strenger Beweis dafür führen, daß die Formel (1) aus den Axiomen des Prädikatenkalküls nicht formal abgeleitet werden kann. Wir verzichten auf einen ausführlichen Beweis und begnügen uns mit der Angabe der Beweisidee. Sie besteht darin, daß wir die Formeln des Prädikatenkalküls über einem aus zwei Elementen bestehenden Individuenbereich, der etwa aus den Zahlen 1 und 2 besteht, interpretieren. Jeder Formel ordnen wir nun eine solche Formel zu, in der die Quantoren folgendermaßen ersetzt werden:

$$\forall x\, A(x) \quad \text{wird ersetzt durch} \quad A(1) \wedge A(2),$$

$$\exists x\, A(x) \quad \text{wird ersetzt durch} \quad A(1) \vee A(2).$$

Wir nennen eine Formel des Prädikatenkalküls *richtig,* wenn sie bei beliebiger Ersetzung der freien Variablen durch die Zahlen 1 und 2 stets in eine wahre Formel des Aussagenkalküls übergeht. Jeder Formel des Prädikatenkalküls läßt sich eine im Aussagenkalkül wahre Formel A^{**} zuordnen.

Für die Axiome läßt sich das unmittelbar nachprüfen. Die Axiome der Gruppen I bis IV enthalten weder Variable noch Quantoren; daher sind diese Formeln sich selbst zugeordnet, d. h., es sind wahre Formeln des Aussagenkalküls.

Das Axiom V.1 lautet

$$\forall x\, F(x) \longrightarrow F(y).$$

Wir ersetzen den Quantor durch das Produkt und erhalten

$$F(1) \wedge F(2) \longrightarrow F(y).$$

Diese Formel ist richtig, da sie bei Ersetzung der Variablen y durch die Zahlen 1 oder 2 zu einer wahren Formel des Aussagenkalküls wird.

Analog können wir auch dem Axiom V.2 eine richtige Formel zuordnen.

Weiter läßt sich zeigen, daß die Ableitungsregeln des Prädikatenkalküls für die ihnen zugeordneten Formeln in solche Regeln übergehen, nach denen wir aus richtigen Formeln neue richtige Formeln des Prädikatenkalküls gewinnen.

Wir betrachten die erste Quantifizierungsregel. Die Formel

$$A \longrightarrow B(x),$$

wobei die Variable x in A nicht frei auftritt, sei wahr, und die ihr zugeordnete Formel sei im Prädikatenkalkül richtig. Sie hat dann die Gestalt

$$A^{**} \longrightarrow B^{**}(x), \tag{2}$$

wobei A^{**} und B^{**} die A bzw. B entsprechenden Formeln sind. Da Formel (2) nach Voraussetzung richtig ist, sind die Formeln

$$A^{**} \longrightarrow B^{**}(1) \quad \text{und} \quad A^{**} \longrightarrow B^{**}(2)$$

ebenfalls richtig. Dann ist aber auch die Formel

$$A^{**} \longrightarrow B^{**}(1) \wedge B^{**}(2)$$

richtig. Das ist aber gerade die der Formel

$$A \longrightarrow \forall x \, B(x)$$

zugeordnete Formel.

Wenn wir diesen Beweis für alle Regeln des Prädikatenkalküls durchgeführt haben, dann haben wir damit gezeigt, daß jeder wahren Formel des Prädikatenkalküls eine richtige Formel entspricht.

Schließlich betrachten wir die der zu untersuchenden Formel (1) entsprechende Formel. Das ist offenbar die Formel

$$F(1) \vee F(2) \longrightarrow F(1) \wedge F(2). \tag{3}$$

Da Formel (1) keine freien Variablen enthält, muß Formel (3), falls sie richtig ist, eine wahre Formel des Aussagenkalküls sein. Es ist aber leicht zu sehen, daß Formel (3) nicht wahr ist. Denn für ein Prädikat F, für welches $F(1)$ den Wahrheitswert w und $F(2)$ den Wahrheitswert f hat, geht Formel (3) über in

$$w \vee f \longrightarrow w \wedge f,$$

d. h., die Aussage nimmt den Wahrheitswert f an. Hieraus folgt, daß Formel (1) im Prädikatenkalkül nicht wahr sein kann, was zu beweisen war.

4.7. Einige Sätze des Prädikatenkalküls

Wir werden die Tatsache, daß eine Formel **A** im Prädikatenkalkül wahr bzw. ableitbar ist, ebenso wie im Aussagenkalkül mit

$$\vdash A$$

bezeichnen.

Da alle im Aussagenkalkül wahren Formeln auch im Prädikatenkalkül wahr sind, liefern Einsetzungen in wahre Formeln des Aussagenkalküls stets wahre Formeln des Prädikatenkalküls.

Beispiele:

1. In der wahren Formel

$$\vdash A \vee \overline{A}$$

des Aussagenkalküls ersetzen wir A durch $F(x)$ und erhalten die im Prädikatenkalkül wahre Formel

$$\vdash F(x) \vee \overline{F}(x).$$

2. In der wahren Formel

$$\vdash A \longrightarrow A \vee B$$

ersetzen wir A durch $F(x)$, B durch $\forall y\,G(y)$ und erhalten

$$\vdash F(x) \rightarrow F(x) \lor \forall y\,G(y).$$

3. In der wahren Formel

$$\vdash A \rightarrow (B \land C \rightarrow B) \land A$$

ersetzen wir B durch $\exists x\,F(x)$, C durch $\forall y\,H(y)$ und erhalten

$$\vdash A \rightarrow (\exists x\,F(x) \land \forall y\,H(y) \rightarrow \exists x\,F(x)) \land A.$$

Wir bemerken, daß es im Aussagenkalkül keinerlei Schwierigkeiten bereitet, die Wahrheit einer Formel festzustellen. Dazu muß man sie, wie in Kapitel 2 bewiesen wurde, nicht notwendig ableiten. Es genügt festzustellen, daß sie allgemeingültig im Sinne der Aussagenalgebra ist.

Durch Einsetzung in eine wahre Formel des Aussagenaklküls können wir leicht viele wahre Formeln des Prädikatenkalküls gewinnen; aber es läßt sich nicht jede wahre Formel des Prädikatenkalküls auf diese Weise ableiten.

Alle für den Aussagenkalkül gewonnenen Ableitungsregeln bleiben auch im Prädikatenkalkül richtig. Die simultane Einsetzungsregel (vgl. S. 48) wie auch die zusammengesetzte Abtrennungsregel setzen sich aus einer sukzessiven Anwendung der einfachen Einsetzungsregel (bzw. der einfachen Abtrennungsregel) zusammen und bleiben daher auch für den Prädikatenkalkül richtig.

Wir wollen hier nicht alle diese Regeln herleiten, da sie sich durch Wiederholung der entsprechenden Beweise im Aussagenkalkül gewinnen lassen. Als Beispiel zeigen wir lediglich die Gültigkeit des Kettenschlusses

$$\frac{A \rightarrow B,\ B \rightarrow C}{A \rightarrow C}$$

(unter der Voraussetzung, daß $A \rightarrow C$ eine Formel ist).

Im Aussagenkalkül hatten wir diese Regel aus der wahren Formel

$$\vdash (A \rightarrow B) \rightarrow ((B \rightarrow C) \rightarrow (A \rightarrow C))$$

hergeleitet. Da aber die Einsetzungsregel auch im Prädikatenkalkül gilt, ist die Formel

$$\vdash (A \rightarrow B) \rightarrow ((B \rightarrow C) \rightarrow (A \rightarrow C))$$

wahr für alle Formeln A, B, C des Prädikatenkalküls. Bei der Bildung dieser Formel kann keine Variablenkollision entstehen, da sonst entweder in einer der Formeln A, B, C oder zwischen den Variablen irgendeines dieser Formelpaare schon Variablenkollision auftreten müßte. Da aber jedes Formelpaar in einer der Formeln $A \rightarrow B$, $B \rightarrow C$ bzw. $A \rightarrow C$ vorkommt, müßte in wenigstens einer dieser Formeln Variablenkollision auftreten, was nach Voraussetzung nicht sein kann.

Die Formeln $A \rightarrow B$ und $B \rightarrow C$ sind nach Voraussetzung wahr. Nach der Regel des Kettenschlusses ist dann die Formel $A \rightarrow C$ ebenfalls wahr.

Im Prädikatenkalkül sind die Formeln

$$\vdash A \rightarrow W$$

und

$$\vdash F \rightarrow A$$

wahr, wobei **W** eine beliebige wahre und **F** eine beliebige falsche Formel bezeichnet.

Für den Prädikatenkalkül leiten wir nun folgende *Ableitungsregel* her: Wenn eine Formel **A**(x), in der eine freie Variable x vorkommt, wahr ist, dann ist auch

$$\forall x\, A(x)$$

eine wahre Formel des Prädikatenkalküls.

Es sei $\vdash A(x)$. Wegen $\vdash A \rightarrow W$, wobei **W** eine beliebige wahre Formel bezeichnet, erhalten wir

$$\vdash A \rightarrow A(x).$$

Die Anwendung der Generalisierungsregel liefert

$$\vdash A \rightarrow \forall x\, A(x).$$

Wir können annehmen, daß A in **A** nicht auftritt (A läßt sich stets so wählen). Ersetzen wir dann in der letzten Formel A durch eine beliebige wahre Formel, so erhalten wir

$$\vdash W \rightarrow \forall x\, A(x).$$

Nach der Abtrennungsregel ist dann

$$\vdash \forall x\, A(x).$$

Damit haben wir gezeigt: Wenn $\vdash A(x)$ gilt, dann gilt auch $\vdash \forall x\, A(x)$. Diese Regel schreiben wir in der Form

$$\frac{A(x)}{\forall x\, A(x)}$$

und nennen sie *abgeleitete Quantifizierungsregel*. Offenbar ist sie auf beliebige Individuenvariable anwendbar.

Durch Anwendung dieser Regel können wir noch weitere wahre Formeln herleiten.

Beispiele:

1. Die Anwendung der Regel $\dfrac{A(x)}{\forall x\, A(x)}$ auf die Formel

$$\vdash F(x) \vee \overline{F}(x)$$

liefert uns

$$\vdash \forall x (F(x) \vee \overline{F}(x)).$$

2. Auf die durch Einsetzung in Axiom II.1 entstehende wahre Formel

$$\vdash F(x) \rightarrow (G(y) \rightarrow F(x))$$

wenden wir die abgeleitete Quantifizierungsregel an und erhalten

$$\vdash \forall y(F(x) \rightarrow (G(y) \rightarrow F(x))).$$

Wenden wir auf die letzte Formel nochmals dieselbe Regel an, so entsteht

$$\vdash \forall x \forall y(F(x) \rightarrow (G(y) \rightarrow F(x))).$$

4.8. Das Deduktionstheorem

Für den Prädikatenkalkül beweisen wir ein zum Deduktionstheorem des Aussagenkalküls analoges Theorem. Dieses wird uns gestatten, ableitbare Formeln des Prädikatenkalküls zu erhalten, ohne für sie alle Operationen der formalen Ableitung durchführen zu müssen, wodurch der Ableitungsweg für wahre Formeln wesentlich verkürzt wird. Diesen Satz wollen wir auch im Prädikatenkalkül das „Deduktionstheorem" nennen.

Zunächst geben wir folgende Definition:

Eine Formel **B** heißt aus einer Formel **A** *ableitbar,* wenn **B** mit Hilfe aller Regeln des Prädikatenkalküls aus der um die Formel **A** vermehrten Gesamtheit aller wahren Formeln des Prädikatenkalküls ableitbar und **A** $\rightarrow$ **B** eine Formel ist. Dabei dürfen die beiden Quantifizierungsregeln (Generalisierungsregel, Partikularisierungsregel), die Einsetzungsregel für Prädikatenvariable und die Umbenennungsregel für freie Individuenvariable nur auf solche Prädikatenvariable bzw. Individuenvariable angewendet werden, die in der Formel **A** nicht auftreten.

Diese vorläufige Definition der Ableitbarkeit einer Formel **B** aus einer Formel **A** ist nicht streng genug. Wir wollen uns nun einer exakten Definition dieses Begriffes zuwenden. Diese setzt sich aus folgenden Punkten zusammen.

1. Jede wahre Formel **B** des Prädikatenkalküls ist aus **A** ableitbar, sobald der Ausdruck **A** $\rightarrow$ **B** keine Variablenkollision enthält.

2. Die Formel **A** ist aus **A** ableitbar.

3. Wenn die Formeln

$$\mathbf{B}_1 \quad \text{und} \quad \mathbf{B}_1 \rightarrow \mathbf{B}_2$$

aus der Formel **A** ableitbar sind, ist auch Formel $\mathbf{B}_2$ aus **A** ableitbar.

4. Wenn die Formel

$$\mathbf{B}_1 \rightarrow \mathbf{B}_2(x)$$

aus **A** ableitbar ist, wobei weder $\mathbf{B}_1$ noch **A** die Variable x enthalten, ist auch die Formel

$$\mathbf{B}_1 \rightarrow \forall x \, \mathbf{B}_2(x)$$

aus **A** ableitbar.

5. Wenn die Formel

$$\mathbf{B}_2(x) \rightarrow \mathbf{B}_1$$

aus A ableitbar ist, wobei x weder in B_1 noch in A auftritt, ist auch die Formel

$$\exists\, x\, B_2(x) \longrightarrow B_1$$

aus A ableitbar.

    6. Wenn B aus A ableitbar ist, dann ist auch die aus B durch beliebige Umbenennung der gebundenen Variablen, die zu keiner Variablenkollision mit A führt, entstehende Formel B' aus A ableitbar.

    7. Wenn B aus A ableitbar ist, ist auch die aus B durch Umbenennung einer freien Individuenvariablen, die in A nicht auftritt, entstehende Formel B' aus A ableitbar, falls diese Umbenennung nicht zu einer Variablenkollision mit A führt.

    8. Wenn B aus A ableitbar ist und wenn die Formel B' aus B durch Einsetzung in eine Aussagenvariable bzw. eine Prädikatenvariable entsteht, die nicht in A auftreten, ohne daß dabei Variablenkollisionen mit A auftreten, dann ist auch B' aus A ableitbar.

    Deduktionstheorem. *Wenn eine Formel B aus einer Formel A ableitbar ist, so ist die Formel $A \longrightarrow B$ im Prädikatenkalkül ableitbar.*

    Wir setzen hierbei natürlich voraus, daß A und B so gewählt sind, daß $A \longrightarrow B$ eine Formel ist, d.h., zwischen A und B keine Variablenkollisionen auftreten. Übrigens lassen sich in einer beliebigen Formel B die Individuenvariablen derart umbenennen, daß die danach entstehende Formel B' nicht zu einer Variablenkollision mit A führt, also die Bildung der Formel $A \longrightarrow B'$ erlaubt ist. In diesem Fall läßt sich das Deduktionstheorem für die Formeln A und B' formulieren.

    Zum Beweis des Deduktionstheorems genügt es zu zeigen, daß es in folgenden Fällen gilt:

    a) Es gilt für jede im Prädikatenkalkül wahre Formel.

    b) Es gilt für die Formel A.

    c) Wenn es für die Formeln B_1 und $B_1 \longrightarrow B_2$ gilt, so gilt es auch für die Formel B_2.

    d) Wenn es für die Formel

$$B_1 \longrightarrow B_2(x)$$

gilt, wobei x weder in B_1 noch in A auftritt, dann gilt es auch für die Formel

$$B_1 \longrightarrow \forall\, x\, B_2(x).$$

    e) Wenn es für die Formel

$$B_2(x) \longrightarrow B_1$$

gilt, wobei x weder in B_1 noch in A auftritt, dann gilt es auch für die Formel

$$\exists\, x\, B_2(x) \longrightarrow B_1.$$

    f) Wenn es für B gilt, gilt es auch für die Formel B', die aus B durch Umbenennung der gebundenen Variablen hervorgeht, ohne daß dabei Variablenkollisionen mit A auftreten.

    g) Wenn es für B gilt, gilt es auch für die Formel B', die aus B durch Umbenennung einer freien Individuenvariablen entsteht, welche nicht in A auftritt, wenn nur dabei keine Variablenkollision mit der Formel A entsteht.

h) Wenn es für $\mathbf{B}$ gilt, gilt es auch für die Formel $\mathbf{B}'$, die aus $\mathbf{B}$ durch Einsetzung in eine Aussagenvariable bzw. Prädikatenvariable entsteht, die nicht in $\mathbf{A}$ vorkommen, wenn dabei keine Variablenkollisionen zwischen $\mathbf{A}$ und $\mathbf{B}'$ auftreten.

Die Richtigkeit von a) folgt aus der Wahrheit der Formel

$$\mathbf{A} \longrightarrow \mathbf{W},$$

wobei $\mathbf{W}$ eine beliebige wahre Formel bedeutet. Wenn also $\mathbf{B}$ eine wahre Formel ist, ist auch

$$\mathbf{A} \longrightarrow \mathbf{B}$$

eine wahre Formel.

Die Richtigkeit von b) ist trivial.

Zum Beweis von c) seien $\mathbf{B}_1$ und $\mathbf{B}_1 \longrightarrow \mathbf{B}_2$ aus $\mathbf{A}$ ableitbare Formeln, für die das Deduktionstheorem gilt. Aus Axiom I.2,

$$(A \longrightarrow (B \longrightarrow C)) \longrightarrow ((A \longrightarrow B) \longrightarrow C)),$$

erhalten wir durch Einsetzungen die wahre Formel des Prädikatenkalküls

$$\vdash (\mathbf{A} \longrightarrow (\mathbf{B}_1 \longrightarrow \mathbf{B}_2)) \longrightarrow ((\mathbf{A} \longrightarrow \mathbf{B}_1) \longrightarrow (\mathbf{A} \longrightarrow \mathbf{B}_2)).$$

Da nach Voraussetzung

$$\vdash \mathbf{A} \longrightarrow (\mathbf{B}_1 \longrightarrow \mathbf{B}_2) \quad \text{und} \quad \vdash \mathbf{A} \longrightarrow \mathbf{B}_1$$

gilt, erhalten wir nach der zusammengesetzten Abtrennungsregel

$$\vdash \mathbf{A} \longrightarrow \mathbf{B}_2.$$

d) Das Theorem sei für die aus $\mathbf{A}$ ableitbare Formel $\mathbf{B}_1 \longrightarrow \mathbf{B}_2(x)$, wobei x weder in $\mathbf{B}_1$ noch in $\mathbf{A}$ auftritt, richtig. Das bedeutet

$$\vdash \mathbf{A} \longrightarrow (\mathbf{B}_1 \longrightarrow \mathbf{B}_2(x)).$$

Nach Anwendung der Regel der Prämissenverschmelzung

$$\frac{\mathbf{A} \longrightarrow (\mathbf{B}_1 \longrightarrow \mathbf{B}_2(x))}{\mathbf{A} \wedge \mathbf{B}_1 \longrightarrow \mathbf{B}_2(x)}$$

erhalten wir

$$\vdash \mathbf{A} \wedge \mathbf{B}_1 \longrightarrow \mathbf{B}_2(x).$$

Nach Anwendung der Generalisierungsregel ergibt sich

$$\vdash \mathbf{A} \wedge \mathbf{B}_1 \longrightarrow \forall x\, \mathbf{B}_2(x).$$

Nach der Regel der Prämissentrennung

$$\frac{\mathbf{A} \wedge \mathbf{B}_1 \longrightarrow \forall x\, \mathbf{B}_2(x)}{\mathbf{A} \longrightarrow (\mathbf{B}_1 \longrightarrow \forall x\, \mathbf{B}_2(x))}$$

erhalten wir die geforderte Formel

$$\vdash A \rightarrow (B_1 \rightarrow \forall x\, B_2(x)).$$

e) Der Beweis für die Richtigkeit dieser Behauptung verläuft völlig analog zum Beweis von d); wir müssen hier nur die Regel der Prämissenvertauschung

$$\frac{A \rightarrow (B \rightarrow C)}{B \rightarrow (A \rightarrow C)}$$

anwenden.

Die Richtigkeit von f) und g) ist trivial.

h) Die Richtigkeit ist sofort klar; denn für die aus A ableitbare Formel B gilt

$$\vdash A \rightarrow B.$$

Wenn nun B' aus B durch Einsetzen in eine nicht in A auftretende Aussagenvariable bzw. Prädikatenvariable entsteht, ist

$$A \rightarrow B'$$

das Ergebnis derselben in der Formel

$$A \rightarrow B$$

vorgenommenen Einsetzung. Daher ist auch $A \rightarrow B'$ eine wahre Formel des Prädikatenkalküls.

4.9. Weitere Sätze des Prädikatenkalküls

Satz 1:

$$\vdash \forall x\, F(x) \rightarrow \exists x\, F(x).$$

Beweis. Nach den Axiomen V.1 und V.2 ist

$$\forall x\, F(x) \rightarrow F(y) \quad \text{und} \quad F(y) \rightarrow \exists x\, F(x).$$

Mit Hilfe des Kettenschlusses erhalten wir dann die geforderte Formel.

Das Zeichen $\sim$ definieren wir hier genau so wie im Aussagenkalkül, d. h., der Ausdruck

$$A \sim B$$

stelle die Formel

$$(A \rightarrow B) \wedge (B \rightarrow A)$$

dar. Dieses Zeichen heißt auch hier *Äquivalenzzeichen;* Formeln der Gestalt $A \sim B$ heißen *Äquivalenzen.*

Satz 2: $\forall x\, \forall y\, F(x, y) \sim \forall y\, \forall x\, F(x, y).$

Beweis. Zweimalige Anwendung von Axiom V.1 liefert

$$\forall x\, \forall y\, F(x, y) \rightarrow F(u, v).$$

Auf diese Formel wenden wir die Generalisierungsregel an, indem wir zuerst die Variable u und danach die Variable v generalisieren. Dann erhalten wir

$$\forall x \, \forall y \, F(x, y) \longrightarrow \forall v \, \forall u \, F(u, v).$$

Variablenumbenennung von u in x und von v in y führt dann zu der Formel

$$\forall x \, \forall y \, F(x, y) \longrightarrow \forall y \, \forall x \, F(x, y).$$

Analog beweisen wir die entgegengesetzte Implikation. Schließlich wenden wir die Regel

$$\frac{A, \quad B}{A \wedge B}$$

an und erhalten die geforderte Äquivalenz.

Satz 3: $\exists x \, \forall y \, F(x, y) \longrightarrow \forall y \, \exists x \, F(x, y)$.

Beweis. Durch Einsetzung in Axiom V.1 und durch Umbenennung der freien Variablen erhalten wir

$$\vdash \forall y \, F(x, y) \longrightarrow F(x, v).$$

Analog ergibt sich aus Axiom V.2

$$\vdash F(x, v) \longrightarrow \exists w \, F(w, v).$$

Mit Hilfe des Kettenschlusses finden wir dann

$$\vdash \forall y \, F(x, y) \longrightarrow \exists w \, F(w, v).$$

Auf die letzte Formel wenden wir zunächst die Partikularisierungsregel und danach die Generalisierungsregel an und erhalten

$$\vdash \exists x \, \forall y \, F(x, y) \longrightarrow \forall v \, \exists w \, F(w, v).$$

Schließlich liefert uns die Umbenennungsregel für gebundene Variable die geforderte Formel.

Die umgekehrte Implikation ist nicht ableitbar. Wäre sie nämlich ableitbar, so hätten wir ein allgemeinlogisches Gesetz, das wir durch die Formel

$$\forall x \, \exists y \, F(x, y) \longrightarrow \exists y \, \forall x \, F(w, v).$$

ausdrücken.

Man sieht jedoch leicht, daß solch ein Gesetz sofort einen Widerspruch liefert. Dazu wenden wir es auf die Menge der natürlichen Zahlen an.

Es sei $F(x, y)$ der Ausdruck „die natürliche Zahl x ist kleiner als die natürliche Zahl y". Dann wird in der Prämisse der Implikation behauptet, daß es für jede natürliche Zahl x eine natürliche Zahl y gibt, die größer als x ist. Das ist für natürliche Zahlen offenbar richtig. Nun müßte aber auch die Conclusio richtig sein, d. h.

$$\exists y \, \forall x \, F(x, y).$$

Dieser Ausdruck bedeutet in unserem Fall aber: „Es gibt eine natürliche Zahl y derart, daß jede natürliche Zahl x kleiner ist als die Zahl y." Diese Behauptung ist offenbar falsch.

Die hier angewendete Schlußweise ist allerdings kein strenger Beweis für die Nicht-ableitbarkeit der Formel

$$\forall x \, \exists y \, F(x, y) \rightarrow \exists y \, \forall x \, F(x, y)$$

im Prädikatenkalkül. Es läßt sich aber unschwer auch ein strenger Beweis für die Nicht-ableitbarkeit dieser Formel führen.

Satz 4: $\vdash \forall x \, [F(x) \rightarrow G(x)] \rightarrow (\forall x \, F(x) \rightarrow \forall x \, G(x)).$

Beweis. Die Gültigkeit dieser Formel beweisen wir mit Hilfe des Deduktionstheorems. Dazu zeigen wir, daß die Formel $\forall x \, F(x) \rightarrow \forall x \, G(x)$ aus der Formel

$$\forall x \, (F(x) \rightarrow G(x)) \tag{1}$$

ableitbar ist.

Die Formel

$$\forall x \, (F(x) \rightarrow G(x)) \rightarrow (F(y) \rightarrow G(y))$$

entsteht aus Axiom V.1 durch Einsetzung; sie ist daher eine wahre Formel des Prädikaten-kalküls. Folglich ist sie aus jeder Formel, also insbesondere aus (1) ableitbar. Nach der Ab-trennungsregel ist dann die Formel

$$F(y) \rightarrow G(y)$$

aus (1) ableitbar.

Aus der wahren Formel des Aussagenkalküls

$$(A \rightarrow B) \rightarrow ((B \rightarrow C) \rightarrow (A \rightarrow C))$$

erhalten wir durch Einsetzungen

$$\vdash (\forall x \, F(x) \rightarrow F(y)) \rightarrow ((F(y) \rightarrow G(y)) \rightarrow (\forall x \, F(x) \rightarrow G(y))).$$

Beide Prämissen dieser Formel sind aus (1) ableitbar (die erste ist Axiom V.1). Zweimalige Anwendung der Abtrennungsregel liefert uns die Ableitbarkeit der Formel

$$\forall x \, F(x) \rightarrow G(y)$$

aus (1).

Schließlich wenden wir auf die letzte Formel die Generalisierungsregel an, benennen danach die gebundene Variable y um und erhalten die Ableitbarkeit der Formel

$$\forall x \, F(x) \rightarrow \forall x \, G(x)$$

aus (1). Nach dem Deduktionstheorem ergibt sich dann die geforderte Formel.

Es mag eigenartig erscheinen, daß wir an einer Stelle beim Beweis von Satz 4 nicht den Kettenschluß benutzt, sondern auf die Formel

$$(A \rightarrow B) \rightarrow ((B \rightarrow C) \rightarrow (A \rightarrow C))$$

zurückgegriffen haben. Das geschah deshalb, weil wir die Richtigkeit des Kettenschlusses für den Begriff der Ableitbarkeit, mit dem wir es im Deduktionstheorem zu tun haben, noch nicht gezeigt haben. Freilich ist diese Regel auch für die Ableitbarkeit im Sinne des Deduktionstheorems richtig, und sie läßt sich in allgemeinster Form in der Art beweisen, wie wir in Satz 4 im Spezialfall vorgegangen sind. Im folgenden wollen wir daher den Kettenschluß auch für die Ableitbarkeit im Sinne des Deduktionstheorems benutzen.

Satz 5: $\vdash \forall x\,(F(x) \to G(x)) \to (\exists x\,F(x) \to \exists x\,G(x))$.

Beweis. Wir zeigen, daß die rechte Seite dieser Implikation aus der linken ableitbar ist. Aus der wahren Formel

$$\vdash \forall x\,(F(x) \to G(x)) \to (F(y) \to G(y))$$

folgt nach der Abtrennungsregel die Ableitbarkeit der Formel

$$F(x) \to G(x)$$

aus der Formel

$$\forall\,(x)\,(F(x) \to G(x)). \tag{2}$$

Aus den aus (2) ableitbaren Formeln

$$G(y) \to \exists x\,G(x)$$

und

$$F(y) \to G(y)$$

(die erste, weil sie wahr ist) erhalten wir mit Hilfe des Kettenschlusses die ebenfalls aus (2) ableitbare Formel

$$F(y) \to \exists x\,G(x). \tag{3}$$

Durch Anwendung der Partikularisierungsregel auf Formel (3) bezüglich der Variablen y erhalten wir nach Umbenennung der gebundenen Variablen die damit auch aus (2) ableitbare Formel

$$\exists x\,F(x) \to \exists x\,G(x).$$

(Die Anwendung der Partikularisierungsregel auf Formel (3) ist gestattet, weil die Variable y in Formel (2) nicht auftritt.)

Schließlich folgt nach dem Deduktionstheorem die Gültigkeit der Formel

$$\vdash \forall x\,(F(x) \to G(x)) \to (\exists x\,F(x) \to \exists x\,G(x)),$$

womit Satz 5 bewiesen ist.

Bemerkung zu Satz 5: Man sieht leicht die Richtigkeit der Formel

$$\vdash \forall x\,(F(x) \sim G(x)) \to (\exists x\,F(x) \sim \exists x\,G(x));$$

denn nach Satz 5 ist $\exists x\,F(x) \to \exists x\,G(x)$ ableitbar aus der Formel $F(y) \to G(y)$. Offenbar ist dann aus $G(y) \to F(y)$ die Formel

$$\exists x\,G(x) \to \exists x\,F(x)$$

ableitbar. Die beiden Formeln

$$F(y) \rightarrow G(y) \quad \text{und} \quad G(y) \rightarrow F(y)$$

sind aber, wie man leicht sieht, ableitbar aus der Formel

$$\forall x (F(x) \sim G(x)).$$

Damit sind aus dieser Formel auch die Formeln

$$\exists x\, G(x) \rightarrow \exists x\, F(x) \quad \text{und} \quad \exists x\, F(x) \rightarrow \exists x\, G(x)$$

ableitbar.

Durch Einsetzungen in die wahre Formel des Aussagenkalküls

$$\vdash A \rightarrow (B \rightarrow A \wedge B)$$

erhalten wir

$$\vdash (\exists x\, F(x) \rightarrow \exists x\, G(x)) \rightarrow ((\exists x\, G(x) \rightarrow \exists x\, F(x)) \rightarrow (\exists x\, F(x) \sim \exists x\, G(x))).$$

Durch zweimalige Anwendung der Abtrennungsregel erhalten wir die Ableitbarkeit der Formel

$$\exists x\, F(x) \sim \exists x\, G(x)$$

aus der Formel $\forall x (F(x) \sim G(x))$. Daraus folgt nach dem Deduktionstheorem

$$\vdash \forall x (F(x) \sim G(x)) \rightarrow (\exists x\, F(x) \sim \exists x\, G(x)).$$

Satz 6: $\vdash \forall x (F(x) \sim G(x)) \rightarrow (\forall x\, F(x) \sim \forall x\, G(x)).$

Beweis. Wir zeigen, daß die Implikation in einer Richtung aus der Prämisse ableitbar ist. Aus der Formel

$$\forall x (F(x) \sim G(x)) \tag{4}$$

ist die Formel

$$F(y) \sim G(y)$$

ableitbar. Die letzte Formel können wir auch in der Gestalt

$$(F(y) \rightarrow G(y)) \wedge (G(y) \rightarrow F(y))$$

schreiben.

Wir betrachten nun die beiden wahren Formeln

$$(F(y) \rightarrow G(y)) \wedge (G(y) \rightarrow F(y)) \rightarrow (F(y) \rightarrow G(y)),$$
$$(F(y) \rightarrow G(y)) \wedge (G(y) \rightarrow F(y)) \rightarrow (G(y) \rightarrow F(y)).$$

Mit Hilfe der Abtrennungsregel läßt sich leicht zeigen, daß die beiden Formeln $F(y) \rightarrow G(y)$ und $G(y) \rightarrow F(y)$ aus der Formel (4) ableitbar sind. Aus der wahren Formel $\forall x\, F(x) \rightarrow F(y)$ und der aus der Prämisse (4) ableitbaren Formel $F(y) \rightarrow G(y)$ folgt mit Hilfe des Kettenschlusses die Ableitbarkeit der Formel $\forall x\, F(x) \rightarrow G(x)$ aus der Formel (4). Nach Anwendung der Generalisierungsregel und nach Variablenumbenennung folgt die Ableitbarkeit der Formel

$$\forall\, x\, F(x) \longrightarrow \forall x\, G(x)$$

aus der Formel (4). In analoger Weise können wir zeigen, daß die entgegengesetzte Implikation

$$\forall\, x\, G(x) \longrightarrow \forall x\, F(x)$$

aus der Formel (4) ableitbar ist.

Wir betrachten nun die wahre Formel des Aussagenkalküls

$$A \longrightarrow (B \longrightarrow A \wedge B).$$

Durch wiederholte Einsetzung erhalten wir daraus die wahre Formel

$$(\forall x\, F(x) \longrightarrow \forall x\, G(x)) \longrightarrow [(\forall x\, G(x) \longrightarrow \forall x\, F(x)) \longrightarrow$$
$$\longrightarrow (\forall x\, F(x) \longrightarrow \forall x\, G(x)) \wedge (\forall x\, G(x) \longrightarrow \forall x\, F(x))]$$

Beide Prämissen dieser Formel sind aus (4) ableitbar. Zweimalige Anwendung der Abtrennungsregel liefert die Ableitbarkeit der Formel

$$(\forall x\, F(x) \longrightarrow \forall x\, G(x) \wedge (\forall x\, G(x) \longrightarrow \forall x\, F(x))$$

bzw., was dasselbe ist, der Formel

$$\forall\, x\, F(x) \sim \forall x\, G(x)$$

aus (4). Hieraus folgt nach dem Deduktionstheorem die Behauptung von Satz 6.

Satz 7:
a) $\exists\, x\, F(x) \sim \overline{\forall x\, \overline{F}(x)}$;
b) $\exists\, x\, \overline{F}(x) \sim \overline{\forall x\, F(x)}$;
c) $\overline{\exists\, x\, F(x)} \sim \forall x\, \overline{F}(x)$;
d) $\overline{\exists\, x\, \overline{F}(x)} \sim \forall x\, F(x)$.

Beweis: Zunächst zeigen wir die Richtigkeit von a). Durch Einsetzung in Axiom V.1 erhalten wir

$$\vdash \forall x\, \overline{F}(x) \longrightarrow \overline{F}(y).$$

Durch Umkehrung der Implikation (nach der Regel $\dfrac{A \rightarrow B}{\overline{B} \rightarrow \overline{A}}$) erhalten wir

$$\vdash \overline{\overline{F}}(y) \longrightarrow \overline{\forall x\, \overline{F}(x)}.$$

Aus der letzten Formel und aus der wahren Formel

$$\vdash F(y) \longrightarrow \overline{\overline{F}}(y)$$

folgt mit Hilfe des Kettenschlusses

$$\vdash F(y) \longrightarrow \overline{\forall x\, \overline{F}(x)}.$$

Nach Anwendung der Partikularisierungsregel und nach Umbenennung der gebundenen Variablen erhalten wir

$$\vdash \exists\, x\, F(x) \longrightarrow \overline{\forall x\, \overline{F}(x)}. \tag{5}$$

Um auch die umgekehrte Implikation herzuleiten, wenden wir auf Axiom V.2 die Regel für die Umkehrung der Implikation an und erhalten

$$\vdash \overline{\exists x\, F(x)} \longrightarrow \overline{F}(y).$$

Nach Anwendung der Generalisierungsregel und nach Umbenennung der gebundenen Variablen erhalten wir

$$\vdash \overline{\exists x\, F(x)} \longrightarrow \forall x\, \overline{F}(x).$$

Umkehrung der Implikation liefert

$$\overline{\forall x\, \overline{F}(x)} \longrightarrow \overline{\overline{\exists x\, F(x)}}.$$

Aus der letzten Formel und der wahren Formel

$$\overline{\overline{\exists x\, F(x)}} \longrightarrow \exists\, x\, F(x)$$

folgt mit Hilfe des Kettenschlusses

$$\overline{\forall x\, \overline{F}(x)} \longrightarrow \exists\, x\, F(x). \tag{6}$$

Durch Anwendung der Regel $\dfrac{A,\ \ B}{A \wedge B}$ auf die Formeln (5) und (6) erhalten wir die Behauptung a).

Nun beweisen wir die Behauptung b). Zunächst betrachten wir die wahre Formel

$$\vdash F(x) \sim \overline{\overline{F}}(x).$$

Nach der abgeleiteten Generalisierungsregel wird dann

$$\vdash \forall\, x\, (F(x) \sim \overline{\overline{F}}(x)).$$

In der in Satz 6 bewiesenen wahren Formel setzen wir nun $\overline{\overline{F}}(x)$ für $G(x)$ ein und erhalten

$$\vdash \forall\, x\, (F(x) \sim \overline{\overline{F}}(x)) \longrightarrow (\forall x\, F(x) \sim \forall x\, \overline{\overline{F}}(x)).$$

Nach der Abtrennungsregel folgt dann aus den letzten Formeln

$$\vdash \forall\, x\, F(x) \sim \forall x\, \overline{\overline{F}}(x).$$

Die beiden in dieser Formel enthaltenen Implikationen

$$\forall\, x\, F(x) \longrightarrow \forall x\, \overline{\overline{F}}(x) \quad \text{und} \quad \forall\, x\, \overline{\overline{F}}(x) \longrightarrow \forall x\, F(x)$$

kehren wir um und vereinen sie in der Formel

$$\vdash \overline{\forall x\, F(x)} \sim \overline{\forall x\, \overline{\overline{F}}(x)}.$$

Auf die letzten beiden Formeln wenden wir nun die Regel

$$\frac{A \sim B, \, B \sim C}{A \sim C}$$

an und erhalten die Behauptung b).

Die Richtigkeit der Formeln c) und d) läßt sich leicht mit Hilfe der Regel für die Umkehrung der Implikation aus den Formeln a) bzw. b) beweisen.

Satz 8: $\vdash (A \rightarrow \forall x \, F(x)) \sim \forall x \, (A \rightarrow F(x))$.

Beweis: Zunächst beweisen wir die erste Implikation

$$(A \rightarrow \forall x \, F(x)) \rightarrow \forall x \, (A \rightarrow F(x)).$$

Dazu beweisen wir, daß $F(y)$ ableitbar ist aus der Formel

$$(A \rightarrow \forall x \, F(x)) \wedge A; \tag{7}$$

denn offenbar sind die Formeln $A \rightarrow \forall x \, F(x)$ und A aus der Formel (7) ableitbar. Nach der Abtrennungsregel erhalten wir dann hieraus die Ableitbarkeit von $\forall x \, F(x)$ aus der Formel (7). Axiom V.1, also $\forall x \, F(x) \rightarrow F(y)$, ist als wahre Formel aus (7) ableitbar. Die Anwendung der Abtrennungsregel auf die Formeln $\forall x \, F(x)$ und $\forall x \, F(x) \rightarrow F(y)$ liefert dann die Ableitbarkeit von $F(y)$ aus (7).

Nach dem Deduktionstheorem folgt dann

$$\vdash (A \rightarrow \forall x \, F(x)) \wedge A \rightarrow F(y).$$

Durch Anwendung der Regel $\dfrac{A \wedge B \rightarrow C}{A \rightarrow (B \rightarrow C)}$ erhalten wir

$$\vdash (A \rightarrow \forall x \, F(x)) \rightarrow (A \rightarrow F(y)),$$

woraus durch Anwendung der Generalisierungsregel und nach Umbenennung der gebundenen Variablen schließlich

$$\vdash (A \rightarrow \forall x \, F(x)) \rightarrow \forall x \, (A \rightarrow F(x)) \tag{8}$$

folgt.

Wir zeigen nun die umgekehrte Implikation

$$\vdash \forall x \, (A \rightarrow F(x)) \rightarrow (A \rightarrow \forall x \, F(x)).$$

Dazu weisen wir nach, daß die Conclusio aus der Prämisse ableitbar ist. Denn aus der Formel

$$\forall x \, (A \rightarrow F(x)) \tag{9}$$

und aus der wahren Formel

$$\vdash \forall x \, (A \rightarrow F(x)) \rightarrow (A \rightarrow F(y))$$

folgt nach der Abtrennungsregel die Ableitbarkeit der Formel

$$A \rightarrow F(y)$$

aus der Formel (9). Die Anwendung der Generalisierungsregel und Umbenennung der gebundenen Variablen ergeben die Ableitbarkeit der Formel

$$A \longrightarrow \forall x\, F(x)$$

aus der Formel (9).

Nach dem Deduktionstheorem folgt dann

$$\vdash\!\!- \;\; \forall x\,(A \longrightarrow F(x)) \longrightarrow (A \longrightarrow \forall x\, F(x)).$$

Da die bewiesenen Implikationen wahr sind, ist auch die Äquivalenz

$$\vdash\!\!- \;\; \forall x\,(A \longrightarrow F(x)) \sim (A \longrightarrow \forall x\, F(x))$$

wahr.

4.10. Äquivalente Formeln

Genau wie im Aussagenkalkül wollen wir zwei Formeln **A** und **B** *äquivalent* nennen, wenn

$$\vdash\!\!- \; \mathbf{A} \sim \mathbf{B}$$

gilt.

Da auch im Prädikatenkalkül die Regeln

$$\frac{\mathbf{A} \sim \mathbf{B},\, \mathbf{B} \sim \mathbf{C}}{\mathbf{A} \sim \mathbf{C}} \quad \text{und} \quad \frac{\mathbf{A} \sim \mathbf{B}}{\mathbf{B} \sim \mathbf{A}}$$

gelten, ist die Relation symmetrisch und transitiv. Wir zeigen nun: *Wird in einer Formel* **A** *des Prädikatenkalküls ein Teil durch eine ihm äquivalente Formel ersetzt und ist der dadurch erhaltene Ausdruck* **A**' *wieder eine Formel, die alle freien Individuenvariablen der Formel* **A** *enthält, so sind* **A** *und* **A**' *äquivalent.*

Auf einen ausführlichen Beweis dieser Behauptung wollen wir verzichten, da er im wesentlichen nur eine Wiederholung eines analogen Satzes des Aussagenkalküls (vgl. Kap. 2, 2.6) darstellt. Wir führen den Beweis durch vollständige Induktion nach den formelbildenden Operationen.

Zunächst bemerken wir, daß unsere Behauptung für Elementarformeln, d. h. für Aussagenvariable und für Prädikatenvariable, gilt. Das ist aber sofort klar, da jede Elementarformel nur einen Teil, nämlich sich selbst, enthält.

Unsere Behauptung sei richtig für die Formeln **A** und **B**. Dann gilt sie auch für die Formeln **A** $\wedge$ **B**, **A** $\vee$ **B**, **A** $\longrightarrow$ **B** und $\overline{\mathbf{A}}$. Der Beweis dieses Sachverhaltes ist nur eine wörtliche Wiederholung der entsprechenden Überlegungen für den Aussagenkalkül.

Ist die Behauptung richtig für die Formel **A**(x), dann gilt sie auch für die Formeln

$$\forall x\, \mathbf{A}(x) \quad \text{und} \quad \exists x\, \mathbf{A}(x).$$

Den Beweis führen wir für die Formel $\forall x\, \mathbf{A}(x)$ vollständig durch.

Der ersetzbare Teil dieser Formel ist nach Definition entweder die Formel selbst oder ein Teil der Formel **A**(x). Im ersten Fall ist unsere Behauptung klar. Im zweiten Fall geht die Formel $A(x)$ nach Induktionsvoraussetzung in die zu $A(x)$ äquivalente Formel $A'(x)$ über. (Dabei muß die Variable x in der Formel $A'(x)$ erhalten bleiben, da sonst der Ausdruck $\forall x\, A'(x)$ keine Formel wäre.) Damit sind also $A(x)$ und $A'(x)$ äquivalent, d. h., die Formel $A(x) \sim A'(x)$ ist wahr, und folglich sind auch die Formeln

$$A(x) \rightarrow A'(x) \quad \text{und} \quad A'(x) \rightarrow A(x)$$

wahr. Nach Einsetzung in die Formel aus 4.9, Satz 4, erhalten wir

$$\vdash \forall x\, (A(x) \rightarrow A'(x)) \rightarrow (\forall x\, A(x) \rightarrow \forall x\, A'(x)).$$

Anwendung der Generalisierungsregel auf die Formel $A(x) \rightarrow A'(x)$ liefert

$$\vdash \forall x\, (A(x) \rightarrow A'(x)).$$

Nach der Abtrennungsregel folgt dann aus den letzten beiden Formeln

$$\vdash \forall x\, A(x) \rightarrow \forall x\, A'(x).$$

Die Richtigkeit der umgekehrten Implikation zeigen wir analog unter Verwendung der Formel $A'(x) \rightarrow A(x)$. Da beide Implikationen wahr sind, wird

$$\vdash \forall x\, A(x) \sim \forall x\, A'(x),$$

womit die Behauptung für die Formel $\forall x\, A(x)$ bewiesen ist.

Zum Beweis der Behauptung für die Formel $\exists x\, A(x)$ kehren wir die Implikation $A(x) \rightarrow A'(x)$ um und erhalten

$$\vdash \overline{A'}(x) \rightarrow \overline{A}(x).$$

Hiervon ausgehend können wir genau wie im vorangehenden Fall die Implikation

$$\vdash \forall x\, \overline{A'}(x) \rightarrow \forall x\, \overline{A}(x)$$

herleiten. Die Umkehrung dieser Implikation liefert

$$\vdash \overline{\forall x\, \overline{A}(x)} \rightarrow \overline{\forall x\, \overline{A'}(x)}. \tag{1}$$

Durch Einsetzung in die Formel a) aus Satz 7 erhalten wir

$$\vdash \exists x\, A(x) \sim \overline{\forall x\, \overline{A}(x)},$$
$$\vdash \exists x\, A'(x) \sim \overline{\forall x\, \overline{A'}(x)}.$$

Aus diesen Äquivalenzen benötigen wir die Implikationen

$$\vdash \exists x\, A(x) \rightarrow \overline{\forall x\, \overline{A}(x)},$$
$$\vdash \overline{\forall x\, \overline{A'}(x)} \rightarrow \exists x\, A'(x).$$

Aus den letzten beiden Formeln und aus Formel (1) folgt mit Hilfe des Kettenschlusses

$$\vdash \exists x\, A(x) \rightarrow \exists x\, A'(x).$$

Die Implikation in der anderen Richtung beweisen wir analog. Beide Implikationen zusammen ergeben

$$\vdash \exists x\, A(x) \sim \exists x\, A'(x).$$

Damit ist die Behauptung für alle Formeln bewiesen.

Die Äquivalenz der Formeln $A \rightarrow B$ und $\overline{A} \vee B$, d. h. die im Aussagenkalkül wahre Behauptung

$$\vdash (A \rightarrow B) \sim \overline{A} \vee B, \tag{2}$$

ist auch im Prädikatenkalkül gültig. Der Beweis dieser Behauptung im Prädikatenkalkül läßt sich durch Einsetzungen in (die entsprechende) Formel (2) des Aussagenkalküls führen. Da bei der Ersetzung beliebiger Formelteile durch zu ihnen äquivalente eine gegebene Formel in eine zu ihr äquivalente übergeht, können wir das Zeichen $\rightarrow$ aus der Formel eliminieren, indem wir in ihr jeden Teil der Gestalt $A \rightarrow B$ durch die Formel $\overline{A} \vee B$ ersetzen. Danach erhalten wir eine zur Ausgangsformel äquivalente Formel.

Daneben können wir zu jeder das Zeichen $\rightarrow$ nicht enthaltenden Formel eine solche zu ihr äquivalente Formel finden, in der sich das Negationszeichen nur auf Elementarteile bezieht.

Hat nämlich eine Formel die Gestalt $\overline{\forall x\, A(x)}$ (bzw. $\overline{\exists x\, A(x)}$), so ist die Formel $\exists x\, \overline{A}(x)$ (bzw. $\forall x\, \overline{A}(x)$) zu ihr äquivalent. Daher können wir stets ein über einem Quantor stehendes Negationszeichen hinter diesen Quantor setzen, wobei der Generalisator in den Partikularisator übergeht und umgekehrt. Die im Aussagenkalkül bewiesenen Äquivalenzen

$$\vdash \overline{A \wedge B} \sim \overline{A} \vee \overline{B},$$
$$\vdash \overline{A \vee B} \sim \overline{A} \wedge \overline{B},$$
$$\vdash \overline{\overline{A}} \sim A$$

gelten auch im Prädikatenkalkül (und ihr Beweis verläuft im Prädikatenkalkül genau so wie im Aussagenkalkül; vgl. Kap. 2). Folglich kann ein über einer Summe stehendes Negationszeichen auf die Glieder übertragen werden, wobei die Summe in das Produkt übergeht; ebenso kann ein über einem Produkt stehendes Negationszeichen auf die Glieder übertragen werden, wobei das Produkt in die Summe übergeht. Wenn ein Negationszeichen über einem Negationszeichen steht, so heben sich die beiden Zeichen auf.

Nach dem Gesagten können wir ein Negationszeichen sukzessive auf die Glieder einer Formel übertragen, und dabei geht die Formel in eine zu ihr äquivalente über. Offenbar kommen wir nach solchen Operationen zu einer Formel, in der sich das Negationszeichen nur auf Elementarteile bezieht.

Eine Formel heißt *reduziert,* wenn in ihr das Zeichen $\rightarrow$ nicht vorkommt und wenn sich das Negationszeichen $^-$ nur auf Elementarteile bezieht.

Aus unseren Überlegungen folgt dann, daß es zu jeder Formel A eine zu ihr äquivalente reduzierte Formel gibt. Diese Formel wollen wir eine *reduzierte Form der Formel* A

nennen. Als Beispiel einer Zurückführung einer Formel auf die reduzierte Form betrachten
wir

$$1.\ \overline{\exists(x)\,(A(y) \rightarrow B(x))}.$$

Zunächst eliminieren wir das Zeichen $\rightarrow$. Dazu ersetzen wir $A(x) \rightarrow B(x)$ durch
$\overline{A}(x) \vee B(x)$ und erhalten

$$\overline{\exists x\,(\overline{A}(x) \vee B(x))}.$$

Danach bringen wir das äußere Negationszeichen hinter den Quantor und bekommen

$$\forall x\,\overline{(\overline{A}(x) \vee B(x))}.$$

Das Negationszeichen übertragen wir auf die Glieder der Summe; das führt zu

$$\forall x\,(\overline{\overline{A}}(x) \wedge \overline{B}(x)).$$

Nach Weglassen des doppelten Negationszeichens ergibt sich

$$\forall x\,(A(x) \wedge \overline{B}(x)).$$

Die erhaltene Formel ist zur Ausgangsformel äquivalent und ist eine reduzierte Formel. Folglich ist sie eine reduzierte Form der Ausgangsformel.

Auch im Prädikatenkalkül gelten die Äquivalenzen, welche die Assoziativität und
die Kommutativität von Summe und Produkt und die beiden Distributivgesetze ausdrücken
die wir bereits im Aussagenkalkül bewiesen hatten (vgl. Kap. 2):

a) $(A \vee B) \vee C \sim A \vee (B \vee C)$;
b) $A \vee B \sim B \vee A$;
c) $(A \wedge B) \wedge C \sim A \wedge (B \wedge C)$;
d) $A \wedge B \sim B \wedge A$;
e) $A \wedge (B \vee C) \sim A \wedge B \vee A \wedge C$;
f) $A \vee B \wedge C \sim (A \vee B) \wedge (A \vee C)$.

Daher werden wir auch im Prädikatenkalkül in solchen Fragen, für die äquivalente Formeln
gleichberechtigt sind, in nur mit dem Zeichen $\wedge$ oder nur mit dem Zeichen $\vee$ verbundenen
Ausdrücken mitunter Klammern weglassen. Beispielsweise werden wir den Ausdruck

$$(A \wedge B) \wedge C$$

in der Form

$$A \wedge B \wedge C$$

schreiben, den Ausdruck

$$A \vee (B \vee C) \vee (G \vee H)$$

in der Form

$$A \vee B \vee C \vee G \vee H.$$

Dieser Ausdruck ist natürlich keine Formel. Unter einem solchen Ausdruck wollen wir jede Formel verstehen, die wir aus ihm durch entsprechendes Setzen von Klammern erhalten können.

4.11. Das Dualitätstheorem

Für Formeln, die das Symbol $\rightarrow$ nicht enthalten, führen wir den Begriff der *dualen Formeln* ein. Die Zeichen $\wedge$ und $\vee$ heißen zueinander dual. Ebenfalls zueinander dual heißen die Quantoren $\forall$ und $\exists$. Eine Formel B heißt *dual* zu einer Formel A, wenn sie aus A durch Ersetzung jedes Symbols $\wedge$, $\vee$, $\forall$ und $\exists$ durch das zu ihm duale entsteht.

Aus der Definition folgt die Symmetrie des Dualitätsbegriffes, d. h., wenn B dual ist zu A, so ist auch A dual zu B.

Beispiele für duale Formeln sind:

1. $\forall x (A \vee B(x) \wedge (B(y) \vee \overline{B}(x)))$. Zu ihr dual ist die Formel

$\exists x (A \wedge (B(x) \vee B(y) \wedge \overline{B}(x)))$.

2. Die zur Formel

$\forall x \exists y (A(x, y) \vee \forall z A(x, z) \wedge \exists z \overline{A}(y, z))$

duale Formel ist

$\exists x \forall y (A(x, y) \wedge (\exists z A(x, z) \vee \forall z \overline{A}(y, z)))$.

In späteren Beweisen wird sich die folgende induktive Definition des Begriffes „duale Formel" als zweckmäßiger erweisen.

a) Elementare Formeln sind zu sich selbst dual.

b) Ist A^* dual zu A und B^* dual zu B, so ist $A^* \vee B^*$ die zu $A \wedge B$ und $A^* \wedge B^*$ die zu $A \vee B$ duale Formel.

c) Ist A^* dual zu A, so ist $\overline{A}^*$ die zu $\overline{A}$ duale Formel.

d) Ist $A^*(x)$ die duale Formel zu $A(x)$, so ist $\exists x A^*(x)$ (bzw. $\forall x A^*(x)$) die duale Formel zu $\forall x A(x)$ (bzw. $\exists x A(x)$). Da die betrachteten Formeln nach Voraussetzung das Zeichen $\rightarrow$ nicht enthalten, ist der Begriff „duale Formel" wohldefiniert.

Die Symmetrie der Dualitätsbeziehung folgt aus dieser Definition sofort und kann leicht durch vollständige Induktion bewiesen werden. Die zu A duale Formel bezeichnen wir mit A^*.

Lemma: Ist $A(A_1, \ldots, A_n, F_1, \ldots, F_m)$ *eine das Zeichen* $\rightarrow$ *nicht enthaltende Formel des Prädikatenkalküls und sind* $A_1, \ldots, A_n$ *alle Elementaraussagen und* $F_1, \ldots, F_m$ *alle Elementarprädikate aus* A, *dann gilt*

$$\vdash \overline{A}(A_1, \ldots, A_n, F_1, \ldots, F_m) \sim A^*(\overline{A}_1, \ldots, \overline{A}_n, \overline{F}_1, \ldots, \overline{F}_m).$$

Beweis: Entsprechend der induktiven Definition der dualen Formel führen wir den Beweis durch vollständige Induktion.

Für Elementarformeln ist die Richtigkeit des Lemmas sofort klar, da eine Elementarformel entweder eine Aussage oder ein Prädikat ist und die zu ihr duale Formel mit ihr übereinstimmt.

Das Lemma sei richtig für die Formeln

$$\mathbf{B}(B_1, ..., B_p, G_1, ..., G_q) \quad \text{und} \quad \mathbf{A}(A_1, ..., A_n, F_1, ..., F_m).$$

Dann haben wir

$$\vdash \overline{\mathbf{A}}(A_1, ..., A_n, F_1, ..., F_m) \sim \mathbf{A}^*(\overline{A}_1, ..., \overline{A}_n, \overline{F}_1, ..., \overline{F}_m),$$
$$\vdash \overline{\mathbf{B}}(B_1, ..., B_p, G_1, ..., G_q) \sim \mathbf{B}^*(\overline{B}_1, ..., \overline{B}_p, \overline{G}_1, ..., \overline{G}_q).$$

Wir zeigen, daß das Lemma dann auch für das Produkt und die Summe der Formeln $\mathbf{A}$ und $\mathbf{B}$ richtig ist. Offenbar ist

$$\vdash \overline{\mathbf{A} \wedge \mathbf{B}} \sim \overline{\mathbf{A}} \vee \overline{\mathbf{B}}.$$

Ersetzen wir hierin $\overline{\mathbf{A}}$ und $\overline{\mathbf{B}}$ nach den oben beschriebenen Äquivalenzen, so erhalten wir

$$\vdash \overline{\mathbf{A} \wedge \mathbf{B}} \sim \mathbf{A}^*(\overline{A}_1, ..., \overline{A}_n, \overline{F}_1, ..., \overline{F}_m) \vee \mathbf{B}^*(\overline{B}_1, ..., \overline{B}_p, \overline{G}_1, ..., \overline{G}_q).$$

Nun stellt aber

$$\mathbf{A}^*(\overline{A}_1, ..., \overline{A}_n, \overline{F}_1, ..., \overline{F}_m) \vee \mathbf{B}^*(\overline{B}_1, ..., \overline{B}_p, \overline{G}_1, ..., \overline{G}_q)$$

nach Definition die Formel

$$(\mathbf{A}(\overline{A}_1, ..., \overline{A}_n, \overline{F}_1, ..., \overline{F}_m) \wedge \mathbf{B}(\overline{B}_1, ..., \overline{B}_p, \overline{G}_1, ..., \overline{G}_g)^*$$

dar, und daher ist

$$\vdash \overline{\mathbf{A} \wedge \mathbf{B}} \sim (\mathbf{A}(\overline{A}_1, ..., \overline{A}_n, \overline{F}_1, ..., \overline{F}_m) \wedge \mathbf{B}(\overline{B}_1, ..., \overline{B}_p, \overline{G}_1, ..., \overline{G}_g))^*.$$

Ganz analog zeigen wir die Gültigkeit des Lemmas für $\mathbf{A} \vee \mathbf{B}$.

Das Lemma sei richtig für $\mathbf{A}(A_1, ..., A_n, F_1, ..., F_m)$. Wir zeigen, daß es dann auch für $\overline{\mathbf{A}}$ richtig ist. Nach Voraussetzung haben wir

$$\vdash \overline{\mathbf{A}}(A_1, ..., A_n, F_1, ..., F_m) \sim \mathbf{A}^*(\overline{A}_1, ..., \overline{A}_n, \overline{F}_1, ..., \overline{F}_m).$$

Äquivalente Formeln haben aber auch äquivalente Negationen. Daher ist

$$\vdash \overline{\overline{\mathbf{A}}}(A_1, ..., A_n, F_1, ..., F_m) \sim \overline{\mathbf{A}^*}(\overline{A}_1, ..., \overline{A}_n, \overline{F}_1, ..., \overline{F}_m).$$

Nach Definition ist aber $\overline{\mathbf{A}^*}$ die Formel $(\overline{\mathbf{A}})^*$. Folglich wird

$$\vdash \overline{\overline{\mathbf{A}}}(A_1, ..., A_n, F_1, ..., F_m) \sim (\overline{\mathbf{A}}(\overline{A}_1, ..., \overline{A}_n, \overline{F}_1, ..., \overline{F}_m))^*,$$

und wir haben damit die geforderte Äquivalenz gefunden.

Das Lemma sei richtig für die Formel $A(x, A_1, ..., F_m)$. Wir zeigen, daß es dann auch für die Formeln

$$\forall x\, A(x, A_1, ..., F_m) \quad \text{und} \quad \exists x\, A(x, A_1, ..., F_m)$$

gilt. Nach Induktionsvoraussetzung ist

$$\vdash \overline{A}(x, A_1, ..., F_m) \sim A^*(x, \overline{A}_1, ..., \overline{F}_m);$$

dann ist aber

$$\vdash \exists x\, \overline{A}(x, A_1, ..., F_m) \sim \exists x\, A^*(x, \overline{A}_1, ..., \overline{F}_m).$$

Nach Abschnitt 4.9, Satz 7, ist

$$\vdash \exists x\, \overline{A}(x, A_1, ..., F_m) \sim \overline{\forall x\, A(A_1, ..., F_m)}.$$

Aus den letzten beiden Äquivalenzen schließen wir

$$\vdash \overline{\forall x\, A(x, A_1, ..., F_m)} \sim \exists x\, A^*(x, \overline{A}_1, ..., \overline{F}_m).$$

Nach Definition stellt die rechte Seite dieser Äquivalenz die Formel

$$(\forall x\, A(x, \overline{A}_1, ..., \overline{F}_m))^*$$

dar, woraus wir schließlich

$$\vdash \overline{\forall x\, A(x, A_1, ..., F_m)} \sim (\forall x\, A(x, \overline{A}_1, ..., \overline{F}_m))^*$$

erhalten.

Für die Formel $\exists x\, A(x, A_1, ..., F_m)$ wird das Lemma ganz analog bewiesen. Damit ist die Gültigkeit des Lemmas für alle das Zeichen $\rightarrow$ nicht enthaltenden Formeln bewiesen.

Satz: *Sind die Formeln* **A** *und* **B** *äquivalent, so sind die zu ihnen dualen Formeln ebenfalls äquivalent.*

Beweis: Es seien $A(A_1, ..., A_n, F_1, ..., F_m)$ und $B(B_1, ..., B_p, G_1, ..., G_q)$ äquivalente Formeln, wobei $A_1, ..., A_n, B_1, ..., B_p$ alle in ihnen auftretenden Aussagenvariablen und $F_1, ..., F_m, G_1, ..., G_q$ alle in ihnen auftretenden Prädikatenvariablen bezeichnen. Die dualen Formeln wollen wir wieder durch ein Sternchen kennzeichnen.

Sind die Formeln **A** und **B** äquivalent, so sind auch ihre Negationen äquivalent. Daher ist

$$\vdash \overline{A}(A_1, ..., F_m) \sim \overline{B}(B_1, ..., G_q).$$

Nach dem vorangehenden Lemma ist die Formel $\overline{A}(A_1, ..., F_m)$ äquivalent zur Formel $A^*(\overline{A}_1, ..., \overline{F}_m)$, und die Formel $\overline{B}(B_1, ..., G_q)$ ist äquivalent zur Formel $B^*(\overline{B}_1, ..., \overline{G}_q)$. Ersetzen wir beide Seiten der oben erhaltenen wahren Formel durch zu ihnen äquivalente Formeln, so erhalten wir die ebenfalls wahre Formel

$$\vdash A^*(\overline{A}_1, ..., \overline{F}_m) \sim A^*(\overline{B}_1, ..., \overline{G}_q).$$

Wir ersetzen nun A_i durch $\overline{A}_i$, B_i durch $\overline{B}_i$, F_i durch $\overline{F}_i$ und G_i durch $\overline{G}_i$ und erhalten dann

$$\vdash A^*(\overline{\overline{A}}_1, ..., \overline{\overline{F}}_m) \sim B^*(\overline{\overline{B}}_1, ..., \overline{\overline{G}}_q).$$

Schließlich ersetzen wir in dieser Formel jeden Teil der Gestalt $\overline{\overline{A}}_i$ durch den zu ihm äquivalenten A_i, $\overline{\overline{B}}_i$ durch B_i, $\overline{\overline{F}}_i$ durch F_i und $\overline{\overline{G}}_i$ durch G_i und erhalten

$$\vdash A^*(A_1, ..., F_m) \sim B^*(B_1, ..., G_q).$$

Der hier bewiesene Satz ist das *Dualitätstheorem*. Es gestattet, aus wahren Äquivalenzen neue wahre Äquivalenzen zu gewinnen, und erleichtert damit genau wie das Deduktionstheorem den Nachweis der Wahrheit gewisser Formeln. Wir haben beispielsweise gezeigt (4.9, Satz 2), daß

$$\vdash \forall x \, \forall y \, F(x, y) \sim \forall y \, \forall x \, F(x, y)$$

ist. Nach dem Dualitätstheorem können wir die Wahrheit der Formel

$$\vdash \exists x \, \exists y \, F(x, y) \sim \exists y \, \exists x \, F(x, y)$$

behaupten.

Aus diesen Äquivalenzen läßt sich folgende Regel herleiten: *Werden in einer Formel unmittelbar nebeneinander stehende gleichartige Quantoren vertauscht, so geht die Formel dabei in eine zu ihr äquivalente über.*

4.12. Normalformen

Normalformeln und Normalformen haben wir bereits bei der semantischen Beschreibung der Prädikatenlogik in Kapitel 3 betrachtet. Dieselben Begriffe wollen wir nun auch für den Prädikatenkalkül einführen.

Eine reduzierte Formel heißt *Normalformel*, wenn in der sie bildenden Zeichenreihe die Quantoren vor allen anderen Symbolen stehen.

Es läßt sich zeigen, daß *es zu jeder Formel eine zu ihr äquivalente Normalformel gibt.*

Zum Beweis dieser Behauptung müssen wir uns von der Richtigkeit einiger Äquivalenztransformationen überzeugen, die analog zu den semantischen Äquivalenzrelationen sind, welche wir in der semantischen Prädikatenlogik zum selben Zweck verwendet haben (Kap. 3.2).

Satz 1: $\vdash \forall x(A \lor F(x)) \sim A \lor \forall x \, F(x)$.

In 4.9., Satz 8, hatten wir bewiesen, daß

$$\vdash \forall x(A \to F(x)) \sim A \to \forall x \, F(x)$$

ist. Im Sinne der Äquivalenz $A \to B \sim \overline{A} \lor B$ ersetzen wir beide Seiten der betrachteten Formel und erhalten

$$\vdash \forall x(\overline{A} \lor F(x)) \sim \overline{A} \lor \forall x \, F(x).$$

Setzen wir in diese Formel $\overline{A}$ anstelle von A ein, so wird

$$\vdash \forall x\,(\overline{\overline{A}} \lor F(x)) \sim \overline{\overline{A}} \lor \forall x\, F(x).$$

Schließlich ersetzen wir $\overline{\overline{A}}$ durch die zu ihr äquivalente Elementarformel A und erhalten die geforderte Formel.

Satz 2: $\vdash \forall x(A \land F(x)) \sim A \land \forall x\, F(x).$

Zum Beweis verwenden wir das Deduktionstheorem. Dazu betrachten wir die Formel

$$\forall x(A \land F(x)) \to A \land \forall x\, F(x).$$

Wir zeigen, daß die Conclusio aus der Prämisse ableitbar ist.

Nach einem mehrmals benutzten Verfahren beweisen wir die Ableitbarkeit der Formeln $\forall x\, F(x)$ und A aus der Prämisse. Offenbar ist

$$\forall x\, F(x) \to (A \to A \land \forall x\, F(x))$$

eine wahre Formel des Prädikatenkalküls. Daher ist sie aus der Formel $\forall x(A \land F(x))$ ableitbar. Die zweimalige Anwendung der Abtrennungsregel auf die beiden Formeln $\forall x\, F(x)$ und $\forall x\, F(x) \to (A \to A \land \forall x\, F(x))$ ergibt, daß auch die Formel $A \land \forall x\, F(x)$ aus $\forall x(A \land F(x))$ ableitbar ist. Dann erhalten wir nach dem Deduktionstheorem

$$\vdash \forall x(A \land F(x)) \to A \land \forall x\, F(x). \tag{1}$$

Wir zeigen nun die Richtigkeit der umgekehrten Implikation. Dazu zeigen wir, daß die Formel $\forall x(A \land F(x))$ aus der Formel $A \land \forall x\, F(x)$ ableitbar ist. Wie wir bereits gesehen haben, sind die Formeln A und F(y) aus der Formel $A \land \forall x\, F(x)$ ableitbar. Daher ist auch die Formel $A \land F(y)$ ableitbar. Aus der wahren Formel

$$A \land F(y) \to (A \to A \land F(y))$$

erhalten wir nach Anwendung der Abtrennungsregel die Ableitbarkeit der Formel $A \to A \land F(y)$ aus der Formel $A \land \forall x\, F(x)$. Anwendung der Generalisierungsregel und Umbenennung der gebundenen Variablen führen zur Ableitbarkeit der Formel

$$A \to \forall x(A \land F(x))$$

aus der Formel $A \land \forall x\, F(y)$. Trennen wir die Prämisse A ab, so finden wir, daß die Formel $\forall x(A \land F(x))$ ableitbar ist aus der Formel $A \land \forall x\, F(x)$. Dann schließen wir nach dem Deduktionstheorem auf

$$\vdash A \land \forall x\, F(x) \to \forall x(A \land F(x)). \tag{2}$$

Da die Implikationen (1) und (2) wahr sind, folgt auch die Wahrheit der Äquivalenz

$$\vdash A \land \forall x\, F(x) \sim \forall x(A \land F(x)).$$

Aus den Sätzen 1 und 2 ergeben sich nach dem Dualitätstheorem die folgenden Sätze.

Satz 1': $\vdash \exists x(A \land F(x)) \sim A \land \exists x\, F(x).$

Satz 2': $\vdash \exists x(A \lor F(x)) \sim A \lor \exists x\, F(x).$

Aus den Sätzen 1, 2, 1′ und 2′ lassen sich Regeln für Äquivalenztransformationen von reduzierten Formeln herleiten, nämlich über die Verschiebung von Generalisator und Partikularisator aus einer Klammer und in eine Klammer.

Diese Regeln lauten

a) $\dfrac{\forall x(A \vee B(x))}{A \vee \forall\, x\, B(x)}$,
$\qquad$ a′) $\dfrac{A \vee \forall\, x\, B(x)}{\forall x(A \vee B(x))}$,

b) $\dfrac{\forall x(A \wedge B(x))}{A \wedge \forall\, x\, B(x)}$,
$\qquad$ b′) $\dfrac{A \wedge \forall\, x\, B(x)}{\forall x(A \wedge B(x))}$

c) $\dfrac{\exists x(A \wedge B(x))}{A \wedge \exists\, x\, B(x)}$,
$\qquad$ c′) $\dfrac{A \wedge \exists\, x\, B(x)}{\exists x(A \wedge B(x))}$

d) $\dfrac{\exists x(A \vee B(x))}{A \vee \exists\, x\, B(x)}$,
$\qquad$ d′) $\dfrac{A \vee \exists\, x\, B(x)}{\exists x(A \vee B(x))}$.

Wir betrachten sie unter der Voraussetzung, daß in A die Variable x nicht frei auftritt.

Wir überlassen es dem Leser (unter Verwendung des Deduktionstheorems), die Sätze

$$\vdash \forall x\, A(x) \vee \forall\, x\, B(x) \rightarrow \forall x(A(x) \vee B(x)),$$

$$\vdash \forall x(A(x) \wedge B(x)) \sim \forall x\, A(x) \wedge \forall x\, B(x)$$

und die zu ihnen dualen Sätze

$$\vdash \exists x(A(x) \wedge B(x)) \rightarrow \exists x\, A(x) \wedge \exists\, x\, B(x),$$

$$\vdash \exists x(A(x) \vee B(x)) \sim \exists x\, A(x) \vee \exists\, x\, B(x)$$

zu beweisen. Diesen Sätzen entsprechen die Regeln:

$$\frac{\forall x\, A(x) \vee \forall\, x\, B(x)}{\forall x(A(x) \vee B(x))} ,$$

$$\frac{\forall x(A(x) \wedge B(x))}{\forall x\, A(x) \wedge \forall x\, B(x)} , \qquad \frac{\forall x\, A(x) \wedge \forall x\, B(x)}{\forall x(A(x) \wedge B(x))} ,$$

$$\frac{\exists\, x(A(x) \wedge B(x))}{\exists x\, A(x) \wedge \exists x\, B(x)} ,$$

$$\frac{\exists x(A(x) \vee B(x))}{\exists x\, A(x) \vee \exists x\, B(x)} , \qquad \frac{\exists x\, A(x) \vee \exists x\, B(x)}{\exists x(A(x) \vee B(x))} .$$

In Kapitel 3 haben wir bei der Behandlung der Prädikatenalgebra Transformationen für semantische Äquivalenzen aufgestellt, die zu den Äquivalenztransformationen a) bis d′) völlig analog sind. Unter Verwendung dieser Transformationen für semantische Äquivalenzen hatten wir in Kapitel 3 gezeigt, daß es zu jeder Formel eine zu ihr semantisch äquivalente Normalform gibt. Wir können nun, ausgehend von den Äquivalenztransformationen a) bis d′), in völlig analoger Weise zeigen, daß es zu jeder reduzierten Formel (und folglich

auch für jede beliebige Formel) eine zu ihr äquivalente Normalform gibt. Der Beweis kann
aus Kapitel 3 übertragen werden. Obwohl wir uns damals nicht die Aufgabe gestellt hatten,
uns auf konstruktive Hilfsmittel zu beschränken, war der Beweis praktisch doch konstruktiv.
Wir werden ihn daher nicht in aller Ausführlichkeit bringen. Wir erinnern nur an folgendes:
Er gründet sich darauf, daß die Transformation, die Quantoren vor die Klammern zu schie-
ben, möglich ist und daß wir damit erreichen können, daß alle Quantoren allen übrigen
Zeichen einer Formel vorangehen.

Eine zu einer gegebenen Formel äquivalente Normalformel heißt *Normalform der
gegebenen Formel.*

4.13. Deduktive Äquivalenz

Zunächst führen wir den Begriff der deduktiven Äquivalenz von Formeln ein. Zwei
Formeln **A** und **B** heißen in einem Kalkül *deduktiv äquivalent,* wenn sich die Formel **B**
aus den Axiomen dieses Kalküls und aus der Formel **A** mit Hilfe der Regeln dieses Kalküls
ableiten läßt und sich umgekehrt die Formel **A** aus den Axiomen dieses Kalküls und aus
der Formel **B** mit Hilfe der Regeln dieses Kalküls ableiten läßt.

Für den Prädikatenkalkül sind die Begriffe „äquivalente Formeln" und „deduktiv
äquivalente Formeln" nicht gleichbedeutend. Sind **A** und **B** im Prädikatenkalkül äquivalent, so sind sie auch deduktiv äquivalent, aber nicht umgekehrt. Denn ist **A** äquivalent
zu **B**, so heißt das, daß die Formel **A** ~ **B** im Prädikatenkalkül wahr ist. In diesem Fall ist
auch die Formel **A** $\longrightarrow$ **B** wahr. Wenn wir nun die Formel **A** zu den Axiomen des Prädikatenkalküls hinzunehmen, läßt sich aus den Formeln **A** und **A** $\longrightarrow$ **B** die Formel **B** nach
der Abtrennungsregel ableiten. Nehmen wir die Formel **B** zu den Axiomen hinzu, so läßt
sich die Formel **A** in derselben Weise ableiten. Hieraus folgt, daß *äquivalente Formeln* **A**
und **B** *auch deduktiv äquivalent sind.* Die umgekehrte Behauptung ist allerdings nicht
richtig. Um das einzusehen, betrachten wir die Elementarformeln A und B. Sie sind deduktiv äquivalent; denn wenn wir die Formel A zu den Axiomen des Prädikatenkalküls hinzunehmen, wird jede Formel, also insbesondere die Formel B, durch Einsetzung in die Formel A ableitbar. Derselbe Sachverhalt liegt vor, wenn wir die Formel B zu den Axiomen
hinzunehmen. Hieraus folgt, daß die Formeln A und B im Prädikatenkalkül deduktiv äquivalent sind. Diese Formeln sind aber offenbar nicht äquivalent, da die Formel A ~ B im
Aussagenkalkül nicht wahr ist. Daher ist sie, wie wir wissen (vgl. 4.4), auch im Prädikatenkalkül nicht wahr. Wir bemerken, daß der Begriff der deduktiven Äquivalenz für den Aussagenkalkül wenig interessant ist. Da dieser Kalkül im engeren Sinne vollständig ist, gilt für
jede Formel, daß sie im Aussagenkalkül entweder ableitbar ist oder daß ihre Hinzunahme
zu den Axiomen zu einem Widerspruch führt (Kap. 2).

Es seien **A** und **B** zwei beliebige Formeln des Aussagenkalküls. Wenn sie beide im
Aussagenkalkül ableitbar sind, dann sind sie einfach äquivalent. Ist aber die eine ableitbar
und die andere nicht, so können sie nicht deduktiv äquivalent sein, da die Hinzunahme
der ableitbaren Formel zu den Axiomen keine neuen ableitbaren Formeln liefert und die
andere Formel daher nicht ableitbar bleibt. Sind beide Formeln nicht ableitbar, so sind sie
deduktiv äquivalent; dann liefert aber die Hinzunahme jeder von ihnen zu den Axiomen
ein widerspruchsvolles System.

4.14. Skolemsche Normalformen

Skolem führte einen interessanten Typ von Formeln ein, auf den sich jede Formel des Prädikatenkalküls bringen läßt.

Eine Formel heißt *Skolemsche Normalformel,* wenn sie erstens eine Normalformel ist und wenn zweitens alle eventuell vorhandenen Partikularisatoren vor allen Generalisatoren stehen. Beispielsweise sind die Formeln

$$\exists x \, \exists y \, \forall z \, \forall u \, A(x, y, z, u) \quad \text{und} \quad \forall x \, \forall y \, A(x, y)$$

Skolemsche Normalformeln. Dagegen sind die Formeln

$$\forall x \, \exists y \, A(x, y) \quad \text{und} \quad \exists x \, \forall y \, \exists z \, A(x, y, z)$$

keine Skolemschen Normalformeln.

Satz von Skolem: Zu jeder Formel des Prädikatenkalküls gibt es eine zu ihr deduktiv äquivalente Skolemsche Normalformel.

Zur Vorbereitung des Beweises beweisen wir einige Hilfssätze.

Lemma 1: Ist **A** *eine Normalformel und A eine in* **A** *nicht auftretende Prädikatenvariable, so ist die Formel*

$$\exists x_1 \ldots \exists x_n \, \forall y \, \mathbf{A}$$

deduktiv äquivalent zu der Formel

$$\exists x_1 \ldots \exists x_n [\forall y (\mathbf{A} \to A(y)) \to \forall y \, A(y)].$$

Beweis: Wir greifen auf die folgenden oben bewiesenen Formeln (vgl. 4.9, Satz 4 und Satz 5) zurück:

$$\forall x [A(x) \to B(x)] \to [\forall x \, A(x) \to \forall x \, B(x)], \tag{1}$$

$$\forall x [A(x) \to B(x)] \to [\exists x \, A(x) \to \exists x \, B(x)]. \tag{2}$$

Wir setzen voraus, daß die Formel

$$\exists x_1 \ldots \exists x_n \, \forall y \, A(x_1, \ldots, x_n, y) \tag{3}$$

zu den Axiomen des Aussagenkalküls hinzugenommen wird bzw. aus ihnen ableitbar ist. Offenbar ist

$$\vdash A(x_1, \ldots, x_n, t) \to ((\mathbf{A} \to A(t)) \to A(t))$$

eine ableitbare Formel, da sie, wie man leicht sieht, aus einer wahren Formel des Aussagenkalküls durch Einsetzungen entsteht. Aus dieser Formel und aus der wahren Formel

$$\forall y \, A(x_1, \ldots, x_n, y) \to A(x_1, \ldots, x_n, t)$$

erhalten wir mit Hilfe des Kettenschlusses die Formel

$$\vdash \forall y \, A(x_1, \ldots, x_n, y) \to ((\mathbf{A} \to A(t)) \to A(t)).$$

Weiter folgt nach der Generalisierungsregel und nach Variablenumbenennung

$$\vdash \forall y\, A(x_1, \ldots, x_n, y) \to \forall y((A \to A(y)) \to A(y)).$$

Danach erhalten wir wegen (1) mit Hilfe des Kettenschlusses

$$\vdash \forall y\, A(x_1, \ldots, x_n, y) \to [\forall y(A \to A(y)) \to \forall y\, A(y)].$$

Wenden wir auf diese Formel die abgeleitete Generalisierungsregel an, so erhalten wir

$$\vdash \forall x_n[\forall y\, A(x_1, \ldots, x_n, y) \to (\forall y(A \to A(y)) \to \forall y\, A(y))]. \tag{4}$$

Setzen wir in (2) für das Prädikat $A(t)$ die Formel

$$\forall y\, A(x_1, \ldots, x_{n-1}, t, y)$$

ein und für das Prädikat $B(t)$ die Formel

$$\forall y(A(x_1, \ldots, x_{n-1}, t, y) \to A(y)) \to \forall y\, A(y),$$

so erhalten wir

$$\vdash \forall x_n[\forall y\, A(x_1, \ldots, x_n, y) \to (\forall y(A(x_1, \ldots, x_n, y) \to A(y)) \to \forall y\, A(y))]$$
$$\to [\exists x_n \forall y\, A(x_1, \ldots, x_n, y) \to$$
$$\to \exists x_n(\forall y(A(x_1, \ldots, x_n, y) \to A(y)) \to \forall y\, A(y))].$$

Die Prämisse dieser Formel ist die ableitbare Formel (4). Daher ist nach der Abtrennungsregel auch die Conclusio eine wahre Formel, d. h.

$$\vdash \exists x_n \forall y\, A(x_1, \ldots, x_n, y) \to \exists x_n(\forall y(A(x_1, \ldots, x_n, y) \to A(y)) \to \forall y\, A(y)).$$

In analoger Weise folgt aus dieser Formel durch Quantifizierung von x_{n-1} mit Hilfe von Formel (2)

$$\vdash \exists x_{n-1} \exists x_n \forall y\, A(x_1, \ldots, x_n, y) \to$$
$$\to \exists x_{n-1} \exists x_n[\forall y(A(x_1, \ldots, x_n, y) \to A(y)) \to \forall y\, A(y)].$$

Durch Weiterführung dieser Schritte gelangen wir schließlich zu der wahren Formel

$$\vdash \exists x_i \ldots \exists x_n \forall y\, A(x_1, \ldots, x_n, y) \to$$
$$\to \exists x_1 \ldots \exists x_n[\forall y(A(x_1, \ldots, x_n, y) \to A(y)) \to \forall y\, A(y)].$$

Hieraus folgt, daß die Formel

$$\exists x_1 \ldots \exists x_n[\forall y(A(x_1, \ldots, x_n, y) \to A(y)) \to \forall y\, A(y)] \tag{5}$$

aus der Prämisse, d. h. aus Formel (3), ableitbar ist.

Wir haben also gezeigt: Wenn Formel (3) zu den Axiomen des Prädikatenkalküls als Axiom hinzugenommen wird, dann wird Formel (5) ableitbar. Damit ist das Lemma in einer Richtung bewiesen.

Wir nehmen nun Formel (5) zu den Axiomen des Prädikatenkalküls hinzu und ersetzen in ihr das Prädikat $A(t)$ durch die Formel $A(x_1, \ldots, x_n, t)$. Dann erhalten wir die aus dem neuen Axiomensystem ableitbare Formel

$$\exists x_1 \ldots \exists x_n [\forall y (A(x_1, \ldots, x_n, y) \rightarrow A(x_1, \ldots, x_n, y)) \rightarrow \forall y\, A(x_1, \ldots, x_n, y)]. \quad (6)$$

Ist $\mathbf{W}$ eine beliebige wahre Formel, so ist auch die durch Einsetzung in eine wahre Formel des Aussagenkalküls entstehende Formel

$$(\mathbf{W} \rightarrow \forall y\, A(y)) \rightarrow \forall y\, A(y)$$

wahr. Da $\forall y (A \rightarrow A)$ eine wahre Formel ist, ist auch

$$(\forall y (A \rightarrow A) \rightarrow \forall y\, A(y)) \rightarrow \forall y\, A(y)$$

wahr. Durch Quantifizierung von x_n erhalten wir aus dieser Formel die wahre Formel

$$\forall x_n [(\forall y (A \rightarrow A) \rightarrow \forall y\, A(y)) \rightarrow \forall y\, A(y)].$$

Dieselben Überlegungen wie im ersten Teil des Beweises liefern die wahre Formel

$$\exists x_n [\forall y (A \rightarrow A) \rightarrow \forall y\, A(y)] \rightarrow \exists x_n \, \forall y\, A(y).$$

Durch anschließende sukzessive Quantifizierung von $x_{n-1}, \ldots, x_1$ und nach Wiederholung der entsprechenden Überlegungen erhalten wir schließlich

$$\vdash \exists x_1 \ldots \exists x_n [\forall y (A \rightarrow A) \rightarrow \forall y\, A(y)] \rightarrow \exists x_1 \ldots \exists x_n \, \forall y\, A(y).$$

Die Prämisse dieser Implikation, nämlich die Formel (6), ist aus dem um die Formel (5) vermehrten Axiomensystem des Prädikatenkalküls ableitbar. Dann ist aber nach der Abtrennungsregel auch die Conclusio, d. h. die Formel (3), aus dem um Formel (5) vermehrten Axiomensystem des Prädikatenkalküls ableitbar. Damit ist die deduktive Äquivalenz der Formeln (3) und (5) bewiesen.

Eine Formel $\mathbf{A}$ habe die Gestalt

$$Q_1 z_1 Q_2 z_2 \ldots Q_m z_m \, \mathbf{C},$$

wobei Q_i einen der Quantoren $\forall$ bzw. $\exists$ bedeutet und $\mathbf{C}$ quantorenfrei ist. [Die Quantoren Q_i brauchen auch überhaupt nicht aufzutreten.]

Lemma 2: Für die oben angegebene Formel $\mathbf{A}$ gilt

$$\vdash [(A(x_1, \ldots, x_n, y) \rightarrow A(y)) \rightarrow \forall z\, A(z)]$$
$$\sim (Q_1 z_1 \ldots Q_m z_m) \, \forall z[(C(z_1, \ldots, z_m, x_1, \ldots, x_n, y) \rightarrow A(y)) \rightarrow A(z)]. \quad (7)$$

Beweis: Die linke Seite dieser Äquivalenz transformieren wir. Zunächst schreiben wir alle Quantoren von $\mathbf{A}$ explizit auf; dann wird sie zu

$$(Q_1 z_1 \ldots Q_m z_m \, \mathbf{C} \rightarrow A(y)) \rightarrow \forall z\, A(z).$$

Danach eliminieren wir das Zeichen $\rightarrow$ nach bekannten Äquivalenzrelationen und erhalten

$$\overline{Q_1 z_1 \ldots Q_m z_m \, \mathbf{C}} \lor A(y) \lor \forall z\, A(z).$$

Danach transformieren wir den linken Teil so, daß das obere Negationszeichen auf die Summanden übergeht, und lassen gleich doppelte Negationen weg. Dann erhalten wir

$$Q_1 z_1 \ldots Q_m z_m \, \mathbf{C} \wedge \overline{A}(y) \vee \forall z \, A(z).$$

Nun ziehen wir die Quantoren $Q_1, \ldots, Q_m$ vor die allgemeinen Klammern, was nach 4.12 gestattet ist. Dann erhalten wir

$$Q_1 z_1 \ldots Q_m z_m \, \forall z (\mathbf{C} \wedge \overline{A}(y) \vee A(z)).$$

Die unter allen Quantoren Q_i und $\forall$ stehende Formel ist zur Formel

$$(\mathbf{C} \rightarrow A(y)) \rightarrow A(z)$$

äquivalent. Ersetzen wir sie durch diese äquivalente Formel, so erhalten wir

$$Q_1 z_1 \ldots Q_m z_m \, \forall z \, [(\mathbf{C} \rightarrow A(y)) \rightarrow A(z)].$$

Diese Formel ist die rechte Seite der Äquivalenz (7), die zu beweisen war. Da wir sie aber durch Äquivalenztransformationen aus der linken Seite der Äquivalenz (7) erhalten haben, gilt diese Äquivalenz tatsächlich, und Lemma 2 ist damit bewiesen.

Lemma 3: *Die Formel*

$$\exists x_1 \ldots \exists x_n [\forall y (\mathbf{A} \rightarrow A(y)) \rightarrow \forall z \, A(z)] \tag{8}$$

ist äquivalent zur Formel

$$\exists x_1 \ldots \exists x_n \, \exists y \, Q_1 z_1 \ldots Q_m z_m \, \forall z \, [(\mathbf{C}(z_1, \ldots, z_n, y) \rightarrow A(y)) \rightarrow A(z)]. \tag{9}$$

Beweis: Aus Lemma 2 schließen wir auf die Gültigkeit von

$$\vdash [(\mathbf{A}(x_1, \ldots, x_n, y) \rightarrow A(y)) \rightarrow \forall z \, A(z)] \rightarrow$$
$$\rightarrow Q_1 z_1 \ldots Q_m z_m \, \forall z \, [(\mathbf{C}(z_1, \ldots, z_m, x_1, \ldots, x_n, y) \rightarrow A(y)) \rightarrow A(z)].$$

Durch Quantifizierung dieser wahren Formel erhalten wir

$$\vdash \forall y \, \{[(\mathbf{A}(x_1, \ldots, x_n, y) \rightarrow A(y)) \rightarrow \forall z \, A(z)] \rightarrow$$
$$\rightarrow Q_1 z_1 \ldots Q_m z_m \, \forall z \, [(\mathbf{C}(z_1, \ldots, z_m, x_1, \ldots, x_n, y) \rightarrow A(y)) \rightarrow A(z)]\}.$$

Wenden wir Formel (2) genau wie in Lemma 1 an, so finden wir

$$\vdash \exists y \, [A(x_1, \ldots, x_n, y) \rightarrow A(y) \rightarrow \forall z \, A(z)] \rightarrow$$
$$\rightarrow \forall y \, Q_1 z_1 \ldots Q_m z_m \, \forall z \, [(\mathbf{C}(z_1, \ldots, z_m, x_1, \ldots, x_n, y) \rightarrow A(y)) \rightarrow A(z)]. \tag{10}$$

Betrachten wir die aus Lemma 2 folgende umgekehrte Implikation

$$\vdash Q_1 t_1 \ldots Q_m z_m \, \forall z \, [(\mathbf{C}(z_1, \ldots, z_m, x_1, \ldots, x_n, y) \rightarrow A(y)) \rightarrow A(z)] \rightarrow$$
$$\rightarrow [(\mathbf{A}(x_1, \ldots, x_n, y) \rightarrow A(y)) \rightarrow \forall z \, A(z)],$$

so erhalten wir in derselben Weise

$$\vdash \exists y \, Q_1 z_1 \ldots Q_m z_m \, \forall z \, [(\mathbf{C}(z_1, \ldots, z_m, x_1, \ldots, x_n, y) \rightarrow A(y)) \rightarrow A(z)] \rightarrow$$
$$\rightarrow \exists y \, [(\mathbf{A}(x_1, \ldots, x_n, y) \rightarrow A(y)) \rightarrow \forall z \, A(z)]. \tag{11}$$

Die einander entgegengesetzten Implikationen (10) und (11) liefern

$$\vdash \exists y\,[(A(x_1, \ldots, x_n, y) \rightarrow A(y)) \rightarrow \forall z\,A(z)] \sim$$
$$\sim \exists y\,Q_1 z_1 \ldots Q_m z_m\, \forall z\,[(C(z_1, \ldots, z_m, x_1, \ldots, x_n, y) \rightarrow A(y)) \rightarrow A(z)].$$

Offenbar können wir von dieser Formel ausgehend unsere Überlegungen für $\exists x_n, \exists x_{n-1}, \ldots, \exists x_1$ wiederholen. Im Endergebnis kommen wir dann zu der Äquivalenz

$$\vdash \exists x_1 \ldots \exists x_n\, \exists y\,[(A(x_1, \ldots, x_n, y) \rightarrow A(y)) \rightarrow \forall z\,A(z)] \sim \tag{12}$$
$$\sim \exists x_1 \ldots \exists x_n\, \exists y\,Q_1 z_1 \ldots Q_m z_m \forall z\,[(C(z_1, \ldots, z_m, x_1, \ldots, x_n, y) \rightarrow A(y)) \rightarrow A(z)].$$

Wir zeigen nun, daß folgende Behauptung gilt:

$$\vdash [\forall y\,(A \rightarrow A(y)) \rightarrow \forall z\,A(z)] \sim \exists y\,[(A \rightarrow A(y)) \rightarrow \forall z\,A(z)]. \tag{13}$$

Um die Richtigkeit dieser Äquivalenz zu beweisen, genügt es, aus ihrer linken Seite mit Hilfe von äquivalenten Umformungen die rechte Seite zu erhalten. Zu diesem Zweck eliminieren wir zunächst das Zeichen $\rightarrow$ aus der linken Seite; dann erhalten wir die Formel

$$\forall y\,(\overline{A} \vee A(y)) \vee \forall z\,A(z).$$

Das Negationszeichen bringen wir unter $\forall y$ und erhalten

$$\exists y\,\overline{(\overline{A} \vee A(y))} \vee \forall z\,A(z).$$

Nun bringen wir $\exists y$ vor die Klammer; das ergibt

$$\exists y\,[\overline{\overline{A} \vee A(y)} \vee \forall z\,A(z)].$$

Nach Wiedereinführung des Zeichens $\rightarrow$ bekommen wir die rechte Seite der Äquivalenz (13):

$$\exists y\,[(A \rightarrow A(y)) \rightarrow \forall z\,A(z)].$$

Damit ist die Richtigkeit der geforderten Äquivalenz bewiesen.

Wenden wir nun auf diese Äquivalenz die in diesem Paragraphen schon mehrfach herangezogenen Überlegungen an, so erhalten wir

$$\vdash \exists x_1 \ldots \exists x_n\,[\forall y\,(A \rightarrow A(y)) \rightarrow \forall z\,A(z)] \sim \tag{14}$$
$$\sim \exists x_1 \ldots \exists x_n\, \exists y\,[(A \rightarrow A(y)) \rightarrow \forall z\,A(z)].$$

Aus den Äquivalenzen (14) und (12) erhalten wir mit Hilfe des Kettenschlusses die geforderte Äquivalenz der Formeln (8) und (9). Damit ist Lemma 3 bewiesen.

4.15. Beweis des Satzes von Skolem

Aus Lemma 1 und Lemma 3 folgt, daß die Formel

$$\exists x_1 \ldots \exists x_n\, \forall y\,A(x_1, \ldots, x_n, y)$$

oder, was dasselbe ist, die Formel

$$\exists x_1 \ldots \exists x_n\, \forall y\,Q_1 z_1 \ldots Q_m z_m\, C(z_1, \ldots, z_m, x_1, \ldots, x_n, y) \tag{15}$$

deduktiv äquivalent ist zur Formel

$$\exists x_1 \ldots \exists x_n \, \exists y \, Q_1 z_1 \ldots Q_m z_m \, \forall z \, C_1, \tag{16}$$

wobei C_1 die Formel

$$(C \rightarrow A(y)) \rightarrow A(z)$$

ist. Die Formeln C und C_1 enthalten keine Quantoren. Der in der natürlichen Reihenfolge
erste Generalisator aus Formel (15) ist in der dazu deduktiv äquivalenten Formel (16)
durch den Partikularisator ersetzt, und in (16) taucht ein neuer Generalisator, der letzte
in der natürlichen Reihenfolge, auf. Treten in Formel (16) unter den Quantoren Q_i Generalisatoren auf, so können wir durch Anwendung derselben Überlegungen auf diese eine
zu (16), also folglich auch zu Formel (15), deduktiv äquivalente Formel erhalten, in welcher der erste Generalisator der Q_r durch den Partikularisator ersetzt ist und in der wiederum ein neuer, nämlich als letzter in der natürlichen Reihenfolge, Generalisator auftritt.
Hat die Formel (16) die Gestalt

$$\exists x_1 \ldots \exists x_n \, \exists y \, \exists z_1 \ldots \exists z_{r-1} \, \forall z_r \, Q_{r+1} z_{r+1} \ldots Q_m z_m \, \forall z \, C_1,$$

so hat die zu ihr deduktiv äquivalente Formel die Gestalt

$$\exists x_1 \ldots \exists x_n \, \exists y \, \exists z_1 \ldots \exists z_r \, Q_{r+1} z_{r+1} \ldots Q_m z_m \, \forall z \, \forall z' \, C_2.$$

Die Weiterführung dieses Prozesses führt uns schließlich zu der Formel

$$\exists x_1 \ldots \exists x_n \, \exists y \, \exists z_1 \ldots \exists z_m \, \forall z \, \forall z' \ldots \forall z^{(p-1)} C_p, \tag{17}$$

die zur Formel (15), d.h. zur Formel

$$\exists x_1 \ldots \exists x_n \, \forall y \, A \tag{3}$$

äquivalent ist. Überdies ist (17) eine Skolemsche Normalform. Der Satz von Skolem ist bewiesen, wenn wir zeigen, daß jede Formel deduktiv äquivalent zu einer Formel der Gestalt
(15) ist.

Bekanntlich gibt es zu jeder Formel eine zu ihr äquivalente Normalformel. Daher
genügt es zu zeigen, daß jede Normalformel zu einer Formel der Gestalt (15) äquivalent ist.
Es sei

$$Q_1 z_1 \ldots Q_m z_m \, B \tag{18}$$

eine beliebige Normalform, wobei B keine Quantoren enthält. Die Quantoren Q_i brauchen
nicht aufzutreten. Es seien x und y Variable, die in dieser Formel nicht auftreten. Die
Formel

$$\exists x \, \forall y \, Q_1 z_1 \ldots Q_m z_m [B \wedge (A(x) \vee \overline{A}(x)) \wedge (A(y) \vee \overline{A}(y))] \tag{19}$$

ist dann von der Gestalt (15). Bringen wir hierin alle Quantoren Q_i in die Klammer, so
erhalten wir die äquivalente Formel

$$\exists x \, \forall y \, [Q_1 z_1 \ldots Q_m z_m \, B \wedge (A(x) \vee \overline{A}(x)) \wedge (A(y) \vee \overline{A}(y))].$$

Wie man leicht sieht, ist diese Formel äquivalent zu (18), da für jede die Variablen x und y nicht enthaltende Formel **A** stets

$$\vdash \exists x \, \forall y \, [\mathbf{A} \wedge (A(x) \vee \bar{A}(x)) \wedge (A(y) \vee \bar{A}(y)) \sim \mathbf{A}$$

gilt.

Der Beweis dieser Äquivalenz ist sehr einfach, und wir überlassen ihn dem Leser. Schließlich erhalten wir, daß die beliebige Normalformel (18) äquivalent ist zur Formel (19) von der Gestalt (15). Oben hatten wir aber gezeigt, daß das zum Beweis des Satzes von Skolem ausreicht. Damit haben wir also bewiesen, daß es zu jeder Formel eine zu ihr deduktiv äquivalente Skolemsche Normalformel gibt. Eine zu einer gegebenen Formel äquivalente Skolemsche Normalformel nennen wir ihre *Skolemsche Normalform*.

4.16. Der Satz von Mal'cev

Die semantische Interpretation des Aussagenkalküls bzw. der Aussagenalgebra gestattet es, die Definition der logischen Summe und des logischen Produkts auf unendlich viele logische Variable zu verallgemeinern und damit unendliche Formeln einzuführen.

Die logischen Begriffe definieren wir, ausgehend von den elementaren Aussagenvariablen, von denen jetzt unendlich viele (beliebige Mächtigkeit!) existieren können, induktiv. Diese Elementarvariablen können zwei und nur zwei Werte, nämlich w und f, annehmen. Wie auch früher werden wir diese Variablen mit großen lateinischen Buchstaben,

A, B, C, ...,

oder aber mit Buchstaben mit Indizes,

$A_\xi, X_\delta, ..., P_n, ...,$

bezeichnen, wobei die Indizes aus einer beliebigen Indexmenge stammen können. Gegeben sei eine beliebige Menge von wohlbestimmten Formeln, die ihrerseits Funktionen der in ihnen auftretenden Variablen sind. Diese Menge bezeichnen wir mit {**A**}, wobei **A** als Symbol für das allgemeine Element der gegebenen Formelmenge steht.

Das logische Produkt $\Pi \mathbf{A}$ ist eine Formel, die genau dann wahr ist, wenn alle **A** wahr sind. Folglich nimmt $\Pi \mathbf{A}$ den Wert f genau dann an, wenn wenigstens eine Formel **A** den Wert f annimmt.

Die logische Summe $\Sigma \mathbf{A}$ definieren wir analog: Die Formel $\Sigma \mathbf{A}$ ist genau dann wahr, wenn wenigstens eine Formel wahr ist.

Ist {**A**} eine abzählbare Formelmenge, so lassen sich die Elemente mit den natürlichen Zahlen numerieren, d. h., {**A**} hat die Elemente

$\mathbf{A}_1, \mathbf{A}_2, ..., \mathbf{A}_n, ...,$

und wir können die Formel $\Pi \mathbf{A}_n$ als

$$\mathbf{A}_1 \wedge \mathbf{A}_2 \wedge ... \wedge \mathbf{A}_n \wedge ...$$

und die Formel $\Sigma\, \mathbf{A}_n$ als

$$\mathbf{A}_1 \lor \mathbf{A}_2 \lor \ldots \lor \mathbf{A}_n \lor \ldots$$

schreiben.

Das Dualitätstheorem für unendliche Formeln ist dasselbe wie für endliche, d. h.,

$$\overline{\Pi\mathbf{A}} \quad \text{ist äquivalent zu} \quad \Sigma\overline{\mathbf{A}}$$

und

$$\overline{\Sigma\mathbf{A}} \quad \text{ist äquivalent zu} \quad \Pi\overline{\mathbf{A}}.$$

Wir wollen uns nicht mit dem Beweis dieser Tatsache aufhalten, da er sich wörtlich aus dem oben angeführten Beweis des Dualitätstheorems im Aussagenkalkül übertragen läßt.

Weiter können wir genau wie oben unter Verwendung dieser Gesetze alle logischen Operationen durch die beiden Operationen $\land$ und $^-$ (bzw. $\lor$ und $^-$) ersetzen. Der sowjetische Mathematiker A. I. Mal'cev bewies einen interessanten Satz über den Zusammenhang zwischen gewissen unendlichen Formeln des Aussagenkalküls und endlichen Formeln dieses Kalküls. Wir werden diesen Satz im folgenden anwenden; er lautet:

Satz von Mal'cev: Ist eine beliebige logische Summe $\Sigma\mathbf{A}$ aus lauter endlichen Formeln $\mathbf{A}$ allgemeingültig, so gibt es schon endlich viele Summanden, so daß schon die Summe $\mathbf{A}_1 \lor \mathbf{A}_2 \lor \ldots \lor \mathbf{A}_N$ *ebenfalls allgemeingültig ist.*

Beweis: Für den allgemeinen Beweis dieses Satzes, der für beliebig viele endliche logische Summanden gilt, müssen wir auf transfinite Zahlen zurückgreifen. Wir wollen uns hier darauf beschränken, den Beweis für eine abzählbare Indexmenge zu führen. Für die weiteren Anwendungen kommen wir mit diesem Ergebnis vollkommen aus. Es sei also

$$\mathbf{A}_1 \lor \mathbf{A}_2 \lor \ldots \lor \mathbf{A}_n \lor \ldots$$

eine abzählbare logische Summe von endlichen Formeln. Nach Voraussetzung ist sie allgemeingültig. Wir zeigen, daß es dann eine natürliche Zahl N gibt derart, daß die Summe

$$\mathbf{A}_1 \lor \mathbf{A}_2 \lor \ldots \lor \mathbf{A}_N$$

allgemeingültig ist. Wäre das nicht der Fall, so wäre keine endliche Summe $\sum_{i=1}^{n} \mathbf{A}_i$ allgemeingültig. Folglich lassen sich solche Werte der in einer solchen Formel auftretenden logischen Variablen angeben, für welche die Formel den Wert f annimmt. Es seien

$$\mathbf{A}_1^n, \mathbf{A}_2^n, \ldots, \mathbf{A}_{k_n}^n \tag{1}$$

die in einer solchen Formel $\sum_{i=1}^{n} \mathbf{A}_i$ auftretenden Variablen und

$$\alpha_1^n, \alpha_2^n, \ldots, \alpha_{k_n}^n \tag{2}$$

die Werte dieser Variablen, für die $\sum_{i=1}^{n} \mathbf{A}_i$ den Wert f annimmt. Jedes α_i^n ist entweder w oder f. Die Anzahl aller möglichen Belegungen der Variablen (1) ist gleich 2^{k_n}, d. h. eine endliche Zahl. Wir betrachten die Formel

$$\mathbf{A}_1(\mathbf{A}_1^1, \mathbf{A}_2^2, \ldots, \mathbf{A}_{k_1}^1).$$

Alle Variablen A_i^1 treten in jeder Formel $\sum_{i=1}^{n} A_i$ auf und befinden sich daher für beliebiges n unter allen Variablen (1). Wir bezeichnen sie mit

$$A_1^{1,n}, A_2^{1,n}, \ldots, A_{k_1}^{1,n}.$$

Damit ist $A_i^{1,n}$ für $i \leq k_n$ nichts anderes als A_i^1. Die Werte α_i^n, welche die Variablen $A_i^{1,n}$ aus (1) annehmen, wollen wir jetzt mit $\alpha_i^{1,n}$ bezeichnen. Obwohl die Variablen $A_i^{1,n}$ und A_i^1 übereinstimmen, werden die Werte $\alpha_i^{1,n}$ und α_i^1 im allgemeinen nicht gleich sein. Denn wenn wir die Werte der Variablen so in die Formel $\sum_{i=1}^{n} A_i$ einsetzen, daß sie den Wert f annimmt, haben wir keinen Grund anzunehmen, daß die Variablen $A_1^1, \ldots, A_{k_1}^1$ der Formel A_1 als Variable von $\sum_{i=1}^{n} A_i$ dieselben Werte $\alpha_1^1, \ldots, \alpha_{k_1}^1$ annehmen wie in der Formel A_1. Falls $n < m$ ist, wollen wir die Variablen der Formel $\sum_{i=1}^{n} A_i$, die unter allen Variablen der Formel $\sum_{i=1}^{m} A_i$ auftreten, gleichfalls mit

$$A_1^{n,m}, A_2^{n,m}, \ldots, A_{k_n}^{n,m}$$

und ihre Werte in der Gruppe $(\alpha_1^m, \ldots, \alpha_{k_m}^m)$ mit

$$\alpha_1^{n,m}, \alpha_2^{n,m}, \ldots, \alpha_{k_n}^{n,m}$$

bezeichnen. Für die Werte (2) der Variablen ist die Formel $\sum_{i=1}^{n} A_i$ falsch, folglich muß auch die Formel A_1 für die Werte

$$\alpha_1^{1,n}, \alpha_2^{1,n}, \ldots, \alpha_{k_1}^{1,n}$$

der Variablen falsch sein, und zwar für alle n.

In der Folge von Wertegruppen der in der Formel A_1 enthaltenen k_1 Variablen, d. h. unter

$$(\alpha_1^{1,1}, \ldots, \alpha_{k_1}^{1,1}), (\alpha_1^{1,1}, \ldots, \alpha_{k_1}^{1,2}), \ldots, (\alpha_1^{1,n}, \ldots, \alpha_{k_1}^{1,n}), \ldots \tag{3}$$

gilt es nur endlich viele (nicht mehr als 2^{k_1}) voneinander verschiedene. Daher wiederholt sich in der Folge (3) wenigstens eine Gruppe unendlich oft. Folglich können wir aus der Folge (3) eine unendliche Teilfolge

$$(\alpha_1^{1,n_1}, \ldots, \alpha_{k_1}^{1,n_1}), (\alpha_1^{1,n_2}, \ldots, \alpha_{k_1}^{1,n_2}), \ldots, (\alpha_1^{1,n_j}, \ldots, \alpha_{k_1}^{1,n_j}), \ldots \tag{a_1}$$

auswählen, in der $\alpha_{i_1}^{1,n_r} = \alpha_i^{1,n_j}$ für alle r und j ist. Bei Belegung der Variablen A_i^1 mit den Werten α_i^{1,n_j} nimmt dann die Formel A_1 den Wert f an.

Nun haben wir die unendliche Formelfolge

$$\sum_{i=1}^{n_1} A_i, \quad \sum_{i=1}^{n_2} A_i, \quad \ldots, \quad \sum_{i=1}^{n_j} A_i, \quad \ldots,$$

in der jede Formel den Wert f annimmt, sobald die in ihnen auftretenden Variablen mit den Werten

$$\alpha_1^{n_j}, \alpha_2^{n_j}, \ldots, \alpha_{k_{n_j}}^{n_j}$$

belegt werden. Setzen wir nun in der Formel $\sum\limits_{i=1}^{n_j} A_i$ für alle Variablen diese Werte ein, so nimmt jede Variable A_i^1 für alle n_j denselben Wert an. Die anderen Aussagenvariablen aus $\sum\limits_{i=1}^{n_j} A_i$, die nicht in A_1 auftreten, nehmen im allgemeinen für verschiedene n_j verschiedene Werte $\alpha_i^{n_j}$ an.

Für alle $n_j \geqq 2$ kommen alle Variablen der Formel $\sum\limits_{i=1}^{2} A_i$, d. h. der Formel $A_1 \vee A_2$, unter den Variablen der Formel $\sum\limits_{i=1}^{n_j} A_i$ vor. Die Wertegruppen der in $\sum\limits_{i=1}^{n_j} A_i$ $(j = 1, 2, \ldots)$ auftretenden Variablen A_i^2, für welche dieser Formeln den Wert f annehmen, bilden eine unendliche Folge

$$(\alpha_1^{2,n_1}, \ldots, \alpha_{k_2}^{2,n_1}), (\alpha_1^{2,n_2}, \ldots, \alpha_{k_2}^{2,n_2}), \ldots, (\alpha_1^{2,n_j}, \ldots, \alpha_{k_2}^{2,n_j}), \ldots \tag{4}$$

derart, daß die Werte aller in A_1 auftretenden Variablen in allen Gruppen der Folge (4) gleich sind. Sie stimmen mit den Werten in der Folge (a_1) überein.

Dieselben Überlegungen wie im Fall $n = 1$ führen uns zu einer Teilfolge

$$(\alpha_1^{2,m_1}, \ldots, \alpha_{k_2}^{2,m_1}), (\alpha_1^{2,m_2}, \ldots, \alpha_{k_2}^{2,m_2}), \ldots, (\alpha_1^{2,m_j}, \ldots, \alpha_{k_2}^{2,m_j}), \ldots \tag{a_2}$$

von (4), die aus lauter gleichen Wertegruppen besteht und wobei

$$\alpha_i^{2,m_j} = \alpha_i^{2,m_k} \quad \text{für} \quad i = 1, 2, \ldots, k_2;$$
$$j, k = 1, 2, \ldots, n, \ldots; \quad m_j, m_k \geqq 2$$

ist. Jede Wertegruppe der Variablen A_i^2 aus der Folge (a_2) macht die Formel $A_1 \vee A_2$ falsch. Die Werte der in A_1 auftretenden Variablen A_i^2 sind in der Folge (a_2) dieselben wie in der Folge (a_1). Schließen wir in dieser Weise weiter, so finden wir abzählbar viele Folgen

$$(\alpha_1^{3,p_1}, \ldots, \alpha_{k_3}^{3,p_1}), (\alpha_1^{3,p_2}, \ldots, \alpha_{k_3}^{3,p_2}), \ldots, (\alpha_1^{3,p_j}, \ldots, \alpha_{k_3}^{3,p_j}), \ldots \tag{a_3}$$

$$\cdots\cdots\cdots\cdots\cdots\cdots\cdots\cdots\cdots\cdots\cdots\cdots\cdots$$

$$(\alpha_1^{n,q_1}, \ldots, \alpha_{k_n}^{n,q_1}), (\alpha_1^{n,q_2}, \ldots, \alpha_{k_n}^{n,q_2}), \ldots, (\alpha_1^{n,q_j}, \ldots, \alpha_{k_n}^{n,q_j}), \ldots \tag{a_n}$$

$$\cdots\cdots\cdots\cdots\cdots\cdots\cdots\cdots\cdots\cdots\cdots\cdots\cdots$$

mit $\alpha_i^{n,q_j} = \alpha_i^{n,q_r}$. Die Wertegruppen der Folge (a_n) sind Wertegruppen aller in der Formel $\sum\limits_{i=1}^{n} A_i$ auftretenden Variablen, und die Formel $\sum\limits_{i=1}^{n} A_i$ nimmt für sie den Wert f an.

Nun betrachten wir die Folge

$$(\alpha_1^{1,n_1}, \ldots, \alpha_{k_1}^{1,n_1}), (\alpha_2^{2,m_1}, \ldots, \alpha_{k_2}^{2,m_1}), \ldots, (\alpha_1^{n,q_1}, \ldots, \alpha_{k_n}^{n,q_1}), \ldots \tag{b}$$

Die erste Wertegruppe enthält nur Werte der Variablen A_i^1, für die A_1 den Wert f annimmt, die zweite besteht aus Werten der Variablen A_i^2, für die $A_1 \vee A_2$ den Wert f annimmt usw.

Alle Wertegruppen der Folge (b) haben folgende Eigenschaft: Der Wert jeder in gewissen Formeln $\sum_{i=1}^{n} A_i$ auftretenden Variablen X_i ist in allen Wertegruppen der Folge (b), in denen sie auftritt, derselbe. Die Variable X sei für ein gewisses n in der Formel $\sum_{i=1}^{n} A_i$ enthalten. Mit n_0 bezeichnen wir das kleinste aller n, für welches X in einer solchen Formel auftritt. Dann stimmt die Variable X für alle $n \geq n_0$ mit irgendeinem $A_r^{n_0,n}$ überein, d. h. $A_r^{n_0,n}$ bezeichnet die Variable X in der Formel $\sum_{i=1}^{n} A_i$. Nach Konstruktion sind die Werte $a_r^{n_0,n}$ der Variablen $A_r^{n_0,n}$ in allen Wertegruppen der Folge (a_{n_0}) gleich. Der Wert der in $\sum_{i=1}^{n_0} A_i$ auftretenden Variablen $A_r^{n_0,n}$ ist aber in allen Wertegruppen der Folge (a_n) für $n > n_0$ derselbe wie in den Wertegruppen der Folge (a_{n_0}). Folglich ist auch der Wert der Variablen $A_r^{n_0,n}$, d. h. der Variablen X, in allen Wertegruppen der Folge (b) derselbe.

Jeder Variablen einer beliebigen Formel $\sum_{i=1}^{n} A_i$ *wird durch die Folge* (b) *ein gewisser Wert zugeordnet.*

Die Wertegruppen der Folge (b) bestehen aus den Werten aller Variablen, die in den Formeln

$$A_1, \quad A_1 \vee A_2, \quad \ldots, \quad A_1 \vee A_2 \vee \ldots \vee A_n, \quad \ldots \tag{5}$$

auftreten. Die n-te Wertegruppe der Folge (b) besteht damit aus den Werten aller in $\sum_{i=1}^{n} A_i$ auftretenden Variablen. Wenn daher die Variable X in $\sum_{i=1}^{n} A_i$ auftritt, liegt ihr Wert in der n-ten Wertegruppe der Folge (b). Nun ist aber, wie wir gesehen haben, der Wert von X in allen Wertegruppen, in denen er vorkommt, derselbe. Mit diesem Wert belegen wir die Variable X.

Jeder Variablen der unendlichen Formel

$$A_1 \vee A_2 \vee \ldots \vee A_n \vee \ldots \tag{6}$$

geben wir jetzt den Wert, der ihr durch die Folge (b) zugeordnet ist. Diese Werte sind derart gestaltet, daß die Formel (5) bei Ersetzung jeder Variablen durch den ihr entsprechenden Wert selbst den Wert f annimmt. Dann nimmt aber die Formel A_n für alle n bei Ersetzung aller Variablen durch die ihnen entsprechenden Werte ebenfalls den Wert f an. Damit erhält jeder Summand der Summe (6) bei der gegebenen Belegung der Variablen den Wert f. Dann nimmt aber auch die Summe (6) selbst den Wert f an, d. h., sie ist im Widerspruch zu unserer Voraussetzung nicht allgemeingültig. Damit haben wir die Annahme, daß keine Summe $\sum_{i=1}^{N} A_i$ allgemeingültig ist, zum Widerspruch geführt. Folglich gibt es wenigstens eine endliche Summe $\sum_{i=1}^{N} A_i$, die selbst schon allgemeingültig ist. Damit ist der Satz von Mal'cev bewiesen.

Den soeben bewiesenen Satz können wir auch folgendermaßen formulieren:

Wenn alle endlichen Produkte $\prod_{i=1}^{n} A_i$ von Faktoren eines unendlichen Produkts $\prod_{n=1}^{\infty} A_n$ von endlichen Formeln A_n erfüllbar sind, dann ist auch $\prod_{n=1}^{\infty} A_n$ eine erfüllbare Formel.

Denn wäre $\prod_{n=1}^{\infty} A_n$ eine unerfüllbare Formel, so wäre $\sum_{n=1}^{\infty} \overline{A}_n$ allgemeingültig. Dann gibt es aber nach dem Satz von Mal'cev ein N derart, daß auch die Summe $\sum_{n=1}^{N} \overline{A}_n$ schon allgemeingültig ist. Dann ist aber die Negation dieser Formel, d. h. die zu ihr äquivalente Formel $\prod_{n=1}^{N} A_n$, unerfüllbar. Das ist ein Widerspruch zur Voraussetzung.

4.17. Das Vollständigkeitsproblem des Prädikatenkalküls im weiteren Sinne

Bei der semantischen Betrachtung der Prädikatenlogik (Kap. 3) hatten wir den Begriff der allgemeingültigen Formel eingeführt, der seinem Sinn nach dem Begriff der allgemeingültigen Aussage entspricht. Andererseits treten auch im Prädikatenkalkül die Begriffe der wahren bzw. ableitbaren Formel auf. Hierbei entsteht nun die Frage, diese beiden Begriffe miteinander zu vergleichen. Wie oben gezeigt wurde, ist jede im Prädikatenkalkül ableitbare Formel eine im semantischen Sinne allgemeingültige Formel (vgl. 4.4).

Es entsteht nun die umgekehrte Frage: *Ist jede allgemeingültige Formel im Prädikatenkalkül ableitbar?* Diese Frage heißt das *Vollständigkeitsproblem des Prädikatenkalküls im weiteren Sinne.* In 4.19. werden wir sehen, daß sich das Vollständigkeitsproblem im weiteren Sinne positiv lösen läßt. Wir müssen jedoch bemerken, daß wir uns bei der Lösung des Vollständigkeitsproblems des Prädikatenkalküls im weiteren Sinne deshalb nicht auf die Hilfsmittel der finiten Metalogik beschränken können, weil selbst bei der Problemstellung der Begriff „allgemeingültige Formel" auftritt, der die Betrachtung aller Interpretationen in sich einschließt.

Wir schließen noch eine technische Bemerkung an. Wenn von zwei deduktiv äquivalenten Formeln eine allgemeingültig ist, dann ist auch die andere allgemeingültig. Es seien beispielsweise A und B zwei deduktiv äquivalente Formeln, und A sei allgemeingültig. Wie wir bereits gesehen haben, sind alle aus allgemeingültigen Formeln ableitbaren Formeln selbst allgemeingültig. Wegen der deduktiven Äquivalenz ist B aus den um A vermehrten Axiomen des Prädikatenkalküls ableitbar; daher ist auch B eine allgemeingültige Formel. Wenn darüber hinaus A und B deduktiv äquivalent sind und A eine im Prädikatenkalkül ableitbare Formel darstellt, ist auch B eine im Prädikatenkalkül ableitbare Formel. Dies folgt aus der Definition der deduktiven Äquivalenz.

Aus dem Gesagten folgt insgesamt, daß wir uns bei der Lösung der Frage nach der Vollständigkeit des Prädikatenkalküls im weiteren Sinne auf die Betrachtung Skolemscher Normalformeln beschränken können. Denn nehmen wir an, wir hätten gezeigt, daß jede allgemeingültige Skolemsche Normalformel im Prädikatenkalkül ableitbar ist. Es sei A eine beliebige Formel und A* ihre Skolemsche Normalform. Wenn A allgemeingültig ist, ist auch A* allgemeingültig. Dann ist aber A* im Prädikatenkalkül ableitbar, und folglich ist auch die zu ihr deduktiv äquivalente Formel A im Prädikatenkalkül ableitbar.

4.18. Bemerkungen zu quantorenfreien Formeln des Prädikatenkalküls

Jede quantorenfreie Formel des Prädikatenkalküls kann bekanntlich als Formel des Aussagenkalküls bzw. als Formel der Aussagenalgebra betrachtet werden. Dazu brauchen wir nur die in ihr auftretenden Prädikatenvariablen als besonders bezeichnete Aussagenvariablen aufzufassen. Dabei nehmen wir an, daß solche durch Prädikatenvariable dargestellte Aussagenvariablen genau dann gleich sind, wenn die sie ausdrückenden Prädikate völlig gleich sind, d. h., wenn sie genau dieselbe Schreibweise aufweisen.

Beispiele:

1. Die Formel

$$F(x) \rightarrow F(x) \wedge F(y)$$

denken wir uns als Formel des Aussagenkalküls, wobei $F(x)$ und $F(y)$ verschiedene Aussagenvariablen bedeuten. In der gewöhnlichen Schreibweise hätte diese Formel die Gestalt

$$A \rightarrow A \wedge B.$$

2. $(F(x, y) \rightarrow F(x, x)) \vee (\overline{F}(y, y) \rightarrow \overline{F}(x, y))$.

Diese Formel hat als Formel des Aussagenkalküls, aufgefaßt in der gewöhnlichen Schreibweise, die Gestalt

$$(A \rightarrow B) \vee (\overline{C} \rightarrow \overline{A}).$$

3. $(A \vee F(x)) \wedge (B \vee \overline{F}(y))$.

Diese Formel nimmt, als Formel des Aussagenkalküls aufgefaßt, die Gestalt

$$(A \vee C) \wedge (B \vee D)$$

an.

Es sei **A** eine quantorenfreie Formel des Prädikatenkalküls. Wir setzen voraus, daß diese Formel in aussagenalgebraischer Betrachtung erfüllbar ist. Das bedeutet, daß sie für bestimmte Werte der Aussagenvariablen den Wert w annimmt. Dann können wir die Aussagenvariablen und die Prädikatenvariablen derart mit den Werten w und f belegen, daß dabei eine den Wert w annehmende Formel entsteht. Freilich müssen dabei gleiche Aussagen und gleiche Prädikate stets auf dieselbe Weise belegt werden. In diesem Fall können wir dann, wenn wir zu der Betrachtung dieser Formel als Formel des Prädikatenkalküls zurückkehren, folgendes behaupten:

Ersetzen wir die Individuenvariablen einer Formel so durch Individuen eines Individuenbereichs, daß dabei verschiedene Variable durch verschiedene Individuen ersetzt werden, so lassen sich solche über diesem Individuenbereich definierten Prädikate finden, für welche die erhaltene Formel den Wert w annimmt.

Die Wahl des Individuenbereichs wird nur dadurch eingeschränkt, daß die Anzahl seiner Individuen nicht kleiner als die Anzahl der voneinander verschiedenen Individuenvariablen der Formel sein darf. Damit kann jeder unendliche Individuenbereich im angegebenen Sinne für eine beliebige quantorenfreie Formel herangezogen werden.

Wenn eine Formel **A**, als Formel der Aussagenalgebra betrachtet, allgemeingültig ist, dann ist sie als Formel des Aussagenkalküls in diesem ableitbar. Dann ist diese Formel aber, wieder als Formel des Prädikatenkalküls betrachtet, im Prädikatenkalkül ableitbar, da sie durch Einsetzungen in eine wahre Formel des Aussagenkalküls entsteht.

Im folgenden wollen wir anstelle von „die Formel **A** ist als Formel des Aussagenkalküls betrachtet im Aussagenkalkül ableitbar" kurz „die Formel **A** ist im Aussagenkalkül ableitbar" sagen.

4.19. Der Satz von Gödel

Satz von Gödel: Jede in der Prädikatenlogik allgemeingültige Formel ist im Prädikatenkalkül ableitbar.

Zum Beweis dieses Satzes führen wir zunächst einige Bezeichnungen ein und beweisen zur Vorbereitung ein Lemma. Aus dem Satz von Skolem und aus der Bemerkung in 4.17 folgt, daß es genügt, zum Beweis des Satzes von Gödel ausschließlich Skolemsche Normalformeln zu betrachten.

Es sei **A** eine Skolemsche Normalformel, also von der Gestalt

$$\exists x_1 \ldots \exists x_k \; \forall y_1 \ldots \forall y_m \; M(x_1, \ldots, x_k, y_1, \ldots, y_m). \tag{1}$$

Wir führen nun eine Folge neuer Zeichen

$$t_0, t_1, \ldots, t_n, \ldots$$

von Individuenvariablen ein. Dazu betrachten wir alle möglichen k-Tupel $(t_{i_1}, \ldots, t_{i_k})$ von Zeichen dieser Folge derart, daß die k-Tupel mit größerer Indexsumme $i_1 + i_2 + \ldots + i_k$ nach den k-Tupeln mit niedrigerer Indexsumme kommen, während die k-Tupel mit gleicher Indexsumme irgendwie, etwa lexikographisch, geordnet sind:

$$(t_0, t_0, \ldots, t_0), (t_0, \ldots, t_0, t_1), (t_0, \ldots, t_1, t_0), \ldots, (t_{i_1}, \ldots, t_{i_k}), \ldots$$

Das j-te k-Tupel dieser Folge sei $(t_{i_1}, t_{i_2}, \ldots, t_{i_k})$. Wir führen folgende Bezeichnungen ein:

$$
\left.
\begin{aligned}
&\textbf{B}_j \text{ bezeichnet die Formel } M(t_{i_1}, \ldots, t_{i_k}, t_{(j-1)m+1}, t_{(j-1)m+2}, \ldots, t_{jm}),\\
&\textbf{C}_j \text{ bezeichnet die Formel } \textbf{B}_1 \vee \textbf{B}_2 \vee \ldots \vee \textbf{B}_j\\
&\textbf{D}_j \text{ bezeichnet die Formel } \forall t_0 \ldots \forall t_{jm} \, \textbf{C}_j.
\end{aligned}
\right\} \tag{2}
$$

Die Formel **D**$_j$ schreiben wir ausführlicher:

$$
\begin{aligned}
\forall t_0 \ldots \forall t_{jm}(&\textbf{B}_1(t_0, \ldots, t_0, t_1, \ldots, t_m) \vee\\
&\vee \textbf{B}_2(t_0, \ldots, t_1, t_{m+1}, \ldots, t_{2m}) \vee \ldots\\
&\ldots \vee \textbf{B}_j(t_{i_1}, \ldots, t_{i_k}, t_{(j-1)m+1}, \ldots, t_{jm})).
\end{aligned}
\tag{3}
$$

Man sieht leicht, daß bei der gewählten Numerierung der k-Tupel $(t_{i_1}, \ldots, t_{i_k})$ der Index $(j-1)m - 1$ größer ist als die Indizes $i_1, \ldots, i_k$ der Elemente des j-ten k-Tupels. Denn der Index jedes zu einem k-Tupel gehörenden Elements ist stets kleiner als der k-Tupel-Index.

Daher enthält die Formel C_{j-1}, d. h. die Formel $B_1 \lor B_2 \lor ... \lor B_{j-1}$, die Variablen $t_{(j-1)m+1}, ..., t_{jm}$ nicht, und die Formel C_j enthält nur die Variablen $t_0, t_1, ..., t_{jm}$. Andererseits enthält C_j jede dieser Variablen, da B_1 die Variablen $t_0, t_1, ..., t_m$, B_2 die Variablen $t_{m+1}, ..., t_{2m}$ usw. enthält. Schließlich enthält B_j die Variablen $t_{(j-1)m+1}, ..., t_{jm}$. Daher ist die Quantifizierung der Formel $B_1 \lor B_2 \lor ... \lor B_j$ mit allen $\forall t_0, ..., \forall t_{jm}$ sinnvoll.

Lemma 1: Die Formel

$$\forall u_1 ... \forall u_n (A(u_1, ..., u_n) \lor B(u_1, ..., u_n)) \rightarrow$$
$$\rightarrow \forall u_1 ... \forall u_k ... \forall u_n (A(u_1, ..., u_n) \lor \tag{4}$$
$$\lor \exists x_1 ... \exists x_k B(x_1, ..., x_k, u_{k+1}, ..., u_n))$$

ist eine im Prädikatenkalkül wahre Formel.

Beweis: Wir haben

$$B(u_1, ..., u_n) \rightarrow \exists x_1 ... \exists x_k B(x_1, ..., x_k, u_{k+1}, ..., u_n). \tag{5}$$

Wir betrachten die wahre Formel des Aussagenkalküls:

$$(C \rightarrow D) \rightarrow (A \lor C \rightarrow A \lor D).$$

Durch Einsetzungen in diese Formel erhalten wir

$$\vdash (B(u_1, ..., u_n) \rightarrow \exists x_1 ... \exists x_k B(x_1, ..., x_k, u_{k+1}, ..., u_n)) \rightarrow$$
$$\rightarrow (A(u_1, ..., u_n) \lor B(u_1, ..., u_n) \rightarrow A(u_1, ..., u_n) \lor \tag{6}$$
$$\lor \exists x_1 ... \exists x_k B(x_1, ..., x_k, u_{k+1}, ..., u_n)).$$

Die Anwendung der Abtrennungsregel auf die Formeln (5) und (6) liefert

$$\vdash A(u_1, ..., u_n) \lor B(u_1, ..., u_n) \rightarrow A(u_1, ..., u_n) \lor$$
$$\lor \exists x_1 ... \exists x_k B(x_1, ..., x_k, u_{k+1}, ..., u_n). \tag{7}$$

Weiter wenden wir auf die wahre Formel

$$\forall v_1 ... \forall v_n (A(v_1, ..., v_n) \lor B(v_1, ..., v_n)) \rightarrow A(u_1, ..., u_n) \lor B(u_1, ..., u_n)$$

und die Formel (7) den Kettenschluß an und erhalten

$$\forall v_1 ... \forall v_n (A(v_1, ..., v_n) \lor B(v_1, ..., v_n)) \rightarrow$$
$$\rightarrow A(u_1, ..., u_n) \lor \exists x_1 ... \exists x_k B(x_1, ..., x_k, u_{k+1}, ..., u_n).$$

Wenden wir auf diese Formel n-mal hintereinander die Generalisierungsregel bezüglich der $\forall u_i$ an und benennen die gebundenen Variablen um, so erhalten wir Formel (4).

Bemerkung: Stimmen einige Variable u_i überein und wird damit die Anzahl der Quantoren kleiner als n, so bleibt die bewiesene Formel richtig. Dabei können wir annehmen, daß die durch Partikularisatoren gebundenen Variablen $x_1, ..., x_n$ nicht übereinstimmen.

Beispiel:

$$\forall u\,(A(u, v) \lor B(u, u)) \to \forall u\,(A(u, u) \lor \exists x_1\, \exists x_2\, B(x_1, x_2)).$$

Der Beweis bleibt in diesem Fall derselbe.

Lemma 2: Ist **A** *die Formel* (1), *so ist die Formel*

$$\mathbf{D}_j \to \mathbf{A} \tag{8}$$

für alle j *ableitbar.*

Den Beweis des Lemmas führen wir durch vollständige Induktion nach j. Die Formel

$$\forall t_0 \, \forall t_1 \ldots \forall t_m \, \mathbf{M}(t_0, \ldots, t_0, t_1, \ldots, t_m) \to$$
$$\to \exists x_1 \ldots \exists x_k \, \forall t_1 \ldots \forall t_m \, \mathbf{M}(x_1, \ldots, x_k, t_1, \ldots, t_m)$$

läßt sich leicht ableiten. Durch Variablenumbenennung wird

$$\forall t_0 \, \forall t_1 \ldots \forall t_m \, \mathbf{M}(t_0, \ldots, t_0, t_1, \ldots, t_m) \to$$
$$\to \exists x_1 \ldots \exists x_k \, \forall y_1 \ldots \forall y_m \, \mathbf{M}(x_1, \ldots, x_k, y_1, \ldots, y_m)\,.$$

Unter Beachtung der Formeln (1) und (2) läßt sich die letzte Formel als

$$\mathbf{D}_1 \to \mathbf{A}$$

schreiben.

Wenn Formel (8) für j − 1 ableitbar ist, dann ist sie auch für j ableitbar. Ist nämlich

$$\vdash \mathbf{D}_{j-1} \to \mathbf{A},$$

dann hat $\mathbf{D}_j$ nach (2) die Form

$$\forall t_0 \ldots \forall t_{jm}\,[\mathbf{C}_{j-1} \lor \mathbf{B}_j]. \tag{9}$$

Wie wir gesehen hatten, treten die Variablen $t_{(j-1)m+1}, \ldots, t_{jm}$ in der Formel $\mathbf{C}_{j-1}$ nicht auf. Daher ist

$$\forall t_{(j-1)m+1} \ldots \forall t_{jm}\,[\mathbf{C}_{j-1} \lor \mathbf{B}_j] \sim \mathbf{C}_{j-1} \lor \forall t_{(j-1)m+1} \ldots \forall t_{jm}\, \mathbf{B}_j\,, \tag{10}$$

denn $\mathbf{C}_{j-1}$ kann vor $\forall t_{(j-1)m+1}, \ldots, \forall t_{jm}$ gezogen werden. Unter Beachtung von (10) schreiben wir die zu $\mathbf{D}_j$ äquivalente Formel (9) ausführlicher als

$$\forall t_0 \, \forall t_1 \ldots \forall t_{(j-1)m}\,[\mathbf{C}_{j-1}(t_0, \ldots, t_{(j-1)m}) \lor$$
$$\lor \forall t_{(j-1)m+1} \ldots \forall t_{jm}\, B(t_{i_1}, \ldots, t_{i_k}, t_{(j-1)m+1}, \ldots, t_{jm})],$$

wobei $t_{i_1}, \ldots, t_{i_k}$ Variable der j-ten Gruppe bedeuten. Sie sind ebenfalls durch Quantoren gebunden, da sie schon unter den Variablen $t_0, \ldots, t_{(j-1)m}$ auftreten. Einige dieser Variablen können untereinander gleich sein. Wir wenden nun Formel (4), d.h. die Formel

$$\forall u_1 \ldots \forall u_n\,(A(u_1, \ldots, u_n) \lor B(u_1, \ldots, u_n)) \to$$
$$\to \forall u_1 \ldots \forall u_k \ldots \forall u_n\,(A(u_1, \ldots, u_n) \lor$$
$$\lor \exists x_1 \ldots \exists x_k\, B(x_1, \ldots, x_k, u_{k+1}, \ldots, u_n)),$$

an, indem wir $n = (j-1)m + 1$ setzen und die Variablen $u_1, \ldots, u_n$ durch die Variablen $t_{i_1}, \ldots, t_{i_k}, \ldots, t_{(j-1)m}$ ersetzen (das sind dieselben Variablen $t_0, t_1, \ldots, t_{(j-1)m}$, nur sind sie in einer solchen Reihenfolge aufgeschrieben, daß die Variablen der j-ten Gruppe zuerst kommen). Außerdem ersetzen wir in (4)

$$A(u_1, \ldots, u_n) \text{ durch } C_{j-1}(t_{i_1}, \ldots, t_{(j-1)m}),$$

$$B(u_1, \ldots, u_n) \text{ durch } \forall t_{(j-1)m+1} \ldots \forall t_{jm}\, B_j(t_{i_1}, \ldots, t_{i_k}, t_{(j-1)m+1}, \ldots, t_{jm}).$$

Danach erhalten wir die wahre Formel

$$\forall t_{i_1} \ldots \forall t_{(j-1)m}[C_{j-1}(t_{i_1}, \ldots, t_{(j-1)m}) \vee \tag{11}$$
$$\vee \forall t_{(j-1)m+1} \ldots \forall t_{jm}\, B_j(t_{i_1}, \ldots, t_{i_k}, t_{(j-1)m+1}, \ldots, t_{jm})] \rightarrow$$
$$\rightarrow \forall t_{i_1} \ldots \forall t_{(j-1)m}[C_{j-1}(t_{i_1}, \ldots, t_{(j-1)m}) \vee$$
$$\vee \exists x_1 \ldots \exists x_k \forall t_{(j-1)m+1} \ldots \forall t_{jm}\, B_j(x_1, \ldots, x_k, t_{(j-1)m+1}, \ldots, t_{jm})].$$

Daß einige der Variablen $t_{i_1}, \ldots, t_{i_k}$ einander gleich sein können, hat, wie wir bereits erwähnt haben, hierauf keinerlei Einfluß.

Die linke Seite der Implikation (11) ist zu D_j äquivalent. Das zweite Glied der logischen Summe auf der rechten Seite hat die Form

$$\exists x_1 \ldots \exists x_k \forall t_{(j-1)m+1} \ldots \forall t_{jm}\, B_j(x_1, \ldots, x_k, t_{(j-1)m+1}, \ldots, t_{jm}).$$

Setzen wir in dieser Formel für die Variablen $t_{(j-1)m+1}, \ldots, t_{jm}$ die Variablen $y_1, \ldots, y_m$ ein und für B_j die in (2) angegebene Formel, so erhalten wir die äquivalente Formel

$$\exists x_1 \ldots \exists x_k \forall y_1 \ldots \forall y_m\, M(x_1, \ldots, x_k, y_1, \ldots, y_m).$$

Das ist aber nichts anderes als A (siehe (1)). Hieraus folgt, daß die rechte Seite der Implikation (11) äquivalent ist zu

$$\forall t_0 \ldots \forall t_{(j-1)m}(C_{j-1} \vee A).$$

Da diese Formel die Variablen $t_0, \ldots, t_{(j-1)m}$ nicht enthält, können wir sie vor die Quantoren schreiben. Dann erhalten wir die Formel

$$A \vee \forall t_0 \ldots \forall t_{(j-1)m}\, C_{j-1},$$

welche ebenfalls zur rechten Seite der Implikation (11) bzw., wenn wir nur den rechten Summanden nach (2) ersetzen, zu

$$A \vee D_{j-1} \tag{12}$$

äquivalent ist. Ersetzen wir nun beide Seiten der Implikation (11) durch die äquivalenten Formeln D_j bzw. (12), so gelangen wir zu

$$D_j \rightarrow D_{j-1} \vee A.$$

Nach Voraussetzung gilt aber

$$\vdash D_{j-1} \rightarrow A.$$

Durch Einsetzungen in die wahre Formel

$$(A \rightarrow B \vee C) \rightarrow ((B \rightarrow C) \rightarrow (A \rightarrow C))$$

erhalten wir

$$\vdash (D_j \rightarrow D_{j-1} \vee A) \rightarrow ((D_{j-1} \rightarrow A) \rightarrow (D_j \rightarrow A)).$$

Nach der zusammengesetzten Abtrennungsregel ist dann

$$\vdash D_j \rightarrow A,$$

womit das Lemma bewiesen ist.

Beweis des Satzes von Gödel: Wie bereits erwähnt wurde, können wir uns beim Beweis des Satzes von Gödel auf die Betrachtung von Skolemschen Normalformeln beschränken. Es sei A eine allgemeingültige Skolemsche Normalformel. Dann hat A die Form (1). Wir zeigen, daß unter diesen Voraussetzungen wenigstens eine der Formeln C_j im Aussagenkalkül ableitbar ist. Dazu nehmen wir an, es sei keine Formel C_j im Aussagenkalkül ableitbar. Dann ist jede Formel $\overline{C}_j$, als Formel der Aussagenalgebra aufgefaßt, erfüllbar (vgl. 4.18). Ebenso wird jede aus $\overline{C}_j$ durch beliebige Einsetzungen von Individuen eines beliebigen Individuenbereichs entstehende Formel wieder erfüllbar, sobald für verschiedene Variable verschiedene Individuen eingesetzt werden.

Wir wählen einen beliebigen abzählbaren Individuenbereich mit den Individuen

$$t_1^0, t_2^0, \ldots, t_n^0, \ldots .$$

Die aus C_j bei Einsetzung der Individuen $t_{i_1}^0, \ldots, t_{i_k}^0, t_{(j-1)m+1}^0, \ldots, t_{jm}^0$ für die Variablen $t_{i_1}, \ldots, t_{i_k}, t_{(j-1)m+1}, \ldots, t_j$ entstehende Formel bezeichnen wir mit C_j^0. Die Formel $\overline{C}_j^0$ ist dann für beliebiges j erfüllbar, und folglich ist dann auch die zu ihr semantisch äquivalente Formel $\overline{B}_1^0 \wedge \ldots \wedge \overline{B}_j^0$ als Formel der Aussagenalgebra erfüllbar. Nach dem Satz von Mal'cev ist dann auch die Formel $\prod\limits_{j=1}^{\infty} \overline{B}_j^0$, als Formel der Aussagenalgebra betrachtet, erfüllbar. Wenn diese Formel aber erfüllbar ist, können wir die in ihr auftretenden Aussagenvariablen so belegen, daß dabei die gesamte Formel den Wert w annimmt.

Wir wählen nun spezielle Werte aller in $\prod\limits_{j=1}^{n} \overline{B}_j^0$ auftretenden Aussagenvariablen A, für welche diese Formel den Wert w annimmt, und wollen im folgenden nur noch diese Werte von A betrachten. Dann erhalten alle in irgendeiner Formel B_j^0 auftretenden Aussagenvariablen einen bestimmten Wert.

Wir betrachten nun die Formel B_j^0. Sie ist nach Definition (2) folgendermaßen mit A verknüpft: B_j^0 ist der Ausdruck

$$M\,(t_{i_1}^0, \ldots, t_{i_k}^0, t_{(j-1)m+1}^0, \ldots, t_{jm}^0),$$

wobei $(t_{i_1}^0, \ldots, t_{i_k}^0)$ eine Wertefolge der Variablen $t_{i_1}, \ldots, t_{i_k}$ der j-ten Folge ist.

Da wir jede Aussagenvariable aus B_j^0 mit einem festen Wert belegt hatten, bekommt auch jedes Prädikat aus M, etwa $A(t_1, \ldots, t_s)$, wenigstens für gewisse Werte seiner Individuenvariablen aus dem Individuenbereich

$$t_1^0, \ldots, t_n^0, \ldots$$

einen bestimmten Wert. Bei der Werteverteilung für die Prädikate aus **M** kann kein Widerspruch auftreten, d. h., jedes Prädikat aus **M** kann für bestimmte Werte seiner Variablen nur einen der Werte w bzw. f annehmen. Denn obwohl der Ausdruck

$$A(t^0_{p_1}, \ldots, t^0_{p_s})$$

in verschiedenen $\mathbf{B}^0_j$ auftreten kann, wird er in der Formel

$$\prod_{j=1} \overline{\mathbf{B}}^0_j$$

als ein und dieselbe Aussagenvariable aufgefaßt und daher überall mit w oder f belegt.

Die Formel **A** enthalte die Prädikatenvariablen

$$A_1, A_2, \ldots, A_r.$$

Jeder dieser Prädikatenvariablen A_p ordnen wir ein über dem Individuenbereich

$$t^0_1, \ldots, t^0_n, \ldots$$

definiertes Prädikat A^0_p folgendermaßen zu:

Wenn für die Werte $t^0_{p_1}, \ldots, t^0_{p_s}$ der Variablen $t_{p_s}, \ldots, t_{p_s}$ von A_p die Aussage $A_p(t^0_{p_1}, \ldots, t^0_{p_s})$ in der Formel $\prod\limits_{j=1}^{\infty} \overline{\mathbf{B}}^0_j$ auftritt, erhält $A^0_p(t^0_{p_1}, \ldots, t^0_{p_s})$ den Wert, den es, als Aussagenvariable aufgefaßt, in der Formel $\prod\limits_{j=1}^{\infty} \overline{\mathbf{B}}^0_j$ erhalten hat. Wenn aber $A^0_p(t^0_{p_1}, \ldots, t^0_{p_s})$ nicht in der Formel $\prod\limits_{j=1}^{\infty} \overline{\mathbf{B}}^0_j$ auftritt, erhält es einen beliebigen Wert. (Wir erinnern daran, daß die Formel $\prod\limits_{j=1}^{\infty} \overline{\mathbf{B}}^0_j$ den Wert w annimmt).

Man sieht leicht, daß die Formel $\overline{\mathbf{A}}$ bei Ersetzung ihrer Prädikate $A_1, \ldots, A_r$ durch $A^0_1, \ldots, A^0_r$ den Wert w annimmt, d. h. in der im Kapitel 3 beschriebenen Prädikatenlogik wahr wird, denn die Formel $\overline{\mathbf{A}}$ ist gleichwertig mit der Formel

$$\forall x_1 \ldots \forall x_k \, \exists y_1 \ldots \exists y_m \, \overline{\mathbf{M}}(x_1, \ldots, x_k, y_1, \ldots, y_m).$$

Wir betrachten nun eine beliebige aus dem Individuenbereich $t^0_1, \ldots, t^0_i, \ldots$ gewählte Wertemenge für die Variablen $x_1, \ldots, x_k$. Jede derartige Wertemenge ist eines der k-Tupel

$$(t^0_{i_1}, \ldots, t^0_{i_k}).$$

Der Index dieses k-Tupels sei j. Die Formel

$$\overline{\mathbf{M}}(t^0_{i_1}, \ldots, t^0_{i_k}, t^0_{(j-1)m+1}, \ldots, t^0_{jm})$$

ist die Formel

$$\overline{\mathbf{B}}_j(t^0_{i_1}, \ldots, t^0_{i_k}, t^0_{(j-1)m+1}, \ldots, t^0_{jm}).$$

Bei Ersetzung ihrer Prädikatenvariablen $A_1, \ldots, A_r$ durch die Prädikate $A^0_1, \ldots, A^0_r$ nimmt diese Formel den Wert w an (da bei einer solchen Ersetzung die gesamte Formel $\prod\limits_{j=1}^{\infty} \overline{\mathbf{B}}^0_j$ den Wert w annimmt). Das bedeutet, daß es zu jedem Werte-k-Tupel der Variablen $x_1, \ldots, x_k$

über dem Individuenbereich $t_1^0, \ldots, t_p^0, \ldots$ ein Werte-k-Tupel der Variablen $y_1, \ldots, y_m$ gibt, nämlich $t_{(j-1)m+1}^0, \ldots, t_{jm}^0$, so daß die Formel

$$\overline{M}(t_{i_1}^0, \ldots, t_{i_k}^0, t_{(j-1)m+1}^0, \ldots, t_{jm}^0)$$

den Wert w annimmt. Dann nimmt aber bei der Ersetzung der Prädikatenvariablen $A_1, \ldots, A_r$ durch die Prädikate $A_1^0, \ldots, A_r^0$ für den Individuenbereich $t_1^0, \ldots, t_r^0, \ldots$ die Formel

$$\forall x_1 \ldots \forall x_k \, \exists y_1 \ldots \exists y_m \, \overline{M}(x_1, \ldots, x_k, y_1, \ldots, y_m)$$

selbst den Wert w an. Folglich ist diese Formel über dem Individuenbereich $t_1^0, \ldots, t_k^0, \ldots$ erfüllbar. Andererseits ist sie aber mit der Negation der Formel

$$\exists x_1 \ldots \exists x_k \, \forall y_1 \ldots \forall y_m \, M(x_1, \ldots, x_k, \ldots, y_1, \ldots, y_m),$$

gleichwertig, welche aber gerade Formel **A** und nach Voraussetzung allgemeingültig ist. Damit sind wir auf einen Widerspruch gestoßen, da die Negation einer allgemeingültigen Formel über keinem Individuenbereich erfüllbar sein kann. Aus dem erhaltenen Widerspruch folgt, daß die Formel $\prod\limits_{j=1}^{\infty} \overline{B}_j$ nicht erfüllbar sein kann.

In diesem Fall ist die Voraussetzung, daß keine Formel C_j im Aussagenkalkül ableitbar ist, nicht richtig, und folglich gibt es (wenigstens) eine im Aussagenkalkül ableitbare Formel C_{j_0}, die dann also auch im Prädikatenkalkül ableitbar ist. Dann ist auch die Formel D_{j_0}, d.h. die Formel

$$\forall t_0 \ldots \forall t_{j_0 m} \, C_{j_0},$$

im Prädikatenkalkül (durch sukzessive Anwendung der abgeleiteten Quantifizierungsregel) ableitbar. Wir wissen aber, daß jede Formel

$$D_j \rightarrow A$$

im Prädikatenkalkül ableitbar ist; daher ist auch die Formel **A** im Prädikatenkalkül ableitbar, was zu beweisen war.

4.20. Axiomensysteme im Prädikatenkalkül

Die semantische Bedeutung der im Prädikatenkalkül ableitbaren Formeln wurde in den Kapiteln 3 und 4 hinreichend erläutert. Diese Formeln stellen allgemeingültige Aussagen oder, mit anderen Worten, logische Tautologien dar. Umgekehrt ist auch jede allgemeingültige Formel im Prädikatenkalkül ableitbar (vgl. 4.19).

Aus dem Gesagten geht hervor, daß es im Prädikatenkalkül unmöglich ist, eine irgendwie wesentlich inhaltliche Aussage, insbesondere eine mathematische, abzuleiten. Werden dagegen zu den Axiomen des Prädikatenkalküls irgendwelche nicht ableitbaren Axiome hinzugenommen (unter Beibehaltung der Ableitungsregeln), so entsteht ein neuer Kalkül, in dem neben allgemeingültigen Formeln auch andere Formeln ableitbar sind.

Nun erweitert die Hinzunahme solcher neuer Axiome, wie wir sie bisher betrachtet haben, zu den Axiomen des Prädikatenkalküls zwar den Umfang der ableitbaren Formeln, aber diese Erweiterung ist nicht sehr wesentlich. Als Beispiel einer solchen Erweiterung des Axiomensystems des Prädikatenkalküls mag die Hinzunahme der oben betrachteten, im Prädikatenkalkül nicht ableitbaren Formel

$$\exists\, x\, F(x) \rightarrow \forall\, x\, F(x)$$

gelten. Inhaltlich bedeutet dieses Axiom, daß alle Individuen identisch sind.

Auch bei der inhaltlichen Deutung der Prädikatenlogik haben wir verschiedene Axiomensysteme betrachtet. Jedoch hatten wir es damals mit verschiedenen Typen von Individuen- und Prädikatensymbolen zu tun, nämlich mit Individuen und Individuenvariablen bzw. mit Prädikaten und Prädikatenvariablen. Im Prädikatenkalkül hatten wir es bisher nur mit Individuenvariablen und Prädikatenvariablen zu tun. Um das Anwendungsgebiet des Prädikatenkalküls zu erweitern und die Möglichkeit zu erhalten, mit Hilfe der Axiome echte mathematische Disziplinen zu beschreiben, müssen auch im Prädikatenkalkül Individuen und Prädikatenkonstanten eingeführt werden.

Für Individuenkonstanten führen wir keine speziellen Zeichen ein. Wir wollen auch sie mit kleinen lateinischen Buchstaben bezeichnen und jedesmal vereinbaren, durch welche Buchstaben die Individuenkonstanten gekennzeichnet sind. Treten kleine lateinische Buchstaben ohne jede Zusatzbemerkung auf, so sollen es Individuenvariable sein. Meistens werden wir zur Kennzeichnung von Individuenkonstanten die Anfangsbuchstaben des Alphabets verwenden. Mitunter wollen wir Individuen aber auch durch andere Zeichen, etwa durch Ziffern kennzeichnen. Ebenso führen wir auch Prädikatenkonstanten in unserem Formalismus ein. Für diese benutzen wir mit einem entsprechenden Hinweis dieselben Zeichen wie für Prädikatenvariable, oder wir werden sie durch allgemein übliche Symbole darstellen. So stellen wir das Prädikat von zwei Variablen mit der Bezeichnung „Gleichheitsprädikat" durch das Zeichen = dar. Ein anderes Prädikat, das „Ordnungsprädikat" erhält das Zeichen <.

Auch der Begriff der Elementarformel erweitert sich etwas. Zu den bisherigen Elementarformeln kommen Ausdrücke der Gestalt

$$F(x_1, \ldots, x_n)$$

hinzu, wobei F eine Prädikatenvariable oder -konstante von n Variablen ist und die Buchstaben $x_1, \ldots, x_n$ sowohl Individuenvariable als auch Individuenkonstanten sein können. Elementarformeln der Gestalt $F(x_1, \ldots, x_n)$ wollen wir, falls sie Individuenvariable enthalten, auch wieder Prädikate nennen; und zwar Prädikatenvariable bzw. -konstante, je nachdem, ob das Prädikat F eine Variable oder Konstante ist. Mitunter schreiben wir Elementarformeln für Prädikatenkonstanten anders. So schreiben wir beispielsweise das Gleichheitsprädikat in der Gestalt

$$x = y \quad (\text{und nicht} \quad =(x, y))$$

und das Ordnungsprädikat in der Gestalt

$$x < y.$$

Im übrigen bleibt die Definition der Formel erhalten. Wir müssen nur darauf hinweisen, daß wir die Quantifizierung nicht auf Individuenkonstanten ausdehnen.

Die Einsetzungsregel in eine Prädikatenvariable erfordert eine gewisse Präzisierung.

Die Einsetzung

$$R_F^{B(t_1,\ldots,t_n)}(A),$$

wobei F eine n-stellige Prädikatenvariable darstellt, bedeutet die Ersetzung jedes Ausdrucks der Form

$$F(x_1,\ldots,x_n)$$

in der Formel **A** durch die Formel $B(x_1,\ldots,x_n)$. Dabei können die Buchstaben $x_1,\ldots,x_n$ sowohl Individuenvariable als auch -konstante sein.

Die Ausdrücke $\forall a\,A(a)$ und $\exists a\,A(a)$, in denen a eine Individuenkonstante ist, sind keine Formeln.

Alle Axiome des Prädikatenkalküls und alle Ableitungsregeln, bis auf die Umbenennungsregel für freie Individuenvariable, bleiben erhalten. Die Umbenennungsregel für freie Individuenvariable wird erweitert; wir formulieren sie folgendermaßen:

*Ist **A** eine wahre Formel und **A**′ die aus **A** dadurch entstehende Formel, daß eine beliebige freie Individuenvariable durchgängig durch eine andere Individuenvariable oder durch eine Individuenkonstante ersetzt wird, so ist auch **A**′ eine wahre Formel.*

Das so erhaltene System heißt ebenfalls Prädikatenkalkül. Man sieht leicht, daß die Ergänzungen den Prädikatenkalkül im wesentlichen nicht ändern. Die Axiome des Prädikatenkalküls enthalten weder Individuenkonstanten noch Prädikatenkonstanten. Wenn wir eine Formel abgeleitet haben, in der wir zwischen Individuenkonstanten und Individuenvariablen sowie zwischen individuellen Prädikatenkonstanten und Prädikatenvariablen unterscheiden, dann ist diese Ableitung auch unter der Voraussetzung richtig, daß alle in der Formel auftretenden Individuen (natürlich ohne gebundene Individuenvariablen) und alle Prädikate variabel sind. Diese Behauptung ist richtig, weil die einzige Änderung in den Ableitungsregeln lediglich darin besteht, daß sie auf Individuen- und Prädikatenkonstanten nur beschränkt angewendet werden. Damit erweisen sich die eingeführten Ergänzungen für den Prädikatenkalkül selbst als unergiebig. Doch sie sind sehr wesentlich für den Aufbau abstrakter logischer Kalküle, die nicht zur Beschreibung von logischen, sondern von mathematischen Disziplinen bestimmt sind. Es seien

$$A_1, A_2, \ldots, A_n$$

Formeln des Prädikatenkalküls, die jetzt sowohl Prädikatenvariable und Individuenvariable als auch Prädikaten- und Individuenkonstanten enthalten können. Unter Beibehaltung der früheren Ableitungsregeln fügen wir diese Formeln zu den Axiomen des Prädikatenkalküls hinzu. Dann erhalten wir ein gewisses formales System, in dem alle wahren Formeln des Prädikatenkalküls ableitbar sind; aber daneben sind noch andere im Prädikatenkalkül nicht ableitbare Formeln ableitbar. Das ist immer dann der Fall, wenn wenigstens eine der Formeln A_i im Prädikatenkalkül nicht ableitbar ist.

Als Beispiel betrachten wir das uns bereits aus Kapitel 3 bekannte Axiomensystem der Gleichheit. Zu den Axiomen des Prädikatenkalküls nehmen wir folgende Axiome hinzu:

1. $x = x$,

2. $x = y \rightarrow (A(x) \rightarrow A(y))$.

Das Prädikat $x = y$ ist in diesen Axiomen konstant, während $A(x)$ eine Prädikatenvariable ist. Wir sehen leicht, daß keines dieser Axiome im Prädikatenkalkül ableitbar ist; denn die im Prädikatenkalkül ableitbaren Formeln enthalten keine Prädikatenkonstanten. Wenn daher die Formel $x = x$ im Prädikatenkalkül ableitbar wäre, könnten wir das Prädikat $x = x$ als Prädikatenvariable auffassen. Eine elementare Prädikatenvariable ist aber nicht ableitbar, da sie unmittelbar zu einem Widerspruch führt. Bei Einsetzung der Formel $\overline{x = x}$ in $x = x$ würden wir wieder eine im Prädikatenkalkül wahre Formel und damit einen Widerspruch im Prädikatenkalkül selbst erhalten. In analoger Weise können wir zeigen, daß auch die zweite Formel im Prädikatenkalkül nicht ableitbar ist. Weiter zeigen wir, daß wir aus den Axiomen 1 und 2 die Grundeigenschaften der Gleichheit ableiten können.

Durch Hinzunahme dieser oder jener Axiome zu den Axiomen des Prädikatenkalküls können wir verschiedene mathematische Disziplinen beschreiben. Auf diese Weise können die Arithmetik, die Theorie der reellen Zahlen, die Geometrie und schließlich die Mengenlehre beschrieben werden. Überhaupt kann jedes deduktive System mit den angegebenen Mitteln behandelt werden. Wir haben gar keinen triftigen Grund, noch andere Formalismen zu konstruieren.

Daneben muß bei Betrachtung eines beliebigen Axiomensystems dieses auf innere Widerspruchsfreiheit hin untersucht werden. Diese Frage ist, wie wir gesehen haben, sehr wesentlich, da jedes im Innern widerspruchsvolle System die Eigenschaft hat, daß in ihm alle Formeln gleichzeitig wahr und falsch sind. Daher ist ein solches System für Erkenntnisfragen unbrauchbar. Nun ist aber die Frage nach der Widerspruchsfreiheit mit speziellen, nicht ganz überwindbaren Schwierigkeiten verbunden. Wenn wir nämlich irgendeinen Beweis für die Widerspruchsfreiheit eines bestimmten Kalküls führen, dann müssen sich unsere Überlegungen selbst schon auf solche Voraussetzungen gründen, die aus den Axiomen des gegebenen Systems selbst nicht abgeleitet werden können. (Jede Überlegung, insbesondere jede Überlegung über die Widerspruchsfreiheit irgendeines Systems, kann formalisiert und in Form einer Deduktion aus gewissen Axiomen dargestellt werden, die als Formeln des Prädikatenkalküls ausgedrückt sind.)

Um also die Widerspruchsfreiheit irgendeines Kalküls zu beweisen, müssen wir Voraussetzungen verwenden, die sich nicht aus den Axiomen des gegebenen Kalküls ableiten lassen. Damit benötigen wir zur Lösung der Frage nach der Widerspruchsfreiheit eine Quelle, aus der wir immer stärkere Voraussetzungen derart schöpfen können, daß wir von deren Widerspruchsfreiheit völlig überzeugt sind. Man könnte denken, daß derartige Voraussetzungen durch das endliche System von Schlüssen gegeben sind, in dessen Rahmen wir logische Systeme definieren und über sie urteilen. Es zeigt sich aber, daß schon zum Beweis der Widerspruchsfreiheit der Arithmetik der Hilbertsche Finitismus nicht ausreicht. Praktisch bleibt uns die Mengenlehre als Quelle der Voraussetzungen, die heute zur Lösung der Frage nach der Widerspruchsfreiheit hinreichend starker mathematischer Theorien herangezogen werden, und der Beweis der Widerspruchsfreiheit eines Systems sieht folgendermaßen aus: Wenn die Mengenlehre in diesem oder jenem Rahmen widerspruchsfrei ist, dann ist auch das gegebene uns interessierende System widerspruchsfrei.

Derartige Schlüsse lassen sich im Rahmen des Hilbertschen Finitismus ausführen, da wir sowohl die Mengenlehre in dem von uns benötigten Maße als auch das zu untersuchende System bereits axiomatisch beschreiben können, und zwar sogar mit den Mitteln des Prädikatenkalküls. Damit lösen wir anstelle der Widerspruchsfreiheit eines gegebenen Systems die schwächere Aufgabe, das Problem der Widerspruchsfreiheit des betrachteten Systems auf das Problem der Widerspruchsfreiheit eines formalen mengentheoretischen Systems zurückzuführen.

Es gibt die Möglichkeit, Prinzipien auszusprechen, nach denen wir Voraussetzungen zum Beweis der Widerspruchsfreiheit starker formaler Systeme schaffen, ja vielleicht sogar mengentheoretischer Systeme. Diese Prinzipien sind so gestaltet, daß die Widerspruchsfreiheit der Voraussetzungen selbst viel sicherer ist, als das bei mengentheoretischen Systemen der Fall ist. Da das jedoch über den Rahmen dieses Buches hinausgeht, werden wir hier nicht über derartige Fragen sprechen. Im folgenden beschränken wir uns auf den Beweis der Widerspruchsfreiheit nur in den Grenzen, die uns durch den Hilbertschen Finitismus gesetzt sind.

Neben der Frage nach der Widerspruchsfreiheit eines Axiomensystems entsteht immer die Frage nach der Unabhängigkeit der Axiome, d. h. nach Nichtableitbarkeit jedes Axioms aus den übrigen. Bei der Frage nach der Unabhängigkeit der Axiome gibt es keine neuen prinzipiellen Schwierigkeiten. Gewöhnlich wird die Frage nach der Unabhängigkeit der Axiome in widerspruchsfreien Systemen bzw. in solchen Systemen gestellt, deren Widerspruchsfreiheit angenommen wird. Im letzten Fall beschränkt man sich bei der Frage nach der Unabhängigkeit der Axiome auf die Zurückführung dieser Frage auf die Widerspruchsfreiheit des gegebenen Systems.

Obwohl, wie wir bereits erwähnten, keine prinzipielle Notwendigkeit besteht, zur Beschreibung einer mathematischen Disziplin irgendeine Änderung in den Zeichen, Formeln und Ableitungsregeln des Prädikatenkalküls vorzunehmen, wollen wir aus Zweckmäßigkeitsgründen in manchen Fällen geschickt auf einige Formveränderungen in der erwähnten Richtung zurückgreifen.

Zur Beschreibung der Arithmetik erweitern wir im folgenden die Menge der Zeichen des Prädikatenkalküls durch Einführung neuer Zeichen. Die Einführung neuer Zeichen zieht die Erweiterung des Formelbegriffs nach sich und erfordert eine entsprechende Änderung in der Formulierung der Ableitungsregeln.

5. Axiomatische Arithmetik

5.1. Terme. Der erweiterte Prädikatenkalkül

In diesem Kapitel beschreiben wir die Arithmetik als axiomatisches System. Wie am Schluß des vorigen Kapitels bereits erwähnt wurde, könnten wir eine solche Beschreibung durch Hinzunahme gewisser neuer Axiome zum (Prädikaten- und Individuenkonstanten enthaltenden) Prädikatenkalkül erreichen. Eine derartige Darstellung wäre allerdings umständlich und unhandlich. Daher erweitern wir vor einer Beschreibung der Axiome der Arithmetik den Prädikatenkalkül durch Einführung neuer Zeichen. Diese Zeichen sind kleine griechische Buchstaben,

$$\alpha, \beta, \ldots, \varphi, \psi, \ldots .$$

Diese Zeichen bilden gemeinsam mit den Individuenvariablen und den -konstanten Zeichenreihen, die wir Funktionsterme und konstante Terme nennen. Dazu gehören Zeichenreihen der Gestalt

$$\alpha(x), \beta(x, y), \psi(x_1, x_2, \ldots, x_n), \eta(a), \xi(a, b), \ldots . \tag{1}$$

Diese Ausdrücke werden genauso gebildet wie die Prädikate (beispielsweise $F(x, y, z)$), nur stehen anstelle großer lateinischer Buchstaben (in unserem Beispiel F) in einer Reihe kleine griechische.

Eine vollständige Definition der Funktionsterme und der konstanten Terme ist die folgende:

1. Alle Ausdrücke der Form (1) sind Funktionsterme. Sie heißen *elementare Funktionsterme.*

2. Werden in einem Funktionsterm Individuenvariable durch Funktionsterme ersetzt, so entsteht wieder ein Funktionsterm.

3. Individuenkonstante sind konstante Terme.

4. Werden in einem Funktionsterm gewisse, aber nicht alle Individuenvariablen durch Individuenkonstante ersetzt, so entsteht wieder ein Funktionsterm.

5. Werden in einem Funktionsterm alle Individuenvariablen durch Individuenkonstante ersetzt, so entsteht ein konstanter Term.

Beispiele für Funktionsterme und konstante Terme sind:

$$\alpha(\beta(x)), \quad \beta(\alpha(x)), \quad \gamma(a), \quad \beta(a, \gamma(a)) .$$

Die Begriffe Individuenvariable, Funktionsterm und konstanter Term fassen wir im Begriff *Term* zusammen. Mit der Einführung von Termen erweitern wir im Prädikatenkalkül auch die Regeln für die Bildung von Formeln. Wir rechnen insbesondere die Zeichenreihen, die durch Ersetzung einer beliebigen Individuenvariable eines Elementarprädikats durch einen beliebigen Term entstehen, zu den Elementarformeln.

So sind z. B. die Zeichenreihen

$$A(\psi(x)), B(x, \varphi(y, x)), F(a, x, \psi(a, y)), G(a, \psi(a), \varphi(a, b))$$

Elementarformeln; im übrigen ändern sich die Regeln für die Bildung von Formeln nicht.

Wir weisen darauf hin, daß *die Terme selbst keine Formeln sind.* Das entspricht auch dem inhaltlichen Sinn dieser Begriffe: Ein Term repräsentiert ein Individuum, eine Formel ist eine Aussage über Individuen. Ähnlich wie wir Formeln metalogisch mit großen fetten Buchstaben bezeichnet haben, werden wir Terme mit kleinen fetten Buchstaben, etwa mit **a**, **c**, ... bzw., wenn wir ausdrücken wollen, daß ein Term die Variablen $x_1, \ldots, x_n$ enthält, mit $\mathbf{a}(x_1, \ldots, x_n)$, bezeichnen.

Darüber hinaus erweitern wir die Ableitungsregeln, insbesondere die Umbenennungsregel für freie Individuenvariable jetzt durch folgende Termeinsetzungsregel:

Wird in einer wahren Formel **A** *für eine beliebige freie Individuenvariable ein Term eingesetzt, der keine in der Formel* **A** *gebunden auftretenden Variablen enthält, so ist die dabei entstehende Formel ebenfalls wahr.*

Die Einsetzungsregel in eine Aussagenvariable bleibt dieselbe wie im Prädikatenkalkül.

Die Einsetzungsregel in eine Prädikatenvariable ändert sich etwas:

Es sei F *ein n-stelliges Prädikat, und* $\mathbf{a}_1, \ldots, \mathbf{a}_n$ *seien beliebige Terme. Unter der durch*

$$R_F^{\mathbf{B}(t_1, \ldots, t_n)} (\mathbf{A})$$

dargestellten Einsetzung verstehen wir dann die Ersetzung jedes Ausdrucks der Gestalt $F(\mathbf{a}_1, \ldots, \mathbf{a}_n)$ *in der Formel* **A** *durch die Formel* $\mathbf{B}(\mathbf{a}_1, \ldots, \mathbf{a}_n)$, *die aus* $\mathbf{B}(t_1, \ldots, t_n)$ *nach Einsetzung der Terme* $\mathbf{a}_1, \ldots, \mathbf{a}_n$ *für die entsprechenden Variablen* $t_1, \ldots, t_n$ *entsteht* (vgl. Kap. 4, 4.4.).

Unter einem *erweiterten Prädikatenkalkül* verstehen wir jeden Kalkül, der aus dem Prädikatenkalkül durch Hinzunahme gewisser Funktionsterme, der Gleichheitsaxiome

VI.1. $x = x,$

VI.2. $x = y \rightarrow (A(x) \rightarrow A(y))$

und der Termeinsetzungsregel im erwähnten Sinne hervorgeht. Offenbar übertragen sich alle Schlußregeln, die wir für den Prädikatenkalkül hergeleitet hatten, sowohl auf den erweiterten Prädikatenkalkül als auch auf jedes andere System, das aus dem erweiterten Prädikatenkalkül durch Hinzunahme irgendwelcher Axiome und neuer Regeln zur Bildung wahrer Formeln entsteht. Das ist unmittelbar klar; denn alle Axiome und Ableitungsregeln des Prädikatenkalküls, aus denen wir die Schlußregeln herleiteten, bleiben in allen Fällen erhalten.

Im Prädikatenkalkül bedeutet $\vdash$ **A** die Ableitbarkeit der Formel **A**. Diesen Ausdruck wollen wir auch für Formeln verwenden, die im erweiterten Prädikatenkalkül oder in anderen Formalismen ableitbar sind.

Verwechslungen werden dabei nicht auftreten, da aus dem Zusammenhang stets klar hervorgeht, in welchem Formalismus eine gegebene Formel ableitbar ist.

5.2. Eigenschaften des Gleichheitsprädikats und der Funktionsterme

Wir leiten die Grundeigenschaften des Gleichheitsprädikats her.

1. $\vdash x = y \rightarrow y = x.$ (1)

Beweis: Ersetzen wir A(t) in Axiom VI.2 durch die Formel t = x, so erhalten wir

$$\vdash x = y \rightarrow (x = x \rightarrow y = x).$$

Prämissenvertauschung liefert

$$\vdash x = x \rightarrow (x = y \rightarrow y = x).$$

Nach der Abtrennungsregel erhalten wir dann die geforderte Formel:

$$x = y \rightarrow y = x.$$

2. *Transitivität:*

$$\vdash x = y \rightarrow (y = z \rightarrow x = z). \tag{2}$$

Beweis: Zunächst beweisen wir die Formel

$$x = y \rightarrow (A(y) \rightarrow A(x)).$$

Durch Variablenumbenennung in Axiom VI.2 erhalten wir

$$\vdash y = x \rightarrow (A(y) \rightarrow A(x)). \tag{3}$$

Hieraus und aus (1) folgt mit Hilfe des Kettenschlusses die geforderte Formel:

$$x = y \rightarrow (A(y) \rightarrow A(x)). \tag{4}$$

Ersetzen wir in der letzten Formel das Prädikat A(t) durch die Formel t = z, so erhalten wir (2).

Folgerung 1: $\vdash x = y \rightarrow (A(x) \sim A(y)).$

Aus (4) und Axiom VI.2 folgt nämlich

$$\vdash x = y \rightarrow (A(x) \rightarrow A(y)) \wedge (A(y) \rightarrow A(x)),$$

d. h.

$$\vdash x = y \rightarrow (A(x) \sim A(y)),$$

was zu beweisen war.

Zwei Terme **a** und **c** heißen in einem die Gleichheitsaxiome enthaltenden Kalkül *gleich*, wenn die Formel

$$a = c$$

in diesem Kalkül ableitbar ist. Dann gilt folgendes:

*Wenn zwei Terme **a** und **c** in einem Kalkül gleich sind, ist in ihm die Formel*

$$A(a) \sim A(c)$$

ableitbar. Hierbei entstehen **A(a)** und **A(c)** durch Einsetzung für eine beliebige in der Formel **A** auftretende Variable x.

Durch Einsetzung in die Formel

$$x = y \rightarrow (A(x) \sim A(y))$$

erhalten wir nämlich zunächst

$$\vdash x = y \rightarrow (A(x) \sim A(y))$$

und dann

$$\vdash a = c \rightarrow (A(a) \sim A(c)).$$

Wegen $\vdash a = c$ ergibt sich nach der Abtrennungsregel

$$\vdash A(a) \sim A(c).$$

Wenn also die Formel $A(a)$ in einem das Gleichheitsaxiom enthaltenden Kalkül ableitbar ist, dann ist auch die daraus nach Einsetzung des Terms c für den Term a entstehende Formel $A(c)$ in diesem Kalkül ableitbar.

Wir weisen darauf hin, daß bei der Ersetzung eines Terms in einer Formel A durch einen gleichen diese Ersetzung nicht notwendig durchgängig erfolgen muß. Ein Term a trete in verschiedenen Formelteilen von A auf, und A habe die Form $A(a, a)$. Wenn nun a gleich c ist, gilt

$$\vdash A(a, a) \sim A(a, c).$$

Sind beispielsweise x und y nicht in den Termen a und c auftretende Variablen, dann erhalten wir nach Einsetzung des Prädikats $A(a, t)$ für das Prädikat $A(t)$ in der Formel

$$x = y \rightarrow (A(x) \sim A(y))$$

die Formel

$$x = y \rightarrow (A(a, x) \sim A(a, y)).$$

Anstelle von x setzen wir a und anstelle von y den Term c ein; dann wird

$$\vdash a = c \rightarrow (A(a, a) \sim A(a, c)).$$

Damit folgt aus der Gleichung $a = c$ schließlich

$$\vdash A(a, a) \sim A(a, c),$$

so daß also bereits die Ersetzung des Terms a an einer Stelle durch c eine äquivalente Formel liefert.

Wir wollen nun wahre Formeln ableiten, die das Gleichheitsprädikat mit Funktionstermen verknüpfen:

$$\vdash \exists x [a(x) = a(y)]. \tag{5}$$

Aus dem Axiom $F(z) \rightarrow \exists x F(x)$ erhalten wir durch Einsetzung

$$\vdash a(z) = a(y) \rightarrow \exists x [a(x) = a(y)].$$

Ersetzen wir die freie Variable z durch y, so wird

$$\vdash a(y) = a(y) \rightarrow \exists x [a(x) = a(y)].$$

Nach der Abtrennungsregel folgt dann (5).

$$\vdash \forall x\, A(x) \rightarrow \forall x\, \forall y\, A(a(x, y))\,. \tag{6}$$

Aus dem Axiom $\forall x\, A(x) \rightarrow A(z)$ folgt nach Einsetzung des Terms $a(u, v)$ für die freie Variable z zunächst

$$\vdash \forall x\, A(x) \rightarrow A(a(u, v))\,.$$

Zweimalige Anwendung der Generalisierungsregel und Umbenennung der gebundenen Variablen liefert Formel (6). Offenbar können wir eine analoge wahre Formel auch für eine Funktion **a** mit beliebig vielen Variablen finden.

$$\vdash x = y \rightarrow (a(x) = a(y))\,. \tag{7}$$

Setzen wir nämlich im zweiten Gleichheitsaxiom $a(x) = a(t)$ für $A(t)$ ein, so erhalten wir

$$\vdash x = y \rightarrow [a(x) = a(x) \rightarrow a(x) = a(y)]\,.$$

Nach Prämissenvertauschung wird daraus

$$\vdash a(x) = a(x) \rightarrow [x = y \rightarrow a(x) = a(y)]\,.$$

Schließlich erhalten wir nach Abtrennung der wahren Prämisse die Formel (7).

Nun beweisen wir noch die Formel

$$(x = u) \wedge (y = v) \rightarrow [g(x, y) = g(u, v)]\,. \tag{8}$$

Ebenso wie im vorangehenden Fall leiten wir die beiden Formeln

$$x = u \rightarrow [g(x, y) = g(u, v)]\,, \tag{9}$$

$$y = v \rightarrow [g(u, y) = g(u, v)] \tag{10}$$

ab. Aus der wahren Formel

$$x = u \rightarrow (u = y \rightarrow x = y)$$

folgt nach Einsetzung eines Terms für die freien Variablen

$$g(x, y) = g(u, y) \rightarrow \{g(u, y) = g(u, v) \rightarrow g(x, y) = g(u, v)\}\,.$$

Die Anwendung des Kettenschlusses auf (9) und auf die letzte Formel liefert

$$x = u \rightarrow \{g(u, y) = g(u, v) \rightarrow g(x, y) = g(u, v)\}\,.$$

Nach Prämissenvertauschung erhalten wir schließlich

$$g(u, y) = g(u, v) \rightarrow \{x = u \rightarrow g(x, y) = g(u, v)\}\,. \tag{11}$$

Die Anwendung des Kettenschlusses auf die Formeln (10) und (11) liefert

$$y = v \rightarrow \{x = u \rightarrow g(x, y) = g(u, v)\}\,.$$

Durch Prämissenverschmelzung im Produkt und nach Umstellung der Faktoren erhalten wir (8).

14 Novikov

Inhaltlich bedeuten die zuletzt bewiesenen Sätze die Eindeutigkeit der eingeführten Funktionsterme, d. h., gleichen Argumentwerten entsprechen auch gleiche Funktionswerte. Da für jeden Funktionsterm $r(u_1, \ldots u_n)$ die durch die Formel

$$u_1 = v_1 \wedge u_2 = v_2 \wedge \ldots \wedge u_n = v_n \longrightarrow (r(u_1, \ldots, u_n) = r(v_1, \ldots, v_n))$$

ausgedrückte Gleichheit gilt, sagen wir, *die Funktionsterme sind eindeutig.*

5.3. Die Äquivalenzrelation

In der Mathematik treten oft Relationen auf, die gewisse Verwandtschaften zwischen den betrachteten Objekten ausdrücken. Solche Relationen sind z. B. die Gleichheit von Zahlen, die Ähnlichkeit geometrischer Figuren, die logische Äquivalenz von Aussagen und andere. Solche Relationen heißen *Äquivalenzrelationen,* jedoch wird hier der Begriff „Äquivalenz" in einem anderen, weiteren Sinne gebraucht als der Begriff „Äquivalenz von Formeln", den wir bisher in einem wohldefinierten speziell logischen Sinn verwendet haben.

Eine Äquivalenzrelation ist durch folgende Eigenschaften charakterisiert:

1. *Reflexivität:* Jedes Individuum ist zu sich selbst äquivalent.
2. *Symmetrie:* Wenn x äquivalent ist zu y, ist auch y äquivalent zu x.
3. *Transitivität:* Wenn x äquivalent ist zu y und y äquivalent ist zu z, ist auch x äquivalent zu z.

Ist **M** ein Individuenbereich mit einer für die Objekte von **M** erklärten Äquivalenzrelation $S(x, y)$, so zerfällt **M** derart in Klassen zueinander äquivalenter Elemente, daß je zwei äquivalente Elemente ein und derselben Klasse angehören.

Beispiel: Es sei **M** die Menge aller ganzen Zahlen und $S(x, y)$ die Kongruenz modulo 3:

$$x \equiv y \,(\text{mod } 3).$$

M zerfällt in drei Klassen: Die erste Klasse besteht aus allen durch 3 teilbaren Zahlen, d. h. aus allen Zahlen der Form $3\,n$. Die zweite Klasse enthält alle bei Division durch 3 den Rest 1 lassenden Zahlen, d. h. alle Zahlen der Form $3\,n + 1$. Die dritte Klasse besteht schließlich aus allen bei der Division durch 3 den Rest 2 lassenden Zahlen, d. h. aus allen Zahlen der Form $3\,n + 2$.

Eine Äquivalenzrelation kann durch Formeln des Prädikatenkalküls ausgedrückt werden. Zu diesem Zweck müssen ihre Eigenschaften, d. h. Reflexivität, Symmetrie und Transitivität, in Form von Axiomen angegeben werden. Eine Äquivalenzrelation kennzeichnen wir durch $\approx$. Die Äquivalenzaxiome lauten dann:

1. $x \approx x$,
2. $x \approx y \longrightarrow y \approx x$,
3. $x \approx y \longrightarrow [y \approx z \longrightarrow x \approx z]$.

Die Gleichheitsrelation hat dieselben Eigenschaften, und zwar fällt die Reflexivität mit dem ersten Gleichheitsaxiom zusammen. Die beiden übrigen, nämlich Symmetrie und

Transitivität, sind, wie wir gesehen haben, im erweiterten Prädikatenkalkül Folgerungen aus den Gleichheitsaxiomen.

In der inhaltlichen Mathematik und in der naiven Mengenlehre tritt eine besondere Äquivalenzrelation, die *Identität*, auf. Der Sinn dieses Begriffes besteht darin, daß identische Elemente x und y dasselbe Objekt bezeichnen. Dann zerfällt **M** in Klassen aus jeweils nur einem Objekt. Betrachten wir den Prädikatenkalkül vom Standpunkt der naiven Mengenlehre, so ist die durch die Axiome VI.1 und VI.2 definierte Gleichheit nichts anderes als die mengentheoretische Identität. Wir unterstreichen hier nochmals den inhaltlichen Sinn des zweiten Gleichheitsaxioms: „Wenn x identisch mit y ist, läßt sich alles über x Aussagbare auch über y aussagen."

Wir können auch formal zeigen, daß zwei identische Individuen äquivalent sind. Genauer bedeutet das, daß wir aus den Gleichheitsaxiomen und den Äquivalenzaxiomen die Formel

$$x = y \longrightarrow x \approx y$$

ableiten können. Setzen wir nämlich in Axiom VI.2 für A(t) jetzt $x \approx t$ ein, so erhalten wir die Formel

$$x = y \longrightarrow [x \approx x \longrightarrow x \approx y].$$

Durch Prämissenvertauschung wird dann

$$x \approx x \longrightarrow [x = y \longrightarrow x \approx y].$$

Nach Abtrennung der wahren Prämisse $x \approx x$ erhalten wir die geforderte Formel.

Bei der inhaltlichen Deutung des Axiomensystems des Prädikatenkalküls hatten wir angenommen, daß die in den Axiomen auftretenden Prädikatenvariablen durch beliebige über einem gegebenen Individuenbereich definierte Prädikate ersetzt werden können. Der Charakter eines Axiomensystems läßt sich aber auch anders interpretieren. Wir können fordern, daß ein festes Axiomensystem über einem gegebenen Individuenbereich wahr ist bei Ersetzung der Prädikatenvariablen nicht durch beliebige über dem Individuenbereich definierte Prädikate, sondern nur durch einen bestimmten Teil aller Prädikate. Dann wird durch die Axiome VI.1 und VI.2 für eine bestimmte Teilmenge aller Prädikate eine Äquivalenzrelation definiert, die wir als *relative Gleichheit* oder Gleichheit bezüglich eines gegebenen Systems von Prädikaten bezeichnen können.

5.4. Das Deduktionstheorem

Das im Kapitel 4 bewiesene Deduktionstheorem gilt auch im erweiterten Prädikatenkalkül. Bevor wir dieses Theorem hier formulieren, wollen wir genau wie vorher zunächst erklären, was wir unter Ableitbarkeit einer Formel **B** aus einer Formel **A** verstehen.

1. Alle wahren Formeln des Prädikatenkalküls, die zu keiner Kollision mit den Variablen aus **A** führen, sind aus **A** ableitbar.

2. Die Formel **A** ist aus **A** ableitbar.

3. Wenn $\mathbf{B}_1$ und $\mathbf{B}_1 \longrightarrow \mathbf{B}_2$ aus **A** ableitbar sind, ist auch $\mathbf{B}_2$ aus **A** ableitbar.

4. Wenn $\mathbf{B}_1 \longrightarrow \mathbf{B}_2(x)$ aus **A** ableitbar ist und die Variable x weder in **A** noch in $\mathbf{B}_1$ auftritt, dann ist auch die Formel $\mathbf{B}_1 \longrightarrow \forall x\, \mathbf{B}_2(x)$ aus **A** ableitbar.

5. Wenn die Formel $B_1(x) \rightarrow B_2$ aus A ableitbar ist und x weder in B_2 noch in A auftritt, dann ist auch die Formel $\exists x B_1(x) \rightarrow B_2$ aus A ableitbar.

6. Wenn die Formel B aus A ableitbar ist und die Formel B' aus B durch Einsetzung für eine Aussagenvariable oder eine Prädikatenvariable entsteht, die in der Formel A nicht auftreten, so daß B' dabei nicht in Kollision mit den Variablen aus A gerät, dann ist auch B' aus A ableitbar.

7. Wenn die Formel B aus A ableitbar ist und die Formel B' aus B durch Umbenennung der freien und gebundenen Variablen entsteht, so daß B' dabei nicht in Kollision mit den Variablen aus A gerät, dann ist B' aus A ableitbar.

8. Wenn die Formel B aus A ableitbar ist und die Formel B' aus B durch Termeinsetzung für eine freie nicht in A auftretende Individuenvariable entsteht, so daß B' dabei nicht in Kollision mit den Variablen aus A gerät, dann ist auch B' aus A ableitbar.

Die Definition der Ableitbarkeit stimmt also im erweiterten Prädikatenkalkül mit der entsprechenden Definition im (gewöhnlichen) Prädikatenkalkül überein. Diese Definition sagt jedoch etwas anderes aus, da die Einsetzungsregeln im erweiterten Prädikatenkalkül von den entsprechenden Regeln im Prädikatenkalkül abweichen. Aber die Formulierung des Deduktionstheorems bleibt im erweiterten Prädikatenkalkül dieselbe wie früher. Es läßt sich in analoger Weise beweisen.

Deduktionstheorem. Wenn eine Formel B *im angegebenen Sinne aus einer Formel* A *ableitbar ist, dann ist auch die Formel*

$$A \rightarrow B$$

im erweiterten Prädikatenkalkül ableitbar.

5.5. Die Axiome der Arithmetik

Zu unserem System nehmen wir die Individuenkonstante 0 und den Funktionenterm $\lambda(x)$ hinzu. Dann treten zusätzlich noch die Terme

$$\lambda(\lambda(x)),\ \lambda(\lambda(\lambda(x))),\ \ldots,\ \lambda(\lambda(\ldots(x)\ldots))\ \text{(n-mal)}, \ldots,$$

$$\lambda(0), \lambda(\lambda(0)), \ldots, \lambda(\lambda(\ldots(0)\ldots))$$

auf. Zur Abkürzung schreiben wir x' für die Funktionenkonstante $\lambda(x)$. Die Argumenteinsetzung schreiben wir in dieser Symbolik z. B. bei

$$\lambda(a(x, y))$$

als

$$(a(x, y))'.$$

Dann nehmen die Ausdrücke

$$\lambda(x),\ \lambda(\lambda(x)),\ \ldots,\ \lambda(\lambda(\ldots(x)\ldots))$$

die Form

$$x', (x')', ((x')')', \ldots\ \text{usw.}$$

an.

Das schreiben wir nun noch einfacher, nämlich $(x')'$ als x'', $((x')')'$ als x''' usw.
Die konstanten Terme schreiben wir in der Form

$$0', 0'', \ldots, \overbrace{0''\cdots'}^{n-\text{mal}}, \ldots$$

Diese Terme und die Individuenkonstante 0 heißen *Ziffern*. Die durch das Zeichen 0 mit n Strichen dargestellte Ziffer schreiben wir als $0^{(n)}$.

Bei der semantischen Behandlung des Prädikatenkalküls (vgl. Kap. 3) haben wir bereits Axiome der Arithmetik kennengelernt, nämlich die Ordnungsaxiome für natürliche Zahlen (Ordnungsaxiome der Arithmetik). Wir wollen hier nun eben diese Eigenschaften der natürlichen Zahlen mit Hilfe von Formeln eines Kalküls ausdrücken. Zu diesem Zweck nehmen wir zu dem um die Individuenkonstante 0 und den Funktionsterm x' vermehrten erweiterten Prädikatenkalkül (vgl. 5.1.) noch die Prädikatenkonstante $<$, die wir inhaltlich als „kleiner als" deuteten, und die folgenden Axiome hinzu:

VII. Ordnungsaxiome:

    1. $\overline{x < x}$

    2. $x < y \rightarrow (y < z \rightarrow x < z)$

    3. $x < x'$.

VIII. Axiom der vollständigen Induktion:

    $A(0) \wedge \forall x(A(x) \rightarrow A(x')) \rightarrow A(y)$.

In diesem neuen Kalkül bleiben die Ableitungsregeln dieselben wie im erweiterten Prädikatenkalkül. Dieses Axiomensystem drückt inhaltlich dasselbe aus wie das in Kapitel 3.8 betrachtete Axiomensystem der natürlichen Zahlen. Genauer gesagt: Wenn wir unser logisches System von dem in Kapitel 3 behandelten semantischen Standpunkt betrachten, dann erhalten die Begriffe wie Individuen, Prädikate und logische Formeln einen Sinn bezüglich einer gegebenen Menge bzw. eines Individuenbereichs. Ein Funktionsterm $g(x_1, \ldots, x_n)$ wird dann eine gewöhnliche über dem gegebenen Individuenbereich definierte Funktion mit Werten in diesem Individuenbereich.

Von diesem Standpunkt aus läßt sich zeigen, daß die Axiome VI, VII und VIII durch eine beliebige geordnete Menge, die zur Menge der natürlichen Zahlen ähnlich ist, interpretiert werden können. Anstelle des Individuums 0 tritt dann das allen übrigen Elementen dieser Menge (im Sinne der Ordnung dieser geordneten Menge) vorangehende Element, während der Wert der Funktion x' das unmittelbar auf x folgende Element ist. Umgekehrt genügen auch nur solche Mengen, die zur Menge der natürlichen Zahlen ähnlich sind, dem angegebenen Axiomensystem. Damit ist also bei inhaltlicher Betrachtung das Axiomensystem VI, VII, VIII dem in Kapitel 3, 3.8, betrachteten System gleichwertig. Folglich ist es interpretierbar und bis auf Isomorphie vollständig. Jedoch betrachten wir das Axiomensystem VI, VII, VIII hier nicht im Sinne von Kapitel 3. Zusammen mit den Axiomen und den Ableitungsregeln des Prädikatenkalküls stellt es einen nach den Prinzipien des Finitismus definierten Formalismus dar. Daher kann die oben angeführte inhaltliche Deutung dieser Axiome nur heuristischen Wert für die Lösung der beim Studium dieses Formalismus auftretenden Fragen haben. Die Axiome VI, VII, VIII erschöpfen nicht die gesamte formale Arithmetik; sie enthalten keine Beschreibung der arithmetischen Operationen. Daher erweitern wir im folgenden unseren Kalkül noch. Zunächst aber wollen wir uns der detaillierten Untersuchung des Axiomensystems VI, VII, VIII widmen.

5.6. Beispiele für ableitbare Formeln

In diesem Abschnitt wollen wir als Beispiele einige formale Beweise von ableitbaren Sätzen aus den Axiomen VI, VII, VIII betrachten.

Satz 1: $\vdash 0 < x'$.

Beweis: Im Axiom der vollständigen Induktion setzen wir für das Prädikat $A(x)$ das Prädikat $0 < x'$ ein und erhalten

$$\vdash 0 < 0' \wedge \forall x [0 < x' \rightarrow 0 < x''] \rightarrow 0 < y'. \tag{1}$$

Durch Einsetzung im Axiom VII.3 schließen wir, daß

$$\vdash 0 < 0'$$

und

$$\vdash x' < x''$$

ist. Aus Axiom VII.2 erhalten wir nach Einsetzung

$$\vdash 0 < x' \rightarrow (x' < x'' \rightarrow 0 < x'').$$

Hieraus wird durch Prämissenvertauschung

$$\vdash x' < x'' \rightarrow (0 < x' \rightarrow 0 < x'').$$

Da $x' < x''$ eine ableitbare Formel ist, folgt nach der Abtrennungsregel

$$\vdash 0 < x' \rightarrow 0 < x''.$$

Durch Anwendung der Generalisierungsregel ergibt sich schließlich

$$\vdash \forall x (0 < x' \rightarrow 0 < x'').$$

Auf die Formeln $0 < 0'$ und $\forall x (0 < x' \rightarrow 0 < x'')$ wenden wir die Regel $\dfrac{A, \quad B}{A \wedge B}$ an und erhalten

$$\vdash 0 < 0' \wedge \forall x (0 < x' \rightarrow 0 < x''). \tag{2}$$

Die Anwendung der Abtrennungsregel auf (2) und (1) liefert

$$\vdash 0 < y',$$

folglich

$$\vdash 0 < x'.$$

Satz 2: $\vdash \overline{x < 0} \rightarrow x = 0 \vee 0 < x.$

Beweis: In Axiom VIII setzen wir für das Prädikat $A(x)$ das Prädikat

$$\overline{0 < x} \to x = 0 \lor 0 < x$$

ein und erhalten

$$\vdash (\overline{0 < 0} \to 0 = 0 \lor 0 < 0) \land \forall x [(\overline{x < 0} \to x = 0 \lor 0 < x) \to$$
$$\to (\overline{x' < 0} \to x' = 0 \lor 0 < x')] \to \tag{3}$$
$$\to (\overline{y < 0} \to y = 0 \lor 0 < y).$$

Die Prämisse dieser Implikation ist das logische Produkt zweier wahrer Faktoren. Der erste Faktor

$$\overline{0 < 0} \to 0 = 0 \lor 0 < 0$$

ist ableitbar; denn es gilt

$$\vdash 0 = 0,$$

woraus

$$\vdash 0 = 0 \lor 0 < 0$$

folgt. Schließlich folgt aus der Ableitbarkeit der Conclusio die Ableitbarkeit der gesamten Implikation, und wir erhalten

$$\vdash \overline{0 < 0} \to 0 = 0 \lor 0 < 0. \tag{4}$$

Weiter folgt nach Satz 1

$$\vdash 0 < x',$$

woraus wir auf

$$\vdash x' = 0 \lor 0 < x'$$

schließen. Daher ist auch

$$\vdash \overline{x' < 0} \to x' = 0 \lor 0 < x'.$$

Hieraus folgt

$$\vdash (\overline{x < 0} \to x = 0 \lor 0 < x) \to (\overline{x' < 0} \to x' = 0 \lor 0 < x').$$

Schließlich erhalten wir durch Anwendung der Generalisierungsregel

$$\vdash \forall x [(\overline{x < 0} \to x = 0 \lor 0 < x) \to (\overline{x' < 0} \to x' = 0 \lor 0 < x')]. \tag{5}$$

(4) und (5) sind die Faktoren der Prämisse von (3), daher ist diese Prämisse nach der Regel $\dfrac{A, \quad B}{A \land B}$ eine ableitbare Formel. Folglich ist in (3) auch die Conclusio ableitbar, und wir haben

$$\vdash \overline{y < 0} \to y = 0 \lor 0 < y.$$

Setzen wir x für y ein, so erhalten wir die geforderte Formel.

Satz 3: $\vdash \overline{x < 0}$.

Beweis: Im Axiom der vollständigen Induktion setzen wir für das Prädikat A(x) das Prädikat $\overline{x < 0}$ ein und erhalten

$$\vdash \overline{0 < 0} \wedge \forall x (\overline{x < 0} \to \overline{x' < 0}) \to \overline{y < 0}. \tag{6}$$

Den ersten Faktor leiten wir durch Einsetzung in Axiom VII.1 ab. Zur Ableitung des zweiten Faktors setzen wir in Axiom VII.2 ein und erhalten

$$\vdash x < x' \to (x' < 0 \to x < 0).$$

Die Prämisse dieser Implikation ist Axiom VII.3.

Nach der Abtrennungsregel wird dann

$$\vdash x' < 0 \to x < 0.$$

Durch Umkehrung der Implikation erhalten wir

$$\vdash \overline{x < 0} \to \overline{x' < 0}.$$

Die Anwendung der Generalisierungsregel liefert

$$\vdash \forall x (\overline{x < 0} \to \overline{x' < 0}).$$

Damit haben wir den zweiten Faktor der Prämisse aus (5) abgeleitet. Hieraus folgt, daß sowohl die Prämisse als auch die Conclusio ableitbare Formeln sind, d. h., es gilt

$$\vdash \overline{y < 0},$$

also

$$\vdash \overline{x < 0}.$$

Folgerung: Die Anwendung der Abtrennungsregel auf Satz 2 und Satz 3 liefert

$$\vdash x = 0 \vee 0 < x.$$

Aus den Axiomen der Arithmetik folgt damit also formal, daß 0 kleiner ist als jedes andere Individuum unseres Systems.

Es läßt sich auch leicht zeigen, daß zwischen den Ziffern 0 und $0'$, $0'$ und $0''$ usw. (für jedes Ziffernpaar einzeln) kein Individuum unseres Systems liegt, d. h.

$$\vdash \overline{0 < x \wedge x < 0'}$$
$$\vdash \overline{0' < x \wedge x < 0''}$$

....

usw. Hieraus folgt, daß $0'$ das kleinste aller von 0 verschiedenen Individuen, $0''$ das kleinste aller von 0 und von $0'$ verschiedenen Individuen ist usw. In diesem System läßt sich auch die allgemeinere Behauptung

$$\overline{t < x \wedge x < t'}$$

ableiten.

Darüber hinaus läßt sich zeigen (wir wollen aber hier darauf verzichten), daß das Axiomensystem I bis VII semantisch vollständig ist, d. h., alle in jeder Interpretation dieses Axiomensystems wahren Formeln sind in ihm ableitbar.

5.7. Rekursionsterme

Wir wollen hier eine gewisse Kategorie von Termen, die sogenannten *Rekursionsterme* auszeichnen. Die Definition ist induktiv. Wir geben Ausgangsrekursionsterme und Regeln zur Bildung neuer Terme aus schon bekannten Termen an. Mit den Regeln zur Bildung von Rekursionstermen definieren wir gleichzeitig Regeln zur Aufstellung von Gleichungen zwischen ihnen und sehen diese Gleichungen per definitionem als wahr bzw. ableitbar an:

1. 0 ist ein Rekursionsterm.
2. Jede Individuenvariable ist ein Rekursionsterm.
3. x' ist ein Rekursionsterm.
4. Ist a ein die Individuenvariable x enthaltender Rekursionsterm und entsteht a^* aus a nach Einsetzung eines beliebigen Rekursionsterms für diese Individuenvariable, dann ist auch a^* ein Rekursionsterm.
5. Es sei $a(x_1, \ldots, x_{n-1})$ ein beliebiger Rekursionsterm, der als Individuenvariable höchstens $x_1, \ldots, x_{n-1}$ enthält (also auch weniger oder gar keine), und $y(x_1, \ldots, x_{n+1})$ ein beliebiger Rekursionsterm, der höchstens $x_1, \ldots, x_{n+1}$ als Individuenvariable enthält.

Für je zwei dieser Terme erklären wir einen neuen Rekursionsterm, der seinerseits ein Funktionsterm ist und genau die Variablen $x_1, \ldots, x_n$ enthält. Der dabei jedesmal neu zu definierende Funktionsterm muß mit einem Symbol bezeichnet werden, das sich von den Symbolen für alle früher definierten Funktionen unterscheidet, d. h., zwei verschiedenen Termpaaren müssen verschiedene Funktionsterme entsprechen.

Dem Termpaar

$$a(x_1, \ldots, x_{n-1}), \quad y(x_1, \ldots, x_{n+1})$$

sei der Funktionsterm $\xi(x_1, \ldots, x_n)$ zugeordnet. Jeder Funktionsterm dieser Art wird mit den entsprechenden Termen durch gewisse Gleichungen verbunden, welche wir als ableitbar bzw. wahr voraussetzen und *Rekursionsgleichungen* nennen. Diese Gleichungen haben die Form

$$\begin{aligned}
\xi(x_1, \ldots, x_{n-1}, 0) &= a(x_1, \ldots, x_{n-1}), \\
\xi(x_1, \ldots, x_{n-1}, x_n') &= y(x_1, \ldots, x_n, \xi(x_1, \ldots, x_n)).
\end{aligned} \tag{1}$$

Wenn dabei der Term y die Variable x_{n+1} nicht enthält, soll der Ausdruck

$$y(x_1, \ldots, x_n, \xi(x_1, \ldots, x_n))$$

ohne jede Abänderung den Term y selbst darstellen. Zum Beispiel sei $y(x_1, x_2)$ die Variable x_1'; dann ist der Ausdruck $y(x_1, \xi(x_1))$ ebenfalls x_1. In den Rekursionsgleichungen treten die Argumente $x_1, \ldots, x_n$ auf. Streng genommen bezeichnen die Buchstaben $x_1, \ldots, x_n$ keine beliebigen Individuenvariablen, sie sind vielmehr bestimmte Individuenvariablen, und die Rekursionsgleichungen müssen nach Definition gerade mit ihnen nieder-

geschrieben werden. Wenn wir dagegen anstelle der Rekursionsgleichungen (1) die Gleichungen

$$\xi(x, y, \ldots, u, 0) \;=\; a(x, y, \ldots, u),$$

$$\xi(x, y, \ldots, u, v') \;=\; y(x, y, \ldots, u, \xi(x, y, \ldots, v))$$

betrachten, die aus den vorigen durch Einsetzungen entstehen, dann werden die letzten
Gleichungen im gleichen Kalkül wahr wie auch die ersten. Wir wollen sie daher ebenfalls
Rekursionsgleichungen nennen und im folgenden bei Bedarf ohne Hinweis auf die ursprüng-
lichen Rekursionsgleichungen verwenden.

Die in Punkt 5 beschriebenen Regeln zur Bildung neuer Rekursionsterme und zur
Aufstellung der verbindenden Gleichungen gelten auch im Fall $n = 1$. Nur darf dann der
Term a keine Individuenvariable enthalten. Die Rekursionsgleichungen haben in diesem
Fall die Form

$$\xi(0) = a,$$

$$\xi(x_1') = y(x_1, \xi(x_1)).$$

Somit kommen zum Axiomensystem VI, VII, VIII unendlich viele neue wahre Formeln
hinzu, nämlich die Rekursionsgleichungen. Damit erhalten wir einen in dem Sinne stärkeren Kalkül als den durch das Axiomensystem VI, VII, VIII gegebenen, daß das erweiterte
System die Eigenschaften der natürlichen Zahlen vollständiger beschreibt als das Axiomensystem VI, VII, VIII.

Der so erhaltene Kalkül, der die Axiome I bis VIII, die Rekursionsterme und die
Rekursionsgleichungen enthält, mit den Ableitungsregeln des erweiterten Prädikatenkalküls heißt *axiomatische Arithmetik.*

5.8. Eingeschränkte Arithmetik

Wir lassen in der axiomatischen Arithmetik das Axiom der vollständigen Induktion
weg und nennen den so entstehenden Kalkül die *eingeschränkte Arithmetik.* Ein Rekursionsterm heißt *Rekursionskonstante,* wenn er keine Individuenvariablen enthält [1]).

*Satz: Für jede Rekursionskonstante c gibt es eine Ziffer z derart, daß sich die Glei-
chung $c = z$ aus den Axiomen der eingeschränkten Arithmetik ableiten läßt.*

Wir wollen diese Behauptung in der folgenden Form beweisen. *Es sei c ein beliebiger
Rekursionsterm und c^* entstehe aus c nach Ersetzung aller auftretenden Variablen durch
Ziffern; dann gibt es eine Ziffer z derart, daß die Gleichung $c^* = z$ in der eingeschränkten
Arithmetik ableitbar ist.* Hierbei schließen wir den Fall, daß c keine Variablen enthält, mit
ein. Dann stimmen c und c^* überein.

Beweis: Wir zeigen die Behauptung durch vollständige Induktion unter Benutzung der
Bildungsregeln für Rekursionsterme. Für die Ausgangsrekursionsterme ist die Behauptung

---

[1]) Diese Definition entspricht der in 5.1. gegebenen Definition des konstanten Terms.

sofort klar, denn 0 ist eine Ziffer. Jede Variable wird nach Ersetzung durch eine Ziffer selbst eine Ziffer. Wird in der Funktion x' die Variable x durch eine Ziffer ersetzt, so wird x' selbst zur Ziffer.

Die Behauptung sei richtig für die Rekursionsterme $a(x)$, wo die Variable x auftritt, und **k**. Wir zeigen, daß sie dann auch für den Term

a(k)

gilt. Ersetzen wir in diesem Term alle auftretenden Variablen durch Ziffern, so erhalten wir einen Term der Form

a*(k*),

wobei **k*** aus **k** nach Ersetzung aller auftretenden Variablen und **a*** aus **a(x)** nach Ersetzung aller von x verschiedenen Variablen durch Ziffern entsteht. Nach Voraussetzung gibt es zu **k*** eine Ziffer **z***, so daß die Gleichung **k* = z*** in der eingeschränkten Arithmetik ableitbar ist.

Nun ist aber die Implikation

k* = z* $\longrightarrow$ a*(k*) = a*(z*)

aus den Gleichheitsaxiomen ohne Anwendung des Axioms der vollständigen Induktion ableitbar (vgl. 5.2.); deshalb erhalten wir nach der Abtrennungsregel, daß auch die Gleichung

a*(k*) = a*(z*)

in der eingeschränkten Arithmetik ableitbar ist.

Da **a*(z*)** aus **a(x)** nach Ersetzung aller Variablen durch Ziffern entstanden ist, gibt es nach Voraussetzung eine Ziffer **z** derart, daß **a*(z*) = z** ist.

Aus den Gleichungen

a*(k*) = a*(z*)   und   a*(z*) = z

und aus den Gleichheitsaxiomen ist die Gleichung

a*(k*) = z

ableitbar. Folglich ist die letzte Gleichung auch in der eingeschränkten Arithmetik ableitbar. Da der Term **a*(k*)** nach beliebiger Ersetzung der Variablen aus **a(k)** durch Ziffern entstanden war, ist damit die Behauptung bewiesen.

Die Behauptung gelte nun für die Terme $a(x_1, \ldots, x_{n-1})$ und $y(x_1, \ldots, x_n, y)$. Dann gilt sie auch für den nach 5. erklärten Term $\xi(x_1, \ldots, x_n)$. Sind $z_1, \ldots, z_{n-1}$ beliebige Ziffern, dann betrachten wir die Folge

$$\xi(z_1, \ldots, z_{n-1}, 0), \xi(z_1, \ldots, z_{n-1}, 0'), \ldots, \xi(z_1, \ldots, z_{n-1}, 0^{(k)}), \ldots$$

und zeigen durch Induktion über k, daß sich für jedes Glied dieser Folge eine Ziffer z_k^* derart definieren läßt, daß die Gleichung

$$\xi(z_1, \ldots, z_{n-1}, 0^{(k)}) = z_k^*$$

ableitbar ist. In der eingeschränkten Arithmetik ist die Gleichung

$$\xi(z_1, \ldots, z_{n-1}, 0) = a(z_1, \ldots, z_{n-1})$$

wahr. Nach Voraussetzung gibt es aber zu $a(z_1, \ldots, z_{n-1})$ eine Ziffer z_0^* derart, daß die Gleichung

$$a(z_1, \ldots, z_{n-1}) = z_0^*$$

ableitbar ist. Folglich ist in der eingeschränkten Arithmetik auch die Gleichung

$$\xi(z_1, \ldots, z_{n-1}, 0) = z_0^*$$

ableitbar.

Es gebe nun für $\xi(z_1, \ldots, z_{n-1}, 0^{(k)})$ eine Ziffer z_k^* derart, daß in der eingeschränkten Arithmetik die Gleichung

$$y(z_1, \ldots, z_{n-1}, 0^{(k)}) = z_k^* \tag{1}$$

ableitbar ist.

Nach der bezüglich der Funktion y gemachten Voraussetzung gibt es eine Ziffer z_{k+1}^* derart, daß die Gleichung

$$y(z_1, \ldots, z_{n-1}, 0^{(k)}, z_k^*) = z_{k+1}^*$$

in der eingeschränkten Arithmetik ableitbar ist.

Diese beiden Gleichungen ergeben zusammen mit der Gleichung

$$\xi(x_1, \ldots, x_{n-1}, x_n') = y(x_1, \ldots, x_n, \xi(x_1, \ldots, x_n))$$

schließlich

$$\xi(z_1, \ldots, z_{n-1}, 0^{(k+1)}) = y(z_1, \ldots, z_{n-1}, 0^{(k)}, \xi(z_1, \ldots, z_{n-1}, 0^{(k)}))$$
$$= y(z_1, \ldots, z_{n-1}, 0^{(k)}, z_k^*) = z_{k+1}^*.$$

Folglich ist die Gleichung

$$\xi(z_1, \ldots, z_{n-1}, 0^{(k+1)}) = z_{k+1}^*$$

in der eingeschränkten Arithmetik ableitbar.

Damit können wir für jeden Ausdruck $\xi(z_1, \ldots, z_{n-1}, 0^{(k)})$ eine Ziffer z_k^* derart definieren, daß die Gleichung (1) in der eingeschränkten Arithmetik ableitbar ist.

Damit ist die Behauptung für alle Regeln zur Bildung von Rekursionstermen bewiesen. Da sie nun für die Ausgangsrekursionsterme gilt, ist damit der Induktionsbeweis beendet.

Wir haben also gezeigt, daß man für jede Rekursionskonstante eine Ziffer derart definieren kann, daß die Gleichheit der gegebenen Konstante mit dieser Ziffer in der eingeschränkten Arithmetik beweisbar ist.

Setzen wir voraus, daß die eingeschränkte Arithmetik widerspruchsfrei ist, *so gibt es für jede Rekursionskonstante c genau eine Ziffer z, so daß die Gleichung $c = z$ in der eingeschränkten Arithmetik ableitbar ist.*

Würde es nämlich zwei verschiedene Ziffern z_1 und z_2 geben, so daß $c = z_1$ und $c = z_2$ in der eingeschränkten Arithmetik ableitbar sind, so wäre in ihr auch die Gleichung $z_1 = z_2$ ableitbar. Da z_1 und z_2 aber als verschieden vorausgesetzt waren, führt das zu einem Widerspruch in der eingeschränkten Arithmetik. Denn ist z_1 die Ziffer $0^{(m)}$ und z_2 die Ziffer $0^{(n)}$ und ist m kleiner als n, so folgt nach Einsetzungen in Axiom VII.3

$$0^{(m)} < 0^{(m+1)}, \; 0^{(m+1)} < 0^{(m+2)}, \; ..., \; 0^{(n-1)} < 0^{(n)}, \; ....$$

Hieraus finden wir nach Axiom VII.2 schließlich, daß

$$0^{(m)} < 0^{(n)}$$

sich allein aus den Axiomen der Gruppe VII ableiten läßt.

Folglich ist $z_1 < z_2$ in der eingeschränkten Arithmetik ableitbar. Unter Verwendung der Gleichheitsaxiome finden wir leicht

$$\overline{z_1 = z_2} \, ,$$

d.h., wir sind auf einen Widerspruch gestoßen.

Folgerung: Wenn ein die eingeschränkte Arithmetik enthaltender Kalkül widerspruchsfrei ist und wenn in ihm die Gleichheit

$$c_1 = c_2$$

der Rekursionskonstanten c_1 und c_2 ableitbar ist, so ist diese Gleichheit schon in der eingeschränkten Arithmetik ableitbar.

Nach dem vorhergehenden Satz gibt es nämlich eine Ziffer z_1 derart, daß die Gleichung $c_1 = z_1$ in der eingeschränkten Arithmetik ableitbar ist. Ebenso gibt es eine Ziffer z_2, so daß die Gleichung $c_2 = z_2$ in der eingeschränkten Arithmetik ableitbar ist. Da der betrachtete Kalkül die eingeschränkte Arithmetik enthält, ist auch die letzte Gleichung in ihm ableitbar. Daher ist in ihm auch $z_1 = z_2$ ableitbar. Wegen der Widerspruchsfreiheit müssen aber die Ziffern z_1 und z_2 übereinstimmen; denn sonst wäre in der eingeschränkten Arithmetik und folglich auch im gegebenen Kalkül die Formel

$$\overline{z_1 = z_2}$$

ableitbar. Wenn aber z_1 und z_2 ein und dieselbe Ziffer z darstellen und $c_1 = z$ und $c_2 = z$ in der eingeschränkten Arithmetik ableitbar sind, ist auch $c_1 = c_2$ in ihr ableitbar. Aus der vorangehenden Bemerkung folgt auch, daß es im betrachteten Kalkül zu jeder Rekusionskonstanten c genau eine Ziffer z gibt, so daß die Gleichung $c = z$ in ihm ableitbar ist.

Im folgenden wollen wir für beliebige Rekursionskonstanten c_1 und c_2 anstelle von „$c_1 = c_2$ ist in der eingeschränkten Arithmetik ableitbar" kurz „c_1 ist gleich c_2" sagen. Wir können hier den Zusatz „in der eingeschränkten Arithmetik" weglassen, da, wie wir oben gesehen haben, die Ableitbarkeit der Gleichheit von Rekursionskonstanten in jedem widerspruchstreien stärkeren Kalkül gleichbedeutend ist mit der Ableitbarkeit dieser Gleichheit in der eingeschränkten Arithmetik.

5.9. Rekursive Funktionen

Es sei $g(x_1, \ldots, x_n)$ ein beliebiger Rekursionsterm. Wir ordnen nun jedem Ausdruck der Form $g(z_1, \ldots, z_n)$ eine bestimmte Ziffer $h_{z_1, \ldots, z_n}$ zu. Damit erklären wir über allen Ziffern eine Funktion $h = h_{z_1, \ldots, z_n}$, deren Werte ebenfalls Ziffern sind. Diese aus dem Rekursionsterm $g(x_1, \ldots, x_n)$ abgeleitete Funktion läßt sich inhaltlich mathematisch deuten als Funktion, die jedem n-Tupel $z_1, \ldots, z_n$ von Ziffern eine bestimmte Ziffer $h_{z_1, \ldots, z_n}$ zuordnet. Solche Funktionen können wir im Rahmen der Mathematik genau so wie andere uns bereits bekannte mathematische Begriffe, wie etwa ableitbare Formel, Ableitungsregeln, Beziehungen zwischen den Zeichenreihen eines Kalküls, betrachten.

Auf diese Weise durch Rekursionsterme definierte mathematische Funktionen heißen *rekursive Funktionen.* (Genau genommen müßten wir sie primitiv-rekursive Funktionen nennen, da rekursive Funktionen ein allgemeinerer Begriff ist.)

Addition und Multiplikation. Wir definieren einen Rekursionsterm $\sigma(x, y)$ mit Hilfe der Rekursionsgleichungen

a) $\sigma(x, 0) = x,$

b) $\sigma(x, y') = (\sigma(x, y))'.$

Diesem Term entspricht eine rekursive Funktion, die mit der gewöhnlichen arithmetischen Summe übereinstimmt; der Wert $\sigma(0^{(n)}, 0^{(m)})$ ist nämlich $0^{(n+m)}$. Daher schreiben wir den Ausdruck $\sigma(x, y)$ in der gebräuchlichen Form $x + y$. Dann haben die Rekursionsgleichungen für die Addition die Form

a) $x + 0 = x,$

b) $x + y' = (x + y)'.$

Weiter führen wir einen Rekursionsterm $\pi(x, y)$ mit Hilfe der Rekursionsgleichungen

a) $\pi(x, 0) = 0,$

b) $\pi(x, y') = \pi(x, y) + x$

ein. Die dem Term $\pi(x, y)$ entsprechende rekursive Funktion ist das gewöhnliche arithmetische Produkt. Auch hier wollen wir die gebräuchliche Form $x \cdot y$ verwenden. Dann haben die das Produkt definierenden Rekursionsgleichungen die Form

a) $x \cdot 0 = 0,$

b) $x \cdot y' = x \cdot y + x.$

Die rekursiven Funktionen $\alpha(x)$ *und* $\beta(x)$. Wir definieren

a) $\alpha(0) = 0,$ a) $\beta(0) = 0'$

b) $\alpha(x') = 0',$ b) $\beta(x') = 0.$

Die Funktion $\alpha(z)$ ist also gleich 0 für $z = 0$ und gleich $0'$ für alle anderen z.

Umgekehrt ist die Funktion $\beta(z)$ gleich $0'$ für $z = 0$ und gleich 0 für alle anderen z.

Die rekursiven Funktionen $\delta(x)$ und $\delta(x, y)$. Wir definieren die Funktion $\delta(z)$ durch die Formeln

a) $\delta(0) = 0$,   b) $\delta(x') = x$.

Die Funktion $\delta(z)$ bildet 0 auf sich selbst und jede andere Ziffer auf ihren unmittelbaren Vorgänger ab, sie entspricht also semantisch der Subtraktion von 1 von allen von 0 verschiedenen Ziffern.

Weiter setzen wir

a) $\delta(x, 0) = x$,   b) $\delta(x, y') = \delta(\delta(x, y))$.

Für die durch diese Gleichungen definierte rekursive Funktion ist

$$\delta(x, 0') = \delta(\delta(x, 0)).$$

Folglich wird

$$\delta(x, 0') = x.$$

Weiter ist

$$\delta(x, 0'') = \delta(\delta(x, 0')),$$

d.h.

$$\delta(x, 0'') = \delta(\delta(x)).$$

Im allgemeinen Fall ist, wie man leicht sieht,

$$\delta(x, 0^{(k)}) = \underbrace{\delta(\delta(\ldots \delta(x))\ldots)}_{k\text{-mal}}.$$

Also ist $\delta(z_1, z_2)$ gleich der Ziffer, die man aus z_1 erhält, indem man darauf die Operation δ so oft anwendet, wie die Strichzahl der Ziffer z_2 angibt. Wenn daher z_1 nicht kleiner als z_2 ist, ist $\delta(z_1, z_2)$ erklärt, und zwar verliert dabei z_1 so viele Striche, wie z_2 hat. Wenn aber $z_1 < z_2$ ist, ist $\delta(z_1, z_2) = 0$. Kürzer ausgedrückt wird

$$\delta(0^{(k_1)}, 0^{(k_2)}) = 0^{(k_1 - k_2)} \quad \text{für} \quad k_2 \leqq k_1,$$

$$\delta(0^{(k_1)}, 0^{(k_2)}) = 0 \qquad\qquad \text{sonst.}$$

5.10. Axiomatische und semantische Ableitbarkeit von Eigenschaften arithmetischer Funktionen

Wie oben erwähnt wurde, ist der sich auf Rekursionsterme stützende Begriff der rekursiven Funktion ein semantischer Begriff. Insbesondere entsprechen den Rekursionstermen

$$x + y \quad \text{und} \quad x \cdot y$$

rekursive Funktionen, die nichts anderes als die gewöhnliche arithmetische Summe bzw.
das arithmetische Produkt sind. Ausführlicher heißt das: Jeder Ersetzung der Variablen
x und y des Terms x + y durch Ziffern $0^{(i)}$ und $0^{(j)}$ ist der Wert der zugehörigen rekursiven
Funktion die Ziffer $0^{(i+j)}$, wobei i + j hier die gewöhnliche arithmetische Summe der Anzahl aller Striche der ersten und der zweiten Ziffer bedeutet. Entsprechend ist bei jeder
Ersetzung der Variablen x und y des Terms x · y der Wert der zugehörigen rekursiven
Funktion die Ziffer $0^{(i \cdot j)}$, wobei i · j wieder das gewöhnliche arithmetische Produkt bedeutet. Durch inhaltliche Überlegungen lassen sich alle arithmetischen Eigenschaften der
den Termen

$$x + y \quad \text{und} \quad x \cdot y$$

entsprechenden rekursiven Funktionen ableiten. Wir brauchen nur die zu diesem Zweck
in der Arithmetik üblichen Überlegungen zu wiederholen. Wir machen jedoch darauf aufmerksam, daß *solche Beweise keine formalen Ableitungen innerhalb der eingeschränkten
Arithmetik sind, sondern inhaltliche Überlegungen über die eingeschränkte Arithmetik
darstellen.*

Als Beispiel betrachten wir den Satz: „Der Wert der rekursiven Funktion, die dem
Term x · y entspricht, ist 0, wenn die Variable x oder die Variable y durch 0 ersetzt
wird."

Diesen Satz beweisen wir durch vollständige Induktion; nicht etwa durch Anwendung
des Axioms der vollständigen Induktion, das ja als Formel des Prädikatenkalküls geschrieben
wird und in der eingeschränkten Arithmetik nicht auftritt, sondern mit Hilfe der inhaltlichen
metalogischen Induktion, mit der wir über die eingeschränkte Arithmetik urteilen. Diese
Induktion gehört zu den Denkweisen des Finitismus.

Wenn wir in dem Term x · y die Variable y durch 0 ersetzen, dann nimmt das Produkt x · y nach Definition der rekursiven Funktion durch Rekursionsgleichungen den
Wert 0 an. Ersetzen wir die Variable x durch 0, so nimmt die rekursive Funktion ebenfalls den Wert 0 an. Denn wenn auch y den Wert 0 annimmt, ist die Behauptung klar. Die
Behauptung sei richtig, wenn y den Wert **z** annimmt. Wir zeigen, daß sie auch dann
richtig ist, wenn y durch die Ziffer **z**′ ersetzt wird. Denn nach Voraussetzung hat 0 · **z**
den Wert 0. Nach Definition hat aber 0 · **z**′ denselben Wert wie 0 · **z** + 0. Nach Erklärung
der Summe hat 0 · **z** + 0 denselben Wert wie 0 · **z**, also 0. Damit ist 0 · **z** gleich 0 für alle
Ziffern **z**.

In analoger Weise lassen sich alle elementaren Sätze der Arithmetik beweisen. Wir
unterstreichen noch einmal, daß alle diese Sätze nicht mit den Mitteln der eingeschränkten
Arithmetik bewiesen werden, sie sind also Sätze über die eingeschränkte Arithmetik.

Wir können jedoch in der axiomatischen Arithmetik mit dem Axiom der vollständigen
Induktion bereits mit inneren Hilfsmitteln die Sätze beweisen, die den erwähnten inhaltlichen Sätzen über die Arithmetik entsprechen. So läßt sich beispielsweise mit den Mitteln
der axiomatischen Arithmetik der Satz

$$\vdash 0 \cdot y = 0 \wedge x \cdot 0 = 0$$

beweisen, der dem zuletzt betrachteten inhaltlichen Satz über die eingeschränkte Arithmetik entspricht. Wir wollen auch diesen Beweis hier durchführen.

Um die Ableitbarkeit des Satzes

$$\vdash 0 \cdot y = 0 \wedge x \cdot 0 = 0$$

in der Arithmetik zu beweisen, genügt es,

$$\vdash 0 \cdot y = 0$$

und

$$\vdash x \cdot 0 = 0$$

abzuleiten. Der zweite Satz ist die erste mit dem Term $x \cdot y$ verbundene Rekursionsgleichung und daher in der Arithmetik ableitbar.

Um auch die Ableitbarkeit des ersten Satzes zu zeigen, ersetzen wir im Axiom der vollständigen Induktion $A(t)$ durch $0 \cdot t = 0$ und erhalten

$$\vdash 0 \cdot 0 = 0 \wedge \forall x (0 \cdot x = 0 \rightarrow 0 \cdot x' = 0) \rightarrow 0 \cdot y = 0. \tag{1}$$

Aus der ersten Rekursionsgleichung für den Term $x \cdot y$ folgt

$$\vdash 0 \cdot 0 = 0. \tag{2}$$

Weiter gilt

$$\vdash 0 \cdot x = 0 \rightarrow 0 \cdot x = 0,$$
$$\vdash 0 \cdot x' = 0 \cdot x + 0,$$
$$\vdash 0 \cdot x + 0 = 0 \cdot x.$$

Ersetzen wir auf der rechten Seite der ersten dieser Gleichungen den Term $0 \cdot x$ durch den dazu gleichen Term $0 \cdot x + 0$, so erhalten wir unter Beachtung der zweiten Gleichung

$$\vdash 0 \cdot x = 0 \rightarrow 0 \cdot x' = 0.$$

Nach der Generalisierungsregel wird

$$\vdash \forall x (0 \cdot x = 0 \rightarrow 0 \cdot x' = 0). \tag{3}$$

Aus der Ableitbarkeit der Formeln (1), (2) und (3) folgt

$$\vdash 0 \cdot y = 0.$$

Damit ist

$$\vdash x \cdot 0 = 0 \wedge 0 \cdot y = 0.$$

Wir wollen den Unterschied herausarbeiten, der zwischen den metalogischen Sätzen über die eingeschränkte Arithmetik, in denen die Eigenschaften der rekurisven Funktionen beschrieben werden, und den ihnen entsprechenden Sätzen der Arithmetik mit dem Axiom der vollständigen Induktion besteht. Der Inhalt jedes metalogischen Satzes des erwähnten Typs besteht darin, daß eine gewisse Formel

$$A(x_1, \ldots, x_n)$$

bei beliebiger Einsetzung von Ziffern für die Variablen in eine in der eingeschränkten Arithmetik ableitbare Formel übergeht. Der Inhalt des entsprechenden Satzes der axiomatischen Arithmetik besteht darin, daß die Formel $A(x_1, \ldots, x_n)$ in der Arithmetik unter Einschluß des Axioms der vollständigen Induktion ableitbar ist.

Auf den ersten Blick mag es scheinen, daß diese Sätze stets gleichwertig sind. Das ist jedoch nicht der Fall. Ein formaler Satz der axiomatischen Arithmetik

$$\vdash\!\!— A(x_1, \ldots, x_n)$$

ist oft eine stärkere Behauptung als die Behauptung, daß jede Formel der Gestalt

$$A(z_1, \ldots, z_n),$$

in der $z_1, \ldots, z_n$ beliebige Ziffern bedeuten, in der eingeschränkten Arithmetik ableitbar ist. Das ist z.B. der Fall, wenn die Formel $A(x_1, \ldots, x_n)$ die Gestalt

$$r = 0, \quad r_1 = r_2 \quad \text{oder} \quad r_1 < r_2 \tag{4}$$

hat, wobei r, r_1 und r_2 beliebige Rekursionsterme sind. Aus der formalen Ableitbarkeit einer der Formeln (4) in der Arithmetik folgt die Ableitbarkeit jeder entsprechenden Formel

$$r^0 = 0, \quad r_1^0 = r_2^0 \quad \text{bzw.} \quad r_1^0 < r_2^0$$

in der eingeschränkten Arithmetik, die aus der entsprechenden Formel (4) nach Ersetzung aller Variablen durch Ziffern entsteht. Denn ist die Formel $r_1 = r_2$ (bzw. $r_1 < r_2, r = 0$) in der Arithmetik formal ableitbar, so ist auch jede Formel $r_1^0 = r_2^0$ (bzw. $r_1^0 < r_2^0, r^0 = 0$), die aus der vorhergehenden nach Ersetzung aller Variablen durch Ziffern entsteht, in der Arithmetik formal ableitbar. Wir wissen aber, daß sich zu jeder Rekursionskonstante eine ihr in dem Sinne gleiche Ziffer finden läßt, daß diese Gleichheit in der eingeschränkten Arithmetik ableitbar ist. Hieraus folgt, daß von den beiden Formeln

$$r_1^0 = r_2^0 \quad \text{bzw.} \quad \overline{r_1^0 = r_2^0}$$

immer eine in der eingeschränkten Arithmetik ableitbar ist. Genau so folgt, daß eine der Formeln

$$r_1^0 < r_2^0 \quad \text{bzw.} \quad \overline{r_1^0 < r_2^0}$$

in der eingeschränkten Arithmetik ableitbar ist.

Wenn nun die Formel $r_1^0 = r_2^0$ in der Arithmetik ableitbar ist und wenn diese Arithmetik widerspruchsfrei ist, dann muß $r_1^0 = r_2^0$ auch in der eingeschränkten Arithmetik ableitbar sein. Dasselbe können wir über die Formeln $r_1^0 < r_2^0$ und $r^0 = 0$ sagen. Wenn also eine Formel $A(x_1, \ldots, x_n)$ der gegebenen Gestalt in der Arithmetik ableitbar ist, dann ist jede Formel

$$A(z_1, \ldots, z_n)$$

in der eingeschränkten Arithmetik ableitbar.

Die Umkehrung gilt nicht. Es gibt Formeln der Gestalt

$$r = 0,$$

wobei r ein Rekursionsterm ist, so daß jede Formel

$$r^0 = 0,$$

die aus $r = 0$ nach Ersetzung aller Variablen durch Ziffern entsteht, in der eingeschränkten Arithmetik ableitbar ist; die Formel

$$r = 0$$

selbst ist aber in der Arithmetik nicht ableitbar, obwohl dort das Axiom der vollständigen Induktion zur Verfügung steht.

Im folgenden werden wir häufig auf die arithmetischen Eigenschaften rekursiver Funktionen im metalogischen (nicht formalen) Sinn zurückgreifen. Auf die Beweise dieser Eigenschaften wollen wir aber hier verzichten, da sie nur einfache Wiederholungen der entsprechenden Überlegungen in der Arithmetik sind.

5.11. Rekursive Prädikate

Bisher haben wir den Begriff der Prädikatenkonstanten nur für elementare Ausdrücke der Form $P(x), Q(x, y), x = y, \ldots$ benutzt. Wir nehmen jetzt eine Sinnerweiterung vor und wollen jede Formel der Arithmetik, die nur Individuenvariable und keine Prädikatenvariable enthält, als *Prädikatenkonstante* bezeichnen. Prädikatenkonstante, die selbst keine Elementarformeln sind, heißen *zusammengesetzte Prädikatenkonstante.* Zwei Prädikate $P(x_1, \ldots)$ und $Q(x_1, \ldots)$ heißen *äquivalent,* wenn die aus ihnen gebildete Formel

$$P(x_1, \ldots) \sim Q(x_1, \ldots)$$

nach Ersetzung der freien Variablen durch beliebige Ziffern in der eingeschränkten Arithmetik ableitbar ist.

Es sei g ein Rekursionsterm. Alle Prädikate der Form

$$g(x_1, \ldots, x_n) = 0$$

und alle zu ihnen äquivalenten Prädikate heißen *dem Term g entsprechende rekursive Prädikate.*

Satz: Werden in einem rekursiven Prädikat $P_s(x_1, \ldots, x_n)$ alle freien Variablen durch Ziffern $z_1, \ldots, z_n$ ersetzt, so ist entweder $P_s(z_1, \ldots, z_n)$ oder $\overline{P}_s(z_1, \ldots, z_n)$ in der eingeschränkten Arithmetik ableitbar.

Beweis: Es gibt einen Rekursionsterm $k(x_1, \ldots, x_n)$ derart, daß

$$P_s(z_1, \ldots, z_n) \sim k(z_1, \ldots, z_n) = 0$$

in der eingeschränkten Arithmetik ableitbar ist. Wie wir bereits wissen, läßt sich eine Ziffer z^* derart bestimmen, daß

$$k(z_1, \ldots, z_n) = z^*$$

in der eingeschränkten Arithmetik ableitbar ist. Nun ist $z^* = 0$ oder $\overline{z^* = 0}$ ebenfalls in der eingeschränkten Arithmetik ableitbar. Folglich ist $P_s(z_1, \ldots, z_n)$ oder $\overline{P}_s(z_1, \ldots, z_n)$ in der eingeschränkten Arithmetik ableitbar, was zu beweisen war.

Satz: Wenn die Prädikate $P_s(x, y, \ldots)$ *und* $Q_s(x, y, \ldots)$ *rekursiv sind, dann sind auch die Prädikate* $P_s(x, y, \ldots) \vee Q_s(x, y, \ldots)$ *und* $\overline{P}_s(x, y, \ldots)$ *rekursiv.*

Beweis: Wenn $P_s(x, y, \ldots)$ und $Q_s(x, y, \ldots)$ rekursiv sind, gibt es Rekursionsterme k und q derart, daß P_s zu $k = 0$ und Q_s zu $q = 0$ äquivalent sind. Auch der Term $k \cdot q$ ist ein Rekursionsterm. Nun ist das Prädikat $k = 0 \vee q = 0$ zum Prädikat $k \cdot q = 0$ äquivalent; denn die dem Term $k \cdot q$ entsprechende rekursive Funktion hat alle Eigenschaften des gewöhnlichen arithmetischen Produkts. Wenn also k oder q den Wert 0 annimmt, wird auch $k \cdot q$ zu 0 und umgekehrt. Dann ist aber die Formel

$$k = 0 \vee q = 0 \sim k \cdot q = 0$$

bei beliebiger Ersetzung durch Ziffern aus den Axiomen der eingeschränkten Arithmetik ableitbar, und folglich sind die Prädikate

$$k = 0 \vee q = 0 \quad \text{und} \quad k \cdot q = 0$$

äquivalent.

Offenbar ist $k = 0 \vee q = 0$ äquivalent zu $P_s \vee Q_s$. Folglich ist das letzte Prädikat äquivalent zu $k \cdot q = 0$, stellt also ein rekursives Prädikat dar.

Um zu beweisen, daß auch $\overline{P}_s(x, y, \ldots)$ ein rekursives Prädikat ist, betrachten wir den Term $\beta(k)$, wobei β der in 5.9. eingeführte Rekursionsterm ist. Aus den Eigenschaften dieses Terms folgt $\beta(k) = 0$, falls k bei Ersetzung der freien Variablen durch Ziffern nicht gleich 0 wird. Dagegen ist $\beta(k) = 0$, falls $k = 0$ ist. Dann ist aber $\beta(k) = 0$ zum Prädikat $\overline{P}_s(x, y, \ldots)$ äquivalent. Folglich ist dieses Prädikat rekursiv, was zu beweisen war.

Beachten wir, daß sich die Operationen $\wedge$ und $\rightarrow$ des Aussagenkalküls durch die Operationen $\vee$ und $^-$ ausdrücken lassen, so können wir leicht folgendes zeigen:

Wenn die Prädikate P_s *und* Q_s *rekursiv sind, dann sind auch die Prädikate* $P_s \wedge Q_s$ *und* $P_s \rightarrow Q_s$ *rekursiv.*

Ist $P_s(x_1, \ldots, x_n)$ ein rekursives Prädikat und entsteht $P_s(q, \ldots, q_n)$ daraus durch Ersetzung der freien Variablen x durch beliebige Rekursionsterme q_i, dann ist offenbar auch $P_s(q_1, \ldots, q_n)$ ein rekursives Prädikat.

Die Elementarprädikate der Arithmetik sind rekursiv.

Wir zeigen, daß *die Prädikate* $x = y$ *und* $x < y$ *rekursiv sind.* Dazu weisen wir nach, daß das Prädikat $x = y$ äquivalent ist zum Prädikat

$$\delta(x, y) + \delta(y, x) = 0. \tag{1}$$

Für x bzw. y setzen wir die beliebigen Ziffern $0^{(n)}$ und $0^{(m)}$. Für $m = n$ ist $\delta(0^{(n)}, 0^{(m)}) = 0$ und $\delta(0^{(m)}, 0^{(n)}) = 0$, und die Prädikate $x = y$ und (1) sind beide wahr. Sind die Ziffern nicht gleich, so ist ein Summand in (1) gleich 0, während der andere nicht 0 ist. Dann ist auch die Summe von 0 verschieden. Folglich sind die Prädikate $x = y$ und (1) äquivalent.

In derselben Weise läßt sich zeigen, daß das Prädikat $x < y$ zum Prädikat

$$\overline{\delta(y, x) = 0}$$

äquivalent ist. Nun ist aber $\delta(y, x) = 0$ ein rekursives Prädikat. Die Negation eines rekursiven Prädikats ist ebenfalls ein rekursives Prädikat. Folglich ist auch $x < y$ ein rekursives Prädikat.

Ausgehend von den Elementarprädikaten lassen sich mit Hilfe der Operationen des Aussagenkalküls und durch Einsetzungen neue rekursive Prädikate bilden. Sie entsprechen den variablen Rekursionstermen.

5.12. Andere Methoden zur Bildung rekursiver Prädikate. Eingeschränkte Quantoren

Ist $P_s(x)$ ein beliebiges rekursives Prädikat, dann gibt es nach Definition einen Rekursionsterm $f(x)$ derart, daß die Formel

$$P_s(z) \sim f(z) = 0$$

für alle Ziffern z in der eingeschränkten Arithmetik ableitbar ist.

In Zusammenhang mit dem Prädikat $P_s(x)$ führen wir einen neuen Rekursionsterm $v(x)$ durch die Rekursionsgleichungen

$$v(0) = f(0),$$
$$v(x') = v(x) \cdot f(x')$$

ein. Diesen Rekursionsterm $v(h)$ stellen wir noch formal durch

$$\bigcap_{x \leqq h} f(x)$$

dar. Diese Darstellung ist deshalb vorteilhaft, weil (wie wir durch vollständige Induktion leicht beweisen können) $f(z)$ gleich dem arithmetischen Produkt

$$f(0) \cdot f(0') \cdots f(z)$$

ist. Dem Term $\bigcap\limits_{x \leqq h} f(x)$ entspricht das rekursive Prädikat

$$\bigcap_{x \leqq h} f(x) = 0,$$

welches wir mit

$$\underset{\leqq h}{\exists} x\, P_s(x)$$

bezeichnen wollen. Für jede Ziffer z ist das Prädikat $\underset{\leqq z}{\exists} x\, P_s(x)$ äquivalent zur Formel

$$f(0) \cdot f(0') \cdots f(z) = 0$$

und folglich auch zur Formel

$$P_s(0) \vee P_s(0') \vee \ldots \vee P_s(z).$$

Das Zeichen $\underset{\leqq h}{\exists} x$ heißt der *eingeschränkte Partikularisator.* Daneben führen wir auch das Zeichen

$$\underset{\leqq h}{\forall} x$$

des *eingeschränkten Generalisators* ein.

Den Ausdruck

$$\underset{\leqq h}{\forall} x\; P_s(x)$$

erklären wir als den dazu äquivalenten Ausdruck

$$\underset{\leqq h}{\exists} x\; \overline{\overline{P_s(x)}}.$$

Das durch diesen Ausdruck dargestellte Prädikat ist ebenfalls ein rekursives Prädikat. Dabei ist die Formel

$$\underset{\leqq z}{\forall} x\; P_s(x)$$

offenbar äquivalent zur Formel

$$P_s(0) \wedge P_s(0') \wedge \ldots \wedge P_s(z).$$

5.13. Verfahren zur Bildung neuer Rekursionsterme

Wir werden in diesem Paragraphen einige Hilfsmittel kennenlernen, mit denen wir aus rekursiven Prädikaten Rekursionsterme bilden können. Es sei $P_s(x)$ ein rekursives Prädikat, das die Variable x (und möglicherweise noch andere) enthält, und $f(x)$ der ihm entsprechende Rekursionsterm. Wir erklären nun den neuen Rekursionsterm

$$\underset{0<x\leqq h}{\min}\; P_s(x),$$

den wir in anderer Form auch als $g(x_1, \ldots, x_k, h)$ mit den von x verschiedenen freien Variablen $x_1, \ldots, x_k$ von $P_s(x)$ schreiben können. Die definierenden Gleichungen für den Term $\underset{0<x\leqq h}{\min}\; P_s(x)$ schreiben wir in der üblichen Form:

$$\text{a)}\quad \underset{0<x\leqq 0}{\min}\; P_s(x) = 0, \qquad \text{b)}\quad \underset{0<x\leqq h'}{\min}\; P_s(x) = \underset{0<x\leqq h}{\min}\; P_s(x) + h'\,\beta\,[\, \underset{0<x\leqq h}{\min}\; P_s(x) + f(h')].$$

Offenbar gibt es keine Zahl x, die der Ungleichung $0 < x \leq 0$ genügt. Dennoch hat $\min\limits_{0 < x \leq 0} P_s(x)$ einen Sinn; hiermit wird nämlich der Term $\min\limits_{0 < x \leq z} P_s(x)$ für $z = 0$ bezeichnet.
Wir zeigen nun, daß für jede von 0 verschiedene Ziffer z

$$\min_{0 < x \leq z} P_s(x) = h$$

gilt, wobei h die kleinste von 0 verschiedene Ziffer bedeutet, die nicht größer ist als z und für die das Prädikat $P_s(h)$ eine wahre Formel ist. Es ist h gleich 0, falls es keine solche Ziffer gibt. Unsere Behauptung ist richtig für $z = 0$, da es keine von 0 verschiedenen Ziffern gibt, die nicht größer als 0 sind. Unsere Behauptung gelte für $z = 0^{(k)}$. Dann gilt sie auch für die Ziffer $0^{(k+1)}$; denn nach b) ist

$$\min_{0 < x \leq 0^{(k+1)}} P_s(x) = \min_{0 < x \leq 0^{(k)}} P_s(x) + 0^{(k+1)} \beta[\min_{0 < x \leq 0^{(k)}} P_s(x) + f(0^{(k+1)})].$$

Angenommen, es gäbe wenigstens eine von 0 verschiedene Ziffer $0^{(j)}$, die nicht größer als $0^{(k)}$ ist $(j \leq k)$ und für die $P_s(0^{(j)})$ wahr ist. Unter allen solchen Ziffern gibt es eine kleinste; $0^{(j)}$ sei diese Ziffer. Dann ist

$$\min_{0 < x \leq 0^{(k+1)}} P_s(x) = 0^{(j)} + 0^{(k+1)} \beta[0^{(j)} + f(^{(k+1)})].$$

Nun ist aber $0^{(j)} + f(0^{(k+1)})$ größer als 0, und daher gilt

$$\beta[0^{(j)} + f(0^{(k+1)})] = 0.$$

Folglich ist

$$\min_{0 < x \leq 0^{(k+1)}} P_s(x) = 0^{(j)},$$

und unsere Behauptung ist in diesem Fall bewiesen.

Angenommen, es gäbe unter den Ziffern $0', 0'', \ldots, 0^{(k)}$ keine, für die $P_s(x)$ wahr ist. Nach Voraussetzung ist dann

$$\min_{0 < x \leq 0^{(k)}} P_s(x) = 0,$$

und folglich ist

$$\min_{0 < x \leq 0^{(k+1)}} P_s(x) = 0^{(k+1)} \beta[f(0^{(k+1)})].$$

Wenn $P_s(0^{(k+1)})$ eine wahre Formel ist, wird $f(0^{(k+1)}) = 0$ und $\beta(0) = 0'$. Dann haben wir

$$\min_{0 < x \leq 0^{(k+1)}} P_s(x) = 0^{(k+1)} \cdot 0' = 0^{(k+1)},$$

und das entspricht unserer Behauptung.

Wenn $P_s(0^{(k+1)})$ falsch ist, ist

$$\overline{f(0^{(k+1)})} = 0$$

wahr. In diesem Fall ist

$$\beta[f(0^{(k+1)})] = 0$$

und

$$\min_{0 < x \,\leqq\, 0^{(k+1)}} P_s(x) = 0.$$

Also gilt die Behauptung auch in diesem Fall.

Analog erklären wir die Funktion

$$\max_{0 < x \,\leqq\, h} P_s(x)$$

mit dem rekursiven Prädikat $P_s(x)$ durch

a) $\quad \displaystyle\max_{0 < x \,\leqq\, 0} P_s(x) = 0,$

b) $\quad \displaystyle\max_{0 < x \,\leqq\, h'} P_s(x) = \max_{0 < x \,\leqq\, h} P_s(x) \cdot \alpha(f(h')) + h'\beta(f(h')),$

wobei $f(x)$ den dem Prädikat $P_s(x)$ entsprechenden Rekursionsterm bedeutet. Wir zeigen nun, daß $\displaystyle\max_{0 < x \,\leqq\, z} P_s(x)$ *die größte, $0^{(j)}$, der Ziffern $0', 0'', \dots, 0^{(h)} = z$ ist, für die $P_s(0^{(j)})$ wahr ist. Gibt es keine größte, so ist* $\displaystyle\max_{0 < x \,\leqq\, z} P_s(x) = 0.$

Für $z = 0$ ist die Behauptung richtig. Sie gelte nun für die Ziffer $0^{(k)}$. Dann gilt sie auch für $0^{(k+1)}$; denn wenn es unter den Ziffern $0', \dots, 0^{(k)}$ eine solche $(0^{(j)})$ gibt, für die $P_s(0^{(j)})$ wahr ist, dann ist, wenn $0^{(j)}$ auch die größte unter ihnen ist,

$$\max_{0 < x \,\leqq\, 0^{(k)}} P_s(x) = 0^{(j)}$$

und

$$\max_{0 < x \,\leqq\, 0^{(k+1)}} P_s(x) = 0^{(j)} \cdot \alpha(f(0^{(k+1)})) + 0^{(k+1)} \cdot \beta(f(0^{(k+1)})).$$

Wenn $P_s(0^{(k+1)})$ wahr ist, wird

$$f(0^{(k+1)}) = 0$$

und

$$\alpha(f(0^{(k+1)})) = 0, \qquad \beta(f(0^{(k+1)})) = 0'.$$

Dann ist

$$\max_{0 < x \leqq 0^{(k+1)}} P_s(x) = 0^{(k+1)}.$$

Wenn aber $P_s(0^{(k+1)})$ falsch ist, wird umgekehrt

$$\alpha(f(0^{(k+1)})) = 0',$$

$$\beta(f(0^{(k+1)})) = 0$$

und

$$\max_{0 < x \leqq 0^{(k)}} P_s(x) = 0^{(j)}.$$

In beiden Fällen ist die Behauptung also richtig.

Wir nehmen nun an, daß es unter den Ziffern $0', \ldots, 0^{(k)}$ keine gibt, für die $P_s(x)$ wahr ist. Dann ist nach Voraussetzung

$$\max_{0 < x \leqq 0^{(k)}} P_s(x) = 0$$

und

$$\max_{0 < x \leqq 0^{(k+1)}} P_s(x) = 0^{(k+1)} \cdot \beta(f(0^{(k+1)})).$$

Wenn $P_s(0^{(k+1)})$ wahr ist, erhalten wir

$$f(0^{(k+1)}) = 0$$

und

$$\beta(f(0^{(k+1)})) = 0'.$$

Dann ist aber

$$\max_{0 < x \leqq 0^{(k+1)}} P_s(x) = 0^{(k+1)}.$$

Wenn dagegen $P_s(0^{(k+1)})$ falsch ist, wird

$$\beta[f(0^{(k+1)})] = 0$$

und

$$\max_{0 < x \leqq 0^{(k+1)}} P_s(x) = 0.$$

Damit ist die Behauptung in allen Fällen bewiesen, sie gilt also für alle Ziffern.

5.14. Einige zahlentheoretische Prädikate und Terme

1. *Das Teilbarkeitsprädikat* $D_s(x, y)$. Mit $D_s(x, y)$ bezeichnen wir das durch die Formel

$$\underset{\leqq y}{\exists}\, t\, [t \cdot x = y]$$

ausgedrückte Prädikat.

Wenn $D_s(z_1, z_2)$ wahr ist, gibt es, wie man leicht sieht, eine Ziffer h, so daß

$$h \cdot z_1 = z_2$$

ist, d.h. z_2 *ist durch* z_1 *teilbar.* Es sei etwa $z_1 = 0^{(k_1)}$ und $z_2 = 0^{(k_2)}$. Die Formel

$$\underset{\leqq z_2}{\exists}\, t\, [t z_1 = z_2]$$

ist äquivalent zur Formel

$$0 \cdot z_1 = z_2 \lor 0' \cdot z_1 = z_2 \lor \ldots \lor z_2 \cdot z_1 = z_2 \ .$$

Nach Voraussetzung ist diese Formel wahr. Diese Summe ist wahr, wenn wenigstens eine der in ihr auftretenden Gleichungen wahr ist, d.h., wenn es eine Ziffer h gibt, so daß

$$h \cdot z_1 = z_2$$

ist. Nehmen wir nun $D_s(z_1, z_2)$ als falsch an, dann ist die Formel

$$\underset{\leqq z_2}{\forall}\, t\, [\overline{t \cdot z_1 = z_2}]$$

bzw., was dasselbe ist, die Formel

$$\overline{0 \cdot z_1 = z_2} \land \overline{0' \cdot z_1 = z_2} \land \ldots \land \overline{z_2 \cdot z_1 = z_2}$$

wahr. Dann gibt es aber unter den Ziffern $0, 0', \ldots, z_2$ kein h, so daß $h \cdot z_1 = z_2$ eine wahre Formel ist. Also gibt es überhaupt keine diese Gleichung erfüllende Ziffer. Wenn nämlich $z_1 = 0$ und $\overline{z_2 = 0}$ ist, dann gibt es offenbar keine Ziffer h mit $h \cdot z_1 = z_2$. Wenn z_1 nicht 0 ist, wird $z_2 < h \cdot z_1$, falls h größer als z_2 ist.

2. *Das Prädikat* $P_r(x)$, „*eine Primzahl sein*". Mit $P_r(x)$ bezeichnen wir das durch die Formel[1])

$$\underset{\leqq x}{\forall}\, t\, [0' < x \land (0' < t < x \to \overline{D_s(t, x)})]$$

ausgedrückte Prädikat. Aus der angegebenen Formel erkennen wir $P_r(x)$ als rekursives Prädikat. Es läßt sich (in Analogie zu Beispiel 1) leicht zeigen, daß $P_r(z)$ für z größer als $0'$ genau dann für eine Ziffer z eine wahre Formel ist, wenn es keine von $0'$ und z verschiedene Ziffer gibt, die Teiler von z ist.

---

[1]) $0' < t < x$ ist die abkürzende Schreibweise für das Prädikat $0' < t \land t < x$.

Die Funktion h!. Diese Funktion definieren wir durch die Gleichungen

a) $\quad 0! = 0'$, $\quad$ b) $\quad h'! = h! \cdot h'$.

Für jede Ziffer **z** gilt dann offenbar

$$z! = 0' \cdot 0'' \cdots z.$$

Später werden wir die Behauptung, daß es „für jede von 0 verschiedene Ziffer **z** innerhalb $z, z', \ldots, z! + 0'$ eine Ziffer **r** gibt, so daß $P_r(r)$ in der eingeschränkten Arithmetik wahr ist", benötigen. Um diese Tatsache zu zeigen, genügt es, den üblichen euklidischen Beweis zu wiederholen. Dieser Beweis benutzt den Begriff des aktual Unendlichen nicht, da die Überlegungen sich hier auf die endliche Menge der Ziffern bis $z! + 0'$ erstrecken. Außerdem sind alle verwendeten Begriffe durch rekursive Prädikate dargestellt, die sich für Ziffern rekursiv berechnen lassen.

3. *Das rekursive Prädikat* $S_r(x, y, z)$ *mit der Bedeutung* „x *ist eine zwischen* y' *und* z *liegende Primzahl"*. Dieses Prädikat wird durch die Formel

$$P_r(x) \wedge y < x \leqq z$$

definiert. Daraus folgt, daß $S_r(x, y, z)$ ein rekursives Prädikat ist. Wir erklären nun den Rekursionsterm $\varphi(x, y)$ durch die Formel

$$\varphi(x, y) = \min_{0 < t \leqq y} S_r(t, x, y).$$

Die durch diesen Term definierte rekursive Funktion liefert die kleinste Primzahl zwischen den Zahlen x' und y, falls eine solche existiert, und sonst 0.

4. *Die rekursive Funktion* $\pi(x)$, *deren Werte nacheinander alle Primzahlen durchlaufen.* Den Rekursionsterm $\pi(x)$ erklären wir durch die Gleichungen

a) $\quad \pi(0) = 0''$,

b) $\quad \pi(x') = \varphi(\pi(x), \pi(x)! + 0')$.

Wir zeigen, daß die Werte der rekursiven Funktion $\pi(z)$ nacheinander alle Primzahlen durchlaufen. Nach a) ist der Wert von $\pi(z)$ für $z = 0$ gleich der kleinsten Primzahl. Es sei $\pi(0), \pi(0'), \ldots, \pi(z)$ eine (lückenlose) Folge von Primzahlen. Nun ist aber

$$\pi(z') = \varphi(\pi(z), \pi(z)! + 0'),$$

d.h., der Wert von $\pi(z')$ ist die kleinste Primzahl zwischen $\pi(z)$ und $\pi(z)! + 0'$ bzw. gleich 0, falls es eine solche nicht gibt. Nach dem Satz von Euklid gibt es aber eine solche Zahl, und folglich ist der Wert von $\pi(z')$ die unmittelbar auf $\pi(z)$ folgende Primzahl. Also ist $\pi(z)$ die gesuchte rekursive Funktion.

5. *Das Prädikat* $R_s(x, y)$, „*Exponent eines Primteilers bei der Zerlegung der Zahl* y *in Primfaktoren sein"*. Dieses Prädikat wird durch die Formel

$$\mathop{\exists t}_{\leqq y} [P_r(t) \wedge D(t^x, y) \wedge \overline{D(t^{x'}, y)}]$$

ausgedrückt. Aus der Formel erkennen wir $R_s(x, y)$ als rekursives Prädikat.

6. *Das Prädikat* $W_s(x)$, „*Zahl der Form*

$$y_1^{h_1} \cdot y_2^{h_2} \cdots y_k^{h_k} \tag{1}$$

sein". Hierbei bedeuten y_i die in der natürlichen Reihenfolge i-te Primzahl, h_i den Exponenten dieses Primfaktors (h_i kann insbesondere gleich 0 sein) und k eine feste Zahl.

Dieses Prädikat wird durch die Formel

$$\underset{\leqq x}{\exists\, u_1} \cdots \underset{\leqq x}{\exists\, u_k} \left[y_1^{u_1} \cdot y_2^{u_2} \cdots y_k^{u_k} = x \right]$$

definiert. Offenbar ist es ein rekursives Prädikat.

7. Die rekursive Funktion $\sigma(x)$, *deren Werte für festes* k *nacheinander alle Zahlen der Form*

$$y_1^{u_1} \cdot y_2^{u_2} \cdots y_k^{u_k}$$

durchlaufen. Der Bau dieser Funktion ist ähnlich dem der Funktion $\pi(x)$. Zunächst betrachten wir das rekursive Prädikat $M_s(x, y, z)$, das folgendem sprachlichen Ausdruck entspricht: „x ist eine Zahl der Form $y_1^{u_1} \cdot y_2^{u_2} \cdots y_k^{u_k}$ zwischen den Zahlen y' und z." Das Prädikat $M_s(x, y, z)$ läßt sich durch die Formel

$$W_s(x) \wedge y < x \leqq z$$

ausdrücken und ist offenbar rekursiv. Nun führen wir den Rekursionsterm $\psi(x, y)$ ein durch

$$\psi(x, y) = \underset{0 < t \leqq y}{\min} M_s(t, x, y).$$

Die geforderte rekursive Funktion wird dann durch die Formel

a) $\quad \sigma(0) = y_1^0 \cdot y_2^0 \cdots y_k^0\,,$

b) $\quad \sigma(x') = \psi(\sigma(x), 0'' \cdot \sigma(x))$

gegeben. Die Werte der so definierten Funktion durchlaufen nacheinander alle Zahlen der Form (1). Aus b) folgt weiter: Wenn $\sigma(z)$ eine Zahl der Form (1) ist, dann ist $\sigma(z')$ die kleinste Zahl der Form (1) zwischen $(\sigma(z))'$ und $0'' \cdot \sigma(z)$, falls eine solche existiert. Wegen $0'' = y_1$ ist $0'' \cdot \sigma(z)$ eine Zahl der Form (1), und daher gibt es zwischen $(\sigma(z))'$ und $0'' \cdot \sigma(z)$ eine Zahl der Form (1). Folglich ist $\sigma(z')$ die unmittelbar auf $\sigma(z)$ folgende Zahl der Form (1).

8. Wir konstruieren k rekursive Funktionen $\rho_1(x), \ldots, \rho_k(x)$ mit folgender Eigenschaft: Wenn z nacheinander alle Ziffern durchläuft, dann durchlaufen alle Werte der k Funktionen $\rho_1(z), \ldots, \rho_k(z)$ alle möglichen Folgen zu je k Ziffern. Wir setzen

$$\rho_1(z) = \max_{0 < t \leqq z} D(y_1^t, \sigma(z));$$

$$\rho_2(z) = \max_{0 < t \leqq z} D(y_2^t, \sigma(z));$$

$$\cdots \cdots \cdots \cdots \cdots \cdots \cdots$$

$$\rho_k(z) = \max_{0 < t \leqq z} D(y_k^t, \sigma(z)).$$

Die erste Funktion $\rho_1(z)$ ist eine Potenz der Zahl y_1, d. h. von 2, in der Primfaktorzerlegung von $\sigma(z)$. Die zweite Funktion $\rho_2(z)$ ist eine Potenz von y_2, d. h. von 3, in der Primfaktorzerlegung von $\sigma(z)$, usw. Schließlich ist $\rho_k(z)$ eine Potenz der k-ten Primzahl y_k in der Primfaktorzerlegung von $\sigma(z)$. Da $\sigma(z)$ alle Zahlen der Form (1) durchläuft, falls z nacheinander alle Ziffern durchläuft, durchläuft die Menge aller Werte der so definierten Funktionen $\rho_1(z), \ldots, \rho_k(z)$ alle möglichen Folgen zu je k Ziffern.

5.15. Berechenbare Funktionen

Durch die Hinzunahme von Rekursionsgleichungen zu den Axiomen VI, VII, VIII werden arithmetische Operationen zwischen den Termen erklärt. Beschränken wir uns dabei auf die Rekursionsgleichungen, durch welche Addition, Multiplikation und Potenzieren definiert sind, so erhalten wir ein dem Peanoschen Axiomensystem weitgehend ähnliches Axiomensystem. Nehmen wir dagegen alle Rekursionsgleichungen hinzu, so wird dadurch neben den gewöhnlichen arithmetischen Operationen eine umfangreiche Klasse anderer Operationen eingeführt. Wie wir oben gesehen haben, lassen sich mit Hilfe dieser Operationen vielerlei zahlentheoretische Begriffe definieren, die sich auf die Teilbarkeit von Zahlen, auf Primfaktoren, Potenzen von Primfaktoren und viele andere stützen.

Die durch Rekursionsterme definierten rekursiven Funktionen bilden eine recht umfangreiche Klasse aller über der Menge der natürlichen Zahlen definierten Funktionen mit ganzzahligen Werten (in unserer Terminologie Ziffern).

Dabei sind diese Funktionen so definiert, daß sie effektiv berechenbar sind, d.h., für jede Wertemenge von Argumenten einer Funktion $r(x_1, \ldots, x_n)$ können wir den Funktionswert effektiv bestimmen. Der Begriff der effektiv berechenbaren Funktion ist sehr wichtig. Auf ihn läßt sich der allgemeine Algorithmenbegriff zurückführen, mit dessen Hilfe gewisse Operationen beschrieben und Aufgaben eines bestimmten Typs gelöst werden. Wenn irgendein Algorithmus in regulärer Weise bestimmte Operationen erzeugt, können wir uns leicht vorstellen, daß sich die Elemente dieser Operationen und alle möglichen Kombinationen aus ihnen derart durch Ziffern beschreiben lassen, daß dabei jeder Operationsschritt und jedes Operationsergebnis mit einer bestimmten Ziffer versehen wird. Dann erscheint der Algorithmus als eine sukzessive Konstruktion von Ziffern $z_1, z_2, \ldots, z_n, \ldots$. Damit entspricht dem Algorithmus eine über Ziffern definierte berechenbare Funktion, deren Werte ebenfalls Ziffern sind. Die Behauptung, daß jeder Algorithmus in Form einer berechenbaren Funktion von einer Variablen beschrieben werden kann, ist nicht überraschend; denn jede in gewisser Weise berechenbare Funktion von beliebig vielen Variablen läßt sich auf eine berechenbare Funktion von einer Variablen zurückführen. Es sei etwa $r(x_1, ..., x_n)$ eine berechenbare Funktion von n Variablen. Alle Folgen aus je n Ziffern numerieren wir mit Hilfe von rekursiven Funktionen,

$$z_1 = \rho_1(z), ..., z_n = \rho_n(z)$$

derart, daß jedem n-Tupel $(z_1, ..., z_n)$ eine Ziffer z zugeordnet wird. Dann ordnet die Funktion

$$r(\rho_1(z), ..., \rho_n(z))$$

der Ziffer z des n-Tupels $(z_1, ..., z_n)$ den berechenbaren Wert der Funktion r für das n-Tupel $(z_1, ..., z_n)$ zu.

Der Begriff des Algorithmus ist sehr alt und wird seit langem in der Mathematik verwendet. Er wurde aber rein intuitiv verstanden, was natürlich seinen Gebrauch erschwerte. Viele Autoren (Church, Turing, Post u.a.) haben den Begriff des Algorithmus definiert. Der Form nach sind alle diese Definitionen recht unterschiedlich, dennoch erwiesen sie sich als zueinander äquivalent. Am einfachsten läßt sich diese Definition in der Sprache der berechenbaren Funktionen formulieren. Das wollen wir hier tun. Die in den vorangehenden Paragraphen betrachteten rekursiven Funktionen sind berechenbar. Man könnte annehmen, daß der intuitive Begriff der berechenbaren Funktion mit dem Begriff der rekursiven Funktion übereinstimmt. Das ist aber nicht so. Wir können eine Funktion $v(x, y)$ von zwei Variablen mit folgenden Eigenschaften definieren:

1. Für jedes Ziffernpaar z_1, z_2 ist der Wert $v(z_1, z_2)$ der Funktion eine Ziffer, die sich mit Hilfe eines unserer Vorstellung völlig entsprechenden Algorithmus berechnen läßt.

2. Zu jeder rekursiven Funktion $r(z_1)$ gibt es eine Ziffer z_2^0, so daß $r(z_1)$ für alle z_1 gleich $v(z_1, z_2^0)$ ist.

Dann ist offenbar $r(z, z) + 0'$ eine berechenbare Funktion. Sie stimmt mit keiner rekursiven Funktion überein. Wäre etwa $v(z, z) + 0'$ eine rekursive Funktion (wir bezeichnen sie kurz mit $c(z)$), dann gäbe es eine Ziffer z_2^*, so daß $c(z_1)$ für alle z_1 gleich $v(z_1, z_2^*)$ ist. Für z_1 gleich z_2^* ist der Wert der Funktion $c(z_2^*)$ also gleich $v(z_2^*, z_2^*)$. Nun ist aber $c(z_2^*)$ gerade $v(z_2^*, z_2^*) + 0'$, und folglich wäre $v(z_2^*, z_2^*)$ gleich $v(z_2^*, z_2^*) + 0'$, was nicht sein kann. Die Voraussetzung, daß $v(z, z) + 0'$ eine rekursive Funktion ist, führt also zu einem Widerspruch.

Es ist also falsch, die Begriffe rekursive Funktion und berechenbare Funktion als identisch anzusehen. Dennoch hängt die Definition der berechenbaren Funktion eng mit dem Begriff der rekursiven Funktion zusammen. Zunächst führen wir den Begriff der *allgemein-rekursiven Funktion* ein. Im Unterschied zu den allgemein-rekursiven Funktionen nennt man die oben eingeführten rekursiven Funktionen oft *primitiv-rekursive Funktionen*. Diesen Begriff haben wir bisher nur deshalb nicht benutzt, weil wir den Begriff der allgemein-rekursiven Funktion noch nicht eingeführt hatten. Aber auch im folgenden werden wir nicht mit ihm in Berührung kommen, so daß wir uns hier nur auf die Definition der allgemein-rekursiven Funktion beschränken. Insbesondere werden wir im nächsten Kapitel primitiv-rekursive Funktionen wie bisher einfach als rekursive Funktionen bezeichnen.

Die Definition der allgemein-rekursiven Funktion besteht in folgendem: Es sei $r(z_1, z_2)$ eine beliebige primitiv-rekursive Funktion von zwei Variablen und $f(z_2)$ eine beliebige primitiv-rekursive Funktion von einer Variablen. Für jeden Wert z_1 gebe es genau eine Ziffer z_2, so daß

$$\vdash\!\!\!- r(z_1, z_2) = 0.$$

Dann ist dadurch eine implizite Funktion $g(z_1)$ erklärt mit

$$\vdash\!\!\!- z_2 = g(z_1) \sim r(z_1, z_2) = 0.$$

Daneben können wir noch die Funktion

$$f(g(z_1))$$

definieren.

Eine Funktion heißt *allgemein-rekursiv*, wenn sie mit der Funktion $f(g(z_1))$ übereinstimmt, die sich aus einem Paar von primitiv-rekursiven Funktionen $r(z_1, z_2)$ und $f(z_2)$ in der angegebenen Weise zusammensetzt.

Wie oben erwähnt, verstehen wir unter einer berechenbaren Funktion eine Funktion, zu der es einen Algorithmus gibt, mit dessen Hilfe sich für jedes Argument der Wert dieser Funktion berechen läßt. Unsere Aufgabe besteht nun in der Präzisierung des Begriffs der berechenbaren Funktion; den Algorithmenbegriff, auf den wir uns dabei stützen, benutzen wir vorläufig ohne jede Definition nur intuitiv. Dann lautet die Definition der berechenbaren Funktion folgendermaßen: Eine *berechenbare Funktion* ist eine allgemein-rekursive Funktion.

Das Gesetz, nach dem wir die Werte der allgemein-rekursiven Funktion berechnen, lautet: Für jede Ziffer z berechnen wir die Werte der primitiv-rekursiven Funktion $r(z, 0)$, $r(z, 0')$ usw., bis wir zu einer Ziffer z^* gelangen, für die $r(z, z^*)$ den Wert 0 annimmt. Nach der über die Funktion r gemachten Voraussetzung finden wir eine solche Ziffer z^* nach endlich vielen Schritten. Danach berechnen wir den Wert der zweiten rekursiven Funktion $f(z^*)$, der nach Definition gleich dem Wert der allgemein-rekursiven Funktion ist. Auf den ersten Blick mag es scheinen, daß die angeführte Definition der berechenbaren Funktion ziemlich speziell ist und nicht unserer intuitiven Vorstellung von einem Algorithmus und von einer berechenbaren Funktion entspricht. Mit anderen Worten: Es läßt sich denken, daß sich ein Algorithmus zur Berechnung der Werte einer Funktion angeben läßt, die gewiß nicht allgemein-rekursiv ist. Eine detaillierte Analyse dieser Frage, auf die wir hier nicht näher eingehen wollen, macht überzeugend klar, daß der Begriff der allgemein-rekursiven Funktion unsere intuitive Vorstellung von berechenbaren Funktionen völlig überdeckt und den allgemeinen Algorithmenbegriff in sich einschließt. Da wir es leider mit einem Vergleich der exakten Definition der allgemeinen rekursiven Funktion mit dem intuitiven Begriff der berechenbaren Funktion zu tun haben, kann keine Rede sein von einem irgendwie strengen Beweis. Es kommt nur auf die hinreichende Überzeugungskraft der Umstände an, auf welche sich der Vergleich dieser Begriffe stützt.

Die Definition des Algorithmus wurde verwendet zum Beweis der Tatsache, daß es zur Lösung gewisser Klassen von Aufgaben keinen Algorithmus gibt. So hat beispielsweise Church bewiesen, daß es keinen Algorithmus zur Lösung des Entscheidungsproblems im Prädikatenkalkül gibt. Solche Probleme, die sich mit dem Auffinden eines Algorithmus zur Lösung einer gewissen Serie von unendlich vielen gleichartigen Aufgaben beschäftigen, heißen *algorithmische Probleme.* Die Unlösbarkeit eines algorithmischen Problems bedeutet, daß der gesuchte Algorithmus nicht existiert. In letzter Zeit ist eine Reihe von Ergebnissen in dieser Richtung erzielt worden, d.h., es gibt in verschiedenen mathematischen Disziplinen unlösbare algorithmische Probleme. Insbesondere haben die sowjetischen Mathematiker A. A. Markov, P. S. Novikov und deren Schüler die Unlösbarkeit einer Reihe von algorithmischen Problemen für Gruppen, Halbgruppen, Matrizen, Polyeder usw. bewiesen. Diese Ergebnisse stellen Anwendungen der mathematischen Logik auf Probleme aus anderen Disziplinen dar.

5.16. Einige Sätze der axiomatischen Arithmetik

In der durch das Axiomensystem I bis VIII und die Rekursionsgleichungen charakterisierten Arithmetik sind alle uns aus der elementaren Arithmetik bekannten Sätze formal ableitbar. Wahrscheinlich sind in ihm auch alle Sätze der gegenwärtig vorliegenden Zahlentheorie ableitbar. Die Tatsache, daß die Zahlentheorie in großem Umfang Hilfsmittel und Ideen der Analysis verwendet, zeigt nur, daß diese Hilfsmittel reichhaltige heuristische Elemente aufweisen, die uns die Suche nach Lösungsansätzen und Lösungswegen bei schwieriger zahlentheoretischen Problemen erleichtern. Dennoch ist es durchaus möglich, daß der formale Beweis jedes zahlentheoretischen Satzes ausschließlich mit den Mitteln der axiomatischen Arithmetik geführt werden kann. Wir beschränken uns hier auf die formale Herleitung der Grundgesetze der elementaren Arithmetik, nämlich der Eigenschaften von Addition und Multiplikation.

Satz 1:

$$\vdash\!\!\!- \; 0 + x = x.$$

Beweis: Im Axiom der vollständigen Induktion setzen wir $0 + t = t$ für $A(t)$ ein, und wir erhalten

$$\vdash\!\!\!- \; 0 + 0 = 0 \wedge \forall x \, [0 + x = x \rightarrow 0 + x' = x'] \rightarrow 0 + y = y. \tag{1}$$

Aus den die Summe definierenden Rekursionsgleichungen folgt

$$\vdash\!\!\!- \; 0 + 0 = 0. \tag{2}$$

Weiter erhalten wir wegen der Eindeutigkeit von Termen (vgl. 5.2.)

$$\vdash\!\!\!- \; 0 + x = x \rightarrow (0 + x)' = x'.$$

Aus den die Summe definierenden Rekursionsgleichungen folgt

$$\vdash\!\!\!- \; (0 + x)' = 0 + x'.$$

Hieraus erhalten wir nach Ersetzung des Terms $(0 + x)'$ durch den zu ihm gleichen Term $0 + x'$ in der vorhergehenden Implikation

$$\vdash\!\!\!-\!\!\!- \; 0 + x = x \rightarrow 0 + x' = x'.$$

Nach der Generalisierungsregel ist dann

$$\vdash\!\!\!-\!\!\!- \; \forall x\,(0 + x = x \rightarrow 0 + x' = x'). \tag{3}$$

Da (2) und (3) wahr sind, ist auch die Prämisse in (1) wahr. Daher erhalten wir nach der Abtrennungsregel

$$\vdash\!\!\!-\!\!\!- \; 0 + y = y,$$

womit der Satz bewiesen ist.

Satz 2: $\quad \vdash\!\!\!-\!\!\!- \; z + x' = z' + x.$

Beweis: Im Axiom der vollständigen Induktion ersetzen wir $A(t)$ durch $z + t' = z' + t$, und wir erhalten

$$\vdash\!\!\!-\!\!\!- \; z + 0' = z' + 0 \wedge \forall x\,[z + x' = z' + x \rightarrow z + x'' = z' + x'] \rightarrow z + y' = z' + y. \tag{4}$$

Nach den Rekursionsgleichungen ist

$$\vdash\!\!\!-\!\!\!- \; z + 0' = (z + 0'),$$
$$\vdash\!\!\!-\!\!\!- \; z + 0 = z,$$
$$\vdash\!\!\!-\!\!\!- \; z' + 0 = z'.$$

Tauschen wir hierin gleiche Terme gegeneinander aus, so erhalten wir

$$z + 0' = (z + 0)' = z' = z' + 0,$$

woraus

$$\vdash\!\!\!-\!\!\!- \; z + 0' = z' + 0 \tag{5}$$

folgt. Wir benutzen nun die in der Arithmetik wahre Formel

$$z + x' = z' + x \rightarrow (z + x')' = (z' + x)'. \tag{6}$$

Nach den Rekursionsgleichungen ist

$$\vdash\!\!\!-\!\!\!- \; (z + x')' = z + x'',$$
$$\vdash\!\!\!-\!\!\!- \; (z' + x)' = z' + x'.$$

Ersetzen wir in Formel (6) gleiche Terme durch gleiche, so wird

$$\vdash\!\!\!-\!\!\!- \; z + x' = z' + x \rightarrow z + x'' = z' + x'. \tag{7}$$

Da (5) und (7) wahr sind, ist auch die Prämisse wahr und folglich auch die Conclusio in (4):

$$\vdash\!\!-\!\!- z + y' = z' + y.$$

Den soeben bewiesenen Satz können wir folgendermaßen formulieren: *Werden in einer Summe die Striche eines Terms auf einen anderen übertragen, so geht der durch die Summe definierte Term in einen gleichen über.*

Satz 3: $\vdash\!\!-\!\!- z + x = x + z.$

Beweis. Im Axiom der vollständigen Induktion ersetzen wir $A(t)$ durch $z + t = t + z$, und wir erhalten

$$\vdash\!\!-\!\!- z + 0 = 0 + z \wedge \forall x [z + x = x + z \rightarrow z + x' = x' + z] \rightarrow z + y = y + z. \qquad (8)$$

Aus den die Summe definierenden Rekursionsgleichungen folgt

$$\vdash\!\!-\!\!- z + 0 = z.$$

Nach Satz 1 ist

$$\vdash\!\!-\!\!- 0 + z = z.$$

Aus den letzten beiden Gleichungen erhalten wir

$$\vdash\!\!-\!\!- z + 0 = 0 + z. \qquad (9)$$

Wegen der Eindeutigkeit der Terme ist

$$\vdash\!\!-\!\!- z + x = x + z \rightarrow (z + x)' = (x + z)', \qquad (10)$$

und aus den Rekursionsgleichungen

$$\vdash\!\!-\!\!- (z + x)' = z + x',$$
$$\vdash\!\!-\!\!- (x + z)' = x + z'$$

folgt nach Satz 2

$$\vdash\!\!-\!\!- x + z' = x' + z.$$

Folglich ist

$$\vdash\!\!-\!\!- (x + z)' = x' + z.$$

Wechseln wir in (10) gleiche Terme gegeneinander aus, so erhalten wir

$$\vdash\!\!-\!\!- z + x = x + z \rightarrow z + x' = x' + z. \qquad (11)$$

Da (9) und (11) wahr sind, ist auch die Prämisse wahr und folglich auch die Conclusio in (8):

$$\vdash\!\!-\!\!- z + y = y + z.$$

Damit ist die Kommutativität der Addition bewiesen.

Satz 4: $\vdash\!\!-\!\!- (z + u) + x = z + (u + x).$

Beweis: Im Axiom der vollständigen Induktion ersetzen wir $A(t)$ durch $(z + u) + t = z + (u + t)$, und wir erhalten

$$\vdash (z + u) + 0 = z + (u + 0) \land \forall x[(z + u) + x = z + (u + x) \to$$
$$\to (z + u) + x' = z + (u + x')] \to$$
$$\to (z + u) + y = z + (u + y). \quad (12)$$

Nach den Rekursionsgleichungen ist

$$\vdash (z + u) + 0 = z + u,$$
$$\vdash u + 0 = u.$$

Aus der zweiten Gleichung erhalten wir

$$\vdash z + (u + 0) = z + u.$$

Aus diesen Gleichungen folgt nun leicht

$$\vdash (z + u) + 0 = z + (u + 0). \quad (13)$$

Wegen der Eindeutigkeit der Terme wird

$$\vdash (z + u) + x = z + (u + x) \to ((z + u) + x)' = (z + (u + x))'. \quad (14)$$

Aus den Rekursionsgleichungen lassen sich die Formeln

$$((z + u) + x)' = (z + u) + x',$$
$$(z + (u + x))' = z + (u + x)',$$
$$(u + x)' \quad\quad = u + x'$$

ableiten. Aus den letzten beiden Formeln folgt

$$(z + (u + x))' = z + (u + x').$$

Ersetzen wir in (14) gleiche Terme durch gleiche, so erhalten wir

$$\vdash (z + u) + x = z + (u + x) \to (z + u) + x' = z + (u + x').$$

Nach der Generalisierungsregel wird

$$\vdash \forall x[(z + u) + x = z + (u + x) \to (z + u) + x' = z + (u + x')]. \quad (15)$$

Da (13) und (15) wahr sind, ist auch die Prämisse wahr, also auch die Conclusio in (12), d.h.

$$\vdash (z + u) + y = z + (u + y).$$

Damit ist die Assoziativität der Addition bewiesen.

Für die Multiplikation lassen sich ebenso das Assoziativgesetz, das Kommutativgesetz und das Distributivgesetz bezüglich der Addition ableiten. Diese Gesetze haben in unserer Schreibweise die Gestalt

$$\vdash (x \cdot y) \cdot z = x \cdot (y \cdot z),$$
$$\vdash x \cdot y = y \cdot x,$$
$$\vdash (x + y) \cdot z = x \cdot z + y \cdot z.$$

Wir wollen uns mit dem Beweis der letzten Behauptung begnügen.

Satz 5: $\vdash$ $(x + y) \cdot z = x \cdot z + y \cdot z$.

Beweis. Im Axiom der vollständigen Induktion ersetzen wir A(t) durch $(u + v) x = u \cdot x + v \cdot x$, und wir erhalten

$$\vdash (u + v) \cdot 0 = u \cdot 0 + v \cdot 0 \wedge \forall x[(u + v) \cdot x = u \cdot x + v \cdot x \rightarrow$$
$$\rightarrow (u + v) \cdot x' = u \cdot x' + v \cdot x'] \rightarrow \qquad (16)$$
$$\rightarrow (u + v) \cdot y = u \cdot y + v \cdot y .$$

Aus den die Multiplikation definierenden Rekursionsgleichungen folgt

$$\vdash (u + v) \cdot 0 = 0, \qquad \vdash u \cdot 0 = 0, \qquad \vdash v \cdot 0 = 0.$$

Außerdem gilt

$$\vdash 0 + 0 = 0.$$

Aus den letzten vier Gleichungen folgt

$$\vdash (u + v) \cdot 0 = u \cdot 0 + v \cdot 0. \qquad (17)$$

Wir bemerken nun: Wenn

$$\vdash s = t$$

gilt, dann gilt auch

$$\vdash s + w = t + w.$$

Denn ersetzen wir in der wahren Formel

$$s + w = w + s$$

auf der rechten Seite den Term s durch den zu ihm gleichen Term t, so erhalten wir

$$\vdash s + w = t + w.$$

Nach Einsetzung in die wahre Formel

$$s = t \rightarrow s + w = t + w$$

erhalten wir

$$\vdash (u + v) \cdot x = u \cdot x + v \cdot x \rightarrow (u + v) \cdot x + (u + v) = (u \cdot x + v \cdot x) + (u + v). \quad (18)$$

Nach dem Assoziativgesetz und dem Kommutativgesetz der Addition wird

$$\vdash (u \cdot x + v \cdot x) + u + v = (u \cdot v + u) + (v \cdot x + v).$$

Ersetzen wir in (18) den letzten Term durch einen zu ihm gleichen, so erhalten wir

$$\vdash (u + v) \cdot x = u \cdot x + v \cdot x \rightarrow (u + v) \cdot x + (u + v) = (u \cdot x + u) + (v \cdot x + v). \quad (19)$$

Aus den die Multiplikation definierenden Rekursionsgleichungen leiten wir

$$\vdash\!\!\!- (u + v) \cdot x' = (u + v) \cdot x + (u + v),$$

$$\vdash\!\!\!- u \cdot x' = u \cdot x + u,$$

$$\vdash\!\!\!- v \cdot x' = v \cdot x + v$$

ab. Ersetzen wir in (19) einige Terme durch zu ihnen gleiche, so wird

$$\vdash\!\!\!- (u + v) \cdot x = u \cdot x + v \cdot x \rightarrow (u + v) \cdot x' = u \cdot x' + v \cdot x'.$$

Die Anwendung der Generalisierungsregel liefert

$$\vdash\!\!\!- \forall x [(u + v) \cdot x = u \cdot x + v \cdot x \rightarrow (u + v) \cdot x' = u \cdot x' + v \cdot x']. \tag{20}$$

Da (17) und (20) wahr sind, ist auch die Prämisse wahr und damit die Conclusio in (16):

$$(u + v) \cdot y = u \cdot y + v \cdot y.$$

Damit ist das Distributivgesetz der Multiplikation bezüglich der Addition bewiesen.

Wir haben bereits darauf hingewiesen, daß das Axiomensystem VI, VII, VIII ohne rekursive Funktionen die Eigenschaften der natürlichen Zahlen schlecht ausdrückt, da in ihm selbst die wichtigsten Eigenschaften der natürlichen Zahlen, wie z.B.

$$x' = y' \rightarrow x = y,$$

nicht ableitbar sind.

Ebenfalls nicht ableitbar beispielsweise ist die Ordnungseigenschaft

$$\overline{x = y} \rightarrow x < y \vee y < x.$$

Die Einführung von Rekursionsgleichungen behebt diese Unzulänglichkeit, so daß in der Arithmetik mit rekursiven Funktionen alle Grundeigenschaften der natürlichen Zahlen ableitbar werden.

Wir wollen uns hier auf die Ableitung der ersten Aussage beschränken und für die andere die Beweisidee nur kurz andeuten.

Satz 6: $\vdash\!\!\!- x' = y' \rightarrow x = y.$

Beweis. Die in 5.9. definierten Rekursionsgleichungen für die Funktion $\delta(x)$ lauten

$$\vdash\!\!\!- \delta(0) = 0,$$

$$\vdash\!\!\!- \delta(x') = x.$$

Wegen der Eindeutigkeit der Terme gilt

$$\vdash\!\!\!- x = y \rightarrow \delta(x) = \delta(y).$$

Nach Einsetzungen in diese Formel erhalten wir

$$\vdash\!\!\!- x' = y' \rightarrow \delta(x') = \delta(y'). \tag{21}$$

Nach den Rekursionsgleichungen für die Funktion $\delta(x)$ erhalten wir

$$\vdash\!\!\!\!\!-\!\!\!- \delta(x') = x,$$
$$\vdash\!\!\!\!\!-\!\!\!- \delta(y') = y.$$

Ersetzen wir in (21) Terme durch zu ihnen gleiche Terme, so wird

$$\vdash\!\!\!\!\!-\!\!\!- x' = y' \rightarrow x = y.$$

Damit ist Satz 6 bewiesen.

Der Beweis der Formel

$$\overline{x = y} \rightarrow x < y \vee y < x \tag{22}$$

läßt sich folgendermaßen führen. Zu Beginn zeigen wir mit Hilfe des Axioms der vollständigen Induktion

$$\vdash\!\!\!\!\!-\!\!\!- x < y \sim \exists t(y = x + t').$$

Bezeichnen wir die Formel $\exists t(y = x + t')$ mit $\mathbf{A}(x, y)$, so ist die Frage nach der Wahrheit von Formel (22) auf die Frage nach der Wahrheit der Formel

$$\overline{x = y} \rightarrow \mathbf{A}(x, y) \vee \mathbf{A}(y, x)$$

zurückgeführt. Diese Formel läßt sich mühelos mit Hilfe des Axioms der vollständigen Induktion beweisen.

6. Elemente der Beweistheorie

6.1. Widerspruchsfreiheit und Unabhängigkeit von Axiomen

Bereits in Kapitel 2 haben wir eine Methode angegeben, die sich zum Beweis der Widerspruchsfreiheit und der Unabhängigkeit von Axiomen eignet. Das ist die Methode, ein Axiomensystem über irgendeinem mit den Mitteln der Mengenlehre konstruierten Objektbereich zu interpretieren. Nun ist aber die Unsicherheit einer mengentheoretischen Grundlegung gerade der Hauptgrund für die axiomatische Beschreibung eines mathematischen Systems. Daher stellt sich nun die Frage nach der Widerspruchsfreiheit und der Unabhängigkeit anders. Da wir im Laufe unserer Untersuchungen schon mehrfach davon gesprochen haben, erinnern wir hier nur an den Sinn der Fragestellung nach Widerspruchsfreiheit und Unabhängigkeit eines Axiomensystems. Wenn wir die innere Widerspruchsfreiheit eines Kalküls beweisen wollen, müssen wir zeigen, daß es in ihm keine Formel **A** gibt, die in ihm gemeinsam mit ihrer Negation $\overline{\mathbf{A}}$ ableitbar ist. Unabhängigkeit eines Axioms bedeutet, daß es aus den übrigen Axiomen mit Hilfe der Ableitungsregeln des betrachteten Kalküls nicht ableitbar ist. Um das Problem der Widerspruchsfreiheit eines Kalküls bzw. der Unabhängigkeit eines seiner Axiome in diesem Sinne zu lösen, brauchen wir nicht auf Interpretationen zurückzugreifen. Es ist nur zu zeigen, daß es unmöglich ist, diese oder jene Formel in ihm mit metalogischen Hilfsmitteln abzuleiten. Eine neue Fragestellung nach der Widerspruchsfreiheit und der Unabhängigkeit von Axiomen erforderte auch neue Methoden zur Lösung dieser Probleme. Diese Methoden machen die sogenannte *Beweistheorie* aus. Wir wollen uns mit ihnen bei deren Anwendung auf Fragen der axiomatischen Arithmetik vertraut machen. Wir suchen nach einer Methode, welche die Lösung der folgenden beiden Probleme gestattet:

1. Widerspruchsfreiheit der eingeschränkten Arithmetik,
2. Unabhängigkeit des Axioms der vollständigen Induktion.

Bei der Lösung der Frage nach der Widerspruchsfreiheit der Arithmetik mit dem Axiom der vollständigen Induktion entstehen prinzipielle Schwierigkeiten, da die üblichen Hilfsmittel der Metalogik zur Lösung dieses Problems nicht ausreichen. Verwandte Fragen nehmen auch heute noch einen wesentlichen Platz in der mathematischen Logik ein. Wir wollen uns damit etwas näher beschäftigen.

In Kapitel 4, 4.20, haben wir schon auf die Unmöglichkeit aufmerksam gemacht, die Widerspruchsfreiheit eines Kalküls mit in diesem Kalkül selbst formalisierten Mitteln zu beweisen. Genauer bedeutet diese Behauptung Folgendes:

Formalisieren wir die Mittel, mit deren Hilfe die Widerspruchsfreiheit eines Kalküls bewiesen worden ist, so enthält das bei dieser Formalisierung entstandene System Formeln, die sich nicht in demjenigen Kalkül ableiten lassen, dessen Widerspruchsfreiheit bewiesen wurde. Dies gilt ganz allgemein, also insbesondere für die axiomatische Arithmetik.

Die von uns verwendete finite Metalogik läßt sich so formalisieren, daß alle Aussagen in ihr Formeln der axiomatischen Arithmetik und alle Überlegungen in ihr formale Deduktionen dieser Arithmetik sind. Daher ist es unmöglich, mit den Mitteln der finiten Metalogik die Widerspruchsfreiheit der axiomatischen Arithmetik zu beweisen. Die Frage

nach der Widerspruchsfreiheit der axiomatischen Arithmetik muß also anders gestellt
werden. Wenn es um die Grundlegung der Idee des aktual Unendlichen geht, läßt sich
die Frage nach der Widerspruchsfreiheit der Arithmetik genügend sinnvoll stellen. Brouwers
Analyse der Grundlagen der Mathematik hat gezeigt, daß das einzige Prinzip der Arithmetik,
welches auf dem aktual Unendlichen beruht, das Prinzip vom ausgeschlossenen Dritten ist.
Setzen wir die Widerspruchsfreiheit der Arithmetik ohne das Prinzip vom ausgeschlossenen
Dritten voraus, so läßt sich ihre Widerspruchsfreiheit mit dem Prinzip vom ausgeschlossenen
Dritten beweisen[1]).

In diesem Buch wollen wir uns nicht mit der Widerspruchsfreiheit der axiomatischen
Arithmetik befassen. Wir beschränken uns auf die Lösung solcher Fragen nach der Widerspruchsfreiheit, für welche die Mittel des Hilbertschen Finitismus ausreichen.

Insbesondere zeigen wir die Widerspruchsfreiheit der eingeschränkten Arithmetik.
Wenn die Lösung dieser Frage auch ein beschränktes und nicht sehr rundes Ergebnis darstellt, ist sie jedoch von Interesse, da wir hier mit Hilfe eines inhaltlichen Schlußsystems
ohne Verwendung des Begriffs des aktual Unendlichen die Widerspruchsfreiheit eines
Systems beweisen, das eine unendliche Menge von Objekten zum Gegenstand hat und für
welches solche Schlußmittel wie das Prinzip vom ausgeschlossenen Dritten zugelassen sind.

Der Beweis der Widerspruchsfreiheit der eingeschränkten Arithmetik ist somit die
Rechtfertigung dafür, daß wir das aktual Unendliche in einem gewissen Umfang gebrauchen
dürfen.

6.2. Primfaktoren und prime Summanden

Die Formel A sei nach Voraussetzung ein logisches Produkt, d.h. von der Form
$A_1 \wedge \ldots \wedge A_n$. Nun können gewisse Faktoren (oder auch alle) selbst wieder Faktoren sein.
Es sei etwa A_1 von der Form $A_{11} \wedge \ldots \wedge A_{1m}$. Nach dem Assoziativgesetz ist dann die
Formel A äquivalent zur Formel

$$A_{11} \wedge \ldots \wedge A_{1m} \wedge A_2 \wedge \ldots \wedge A_n.$$

Diese Umformungen können wir fortsetzen, bis wir zu einer zu A äquivalenten
Formel gelangen, die selbst Produkt ist und in der sich kein Faktor weiter in Faktoren zerlegen läßt. Die Faktoren eines solchen logischen Produkts heißen *Primfaktoren*. Jedes logische Produkt läßt sich auf Grund des Assoziativgesetzes in ein zu ihm äquivalentes Produkt
umformen, in dem alle Faktoren prim sind. Dieses Produkt heißt die *Primfaktorzerlegung*.
Offenbar ist das durch die Zerlegung entstehende Produkt von Primfaktoren unabhängig
von der Reihenfolge der einzelnen Zerlegungen. Damit ist die Menge der Primfaktoren
durch die Ausgangsformel eindeutig bestimmt. (Man sieht leicht, daß die Primfaktoren
selbst Teilformeln von A sind.) Daher könnten wir von den Primfaktoren des Produkts
sprechen; wir verstehen darunter die Primfaktoren, die nach Zerlegung der Formel A erhalten werden können.

---

[1]) A. N. Kolmogorov, Über das Prinzip des tertium non datur (russ.). Mat. Sb. 32 (1925), 646–667;
    K. Gödel, Zur intuitionistischen Arithmetik und Zahlentheorie, Ergebnisse eines math. Kolloqu.,
    Heft 4 (1931–32, erschienen 1933), 34–38.

Analog verstehen wir unter einem *primen Summanden* einen Summanden einer
logischen Summe, der selbst nicht weiter in Summanden zerlegt werden kann. Durch
dieselben Überlegungen wie im Fall des Produkts läßt sich zeigen, daß jede logische
Summe in prime Summanden zerlegt werden kann. Diese Zerlegung ist ebenfalls eindeutig, so daß wir von den primen Summanden einer Formel A, die selbst eine Summe
ist, sprechen können.

Man sieht leicht, daß jeder Faktor A_1 eines Produkts A, der kein Primfaktor ist,
selbst in Primfaktoren zerfällt, die ihrerseits Primfaktoren von A sind. Umgekehrt ist
jeder Primfaktor A_i eines Produkts $A_1 \wedge \ldots \wedge A_n$ entweder selbst einer der Faktoren
A_i, oder er ist Primfaktor eines dieser Faktoren. Analog zerfällt jeder nicht prime Summand
einer Summe in prime Summanden, die ihrerseits prime Summanden der gegebenen Summe
sind. In allen weiteren Überlegungen sind beliebige Produkte A und A', wobei A' eine Zerlegung von A in Primfaktoren ist, völlig gleichberechtigt, so daß wir A stets durch A' ersetzen können. Ganz analog können wir jede Summe durch ihre Zerlegung in prime Summanden ersetzen.

6.3. Primitiv wahre Formeln

Wir wollen nun den überaus wichtigen Begriff der regulären Formel einführen. Zunächst müssen wir uns jedoch einigen vorbereitenden Definitionen zuwenden.

Eine Formel heißt *primitiv,* wenn in ihr keine Quantoren auftreten.

Zu einer primitiven Formel betrachten wir alle in ihr auftretenden elementaren
individuellen Aussagen und Prädikate. Jede Aussage dieser Art hat die Form

$$r_1 = r_2 \quad \text{oder} \quad r_1 < r_2,$$

wobei r_1 und r_2 Konstanten bedeuten.

Jedes elementare individuelle Prädikat hat dieselbe Form, nur sind hier r_1 und r_2
Terme, von denen wenigstens einer Individuenvariablen enthält. Ersetzen wir in einem
elementaren individuellen Prädikat die Individuenvariablen durch Ziffern, so erhalten
wir eine Elementaraussage der erwähnten Art. Sind r_1 und r_2 Rekursionskonstanten, so
können ihnen, wie wir in Kapitel 5.8., gezeigt haben, eindeutig und völlig finit Ziffern zugeordnet werden, beispielsweise die Ziffern z_1 bzw. z_2.

Eine elementare individuelle Aussage heißt *primitiv wahr,* wenn die Anzahl der Striche
der Ziffern z_1 und z_2 im Fall $r_1 = r_2$ übereinstimmt und im Fall $r_1 < r_2$ die Anzahl der
Striche von z_1 kleiner ist als die Anzahl der Striche von z_2. Sonst heißen diese Elementaraussagen *primitiv falsch.*

Wir können nun die folgende Behauptung formulieren:

*Wenn eine Elementaraussage der erwähnten Art primitiv wahr ist, dann ist sie in
der eingeschränkten Arithmetik ableitbar.* Die Richtigkeit dieser Behauptung folgt aus
der Beschreibung der rekursiven Funktionen (vgl. Kapitel 5).

Neben individuellen Elementarformeln kann eine primitive Formel auch noch Aussagenvariable $A, B, \ldots$ und Prädikatenvariable $P(x)$, $Q(x, y)$, $F(0, z)$ usw. enthalten. Wir
ersetzen alle nichtrekursiven Prädikate durch rekursive, danach alle Individuenvariablen

durch Ziffern und schließlich alle sich dabei ergebenden primitiv wahren Elementaraussagen durch das Zeichen w und alle primitiv falschen Elementaraussagen durch das Zeichen f. Die übrigen Elementarformeln ersetzen wir beliebig durch die Zeichen w und f, nur müssen dabei gleiche Ausdrücke stets dasselbe Zeichen erhalten. Danach erhalten wir eine Formel, die wir als Formel der Aussagenalgebra auffassen können und der wir nach den Regeln der Aussagenalgebra eindeutig den Wert w bzw. f zuordnen können. In endlich vielen Schritten läßt sich entscheiden, welchen der beiden Werte die Formel annimmt.

Eine primitive Formel heißt *primitiv wahre Formel*, wenn sie

1. in der eingeschränkten Arithmetik ableitbar ist;
2. nach Ersetzung der Prädikatenvariablen durch beliebige rekursive Prädikate, der Individuenvariablen durch beliebige Ziffern und schließlich der Elementarformeln durch die Zeichen w bzw. f in der oben erwähnten Weise in eine Formel der Aussagenalgebra mit dem Wert w übergeht.

Genügt eine primitive Formel nur der Bedingung 2, so heißt sie *schwach primitiv wahr.*

Wir machen auf folgendes aufmerksam. Wenn wir die Widerspruchsfreiheit der eingeschränkten Arithmetik voraussetzen, folgt Bedingung 2 schon aus Bedingung 1. Wir wollen jedoch von dieser Voraussetzung absehen, da wir uns das Ziel gestellt haben, die Widerspruchsfreiheit der eingeschränkten Arithmetik zu beweisen. Im folgenden werden wir hauptsächlich die Eigenschaft 2 von primitiv wahren Formeln verwenden. Daher haben wir sie in der Definition explizit formuliert.

Beispiele:

1. $A(x) \vee \overline{A}(x) \wedge 0 < x'.$

Wenn wir für x die Ziffer $0^{(k)}$ einsetzen, so erhalten wir die Formel

$$A(0^{(k)}) \vee \overline{A}(0^{(k)}) \wedge 0 < 0^{(k)'}.$$

Nun ist aber $0^{(k)'}$ die Ziffer $0^{(k+1)}$. Die individuelle Aussage $0 < 0^{(k+1)}$ ist primitiv wahr, sie muß daher durch das Zeichen w ersetzt werden. Dann erhalten wir die Formel

$$A(0^{(k)}) \vee \overline{A}(0^{(k)}) \wedge w.$$

Fassen wir $A(0^{(k)})$ als Aussagenvariable der Aussagenalgebra auf, so erhalten wir eine allgemeingültige Formel. Folglich ist Formel 1 primitiv wahr.

2.   Die Axiome der Gruppen VI und VII der Arithmetik sind primitiv wahre Formeln.

VI. Gleichheitsaxiome:

1. $x = x,$

2. $x = y \longrightarrow (A(x) \longrightarrow A(y)).$

Das Axiom VI.1 ist offenbar primitiv wahr. Ersetzen wir in Axiom VI.2 die Variablen x und y durch die Ziffern z_1 bzw. z_2, so erhalten wir die Formel

$$z_1 = z_2 \longrightarrow (A(z_1) \longrightarrow A(z_2)).$$

Sind z_1 und z_2 verschiedene Ziffern, so erhält der Ausdruck $z_1 = z_2$ das Zeichen f, und daher muß der gesamte Ausdruck für beliebige Werte von $A(z_1)$ und $A(z_2)$ den Wert w erhalten. Stimmen aber z_1 und z_2 überein, so erhalten wir die Formel

$$z = z \rightarrow (A(z) \rightarrow A(z)).$$

Das zweite Glied der Implikation ist im Sinne der Aussagenalgebra allgemeingültig, folglich nimmt die gesamte Formel wieder den Wert w an. Damit ist auch Axiom VI.2 primitiv wahr.

VII. Ordnungsaxiome:

$$1. \quad \overline{x < x}, \quad 2. \quad x < y \rightarrow (y < z \rightarrow x < z), \quad 3. \quad x < x'.$$

Wir können leicht nachprüfen, daß bei beliebiger Belegung von x, y, z mit Ziffern aus diesen Axiomen stets Formeln entstehen, die den Wert w annehmen. Das geschieht in endlich vielen Schritten. Daher sind alle Axiome der Gruppe VII primitiv wahre Formeln.

Das Axiom der vollständigen Induktion ist keine primitive Formel, es kann also erst recht nicht primitiv wahr sein.

3. Beispiel einer primitiven Formel, die nicht primitiv wahr ist:

$$(A(x) \rightarrow A(y)) \rightarrow x = y.$$

Wir ersetzen x durch die Ziffer 0 und y durch die Ziffer $0'$, dann erhalten wir

$$(A(0) \rightarrow A(0')) \rightarrow 0 = 0'.$$

Hierin bekommt $A(0)$ das Zeichen f und $A(0')$ das Zeichen w; $0 = 0'$ muß das Zeichen f erhalten. Dann lautet unsere Formel

$$(f \rightarrow w) \rightarrow f.$$

Diese Formel nimmt aber den Wert f an, also ist die Ausgangsformel nicht primitiv wahr.

Bemerkung. Wenden wir die identischen Umformungen der Aussagenalgebra auf primitiv wahre Formeln an, so entstehen wieder primitiv wahre Formeln.

6.4. Die Operationen 1, 2, 3

Wir erinnern an den in der Prädikatenlogik eingeführten Begriff der reduzierten Formel (vgl. Kap. 3).

Eine das Zeichen $\rightarrow$ nicht enthaltende Formel heißt *reduziert,* wenn sich in ihr das Negationszeichen nur auf Elementarteile bezieht. Diese Definition übertragen wir auch auf Formeln der Arithmetik. Dann gilt auch hier, daß es zu jeder Formel eine zu ihr äquivalente reduzierte Formel gibt. Der Beweis dieser Behauptung bleibt in der Arithmetik derselbe wie im Prädikatenkalkül. Die zu einer gegebenen Formel äquivalente reduzierte Formel heißt ihre *reduzierte Form.* Alle folgenden Definitionen beziehen sich auf reduzierte Formeln.

Dazu gehört der für das Folgende äußerst wichtige Begriff der regulären Formel.

Jede reduzierte Formel läßt sich in der Gestalt

$$\forall x_1 \ldots \forall x_n (A_1 \vee \ldots \vee A_n) \wedge (B_1 \vee \ldots \vee B_m) \wedge \ldots \wedge (C_1 \vee \ldots \vee C_p) \tag{α}$$

darstellen. Wir können annehmen, daß hier anstelle der Variablen $x_1, \ldots, x_n$ beliebige andere Variable stehen, die Quantoren $\forall x_1, \ldots, \forall x_n$ brauchen auch überhaupt nicht aufzutreten, das hinter den Quantoren stehende Produkt kann auch aus nur einem Glied bestehen, und schließlich kann auch jede Summe $\mathbf{A}_1 \vee \ldots \vee \mathbf{A}_n, \mathbf{B}_1 \vee \ldots \vee \mathbf{B}_m$ usw. nur aus einem Glied bestehen. In diesen Fällen wollen wir von einem Produkt aus einem Faktor bzw. einer Summe aus einem Summanden sprechen.

Die Quantoren $\forall x_1, \ldots, \forall x_n$ heißen äußere Quantoren. Primfaktoren, die unter den Quantoren $\forall x_1, \ldots, \forall x_n$ stehen, heißen äußere Faktoren. Enthält das unter den Quantoren stehende Produkt Faktoren, die keine Primfaktoren sind, so können wir diese stets in Primfaktoren zerlegen. Solche Umformungen haben auf die weiteren Überlegungen keinen Einfluß. Daher können wir annehmen, daß in der Formel (α) alle Faktoren prim sind. Ebenso können wir jeden Primfaktor, der selbst Summe ist, in prime Summanden zerlegen. Daher setzen wir alle Summanden $\mathbf{A}_i, \mathbf{B}_j, \ldots, \mathbf{C}_k$ als prim voraus. Die primen Summanden der Faktoren der Formel (α) heißen äußere Summanden der Formel (α). Besteht das unter den Quantoren $\forall x_1, \ldots, \forall x_n$ stehende Produkt nur aus einem Faktor und dieser seinerseits nur aus einem Summanden, so können wir annehmen, daß dieser Faktor nicht von der Form $\forall x \mathbf{A}(x)$ ist, da wir sonst den Quantor $\forall x$ zu den äußeren Quantoren rechnen können.

Für in der Gestalt (α) gegebene Formeln führen wir Operationen ein.

1. *Die erste Operation.* Der Generalisator vor einem primen Summanden eines äußeren Faktors (beispielsweise von $\mathbf{A}_1$) wird, falls dieser die Form $\forall z \mathbf{A}'_1(z)$ hat, vor die Formel gezogen und so zum äußeren Quantor. Dabei wird die durch diesen Quantor gebundene Variable umbenannt, falls sie in der Formel mit einer anderen Variablen übereinstimmt. Diese Operation heißt *Vorziehen des Generalisators.*

Ziehen wir den Quantor $\forall z$ des Faktors $\mathbf{A}_1$ vor, so nimmt die Formel (α) die Gestalt

$$\forall x_1 \ldots \forall x_n \, \forall z (\mathbf{A}'_1(z) \vee \ldots \vee \mathbf{A}_n) \wedge (\mathbf{B}_1 \vee \ldots) \wedge \ldots$$

an. Dabei kann der Fall eintreten, daß der Summand $\mathbf{A}'_1(z)$ nicht mehr prim ist. Das hat aber überhaupt keinen Einfluß auf unsere weiteren Untersuchungen; aus Zweckmäßigkeitsgründen können wir aber die Summe $\mathbf{A}'_1(z) \vee \ldots \vee \mathbf{A}_n$ wieder in prime Summanden zerlegen.

2. *Die zweite Operation.* Diese Operation bezieht sich auf Summanden der Form $\exists z \mathbf{A}'_1(z)$. Es möge beispielsweise $\mathbf{A}_1$ diese Form haben. Die zweite Operation besteht nun darin, zu der Summe $\mathbf{A}_1 \vee \ldots \vee \mathbf{A}_n$ einen Summanden der Form $\mathbf{A}'_1(\mathbf{c})$ hinzuzufügen. Dabei ist $\mathbf{c}$ ein beliebiger Rekursionsterm von beliebigen Variablen, die unter den in der Formel

$$(\mathbf{A}_1 \vee \ldots \vee \mathbf{A}_n) \wedge \ldots \wedge (\mathbf{C}_1 \vee \ldots \vee \mathbf{C}_p)$$

gebunden auftretenden Variablen nicht vorkommen ($\mathbf{c}$ kann also die Variablen $x_1, x_2, \ldots, x_n$ enthalten).

Wenden wir diese Operation auf den Summanden $\mathbf{A}_1$ an, so erhalten wir die Formel

$$\forall x_1 \ldots \forall x_n (\exists z \, \mathbf{A}'_1(z) \vee \mathbf{A}'_1(\mathbf{c}) \vee \mathbf{A}_2 \vee \ldots \vee \mathbf{A}_n) \wedge \ldots \wedge (\mathbf{C}_1 \vee \ldots \vee \mathbf{C}_p).$$

Der neu auftretende Summand braucht dabei nicht prim zu sein, wir können ihn aber wieder in prime Summanden zerlegen. Diese Operation heißt *Abzweigung vom Partikularisator.*

3. Die dritte Operation ist die Übertragung der Distributivität der logischen Addition bezüglich der Multiplikation. Sie wird angewendet, wenn in Formel (α) einer der Summanden ein Produkt und dabei keine primitive Formel ist. Es sei beispielsweise A_1 von der Form $A_{11} \wedge \ldots \wedge A_{1r}$ (mit primen Summanden A_{1i}). Die dritte Operation besteht nun darin, daß der diesen Summanden enthaltende äußere Faktor in die Faktoren

$$(A_{11} \vee A_2 \vee \ldots \vee A_n) \wedge (A_{12} \vee \ldots \vee A_n) \wedge \ldots \wedge (A_{1r} \vee \ldots \vee A_n)$$

zerfällt und die Formel (α) dabei in die Formel

$$\forall x_1 \ldots \forall x_n (A_{11} \vee A_2 \vee \ldots \vee A_n) \wedge \ldots \wedge (A_{1r} \vee A_2 \vee \ldots \vee A_n) \wedge \ldots \wedge (B_1 \vee \ldots \vee B_m) \wedge \ldots$$

übergeht.

Wie auch früher können dabei in den neuen Faktoren nicht prime Summanden A_{1i} auftreten. Wir zerlegen diese, um es dann wieder nur mit Summen zu tun zu haben, in denen alle Summanden prim sind.

Bemerkung: Die dritte Operation wird nicht auf primitive Summanden angewendet. Das bedeutet, daß in unserem Fall der Summand A_1 wenigstens einen Quantor enthalten muß. Diese Operation heißt *distributive Operation.*

6.5. Reguläre Formeln

Wir wenden uns nun der Definition der regulären Formel zu.

1. Eine Formel heißt *elementar regulär*, wenn sie primitiv wahr ist und die Form einer Disjunktion hat, von der ein Glied primitiv wahr ist.

2. Die Formel (α) heißt *regulär*, wenn jeder ihrer äußeren Faktoren elementar regulär ist oder wenn sie mit Hilfe der Operationen 1, 2, 3 auf diese Form gebracht werden kann.

Etwas anders ist der Begriff der schwachen Regularität.

Eine Formel heißt *schwach elementar regulär*, wenn sie die Form $A \vee B$ hat, wobei A eine schwach primitiv wahre und B eine beliebige Formel ist.

Eine Formel heißt *schwach regulär*, wenn sie mit Hilfe der Operationen 1, 2, 3 auf eine Form gebracht werden kann, in der alle äußeren Faktoren schwach elementar regulär sind.

Alle in den folgenden Paragraphen bewiesenen Hilfssätze bleiben richtig, wenn wir in ihnen den Begriff „reguläre Formel" überall durch den Begriff „schwach reguläre Formel" ersetzen. Die Beweise bleiben dabei erhalten, nur werden sie mitunter einfacher.

Beispiele für reguläre Formeln:

1. $\exists x A(x) \vee \bar{A}(y)$.

Hier ist das Produkt in Formel (α) auf einen Faktor zusammengeschrumpft, und äußere Quantoren fehlen. Auf diese Formel wenden wir die zweite Operation an und erhalten die Formel

$$A(y) \vee \exists x\, A(x) \vee \bar{A}(y),$$

welche offenbar elementar regulär ist.

2. $\exists\, x(\forall y\, A(y) \vee \overline{A}(x))$.

Auch in dieser Formel treten keine äußeren Quantoren auf. Das Produkt besteht nur aus einem Faktor und dieser aus einem Summanden. Die Anwendung der zweiten Operation liefert

$$\forall y\, A(y) \vee \overline{A}(0) \vee \exists x\, (\forall y\, A(y) \vee \overline{A}(x)).$$

Weiter ziehen wir in Anwendung der ersten Operation den ersten Quantor $\forall$ y vor und benennen die durch ihn gebundene Variable um:

$$\forall z\, (A(z) \vee \overline{A}(0) \vee \exists x\, (\forall y\, A(y) \vee \overline{A}(x))).$$

Auf diese Formel wenden wir abermals die zweite Operation an:

$$\forall z\, (A(z) \vee \overline{A}(0) \vee \forall y\, A(y) \vee \overline{A}(z) \vee \exists x\, (\forall y\, A(y) \vee \overline{A}(x))).$$

Der einzige Faktor dieser Formel ist elementar regulär, da er den primitiv wahren Summanden $A(z) \vee \overline{A}(z)$ enthält. Folglich ist Formel 2 regulär.

3. $\forall x \exists y\, (y = \varphi(x))$.

Wir wenden die zweite Operation an und ersetzen dabei im abgezweigten Glied die Variable y durch den Term $\varphi(x)$:

$$\forall x\, (\varphi(x)) = \varphi(x) \vee \exists y\, (y = \varphi(x))).$$

Die hinter $\forall$ x stehende Formel ist elementar regulär: folglich ist auch Formel 3 regulär.

4. $\forall x \forall y\, ((\overline{A}(x) \vee \exists z\, A(z)) \wedge (A(y) \vee \overline{A}(y) \wedge x < x'))$.

Auf den Quantor $\exists$ z wenden wir die zweite Operation an:

$$\forall x \forall y\, ((\overline{A}(x) \vee A(x) \vee \exists z\, A(z)) \wedge (A(y) \vee \overline{A}(y) \wedge x < x')).$$

Auf den zweiten Faktor wenden wir die dritte Operation an:

$$\forall x \forall y\, ((\overline{A}(x) \vee A(x) \vee \exists z\, A(z)) \wedge (A(y) \vee \overline{A}(y)) \wedge (A(y) \vee x < x')).$$

In dieser Formel ist jeder Faktor elementar regulär; folglich ist Formel 4 regulär.

Um die Regularität einer Formel zu beweisen, wenden wir die Operationen 1, 2, 3 an und erhalten dabei eine Formelzeile

$$\mathbf{A}_0, \mathbf{A}_1, \ldots, \mathbf{A}_n \equiv \mathbf{A}.$$

Jede Formel $\mathbf{A}_{i-1}$ entsteht aus der Formel $\mathbf{A}_i$ durch Anwendung einer der Operationen 1, 2, 3. Wenn dabei eine Formel $\mathbf{A}_0$ entsteht, in der alle äußeren Faktoren elementar regulär sind, ist die Formel $\mathbf{A}$ rgulär.

Eine Zeile $\mathbf{A}_0, \mathbf{A}_1, \ldots, \mathbf{A}_n$, in der jede Formel $\mathbf{A}_{i-1}$ aus der Formel $\mathbf{A}_i$ durch Anwendung einer der Operationen 1, 2, 3 entsteht, so daß jeder äußere Faktor der Formel $\mathbf{A}_0$ elementar regulär ist, heißt eine *Regularitätszeile* der Formel $\mathbf{A}_n$.

Offenbar ist in einer Regularitätszeile jede Formel regulär. Im folgenden werden wir einige Sätze über reguläre Formeln beweisen. Das geschieht durch vollständige Induktion nach der Regularitätszeile. Dabei verwenden wir folgendes Denkschema: Die Behauptung wird für die Formel A_0 bewiesen. Für eine beliebige Regularitätszeile beweisen wir dann: Wenn die Behauptung für A_{i-1} gilt, gilt sie auch für A_i. Hieraus folgern wir dann, daß die Behauptung für jede reguläre Formel gilt. Unser Hauptziel ist der Nachweis, daß *jede in der eingeschränkten Arithmetik ableitbare Formel regulär ist.* Vorbereitend müssen wir jedoch eine Reihe von Hilfssätzen beweisen.

Die Operationen 1, 2, 3 haben die Eigenschaft, daß die durch sie verursachten Veränderungen in den äußeren Faktoren einer beliebigen Formel A unabhängig davon sind, welche äußeren Quantoren die Formel A hat.

Es sei A eine reguläre Formel, und

$$K_0, K_1, \ldots, K_n$$

sei ihre Regularitätszeile (K_n und A stimmen überein). Ferner betrachten wir eine Formel A', die sich von A nur durch äußere Quantoren unterscheidet, d.h. aus A durch Weglassen oder Hinzufügen von äußeren Quantoren entsteht.

Wenden wir auf A' dieselben Operationen wie auf A an, so erhalten wir die Regularitätszeile

$$K'_0, K'_1, \ldots, K'_n,$$

in der K'_n mit A' übereinstimmt.

Dabei sind die äußeren Faktoren der Formeln K'_i und K_i gleich. Folglich sind auch die äußeren Faktoren der Formeln K'_0 und K_0 gleich. Da die äußeren Faktoren von K'_0 nach Voraussetzung elementar regulär sind, sind auch die äußeren Faktoren von K'_0 elementar regulär. Dann ist aber nach der Definition der Regularität auch die Formel K'_n, d.h. A', regulär. Hieraus folgt:

1. *Wenn* A *eine reguläre Formel der Gestalt* $\forall x A(x)$ *ist, dann ist auch die Formel* $A(x)$ *regulär und umgekehrt.*

2. *Wenn* A' *eine reguläre Formel ist, dann ist auch* $\forall x A(x)$ *eine reguläre Formel.*

Denn in der Formel $\forall x A(x)$ ist $\forall x$ äußerer Quantor, also stört sein Weglassen die Regularität nicht. Ebenso stört die Hinzunahme dieses äußeren Quantors zur regulären Formel $A(x)$ die Regularität nicht.

Es sei nun

$$K_0, K_1, \ldots, K_n$$

eine beliebige Regularitätszeile. Lassen wir in allen Formeln dieser Zeile alle äußeren Quantoren weg, so erhalten wir die Zeile

$$K'_0, K'_1, \ldots, K'_n,$$

in der alle Formeln die Produkte der äußeren Faktoren der entsprechenden Formeln der vorigen Zeile sind. Da die Regularität von Formeln allein durch die äußeren Faktoren vollständig bestimmt wird, können wir über die Regularität der Formeln K_i (wie auch der Formeln K'_i) nach der ersten wie nach der zweiten Zeile gleich gut urteilen.

Wie man leicht sieht, entstehen die Formeln $\mathbf{K}'_n, \mathbf{K}'_{n-1}, \ldots, \mathbf{K}'_0$ auseinander durch dieselben Operationen wie auch die Formeln der ersten Zeile, nur das Vorziehen eines Quantors bildet eine Ausnahme. Diese Operation wird durch die Operation „Weglassen eines Quantors", natürlich mit entsprechender Umbenennung der durch ihn gebundenen Variablen, ersetzt.

Diese Operation $1'$ heißt *Weglassen des Quantors der Operation* 1. Damit können wir die Regularitätszeile

$$\mathbf{K}_0, \mathbf{K}_1, \ldots, \mathbf{K}_n$$

durch Weglassen aller äußeren Quantoren der Formel $\mathbf{K}_n$ und durch anschließende Anwendung derselben Operationen wie in der ersten Zeile umwandeln in die Zeile

$$\mathbf{K}'_0, \mathbf{K}'_1, \ldots, \mathbf{K}'_n.$$

Anstelle der Operation 1 tritt dabei die Operation $1'$. Da sich die Formeln der ersten und der zweiten Zeile nur durch das Vorhandensein von äußeren Generalisatoren unterscheiden und $\mathbf{K}'_0$ das Produkt der äußeren Faktoren der Formel $\mathbf{K}_0$ ist, folgt aus dem Gesagten, daß aus der Regularität der ersten Zeile die Regularität der zweiten Zeile folgt und umgekehrt. Damit können wir in der Definition der Regularität die Regeln 1, 2, 3 durch die Regeln $1'$, 2, 3 ersetzen. Die Zeile $\mathbf{K}'_0, \mathbf{K}'_1, \ldots, \mathbf{K}'_n$ wollen wir ebenfalls *Regularitätszeile* nennen.

Wir beweisen nun einige Eigenschaften regulärer Formeln:

1. *Jeder äußere Faktor einer regulären Formel ist selbst eine reguläre Formel.*

Beweis: Es sei $\mathbf{A}$ eine reguläre Formel. Durch Anwendung der Operationen 1, 2, 3 erhalten wir für sie die Regularitätszeile

$$\mathbf{K}_0, \mathbf{K}_1, \ldots, \mathbf{K}_n,$$

in der $\mathbf{K}_n$ die Formel $\mathbf{A}$ ist.

Die entsprechende, aus $\mathbf{A}'_n$ durch Anwendung der Operationen $1'$, 2, 3 entstehende Regularitätszeile ist

$$\mathbf{K}'_0, \mathbf{K}'_1, \ldots, \mathbf{K}'_n.$$

Ein beliebiger äußerer Faktor der Formel $\mathbf{A}$, etwa $\mathbf{A}^{(1)}$, ist auch äußerer Faktor der Formel $\mathbf{K}_n$. Wir bezeichnen ihn daher jetzt mit $\mathbf{A}_n^{(1)}$. Die Operationen 1, 2, 3 wirken, wie wir wissen, stets auf einen äußeren Faktor. Dasselbe gilt offenbar auch von der Operation $1'$. Es kann sein, daß eine auf die Formel $\mathbf{K}'_n$ angewendete Operation nicht auf den Faktor $\mathbf{A}_n^{(1)}$ wirkt. Dann tritt $\mathbf{A}_n^{(1)}$ unverändert auch in $\mathbf{K}'_{n-1}$ auf. Es kann aber auch sein, daß die Operation gerade auf diesen Faktor angewendet wird. Dann geht er in einen anderen Faktor oder in ein Produkt mehrerer Faktoren über, die dann in der Formel $\mathbf{K}'_{n-1}$ auftreten.

Mit $\mathbf{A}_{n-1}^{(1)}$ bezeichnen wir den Faktor bzw. das Produkt von Faktoren, in die $\mathbf{A}_n^{(1)}$ übergeht.

Beim Übergang von der Formel $\mathbf{K}'_{n-1}$ zur Formel $\mathbf{K}'_{n-2}$ kann sich ein nicht in $\mathbf{A}_{n-1}^{(1)}$ enthaltener Faktor ändern. Dann geht $\mathbf{A}_{n-1}^{(1)}$ ungeändert in $\mathbf{K}'_{n-2}$ ein. Anderenfalls ändert sich $\mathbf{A}_{n-1}^{(1)}$ und geht in die Formel $\mathbf{A}_{n-2}^{(1)}$ ein, deren sämtliche äußere Faktoren auch äußere

Faktoren der Formel $\mathbf{K}'_{n-2}$ sind. Durch Fortführung dieses Prozesses erhalten wir die Zeile

$$A_n^{(1)}, A_{n-1}^{(1)}, \ldots, A_0^{(1)}.$$

In dieser Folge können sich gewisse Glieder wiederholen. Streichen wir alle überflüssigen heraus, so erhalten wir die Zeile

$$A_n^{(1)}, A_{n-s_1}^{(1)}, \ldots, A_{n-s_k}^{(1)}.$$

Es ist klar, daß die Faktoren der letzten Formel $A_{n-s_k}^{(1)}$ äußere Faktoren der Formel $\mathbf{K}'_0$ und folglich auch der Formel $\mathbf{K}_0$ sind. Da aber alle Faktoren der Formel $\mathbf{K}_0$ elementar regulär sind, sind auch die Faktoren der Formel $A_{n-s_k}^{(1)}$ elementar regulär. Hieraus folgt, daß die Formelzeile

$$A_{n-s_k}^{(1)}, \ldots, A_n^{(1)}$$

eine Regularitätszeile ist. Daher ist die Formel $A_n^{(1)}$ bzw., was dasselbe ist, die Formel $\mathbf{A}^{(1)}$ regulär.

2. *Wenn alle äußeren Faktoren einer Formel $\mathbf{A}$ regulär sind, ist die Formel $\mathbf{A}$ selbst regulär.*

Beweis: Es seien $\mathbf{A}_1, \mathbf{A}_2, \ldots, \mathbf{A}_n$ die äußeren Faktoren der Formel $\mathbf{A}$. Das aus ihnen gebildete Produkt ist

$$\mathbf{A}_1 \wedge \mathbf{A}_2 \wedge \ldots \wedge \mathbf{A}_n.$$

Da jede Formel $\mathbf{A}_i$ regulär ist, geht sie durch Anwendung der Operationen 1, 2, 3 in eine Formel über, in der alle äußeren Faktoren elementar regulär sind. Das Produkt aller äußeren Faktoren der Formel $\mathbf{A}_i$ bezeichnen wir mit $\mathbf{A}_i^*$. Durch Anwendung der Operationen 1, 2, 3 auf $\mathbf{A}_1$ können wir die Formel $\mathbf{A}$ in eine Formel überführen, in der das Produkt der äußeren Faktoren die Gestalt

$$\mathbf{A}_1^* \wedge \mathbf{A}_2 \wedge \ldots \wedge \mathbf{A}_n$$

hat. Wenden wir auf diese Formel diejenigen Operationen 1, 2, 3 an, durch die Formel $\mathbf{A}_2$ entsteht, so erhalten wir eine Formel, in der das Produkt der äußeren Faktoren von der Gestalt

$$\mathbf{A}_1^* \wedge \mathbf{A}_2^* \wedge \ldots \wedge \mathbf{A}_n$$

ist. Durch Fortführung dieses Prozesses erhalten wir schließlich eine Formel, in der das Produkt der äußeren Faktoren die Gestalt

$$\mathbf{A}_1^* \wedge \mathbf{A}_2^* \wedge \ldots \wedge \mathbf{A}_n^*$$

hat. Jeder Faktor dieser Formel ist Produkt von elementar regulären Formeln. Folglich ist die Formel $\mathbf{A}$ regulär.

Aus den Eigenschaften 1 und 2 erhalten wir:

3. *Ein Produkt ist genau dann regulär, wenn alle Faktoren regulär sind.*

4. *Jede reguläre Formel ist in der eingeschränkten Arithmetik ableitbar.*

Beweis: Offenbar werden durch die Operationen 1, 2, 3 Formeln des Prädikatenkalküls in äquivalente Formeln übergeführt. Das folgt aus der Wahrheit folgender Formeln des Prädikatenkalküls:

$$\mathbf{A} \wedge (\mathbf{B} \vee \forall x\, \mathbf{C}(x)) \sim \forall x(\mathbf{A} \wedge (\mathbf{B} \vee \mathbf{C}(x))),$$

$$\exists x\, \mathbf{A}(x) \sim \mathbf{A}(y) \vee \exists x\, \mathbf{A}(x),$$

$$\mathbf{A}_1 \wedge \mathbf{A}_2 \wedge \ldots \wedge \mathbf{A}_n \vee \mathbf{B} \sim (\mathbf{A}_1 \vee \mathbf{B}) \wedge (\mathbf{A}_2 \vee \mathbf{B}) \wedge \ldots \wedge (\mathbf{A}_n \vee \mathbf{B}).$$

Diese Formeln lassen sich leicht im Prädikatenkalkül ableiten. Die erste folgt aus den Sätzen 1 und 2 aus Kapitel 4.12. Die dritte stellt eine distributive Umformung dar. Auch die zweite Formel läßt sich leicht ableiten; denn offenbar gilt

$$\vdash\!\!-\exists x\, \mathbf{A}(x) \to \mathbf{A}(y) \vee \exists x\, \mathbf{A}(x).$$

Um die umgekehrte Implikation zu zeigen, führen wir eine Einsetzung in das Axiom

$$(\mathbf{A} \to \mathbf{C}) \to ((\mathbf{B} \to \mathbf{C}) \to (\mathbf{A} \vee \mathbf{B} \to \mathbf{C}))$$

des Aussagenkalküls durch und erhalten

$$\vdash\!\!- (\mathbf{A}(y) \to \exists x\, \mathbf{A}(x)) \to ((\exists x\, \mathbf{A}(x) \to \exists x\, \mathbf{A}(x)) \to (\mathbf{A}(y) \vee \exists x\, \mathbf{A}(x) \to \exists x\, \mathbf{A}(x))$$

Beide Prämissen sind wahr (die erste ist ein Axiom des Prädikatenkalküls). Zweimalige Anwendung der Abtrennungsregel liefert

$$\vdash\!\!- \mathbf{A}(y) \vee \exists x\, \mathbf{A}(x) \to \exists x\, \mathbf{A}(x).$$

Damit sind beide Implikationen der geforderten Äquivalenz bewiesen.

Aus der Wahrheit der ersten und der dritten Formel folgt, daß die Operationen 1 und 3 Formeln des Prädikatenkalküls in äquivalente Formeln überführen. Ersetzen wir in der zweiten Formel die Variable y durch einen beliebigen Rekursionsterm, so erhalten wir die in der eingeschränkten Arithmetik wahre Formel

$$\exists x\, \mathbf{A}(x) \sim \mathbf{A}(c) \vee \exists x \mathbf{A}(x).$$

Hieraus folgt, daß auch die Operation 2 Formeln des Prädikatenkalküls in äquivalente Formeln überführt.

Jede elementar reguläre Formel ist in der eingeschränkten Arithmetik ableitbar, da sie die Form $\mathbf{A} \vee \mathbf{B}$ hat, wobei $\mathbf{A}$ primitiv wahr und nach Definition folglich in der eingeschränkten Arithmetik ableitbar ist. Dann ist auch das Produkt von elementar regulären Funktionen in der eingeschränkten Arithmetik ableitbar. Die Hinzunahme äußerer Quantoren führt ebenfalls zu einer in der eingeschränkten Arithmetik ableitbaren Formel. Daher ist $\mathbf{K}_0$, d.h. die erste Formel der Regularitätszeile, in der eingeschränkten Arithmetik ableitbar. Dann sind aber auch alle Formeln $\mathbf{K}_1, \ldots, \mathbf{K}_n$ in der eingeschränkten Arithmetik ableitbar, da sie aus $\mathbf{K}_0$ durch Nacheinanderanwendung von äquivalenten Umformungen entstehen. Folglich ist jede reguläre Formel in der eingeschränkten Arithmetik ableitbar.

5. *Wenn eine reguläre Formel* $\mathbf{A}'$ *durch Anwendung einer der Operationen 1, 2, 3 auf eine Formel entsteht, dann ist auch die Formel* $\mathbf{A}$ *regulär.*

Das folgt unmittelbar aus der Definition der regulären Formel.

Wir hatten gesehen, daß die Streichung eines äußeren Generalisators die Regularität nicht stört.

6. Die Streichung eines beliebigen Generalisators in einer regulären Formel führt wieder zu einer regulären Formel.

Beweis. Es sei K'_n aus der regulären Formel K_n durch Streichung eines beliebigen Generalisators entstanden. Die Regularitätszeile für K_n sei

$$K_0, K_1, \ldots, K_n.$$

Dieser Quantor werde in der Formel K_p durch die Operation 1 erfaßt. Dann wird er anschließend in der Formel K_{p-1} zum äußeren Quantor. Entfernen wir ihn nun aus allen Formeln $K_{p-1}, K_p, \ldots, K_n$, so erhalten wir die Zeile

$$K'_{p-1}, K'_p, \ldots, K'_n.$$

Die Formeln $K'_{n-1}, K'_{n-2}, \ldots, K'_p$ entstehen offenbar aus der Formel K'_n durch Nacheinanderanwendung der Operationen 1, 2, 3. Die Formel K'_p stimmt mit der Formel K'_{p-1} überein. Die letzte ist regulär, da sie aus der regulären Formel K_{p-1} durch Weglassen eines äußeren Quantors entstanden ist. Damit wird die Formel K'_n mit Hilfe der Operationen 1, 2, 3 in die reguläre Formel K'_p übergeführt, die ihrerseits durch dieselben Operationen in eine Formel übergeht, in der alle äußeren Faktoren elementar regulär sind. Hieraus folgt die Regularität der Formel K'_n.

Falls der wegzulassende Quantor in keiner Formel der Zeile

$$K_0, K_1, \ldots, K_n$$

durch die Operation 1 erfaßt wird, lassen wir ihn in allen Formeln dieser Zeile weg. Dann erhalten wir die Zeile

$$K'_0, K'_1, \ldots, K'_n,$$

und diese ist ebenfalls Regularitätszeile. Denn K'_n wird durch dieselben Operationen in K'_0 übergeführt wie K_n in K_0. Außerdem hat jeder äußere Faktor von K'_0 dieselbe primitiv wahre Summe von Summanden wie der entsprechende Faktor in K_0, so daß ein Summand, der den gestrichenen Quantor enthielt, in dieser primitiv wahren Summe, die nach Definition keine Quantoren enthält, nicht auftreten konnte.

6.6. Einige Hilfssätze über reguläre Formeln

Lemma 1: Wenn in einer regulären Formel einige Summanden von äußeren Faktoren Produkte sind, erhalten wir nach Streichen von beliebig vielen (aber nicht allen) Faktoren in jedem dieser Produkte wieder eine reguläre Formel.

Beweis: Es sei K eine reguläre Formel und

$$K_0, K_1, \ldots, K_n$$

ihre Regularitätszeile, in der K_n die Formel K ist. Wir beweisen Lemma 1 durch vollständige

Induktion nach der Zeilenlänge. Das Lemma gilt für K_0, denn alle äußeren Faktoren von K_0 sind elementar regulär. Jeder Faktor hat die Form $A \vee B$, wobei A eine primitiv wahre Formel ist. Die Summanden dieses Faktors, die selbst Produkte sind, gehören entweder zu A oder zu B. Nach Streichung einiger Faktoren aus ihren Summanden geht die Formel A in eine Formel A' über, die ebenfalls primitiv wahr ist (das folgt unmittelbar aus den Eigenschaften der Formeln der Aussagenalgebra). Die in B auftretenden Summanden können wir überhaupt beliebig umformen, da die Zusammensetzung von B keinerlei Einfluß auf die elementare Regularität der Formel $A \vee B$ hat. Folglich gilt unsere Behauptung für K_0.

Wir setzen nun voraus, daß die Behauptung für K_{i-1} gilt, und zeigen, daß sie dann auch für K_i gilt. Die Formel K_{i-1} entsteht aus K_i durch Anwendung einer der Operationen 1, 2, 3 auf einen der äußeren Faktoren von K. Falls das die Operation 1 oder die Operation 2 ist, geht der äußere Faktor K_i der Gestalt

$$\forall x\, A(x) \vee B \qquad (\text{bzw.} \exists x\, A(x) \vee B)$$

über in einen äußeren Faktor der Form

$$A(x) \vee B \qquad (\text{bzw. } A(c) \vee \exists x\, A(x) \vee B)$$

von K_{i-1} über. Hierbei ist c ein beliebiger Rekursionsterm. Die übrigen Faktoren von K_i werden nicht geändert. Wir nehmen an, wir hätten irgendwelche Faktoren aus den Summanden der äußeren Faktoren von K_i gestrichen. Diese Streichung kann entweder aus den Summanden der äußeren Faktoren, die sich beim Übergang zu K_{i-1} nicht ändern, oder im Faktor $\forall x\, A(x) \vee B$ (bzw. $\exists x\, A(x) \vee B$) aus den Summanden von B erfolgen, da $\forall x\, A(x)$ und $\exists x\, A(x)$ keine Produkte sind. Die äußeren Faktoren von K_i, die selbst Produkte sind, ändern sich beim Übergang zu K_{i-1} nicht. Streichen wir einige Faktoren aus den Summanden der äußeren Faktoren von K_i und streichen wir dieselben Faktoren auch aus den Summanden der äußeren Faktoren von K_{i-1}, so erhalten wir die Formeln K_i' und K_{i-1}'. Die erste enthält den äußeren Faktor $\forall x\, A(x) \vee B'$ (bzw. $\exists x\, A(x) \vee B'$). Die zweite enthält dieselben Faktoren wie die erste bis auf den angegebenen; dieser geht nämlich in den Faktor

$$A(x) \vee B' \qquad (\text{bzw. } A(c) \vee \exists x\, A(x) \vee B')$$

über (B' entsteht aus B durch Streichung von Faktoren aus den Summanden von B). Daher ist die Formel K_{i-1}' das Ergebnis der Anwendung derselben Operation auf die Formel K_i, die K_i in K_{i-1} überführt. Nach Induktionsvoraussetzung ist die Formel K_{i-1}' regulär. Dann ist aber (nach 6.5., Eigenschaft 5) auch K_i regulär. Damit folgt aus der Regularität von K_{i-1}' die Regularität von K_i', falls K_{i-1} aus K_i mit Hilfe der Operation 1 oder 2 hervorgeht.

Wenn nun K_{i-1} mit Hilfe der Operation 3 aus K_i hervorgeht, geht ein äußerer Faktor von K_i, etwa

$$A_1 \wedge A_2 \wedge \ldots \wedge A_k \vee B,$$

über in das Produkt

$$(A_1 \vee B) \wedge (A_2 \vee B) \wedge \ldots \wedge (A_k \vee B)$$

von äußeren Faktoren von K_{i-1}. Hierbei bedeuten $A_1, A_2, ..., A_k$ Primfaktoren. Die übrigen Faktoren von K_i bleiben beim Übergang zu A_{i-1} unverändert. Es seien nun einige Faktoren aus gewissen äußeren Summanden von K_i, die ihrerseits Produkte sind, gestrichen. Dabei können auch einige Faktoren aus dem Produkt $A_1 \wedge A_2 \wedge ... \wedge A_k$ gestrichen werden, etwa

$$A_1, A_2, ..., A_p, \ p < k.$$

Die so erhaltene Formel bezeichnen wir mit K_i'. In K_{i-1} streichen wir aus allen denjenigen äußeren Summanden, die beim Übergang von K_i zu K_{i-1} unverändert bleiben, alle die Faktoren heraus, die auch in Formel K_i gestrichen sind. Außerdem lassen wir in K_{i-1} die äußeren Faktoren

$$A_1 \vee B', A_2 \vee B', ..., A_p \vee B'$$

weg, wobei B' die nach den Streichungen aus B entstehende Formel ist. Nach 6.5., Eigenschaft 3, stört das Weglassen äußerer Faktoren die Regularität nicht. Die erhaltene Formel bezeichnen wir mit K_{i-1}'. Nach Induktionsvoraussetzung ist die Formel K_{i-1}', die aus K_{i-1} durch Streichung einiger Faktoren von äußeren Summanden und durch Weglassen einiger äußerer Faktoren entsteht, regulär. Andererseits entsteht K_{i-1}' aus K_i' durch Anwendung der Operation 3, also ist auch K_i' regulär. Damit ist die Behauptung für K_0 richtig, und aus ihrer Gültigkeit für K_{i-1} folgt ihre Gültigkeit für K_i. Folglich ist sie für jede reguläre Formel richtig, was zu beweisen war.

Lemma 2: Werden in einer regulären Formel beliebige Summanden zu den Summanden von äußeren Faktoren hinzugefügt, so bleibt die Formel regulär.

Lemma 3: Wird in einer regulären Formel für eine freie Individuenvariable ein beliebiger Term eingesetzt, so bleibt die Formel regulär.

Der Beweis dieser beiden Lemmata läßt sich wie bei Lemma 1 leicht durch vollständige Induktion führen.

Bemerkung 1: Die Anwendung einer Operation 1, 2, 3 auf eine reguläre Formel liefert wieder eine reguläre Formel. Diese Behauptung ist nicht unmittelbar klar, da solch eine Operation nicht so beschaffen zu sein braucht, daß sie die gegebene reguläre Formel in einer Formel der Regularitätszeile überführt. Zum Beweis der Behauptung genügt es zu zeigen, daß der äußere Faktor, auf den eine Operation angewendet wird, regulär bleibt. Haben wir es mit der Operation 1 zu tun, so geht der betrachtete äußere Faktor in einen Faktor über, bei dem ein Generalisator gestrichen ist. Nach 6.5, Eigenschaft 6, bleibt dieser Faktor regulär. Wenden wir die Operation 2 an, so geht der äußere Faktor in einen Faktor über, zu dem noch ein Summand hinzugefügt ist (d.h., ein Faktor der Form $\exists x\, A(x) \vee B$ geht in einen Faktor der Form $A(c) \vee \exists x\, A(x) \vee B$ über). Nach Lemma 2 bleibt dabei die Regularität erhalten. Wird schließlich die Operation 3 angewendet, so geht ein Faktor der Form

$$A_1 \wedge A_2 \wedge ... \wedge A_k \vee B$$

in das Produkt von Faktoren

$$(A_1 \vee B) \wedge (A_2 \vee B) \wedge ... \wedge (A_k \vee B)$$

über. Nun läßt sich aber jeder Faktor dieses Produkts aus dem vorangehenden durch Streichung aller Faktoren des Produkts $A_1 \wedge A_2 \wedge \ldots \wedge A_k$ bis auf einen erhalten. Daher sind nach Lemma 1 alle Formeln $A_i \vee B$ regulär, und folglich ist auch ihr Produkt regulär.

Lemma 4: Wenn die Formeln $A \vee K$ *und* $B \vee K$ *regulär sind, dann ist auch die Formel* $A \wedge B \vee K$ *regulär.*

Beweis: Zunächst betrachten wir den Fall, daß A und B primitiv reguläre Formeln sind. Wegen der Regularität der Formel $A \vee K$ geht diese bei Anwendung der Operationen 1, 2, 3 in eine Formel K_0 über, in der alle äußeren Faktoren elementar regulär sind. Da A eine primitive Formel ist, wirken die angewendeten Operationen nicht auf den Summanden A (vgl. S. 242 f.). Dabei haben alle äußeren Faktoren der Formel K die Gestalt

$$A \vee C' \vee K',$$

wobei $A \vee C'$ primitiv wahre Formeln sind.

Die Formel $X \vee K$, in der die beliebige Formel X anstelle von A steht, unterwerfen wir denselben Operationen wie $A \vee K$. Die äußeren Summanden der dabei entstehenden Formel haben dann die Gestalt

$$X \vee C' \vee K'.$$

Nur sind diese Faktoren im allgemeinen nicht elementar regulär. Nehmen wir B für X, so sind die Formeln

$$B \vee C' \vee K'$$

regulär, da sie äußere Faktoren einer aus der nach Voraussetzung regulären Formel $B \vee K$ durch Anwendung der Operationen 1, 2, 3 entstandenen Formel sind. Daher läßt sich durch Anwendung der Operationen 1, 2, 3 auf alle Formeln $B \vee C' \vee K'$ eine neue Formel finden, deren äußere Faktoren elementar reguläre Formeln der Gestalt

$$B \vee C' \vee C'' \vee K''$$

sind, wobei die Formeln $B \vee C' \vee C''$ primitiv wahr sind. Dann erhalten wir aber auch aus der Formel $X \vee C' \vee K'$ mit Hilfe derselben Operationen die Formel

$$X \vee C' \vee C'' \vee K''.$$

Wir ersetzen jetzt X durch die Formel $A \wedge B$. Dann liefern die Operationen zunächst die Formeln

$$A \wedge B \vee C' \vee K'$$

und dann die Formeln

$$A \wedge B \vee C' \vee C'' \vee K''. \tag{1}$$

Wir zeigen, daß alle Formeln $A \wedge B \vee C' \vee C''$ primitiv wahr sind. Denn durch identische Umformungen der Aussagenalgebra kann jede dieser Formeln auf die Gestalt

$$(A \vee C' \vee C'') \wedge (B \vee C' \vee C'')$$

gebracht werden. Jeder Faktor dieser Formel ist eine primitiv wahre Formel. Daher ist das Produkt und folglich auch die Formel

$$A \wedge B \vee C' \vee C''$$

primitiv wahr. Folglich sind alle Formeln (1) elementar regulär, also ist die Formel $A \wedge B \vee K$ regulär.

Wenn wenigstens eine der beiden Formeln A bzw. B keine primitive Formel ist, läßt sich der Beweis einfacher führen. Wir stellen A und B als Produkt dar, also

$$A = A_1 \wedge \ldots \wedge A_p, \quad B = B_1 \wedge \ldots \wedge B_q$$

(p und q können auch gleich 1 sein).

Die Formeln $A \wedge K$, $B \vee K$ und $A \wedge B \vee K$ nehmen dann die Gestalt

$$A_1 \wedge \ldots \wedge A_p \vee K, \quad B_1 \wedge \ldots \wedge B_q \vee K,$$

bzw.

$$A_1 \wedge \ldots \wedge A_p \wedge B_1 \wedge \ldots \wedge B_q \vee K$$

an. Die ersten beiden Formeln sind regulär. Daher sind nach Lemma 1 alle Formeln $A_i \vee K$ und $B_j \vee K$ regulär. Da das Produkt $A \wedge B$ keine primitive Formel ist, läßt sich die Operation 3 auf die Formel $A_1 \wedge \ldots \wedge A_q \vee K$ anwenden. Danach geht sie in die Formel

$$(A_1 \vee K) \wedge \ldots \wedge (A_p \vee K) \wedge (B_1 \vee K) \wedge \ldots \wedge (B_q \vee K)$$

über. Diese Formel ist als Produkt von lauter regulären Faktoren selbst regulär. Dann ist aber auch die Formel $A \wedge B \vee K$ regulär. Damit ist Lemma 4 bewiesen.

Folgerung: Es sei A eine reguläre Formel, deren äußere Faktoren die Gestalt $A' \vee B' \vee B''$ haben, und $C \vee B'$ sei eine reguläre Formel. Dann erhalten wir nach Ersetzung aller bzw. einiger äußerer Faktoren der Formel A durch die Formeln $A' \wedge C \vee B' \vee B''$ und nach eventueller Variablenumbenennung (falls das nötig ist) wieder eine reguläre Formel.

Bemerkung 2: Aus den bewiesenen Lemmata folgt, daß *die Anwendung distributiver Umformungen auf reguläre Formeln wieder zu regulären Formeln führt.* Als Spezialfall läßt sich diese Behauptung für das gewöhnliche Distributivgesetz folgendermaßen formulieren: *Wenn $A_1 \wedge \ldots \wedge A_n \vee B$ eine reguläre Formel ist, dann ist auch $(A_1 \vee B) \wedge \ldots \wedge (A_n \vee B)$ eine reguläre Formel und umgekehrt.*

Der Beweis dieser Behauptung ergibt sich unmittelbar aus den Lemmata 1 und 4 und aus der Eigenschaft 3 der regulären Funktionen (vgl. 6.5.). Hieraus folgt, daß wir die erwähnten Umformungen auch auf einzelne Faktoren einer Formel in Produktform anwenden können, so daß die anderen Faktoren dabei unverändert bleiben. Die Anwendung des ersten Distributivgesetzes ist ebenfalls möglich. Wir wollen aber darauf nicht eingehen, weil wir es nicht benötigen.

Lemma 5: Wenn die Formeln $\exists x\, A(x) \vee L$ und $B \vee L$ regulär sind, ist auch die Formel $\exists x\, (A(x) \wedge B) \vee L$ regulär.

Beweis: Es sei

$$K_0, K_1, \ldots, K_n$$

eine Regularitätszeile der Formel $\exists x\, A(x) \vee L$. Da der Summand $\exists x\, A(x)$ bei allen Operationen in der Formel erhalten bleibt, hat jeder äußere Faktor der Formel K_i die Gestalt

$$\exists x\, A(x) \vee L^{(i)}.$$

Für alle äußeren Faktoren der Formel K_0 ist die Behauptung des Lemmas richtig. Denn wenn die Formel $\exists x\, A(x) \vee L'$ elementar regulär ist, enthält L' einen primitiv wahren Summanden. Daher ist für beliebige Formeln X die Formel $X \vee C'$ elementar regulär. Folglich ist auch die Formel

$$\exists x(A(x) \wedge B) \vee L'$$

elementar regulär.

Die Behauptung sei richtig für alle äußeren Faktoren der Formel K_{i-1}; dann gilt sie auch für alle äußeren Faktoren der Formel K_i. Es sei also

$$\exists x\, A(x) \vee L^{(i)}$$

ein äußerer Faktor der Formel K_i, und die Formel $B \vee L^{(i)}$ sei regulär. Unter allen äußeren Faktoren der Formel K_{i-1} kommt (Fall 1) ein Faktor

$$A(c) \vee \exists x\, A(x) \vee L^{(i)}$$

oder (Fall 2) ein Faktor

$$\exists x\, A(x) \vee L^{(i-1)},$$

der aus der Formel $L^{(i)}$ durch Anwendung einer der Operationen 1, 2, 3 entstanden ist, oder (Fall 3) schließlich der Faktor

$$\exists x\, A(x) \vee L^{(i)}$$

selbst vor.

Im Fall 1 folgt nach Induktionsvoraussetzung und nach Lemma 2 aus der Regularität der Formel $B \vee L^{(i)}$ die Regularität der Formel

$$A(c) \vee \exists x(A(x) \wedge B) \vee L^{(i)}.$$

Nach der Folgerung aus Lemma 4 ist dann die Formel

$$A(c) \wedge B \vee \exists x(A(x) \wedge B) \vee L^{(i)}$$

regulär. Dann ist aber auch die Formel

$$\exists x(A(x) \wedge B) \vee L^{(i)} \tag{2}$$

regulär, da die vorhergehende aus ihr durch Anwendung der Operation 2 hervorgeht.

Im Fall 2 bezieht sich die auf die Formel angewendete Operation nicht auf den Summanden $\exists x\, A(x)$. Sie wird auf ein gewisses Glied der Formel $L^{(i)}$ angewendet. Daher führt die Anwendung derselben Operation auf die Formel $X \vee L^{(i)}$ bei beliebiger Formel X auf die Formel $X \vee L^{(i-1)}$. Diese Formel ist aber regulär, wenn $X \vee L^{(i)}$ regulär ist und umgekehrt. Wenn daher $B \vee L^{(i)}$ eine reguläre Formel ist, ist auch $B \vee L^{(i-1)}$ regulär. Nach

Induktionsvoraussetzung ist die Formel

$$\exists x(A(x) \wedge B) \vee L^{(i-1)}$$

regulär; folglich ist auch Formel (2), aus der die letzte Formel durch Anwendung einer der Operationen 1, 2, 3 hervorgeht, regulär.

Im Fall 3 ist die Induktion klar. Damit haben wir gezeigt, daß aus der Gültigkeit des Lemmas für die äußeren Faktoren von K_{i-1} die Gültigkeit desselben für die äußeren Faktoren von K_i folgt. Folglich gilt es auch für die Formel $\exists x A(x) \vee L$, die nur aus einem äußeren Faktor besteht.

Wir wollen noch auf einen einfachen, sich im folgenden als nützlich erweisenden Umstand aufmerksam machen.

Bemerkung 3: Es sei $\exists x A(x) \vee L' \vee L''$ *eine reguläre Formel; dann ist auch* $\exists x(A(x) \vee L') \vee L''$ *eine reguläre Formel.* Denn wenden wir auf die Formel

$$\exists x(A(x) \vee L') \vee L''$$

die Operation 2 an und ersetzen x im abgezweigten Glied durch 0, so erhalten wir

$$A(0) \vee L' \vee \exists x(A(x) \vee L') \vee L'' . \tag{3}$$

Unter den Summanden dieser Formel treten bis auf den Summanden $\exists x A(x)$, der durch den Summanden

$$\exists x(A(x) \vee L')$$

ersetzt wird, alle Summanden der Formel

$$\exists x A(x) \vee L' \vee L'' \tag{4}$$

auf.

Ausgehend von (4) erhalten wir mit Hilfe der Operationen 1, 2, 3 eine Reihe von Formeln. Ausgehend von (3) erhalten wir mit Hilfe derselben Operationen eine andere Reihe von Formeln, die sich von den ersten dadurch unterscheiden, daß in ihnen anstelle des Summanden $\exists x A(x)$ der Summand $\exists x(A(x) \vee L')$ auftritt und daß außerdem in einigen äußeren Faktoren überflüssige Summanden auftreten, die in den Formeln der ersten Reihe vorkommen. Führen wir (4) auf diese Weise in eine Formel über, in der alle äußeren Faktoren elementar regulär sind, so wird offenbar (3) durch dieselben Operationen in eine Formel übergeführt, in der alle äußeren Faktoren elementar regulär sind. Also folgt aus der Regularität von (4) die Regularität von (3). Dann ist aber auch die Formel $\exists x(A(x) \vee L') \vee L''$, die aus (3) durch Anwendung der Operation 2 entsteht, regulär.

Die reduzierte Form einer Formel $\overline{A}$ bezeichnen wir mit A^-.

Lemma 6: Für jede Formel A *ist die Formel*

$$A(x_1, \ldots, x_n) \vee A^-(y_1, \ldots, y_n) \vee \overline{x_1 = y_1} \vee \ldots \vee \overline{x_n = y_n}$$

regulär.

Beweis: Wir beweisen die Behauptung nur für $n = 1$. Im allgemeinen Fall verläuft der Beweis analog.

Den Beweis des Lemmas führen wir durch vollständige Induktion nach der Konstruktion der reduzierten Form. Wenn $A(x)$ eine Elementarformel ist, ist die Behauptung richtig, da dann

$$A(x) \lor A^-(y) \lor \overline{x = y}$$

primitiv wahr ist. Ersetzen wir nämlich x und y durch die Ziffern z_1 bzw. z_2, so erhalten wir die Formel

$$A(z_1) \lor A^-(z_2) \lor \overline{z_1 = z_2} \, .$$

Wenn die Ziffern verschieden sind, hat der Summand $\overline{z_1 = z_2}$ den Wert w, d.h., auch die gesamte Formel hat den Wert w. Wenn die Ziffern übereinstimmen, hat der Summand

$$A(z) \lor A^-(z)$$

immer den Wert w.

Die Behauptung gelte nun für die Formeln A_1 und A_2. Wir zeigen, daß sie dann auch für die Formeln

$$A_1 \land A_2 \quad \text{und} \quad A_1 \lor A_2$$

gilt. Das ist der Fall, denn nach Voraussetzung sind die Formeln

$$A_1(x) \lor A_1^-(y) \lor \overline{x = y} \quad \text{und} \quad A_2(x) \lor A_2^-(y) \lor \overline{x = y}$$

regulär; daher sind nach Lemma 2 auch die Formeln

$$A_1(x) \lor A_1^-(y) \lor A_2^-(y) \lor \overline{x = y}$$

und

$$A_2(x) \lor A_2^-(y) \lor A_1^-(y) \lor \overline{x = y}$$

regulär.

Nach Lemma 4 ist dann auch die Formel

$$A_1(x) \land A_2(x) \lor A_1^-(y) \lor A_2^-(y) \lor \overline{x = y}$$

regulär. Da die Formel

$$A_1^-(y) \lor A_2^-(y)$$

die reduzierte Form der Formel $\overline{A_1(y) \land A_2(y)}$ darstellt, ist damit die Behauptung auch für die Formel $A_1 \land A_2$ gezeigt. Die Formel $A_1 \lor A_2$ behandeln wir analog. Wenn das Lemma für eine Formel A gilt, dann gilt es auch für A^-, da für beide Formeln der Ausdruck

$$A(x) \lor A^-(y) \lor \overline{x = y}$$

derselbe ist.

Wenn das Lemma für $A(t, x)$ gilt, dann gilt es auch für die Formeln

$$\forall t\, A(t, x) \quad \text{und} \quad \exists t\, A(t, x),$$

denn nach Voraussetzung ist die Formel

$$\mathbf{A}(t, x) \vee \mathbf{A}^-(t, y) \vee \overline{x = y}$$

regulär. Offenbar ist auch $\mathbf{A}(s, x) \vee \mathbf{A}^-(s, y) \vee \overline{x = y}$ regulär für jede Individuenvariable s.

Die Formel

$$\forall t\, \mathbf{A}(t, x) \vee (\forall t\, \mathbf{A}(t, y))^- \vee \overline{x = y}$$

läßt sich darstellen in der Gestalt

$$\forall t\, \mathbf{A}(t, x) \vee \exists t\, \mathbf{A}^-(t, y) \vee \overline{x = y}. \tag{5}$$

Auf diese Formel wenden wir zunächst die Operation 1 an und erhalten

$$\forall u(\mathbf{A}(u, x) \vee \exists t\, \mathbf{A}^-(t, y) \vee \overline{x = y}).$$

Nach Anwendung der Operation 2 ergibt sich

$$\forall u(\mathbf{A}(u, x) \vee \mathbf{A}^-(u, y) \vee \exists t\, \mathbf{A}^-(t, y) \vee \overline{x = y}).$$

Aus der Regularität der Formel

$$\mathbf{A}(u, x) \vee \mathbf{A}^-(u, y) \vee \overline{x = y}$$

folgt die Regularität der vorangehenden Formel. Folglich ist auch (5) regulär.

Für die Formel $\exists t\, \mathbf{A}(t, x)$ verläuft der Beweis analog. Damit ist das Lemma für alle reduzierten Formeln bewiesen.

Bemerkung 4: Die Formel $\mathbf{A} \vee \mathbf{A}^-$ ist stets regulär. Wir werden diese Behauptung nicht beweisen, da der Beweis nach dem Schema des Beweises von Lemma 6 verläuft.

Lemma 7: Wird in einer regulären Formel $\mathbf{A}$ für eine Aussagenvariable A bzw. eine Prädikatenvariable $A(x, \ldots, u)$ die Formel $\mathbf{B}$ bzw. $\mathbf{B}(x, \ldots, u)$ eingesetzt, so ist die reduzierte Form der dabei entstehenden Formel regulär.

Beweis: Wir zeigen die Behauptung für den Fall der Prädikateneinsetzung. Dieselben Überlegungen führen dann mit gewissen Vereinfachungen auch im Fall der Aussageneinsetzung zum Ziel.

Außerdem wollen wir nur Einsetzungen für ein einstelliges Prädikat betrachten, da sich der Beweis für mehrstellige Prädikate nicht wesentlich vom Fall $n = 1$ unterscheidet; wir müßten nur längere Formeln schreiben.

Die reguläre Formel $\mathbf{A}$ enthalte ein einstelliges Prädikat $A(t)$. Wir zeigen, daß die nach Einsetzung der Formel $\mathbf{B}(t)$ für $A(t)$ entstehende Formel $\mathbf{X}$ regulär ist.

Zunächst betrachten wir den Fall, daß $\mathbf{A}$ eine primitiv wahre Formel ist. Durch Anwendung distributiver Umformungen können wir die Formel $\mathbf{A}$ unter Beachtung des zweiten Distributivgesetzes auf eine konjunktive Normalform $\mathbf{A}'$ bringen, die ebenfalls eine primitiv wahre Formel ist. Wir greifen einen beliebigen Faktor dieser Formel heraus und fixieren in ihm die Glieder, die das Prädikat $A(\ )$ enthalten. Dieser Faktor läßt sich dann in der Gestalt

$$A(x_1) \vee \ldots \vee A(x_p) \vee \overline{A}(y_1) \vee \ldots \vee \overline{A}(y_q) \vee L \tag{6}$$

darstellen. Er ist offenbar ebenfalls eine primitiv wahre Formel. Wir zeigen, daß die Formel

$$\Sigma \ (x_i = y_i) \vee L, \tag{7}$$

in der das Zeichen Σ die logische Summe der Summanden für alle i von 1 bis p und für alle j von 1 bis q bedeutet, primitiv wahr ist. Formel (6) ist primitiv wahr, und daher erhalten wir aus ihr nach der Einsetzung eines beliebigen rekursiven Prädikats für die Prädikatenvariable $A(\ )$ ebenfalls eine primitiv wahre Formel. Wir führen neue Variable $s_1, s_2, \ldots, s_p$ ein, die nicht in (6) auftreten, und setzen für das Prädikat $A(t)$ die Formel

$$\prod_i \overline{(s_i = t)}$$

ein ($\prod$ bedeutet das logische Produkt der Faktoren für $i = 1, 2, \ldots, p$). Dann erhalten wir die primitiv wahre Formel

$$\prod_i \overline{(s_i = x_1)} \vee \ldots \vee \prod_i \overline{(s_i = x_p)} \vee \overline{\prod_i \overline{(s_i = y_1)}} \vee \ldots \vee \overline{\prod_i \overline{(s_i = y_q)}} \vee L.$$

Hierbei bleibt L unverändert, da dort A nicht auftritt. Formen wir diese Formel nach den Regeln der Aussagenalgebra um, so erhalten wir

$$\prod_i \overline{(x_i = x_1)} \vee \ldots \vee \prod_i \overline{(x_i = x_p)} \vee \Sigma_i \ (x_i = y_1) \vee \ldots \vee \Sigma_i \ (x_i = y_q) \vee L.$$

Jeder Summand $\prod_i \overline{(x_i = x_1)}, \ldots, \prod_i \overline{(x_i = x_p)}$ enthält einen primitiv falschen Faktor: der erste den Faktor $\overline{x_1 = x_1}$, der zweite den Faktor $\overline{x_2 = x_2}$ usw. Daher ist jeder dieser Summanden primitiv falsch. Nach den Gesetzen der Aussagenalgebra wird die Formel nach Streichung dieser Summanden wahr. Die Restformel stimmt mit Formel (7) überein. Formen wir diese Formel nach den Gesetzen der Aussagenalgebra um, so erhalten wir die primitiv wahre Formel

$$\prod_{i,j} \overline{(x_i = y_j)} \rightarrow L.$$

Wird andererseits in den Formeln

$$A(x_1) \vee \ldots \vee A(x_p) \vee \overline{A}(y_1) \vee \ldots \vee \overline{A}(y_q) \vee \overline{x_i = y_j},$$
$$i = 1, 2, \ldots, p; \qquad j = 1, 2, \ldots, q,$$

für das Prädikat $A(t)$ die Formel $\mathbf{B}(t)$ eingesetzt, so gelangen wir zu den Formeln

$$\mathbf{B}(x_1) \vee \ldots \vee \mathbf{B}(x_p) \vee \overline{\mathbf{B}}(y_1) \vee \ldots \vee \overline{\mathbf{B}}(y_q) \vee \overline{x_i = y_j}.$$

Die reduzierte Form jeder dieser Formeln hat die Gestalt

$$\mathbf{B}(x_1) \vee \ldots \vee \mathbf{B}(x_p) \vee \mathbf{B}^-(y_1) \vee \ldots \vee \mathbf{B}^-(y_q) \vee \overline{x_i = y_j}. \tag{8}$$

Sie enthält den Summanden

$$\mathbf{B}(x_i) \vee \mathbf{B}^-(y_j) \vee \overline{x_i = y_j}.$$

Nach Lemma 6 ist diese Formel regulär. Nach Lemma 2 ist auch Formel (8) regulär. Schließlich liefert die Anwendung von Lemma 4, daß auch die Formel

$$B(x_1) \vee \ldots \vee B(x_p) \vee B^-(y_1) \vee \ldots \vee B^-(y_q) \vee \prod_{i,j} \overline{(x_i = y_j)} \tag{9}$$

regulär ist. Dann ist aber auch die Formel

$$B(x_1) \vee \ldots \vee B(x_p) \vee B^-(y_1) \vee \ldots \vee B^-(y_q) \vee L \tag{10}$$

regulär. Zum Beweis betrachten wir für Formel (9) die Regularitätszeile

$$K_0, K_1, \ldots, K_m \ .$$

Da der Summand $\prod_{i,j} \overline{(x_i = y_j)}$ primitiv ist, ändert er sich bei Anwendung der Operationen 1, 2, 3 nicht und geht unverändert in die äußeren Faktoren der Formel K_0 ein; hier können wir ihn uns im primitiv wahren Teil enthalten denken. Den primitiv wahren Teil eines beliebigen äußeren Faktors von K_0 stellen wir in der Form

$$H \vee \prod_{i,j} \overline{(x_i = y_j)}$$

dar. Ersetzen wir in allen Formeln K_i die Formel $\prod_{i,j} \overline{(x_i = y_j)}$ durch L, so nimmt der primitiv wahre Teil jedes äußeren Faktors von K_0 die Gestalt

$$H \vee L$$

an. Da die Formel

$$\prod_{i,j} \overline{(x_i = y_j)} \to L$$

primitiv wahr ist, nimmt L bei beliebigen Ersetzungen immer dann den Wert w an, wenn $\prod_{i,j} \overline{(x_i = y_j)}$ den Wert w annimmt. Hieraus folgt, daß alle Formeln $H \wedge L$ primitiv wahr sind. Ersetzen wir nun in (9) den Summanden $\prod_{i,j} \overline{(x_i = y_j)}$ durch L, so erhalten wir wieder eine reguläre Formel.

Andererseits ist diese Formel die reduzierte Form der Formel, die nach Einsetzung von $B(t)$ für $A(t)$ in einem beliebigen Faktor der Normalformel A' entsteht. Folglich führt diese Einsetzung die Formel A' in eine reguläre Formel über, die wir mit N' bezeichnen. Bezeichnen wir mit N die Formel, die durch dieselbe Einsetzung aus A entsteht, so entsteht offenbar N' durch dieselben distributiven Operationen aus N wie A' aus A. Umgekehrt entsteht auch N aus N' durch dieselben distributiven Operationen wie A aus A'. Da diese distributiven Operationen nichts anderes als Anwendungen des zweiten Distributivgesetzes sind, folgt aus der Regularität von N' die Regularität von N. *Also wird in einer primitiv wahren Formel durch Einsetzung für eine Prädikatenvariable die Regularität der Formel nicht gestört.*

Erfolgt die Einsetzung für eine Aussagenvariable einer primitiv wahren Formel, so wird der Beweis mit gewissen Vereinfachungen analog geführt. Die Rolle von Lemma 6 spielt dann die Bemerkung 4.

Wir betrachten nun den allgemeinen Fall. Es sei **A** eine reguläre Formel, und sie enthalte die Prädikatenvariable A( ). (Der Kürze wegen beschränken wir uns wieder auf die Betrachtung eines einstelligen Prädikats.) Es sei

$$\mathbf{K}_0, \mathbf{K}_1, ..., \mathbf{K}_m$$

eine Regularitätszeile der Formel **A**. Jeder äußere Faktor der Formel $\mathbf{K}_0$ ist elementar regulär und kann daher in der Gestalt

$$\mathbf{H} \vee \mathbf{L}$$

dargestellt werden, wobei **H** eine primitiv wahre Formel bedeutet. Setzen wir in $\mathbf{H} \vee \mathbf{L}$ für das Prädikat A(t) eine beliebige Formel B(t) ein, so erhalten wir die Formel $\mathbf{H}' \wedge \mathbf{L}'$. Nach dem bereits Bewiesenen ist die aus **H** durch die betrachtete Einsetzung entstandene Formel $\mathbf{H}'$ primitiv wahr. Daher geht jeder äußere Faktor der Formel $\mathbf{K}_0$ nach der Einsetzung der Formel B(t) für das Prädikat A(t) in eine elementar reguläre Formel über.

Bezeichnen wir das Ergebnis der betrachteten Einsetzung in $\mathbf{K}_0$ mit $\mathbf{K}_0'$, so sind alle äußeren Faktoren von $\mathbf{K}_0'$ elementar regulär. Wir setzen nun für A(t) in allen Formeln der Regularitätszeile die Formel B(t) ein. Dann erhalten wir die Zeile

$$\mathbf{K}_0', \mathbf{K}_1', ..., \mathbf{K}_m' \ .$$

Offenbar entsteht $\mathbf{K}_{i-1}'$ aus $\mathbf{K}_i'$ durch dieselbe Operation 1, 2, 3 wie $\mathbf{K}_{i-1}$ aus $\mathbf{K}_i$. Da die Formel $\mathbf{K}_0'$ regulär ist, sind auch alle Formeln der gegebenen Zeile regulär. Nun ist aber die letzte Formel $\mathbf{K}_m'$ das Ergebnis der Einsetzung der Formel B(t) für das Prädikat A(t) in der Formel $\mathbf{K}_m$, und $\mathbf{K}_m$ ist die Formel **A**. Somit stört also die Einsetzung für eine Prädikatenvariable einer regulären Formel die Regularität nicht. Die Richtigkeit dieser Behauptung wird im Fall einer Aussagenvariablen analog bewiesen.

6.7. Duale Operationen zu 1, 2, 3

Ähnlich, wie wir früher eine beliebige Funktion in der Form (α) betrachtet haben, können wir eine beliebige Formel in der dualen Form

$$\exists x_1 ... \exists x_n (\mathbf{A}_{11} \wedge ... \wedge \mathbf{A}_{1p_1} \vee ... \vee \mathbf{A}_{k1} \wedge ... \wedge \mathbf{A}_{kp_k}) \tag{β}$$

darstellen. Formel (β) beschreiben wir analog zu Formel (α), nur verwenden wir dabei die entsprechenden dualen Begriffe. Die Summe

$$\mathbf{A}_{11} \wedge ... \wedge \mathbf{A}_{1p_1} \vee ... \vee \mathbf{A}_{k1} \wedge ... \wedge \mathbf{A}_{kp_k}$$

besteht aus primen Summanden, die wir *äußere Summanden* nennen, und jedes Produkt $\mathbf{A}_{i1} \wedge ... \wedge \mathbf{A}_{ip_i}$ besteht aus Primfaktoren, die wir *äußere Primfaktoren* nennen. Die Quantoren $\exists\, x_i$ heißen *äußere Quantoren*. Äußere Quantoren müssen nicht notwendig auftreten. Formel (β) kann nur aus einem äußeren Summanden bestehen, und ein äußerer Summand kann möglicherweise nur einen Faktor haben. Unter diesen Bedingungen läßt sich jede Formel in der Form (β) darstellen.

Für Formeln, die in der Form (β) gegeben sind, lassen sich duale Operationen zu den Operationen 1, 2, 3 definieren, die wir mit 1*, 2* bzw. 3* bezeichnen.

Operation 1* bedeutet das *Vorziehen eines Partikularisators* aus einem äußeren Faktor der Form $\exists x B(x)$ und eventuelle Umbenennung der durch ihn gebundenen Variablen.

Beispiel:

$$\exists x(\forall y\, A(y) \wedge B \vee \exists y\, \overline{A}(y) \wedge C).$$

Anwendung der Operation 1* und anschließende Variablenumbenennung ergeben die Formel

$$\exists x \exists z\,(\forall y\, A(y) \wedge B \vee \overline{A}(z) \wedge C).$$

Die zur Operation 2 duale Operation 2* heißt die *Abzweigung vom Generalisator.* Wir wollen darauf verzichten, sie ausführlich zu beschreiben, betrachten aber dafür ein Beispiel.

Beispiel:

$$\forall x \forall y\,(\forall z\, A(z, t) \wedge A(x, t) \wedge \overline{A}(x, x) \wedge \overline{A}(y, y)).$$

Wenden wir auf diese Formel die Operation 2* an und ersetzen im abgezweigten Glied x durch den Rekursionsterm $x + y$, so erhalten wir die Formel

$$\forall x\, \forall y(A(x + y, t) \wedge \forall z\, A(z, t) \wedge A(x, t) \vee \overline{A}(x, x) \wedge \overline{A}(y, y)).$$

Die zur Operation 3 duale Operation 3* ist bereits in der Aussagenalgebra begrifflich festgelegt, wir bezeichnen sie dort als die *erste distributive Operation.* Diese Bezeichnung wollen wir auch hier beibehalten. Falls keine Gefahr zur Verwechslung mit der zweiten distributiven Operation besteht, wollen wir sie einfach distributive Operation nennen. Sie wirkt ähnlich wie Operation 3, wird aber *ausschließlich auf nichtprimitive Summanden* angewendet. Sie läßt sich anwenden, wenn in der betrachteten Formel wenigstens ein äußerer Summand auftritt, der wenigstens einen Faktor in Form einer Summe

$$(A_1 \vee A_2 \vee \ldots \vee A_n) \wedge B$$

enthält. Hierbei sind $A_1, \ldots, A_n$ prime Summanden. Die Operation 3* besteht dann in der Ersetzung dieses Summanden durch die Summe

$$A_1 \wedge B \vee A_2 \wedge B \vee \ldots \vee A_n \wedge B.$$

Beispiel: Die Anwendung der Operation 3* auf die Formel

$$\exists z(F(z) \wedge (A \vee G(z)) \vee \overline{F}(z) \wedge \overline{G}(z))$$

liefert die Formel

$$\exists z\,(F(z) \wedge A \vee F(z) \wedge G(z) \vee \overline{F}(z) \wedge \overline{G}(z)).$$

Jede der Operationen 1*, 2*, 3* ist immer mit irgendeinem äußeren Summanden verbunden. Mitunter werden wir zur genaueren Kennzeichnung einer dieser Operationen angeben, auf welchen äußeren Summanden sie wirkt.

6.8. Eigenschaften der Operationen 1*, 2*, 3*

Unser nächstes Ziel ist der Beweis, daß die Anwendung einer der Operationen 1*, 2*, 3* auf eine reguläre Formel wieder zu einer regulären Formel führt. Das zeigen wir so, daß die Anwendung einer der Operationen 1*, 2*, 3* auf den Teil A der regulären Formel $A \vee H$ auf die reguläre Formel $A' \vee H$ führt.

Lemma 1: Es sei $A \vee H$ eine reguläre Formel und A' das Ergebnis der Anwendung von Operation 1 auf die Formel A; dann ist auch $A' \vee H$ eine reguläre Formel.*

Beweis: Wir schreiben A in der Form (β):

$$\exists x_1 \ldots \exists x_n (\exists y\, A_0(y) \wedge B \vee C). \tag{1}$$

Ist $\exists y$ der durch die Operation 1* vorgezogene Quantor, so lautet die Behauptung des Lemmas in dieser Bezeichnung folgendermaßen: Wenn die Formel

$$\exists x_1 \ldots \exists x_n (\exists y\, A_0(y) \wedge B \vee C) \vee H \tag{2}$$

regulär ist, dann ist auch die Formel

$$\exists x_1 \ldots \exists x_n \exists y\, (A_0(y) \wedge B \vee C) \vee H \tag{3}$$

regulär.

Zu Beginn betrachten wir zwei Spezialfälle.

1. In Formel (2) ist $n = 0$, d.h., es treten keine Quantoren auf.
2. Formel (2) ist elementar regulär.

Im Fall 1 hat Formel (2) die Gestalt

$$\exists y\, A_0(y) \wedge B \vee C \vee H.$$

Nach Voraussetzung ist diese Formel regulär. Dann sind nach 6.6., Lemma 1, auch die Formeln

$$\exists y\, A_0(y) \vee C \vee H \quad \text{und} \quad B \vee C \vee H$$

regulär. Nach Lemma 5 und 6.6., Bemerkung 3, ist dann die Formel

$$\exists y\, (A_0(y) \wedge B \vee C) \vee H$$

regulär, was zu beweisen war.

Im Fall 2 besteht die elementar reguläre Formel (2) in der Form (α) aus nur einem äußeren Faktor. Nach Definition der elementaren Regularität muß dieser wenigstens einen primitiv wahren Summanden haben. Den Fall $n = 0$ brauchen wir nicht mehr zu betrachten. Falls $n \neq 0$ ist, muß der Summand (1) in H auftreten, da er nicht primitiv ist. Dann wird aber bei beliebiger Abänderung desselben die Regularität der Formel nicht gestört.

Wir beweisen nun das Lemma durch zweimalige vollständige Induktion, zunächst nach der Anzahl der Quantoren $\exists x_i$ in Formel (2). Für den Anfangsfall, daß nämlich die Anzahl der Quantoren gleich Null ist, ist das Lemma bereits bewiesen. Es sei nun für $n - 1$ Quantoren richtig. Wir zeigen dann seine Richtigkeit für n Quantoren. Die Formel (2) sei regulär. Um ihre Regularitätszeile aufstellen zu können, müssen wir sie in der Form (α)

betrachten. Dann reduziert sich Formel (2) auf einen einzigen äußeren Faktor. Es sei

$$\mathbf{K}_0, \mathbf{K}_1, \ldots, \mathbf{K}_m$$

die Regularitätszeile der Formel (2). Die Behauptung des Lemmas ist bewiesen, wenn wir seine Gültigkeit für alle äußeren Faktoren der Form (2) mit n Quantoren $\exists x_j$ aller Formeln $\mathbf{K}_i$ nachgewiesen haben.

Diesen Beweis führen wir durch vollständige Induktion nach der Regularitätszeile. Für alle äußeren Faktoren der Formel $\mathbf{K}_0$ ist die Behauptung richtig, da diese äußeren Faktoren elementar regulär sind. Diesen Fall hatten wir oben bereits betrachtet. Es sei nun die Behauptung für alle äußeren Faktoren der Form (2) von Formel $\mathbf{K}_{i-1}$ richtig. Wir zeigen, daß sie dann auch für alle äußeren Faktoren der Form (2) von Formel $\mathbf{K}_i$ gilt. Dazu betrachten wir einen beliebigen äußeren Faktor $\mathbf{L}_i$ der Formel $\mathbf{K}_i$, der die Gestalt (2) hat, etwa

$$\exists x_1 \ldots \exists x_n \, (\exists y \, \mathbf{A}_1(y) \wedge \mathbf{B}_1 \vee \mathbf{C}_1) \vee \mathbf{H}_1$$

(nach Voraussetzung ist n > 0).

Der Faktor $\mathbf{L}_i$ ist offenbar regulär. Es genügt zu zeigen, daß die aus $\mathbf{L}_i$ durch Anwendung der Operation 1* auf den Summanden

$$\exists x_1 \ldots \exists x_n \, (\exists y \, \mathbf{A}_1(y) \wedge \mathbf{B}_1 \vee \mathbf{C}_1) \tag{s}$$

entstehende Formel $\mathbf{L}_i'$ ebenfalls regulär ist.

Zunächst betrachten wir den Fall, daß die $\mathbf{K}_i$ in $\mathbf{K}_{i-1}$ überführende Operation nicht auf den Summanden (s) wirkt. Wird diese Operation nicht auf den Faktor $\mathbf{L}_i$ angewendet, so ist alles klar. Daher können wir annehmen, daß sie auf den Faktor $\mathbf{L}_i$ angewendet wird und diesen in den Faktor $\mathbf{L}_{i-1}$ der Formel $\mathbf{K}_{i-1}$ überführt. Falls wir es mit der Operation 3 zu tun haben, wird $\mathbf{L}_i$ nicht nur in einen Faktor $\mathbf{L}_{i-1}$, sondern in ein Produkt mehrerer solcher Faktoren übergeführt. Jedenfalls ist jeder Faktor $\mathbf{L}_{i-1}$ der Formel $\mathbf{K}_{i-1}$, der aus $\mathbf{L}_i$ beim Übergang von $\mathbf{K}_i$ zu $\mathbf{K}_{i-1}$ entsteht, regulär und enthält den Summanden (s). Dann ist die aus $\mathbf{L}_{i-1}$ durch Anwendung der Operation 1* auf ihren Summanden (s) entstehende Formel $\mathbf{L}_{i-1}'$ nach Induktionsvoraussetzung ebenfalls regulär. Da die Formel $\mathbf{L}_{i-1}'$ (im Fall von Operation 3 das Produkt der entsprechenden $\mathbf{L}_{i-1}'$) aus $\mathbf{L}_i'$ durch dieselbe Operation 1, 2 bzw. 3 entsteht wie $\mathbf{L}_{i-1}$ (im Fall von Operation 3 das Produkt der entsprechenden Faktoren $\mathbf{L}_{i-1}'$) aus $\mathbf{L}_i$, folgt wegen Eigenschaft 5 der regulären Formeln (vgl. 6.6) aus der Regularität von $\mathbf{L}_{i-1}'$ die Regularität von $\mathbf{L}_i'$.

Wir gehen nun zu dem Fall über, daß die Operation 1, 2 bzw. 3 auf den Summanden (s) des betrachteten äußeren Faktors wirkt. Dann kann es offenbar nur die Operation 2 sein, und der äußere Faktor geht in einen äußeren Faktor der Formel $\mathbf{K}_{i-1}$ der Gestalt

$$\exists x_2 \ldots \exists x_n \, (\exists y \, \mathbf{A}_1(y, c) \wedge \mathbf{B}_1(c) \vee \mathbf{C}_1(c)) \vee \exists x_1 \ldots \exists x_n \, (\exists y \, \mathbf{A}_1(y) \wedge \mathbf{B}_1 \vee \mathbf{C}_1) \vee \mathbf{H}$$

über.

Nach der zweiten Induktionsvoraussetzung läßt sich die Operation 1* ohne Störung der Regularität auf jeden äußeren Faktor der Formel $\mathbf{K}_{i-1}$ der entsprechenden Gestalt anwenden. Daher ist die Formel

$$\exists x_2 \ldots \exists x_n \, (\exists y \, \mathbf{A}_1(y, c) \wedge \mathbf{B}_1(c) \vee \mathbf{C}_1(c)) \vee \exists x_1 \ldots \exists x_n \, (\exists y \, \mathbf{A}_1(y) \wedge \mathbf{B}_1 \vee \mathbf{C}_1) \vee \mathbf{H}_1$$

regulär. Nach der ersten Induktionsvoraussetzung gilt das Lemma, falls die Anzahl der Quantoren von Formel (2) gleich $n - 1$ ist. Auf den ersten Summanden der erhaltenen Formel dürfen wir abermals die Operation 1* anwenden. Dann erhalten wir

$$\exists x_2 \ldots \exists x_n (\exists y\, A_1(y, c) \wedge B_1(c) \vee C_1(c)) \vee \exists x_1 \ldots \exists y\, (A_1(y) \wedge B_1 \vee C_1) \vee H_1.$$

Daneben betrachten wir die Formel

$$\exists x_1 \ldots \exists x_n \exists y\, (A_1(y) \wedge B_1 \vee C_1) \vee H_1.$$

Die vorangehende reguläre Formel entsteht aus ihr durch Anwendung der Operation 2. Daher ist auch diese Formel regulär. Andererseits entsteht sie aus dem äußeren Faktor L_i der Formel K_i durch Anwendung der Operation 1* auf den Summanden (s). Damit folgt aus der Richtigkeit des Lemmas für die äußeren Faktoren der Gestalt (2) von Formel K_{i-1} seine Richtigkeit für die äußeren Faktoren der Form (2) von Formel K_i. Folglich gilt es auch für die Formel (2).

Lemma 2: Es sei $A \vee H$ *eine reguläre Formel und* A' *das Ergebnis der Anwendung von Operation 2* auf die Formel* A*; dann ist auch die Formel* $A' \vee H$ *regulär.*

Beweis: Die Formel A sei in der Form (β) gegeben. Dann läßt sich Lemma 2 folgendermaßen formulieren: Ist $A \vee H$ eine reguläre Formel und hat einer ihrer äußeren Summanden die Form $\forall z\, A_0(z) \vee B$, so ist auch die nach Ersetzung dieses Summanden durch die Summanden $A_0(c) \wedge \forall z\, A_0(z) \wedge B$ entstehende Formel A' so beschaffen, daß die Formel $A' \vee H$ regulär ist. Hierbei bedeutet c einen beliebigen Rekursionsterm, der zu keiner Variablenkollision führt.

Die Formel A hat in der Form (β) die Gestalt

$$\exists x_1 \ldots \exists x_n (\forall z\, A_0(z) \wedge B \vee C). \tag{4}$$

Zu Beginn betrachten wir zwei Spezialfälle.

1. In Formel (4) ist $n = 0$.

2. Die Formel $A \vee H$ ist elementar regulär.

Im ersten Fall hat die Formel $A \vee H$ die Gestalt

$$\forall z\, A_0(z) \wedge B \vee C \vee H. \tag{5}$$

Wenn sie regulär ist, sind nach 6.6., Lemma 1, auch die Formeln

$$\forall z\, A_0(z) \vee C \vee H \quad \text{und} \quad B \vee C \vee H$$

regulär. Dann ist aber auch die Formel $A_0(z) \vee C \vee H$ regulär (vgl. 6.5.). Weiter ist nach 6.6., Lemma 3, die Formel $A_0(c) \vee C \vee H$ regulär. Aufgrund von 6.6., Lemma 4, ist auch die Formel

$$A_0(c) \wedge \forall z\, A_0(z) \wedge B \vee C \vee H$$

regulär. Das ist aber gerade die aus A mit Hilfe von Operation 2* erhaltene Formel A'.

Im Fall 2 enthält die Formel $A \vee H$ wegen der elementaren Regularität einen primitiv wahren Teil, in dem der Summand $\forall z\, A_0(z) \wedge B$ nicht auftritt. Daher kann dieser Summand ohne Störung der Regularität durch einen beliebigen anderen ersetzt werden.

Hiernach führen wir den Beweis unseres Lemmas durch zweimalige vollständige Induktion. Erstens betrachten wir die Induktion nach der Anzahl n der Quantoren $\exists x_i$ in Formel (4). Für n = 0 haben wir die Richtigkeit des Lemmas bereits gezeigt. Das Lemma sei nun für n − 1 Quantoren richtig. Wir zeigen, daß es dann auch für n gilt.

Die Formel $A \vee H$ hat in diesem Fall die Gestalt

$$\exists x_1 \ldots \exists x_n (\forall z\, A_0(z) \wedge B \vee C) \vee H \tag{6}$$

und ist nach Voraussetzung regulär. Es sei

$$K_0, K_1, \ldots, K_m$$

ihre Regularitätszeile. Wir zeigen, daß das Lemma für jeden äußeren Faktor jeder beliebigen Formel K_i, der die Gestalt (6) hat, richtig ist. Damit wird es dann auch für die Formel (6) selbst, die nur aus einem einzigen äußeren Faktor besteht, bewiesen sein. Den Beweis dieser Behauptung führen wir wieder durch vollständige Induktion (von K_{i-1} nach K_i).

Wie wir bereits gesehen haben (siehe Fall 2), ist unsere Behauptung für die Formel K_0 richtig. Sie sei nun für K_{i-1} richtig. Um zu zeigen, daß sie auch für K_i gilt, betrachten wir einen beliebigen äußeren Faktor von K_i, der die Gestalt (6) hat:

$$\exists x_1 \ldots \exists x_n (\forall z\, A_1(z) \wedge B_1 \vee C_1) \vee H_1. \tag{7}$$

Wenn K_{i-1} aus K_i durch eine Operation hervorgegangen ist, die nicht auf den Summanden

$$\exists x_1 \ldots \exists x_n (\forall z\, A_1(z) \wedge B_1 \vee C_1) \tag{8}$$

wirkte, geht dieser Summand unverändert in K_{i-1} ein. Wenden wir auf ihn in den Formeln K_i und K_{i-1} die Operation 2* an, so erhalten wir die Formeln K_i' und K_{i-1}'. Nach Induktionsvoraussetzung ist K_{i-1}' eine reguläre Formel. Sie ist aber aus K_i' durch dieselbe Operation 1, 2, 3 entstanden wie K_{i-1} aus K_i. Folglich ist auch K_i' regulär.

Wir nehmen nun an, daß K_{i-1} aus K_i durch eine Operation entstanden ist, die auf den Summanden (8) wirkt. Dann kann das nur die Operation 2 sein. In diesem Fall geht ein den Summanden (8) enthaltender äußerer Faktor von K_i in einen äußeren Faktor von K_{i-1} der folgenden Gestalt über:

$$\exists x_2 \ldots \exists x_n (\forall z\, A_1(z, c) \wedge B_1(c) \vee C_1(c)) \vee \exists x_1 \ldots \exists x_n (\forall z\, A_1(z) \wedge B_1 \vee C_1) \vee H_1.$$

Nach Induktionsvoraussetzung bezüglich K_{i-1} läßt sich die Operation 2* auf den zweiten Summanden anwenden, ohne daß dabei die Regularität der letzten Formel gestört wird. Dann ist die Formel

$$\exists x_2 \ldots \exists x_n (\forall z\, A_1(z, c) \wedge B_1(c) \vee C_1(c)) \vee \exists x_1 \ldots \exists x_n (A_1(g) \wedge \forall z\, A_1(z) \wedge B_1 \vee C_1) \vee H_1$$

regulär. Nach der ersten Induktionsvoraussetzung bezüglich der Quantoren $\exists x_i$ dürfen wir die Operation 2* auch auf den ersten Summanden anwenden, da er n − 1 Quantoren enthält. Danach erhalten wir die reguläre Formel

$$\exists x_2 \ldots \exists x_n (A_1(g, c) \wedge \forall z\, A_1(z, c) \wedge B_1(c) \vee C_1(c)) \vee$$
$$\vee \exists x_1 \ldots \exists x_n (A_1(g) \wedge \forall z\, A_1(z) \wedge B_1 \vee C_1) \vee H_1.$$

Diese Formel ist das Ergebnis der Anwendung von Operation 2 auf die Formel

$$\exists x_1 \ldots \exists x_n \, (\forall z \, A_1(z) \wedge A_1(g) \wedge B_1 \vee C_1) \vee H_1.$$

Folglich ist auch die letzte Formel regulär. Damit haben wir durch vollständige Induktion von K_{i-1} nach K_i bewiesen, daß die Formel (6) regulär ist. Damit ist auch der Induktionsbeweis von $n - 1$ auf n beendet und das Lemma vollständig bewiesen.

Lemma 3: *Es sei* $A \vee H$ *eine reguläre Formel und* A' *das Ergebnis der Anwendung von Operation 3* auf die Formel* A. *Dann ist auch* $A' \vee H$ *eine reguläre Formel.*

Beweis: Für dieses Lemma wird der Beweis in derselben Weise geführt wie der Beweis der beiden vorangehenden Lemmata. Daher begnügen wir uns hier mit seiner Skizzierung. Die Formel A stellen wir in der Form (β), d.h. in der Gestalt

$$\exists x_1 \ldots \exists x_n \, ((A_1 \vee \ldots \vee A_p) \wedge B \vee C)$$

dar, wobei $(A_1 \vee \ldots \vee A_p) \wedge B$ das Glied ist, auf das die Operation 3* angewendet wird. In diesem Fall läßt sich das Lemma so formulieren: Wenn die Formel

$$\exists x_1 \ldots \exists x_n \, ((A_1 \vee \ldots \vee A_p) \wedge B \vee C) \vee H \tag{9}$$

regulär ist, ist auch die Formel

$$\exists x_1 \ldots \exists x_n \, (A_1 \wedge B \vee \ldots \vee A_p \wedge B \vee C) \vee H$$

regulär.

Zunächst müssen wir zeigen, daß das Lemma gilt, wenn in Formel (9) $n = 0$ ist und wenn diese Formel elementar regulär ist. Weiter müssen wir durch zweimalige vollständige Induktion, einmal unter der Voraussetzung, daß das Lemma für n Quantoren gilt, zeigen, daß es auch für $n + 1$ Quantoren gilt, und zum anderen durch Induktion nach der Regularitätszeile schließen.

Lemma 4: *Wenn die Formel*

$$\exists x_1 \ldots \exists x_n \, (A_1 \wedge B_1 \vee \ldots \vee A_p \wedge B_p) \vee H \tag{10}$$

regulär und alle Formeln A_i *primitiv falsch sind, ist die Formel* H *regulär.*

Beweis: In diesem Lemma ist auch der Fall $n = 0$ enthalten. Dagegen ist der Fall, daß H fehlt, unmöglich. Genauer gesagt ist in der Voraussetzung des Lemmas enthalten, das H nicht fehlen kann, d.h., daß die Formel

$$\exists x_1 \ldots \exists x_n \, (A_1 \wedge B_1 \vee \ldots \vee A_p \wedge B_p) \tag{11}$$

nicht regulär sein kann. Es ist allerdings zugelassen, daß der Faktor B_i im Summanden $A_i \wedge B_i$ nicht auftritt.

Zunächst zeigen wir, daß in jeder regulären Summe ohne Störung der Regularität ein beliebiger primitiv falscher Summand weggelassen werden darf.

Dazu betrachten wir die Regularitätszeile

$$K_0, K_1, \ldots, K_m$$

der gegebenen Formel und zeigen die Behauptung für alle äußeren Faktoren der Formeln K_i. Sie gilt für die äußeren Faktoren der Formel K_0. Es sei A^0 ein primitiv falscher Summand eines äußeren Faktors der Formel K_0. Wenn der Summand A^0 nicht im primitiv wahren Teil dieses Faktors auftritt, kann er weggelassen werden. Tritt er dagegen im primitiv wahren Teil auf, so läßt sich dieser Teil in der Gestalt

$$A^0 \vee G$$

darstellen. Aus der Aussagenalgebra folgt aber, daß G bei allen möglichen Ersetzungen in dieser Formel stets den Wert w annehmen muß, da A^0 stets den Wert f erhält. Damit ist G selbst primitiv wahr, und A^0 kann ohne Störung der Regularität des betrachteten äußeren Faktors weggelassen werden. Die Behauptung sei für die Formel K_{i-1} richtig. Wir beweisen dann ihre Richtigkeit für K_i. Nun bleibt aber wie jede primitive Formel ein primitiv falscher Summand eines beliebigen äußeren Faktors von K_i durch jede der Operationen 1, 2, 3 unverändert. Daher bleibt ein primitiv falscher Summand auch in der Formel K_{i-1} erhalten. Streichen wir ihn in den Formeln K_i und K_{i-1}, so erhalten wir die Formeln K_i' und K_{i-1}', wobei K_{i-1}' aus K_i' durch dieselbe Operation 1, 2, 3 hervorgeht wie K_{i-1} aus K_i. Nach Voraussetzung bleibt aber K_{i-1}' regulär; folglich bleibt auch K_i' regulär. Aus dem Bewiesenen folgt unmittelbar, daß das Lemma richtig ist, wenn in Formel (10) keine Quantoren auftreten, d.h., wenn n = 0 ist. In diesem Fall nimmt Formel (9) die Gestalt

$$A_1 \wedge B_1 \vee \ldots \vee A_p \wedge B_p \vee H$$

an. Nach 6.6., Lemma 1, folgt aus der Regularität dieser Formel die Regularität der Formel

$$A_1 \vee A_2 \vee \ldots \vee A_p \vee H.$$

Nach dem bereits Bewiesenen lassen sich hieraus nacheinander alle primitiv falschen Summanden A_i entfernen, ohne daß dabei die Regulaität der Formel gestört wird. Dann wird auch die Formel H regulär.

Damit gilt das Lemma für n = 0. Hieran anschließend läßt sich das Lemma allgemein durch zweimalige vollständige Induktion im Sinne des Beweises der früheren Lemmata leicht zeigen. Diese Überlegungen wllen wir übergehen. Es sei nur bemerkt, daß wir im Beweis bei der Betrachtung der Operation 2 folgende Behauptung verwenden müssen: Wenn eine Formel $A(x)$ primitiv falsch ist, dann ist auch die Formel $A(c)$, wobei c ein beliebiger Rekursionsterm ist, primitiv falsch. Die Richtigkeit dieser Behauptung folgt unmittelbar aus der Definition der primitiv falschen Formel.

6.9. Regularität von innerhalb der Arithmetik ableitbaren Formeln

Im folgenden wollen wir alle diejenigen Formeln der Arithmetik regulär nennen, deren reduzierte Form regulär ist.

Satz 1: Jede Formel, die sich mit Hilfe der Ableitungsregeln aus regulären Formeln ableiten läßt, ist regulär.

Wir erinnern daran, daß die Ableitungsregeln der Arithmetik per definitionem mit den Regeln des erweiterten Prädikatenkalküls übereinstimmen. Diese unterscheiden sich ihrerseits von den Regeln des Prädikatenkalküls nur dadurch, daß im Zusammenhang mit der Einführung von Termen die Einsetzungsregeln erweitert werden. Folglich genügt es, die Behauptung des Satzes für alle Regeln des erweiterten Prädikatenkalküls zu beweisen.

1. *Die Einsetzungsregel für Aussagen- bzw. Prädikatenvariable.* Die Gültigkeit des Satzes für diese Regel folgt unmittelbar aus 6.6., Lemma 7.

2. *Die Einsetzungsregel in eine Individuenvariable* gilt offenbar, da sich bei einer solchen Einsetzung die Struktur der Formel nicht ändert.

3. *Die Generalisierungsregel.* Es ist zu zeigen, daß aus der Regularität einer Formel

$$\mathbf{B} \to \mathbf{A}(x), \tag{1}$$

in der $\mathbf{B}$ die Variable x nicht enthält, die Regularität der Formel

$$\mathbf{B} \to \forall x\, \mathbf{A}(x) \tag{2}$$

folgt. Zu diesem Zweck betrachten wir die reduzierte Form der Formel (1). Sie hat die Gestalt (vgl. S. 256)

$$\mathbf{B}^{-} \vee \mathbf{A}(x). \tag{3}$$

Nach Voraussetzung ist diese Formel regulär. Die reduzierte Form von Formel (2) hat die Gestalt

$$\mathbf{B}^{-} \vee \forall x\, \mathbf{A}(x). \tag{4}$$

Wenden wir darauf die Operation 1 (Vorziehen des Generalisators) an, so erhalten wir die Formel

$$\forall x\, (\mathbf{B}^{-} \vee \mathbf{A})).$$

Da die hinter dem Quantor stehende Formel regulär ist, wird auch die ganze Formel regulär. Dann ist aber auch Formel (4) und folglich auch Formel (2) regulär.

4. *Die Partikularisierungsregel* läßt sich analog behandeln.

5. *Die Abtrennungsregel.* Es seien $\mathbf{A}$ und $\mathbf{A} \to \mathbf{B}$ wahre Formeln. Es ist zu beweisen, daß auch $\mathbf{B}$ eine wahre Formel ist. Zu diesem Zweck schreiben wir die Formel $\mathbf{A}$ (bzw. ihre reduzierte Form) in der Gestalt (α):

$$\forall x_1 \ldots \forall x_n (\mathbf{A}_{11} \vee \ldots \vee \mathbf{A}_{1p_1}) \wedge \ldots \wedge (\mathbf{A}_{m1} \vee \ldots \vee \mathbf{A}_{mp_m}). \tag{5}$$

Nach Voraussetzung ist diese Formel regulär. Folglich läßt sie sich mit Hilfe der Operationen 1, 2, 3 auf die Gestalt

$$\forall x_1 \ldots \forall x_n \forall y_1 \ldots \forall y_q (\mathbf{A}_0^{(1)} \vee \mathbf{H}_0^{(1)}) \wedge \ldots \wedge (\mathbf{A}_0^{(q)} \vee \mathbf{H}_0^{(q)}) \tag{6}$$

bringen, wobei $\mathbf{A}_0^{(i)}$ primitiv wahre Formeln sind. Die reduzierte Form der Formel $\mathbf{A} \to \mathbf{B}$ hat die Gestalt

$$\mathbf{A}^{-} \vee \mathbf{B}',$$

wobei $\mathbf{A}^{-}$ die reduzierte Form von $\overline{\mathbf{A}}$ und $\mathbf{B}'$ die reduzierte Form von $\mathbf{B}$ bedeuten. Die Formel $\mathbf{A}^{-}$ hat die Gestalt

$$\exists x_1 \ldots \exists x_n (\mathbf{A}_{11}^{-} \wedge \ldots \wedge \mathbf{A}_{1p_1}^{-} \vee \ldots \vee \mathbf{A}_{m1}^{-} \wedge \ldots \wedge \mathbf{A}_{mp_m}^{-}). \tag{7}$$

Damit ist $\mathbf{A}^-$ in der zur Form (α) dualen Form (β) gegeben. Wenden wir auf diese Formel die Operationen 1*, 2*, 3* an, die zu den auf (5) angewendeten Operationen dual sind, so erhalten wir offenbar die Formel

$$\exists x_1 \ldots \exists x_n (\mathbf{A}_0^{(1)-} \wedge \mathbf{H}_0^{(1)-} \vee \ldots \vee \mathbf{A}_0^{(q)-} \wedge \mathbf{H}_0^{(q)-}).$$

Nach den in 6.8 bewiesenen Lemmata 1 bis 3 stört die Anwendung der Operationen 1*, 2*, 3* auf den Summanden $\mathbf{A}^-$ der Formel $\mathbf{A}^- \vee \mathbf{B}'$ die Regularität dieser Formel nicht. Hieraus folgt, daß die Formel

$$\exists x_1 \ldots \exists x_n (\mathbf{A}_0^{(1)-} \wedge \mathbf{H}_0^{(1)-} \vee \ldots \vee \mathbf{A}_0^{(q)-} \wedge \mathbf{H}_0^{(q)-}) \vee \mathbf{B}'$$

regulär ist. In dieser Formel sind alle $\mathbf{A}_0^{(i)-}$ primitiv falsch, da die $\mathbf{A}_0^{(i)}$ primitiv falsch sind. Dann ist aber nach 6.8., Lemma 4, die Formel $\mathbf{B}'$ und folglich auch $\mathbf{B}$ regulär.

Damit haben wir gezeigt, daß die Anwendung aller Ableitungsregeln des erweiterten Prädikatenkalküls auf reguläre Formeln stets wieder auf reguläre Formeln führt, was zu beweisen war.

Satz 2: Alle in der eingeschränkten Arithmetik ableitbaren Formeln sind regulär.

Beweis: Zum Beweis dieses Satzes genügt der Nachweis, daß alle Axiome der eingeschränkten Arithmetik regulär sind. Hieraus folgt dann nach Satz 1 leicht, daß alle in der eingeschränkten Arithmetik ableitbaren Formeln regulär sind. Zu Beginn betrachten wir die allgemeinen logischen Axiome. Sie setzen sich aus den Axiomen des Aussagenkalküls und aus zwei Axiomen des Prädikatenkalküls zusammen.

Die Axiome des Aussagenkalküls und folglich auch ihre reduzierten Formen sind allgemeingültige Formeln der Aussagenalgebra. Daher sind sie alle primitiv wahr und folglich auch regulär.

Die reduzierte Form des ersten Axioms des Prädikatenkalküls hat die Gestalt

$$\exists x \overline{\mathbf{A}}(x) \vee \mathbf{A}(y).$$

Wenden wir auf diese Formel die Operation 2 an, so erhalten wir

$$\overline{\mathbf{A}}(y) \vee \exists x \, \overline{\mathbf{A}}(x) \vee \mathbf{A}(y).$$

Diese Formel ist elementar regulär; folglich ist das Axiom $\forall x \mathbf{A}(x) \rightarrow \mathbf{A}(y)$ eine reguläre Formel.

Die Regularität des zweiten Axioms des Prädikatenkalküls weisen wir in derselben Weise nach.

In 6.3 haben wir gezeigt, daß alle Axiome VI und VII der eingeschränkten Arithmetik primitiv wahre Formeln sind. Folglich sind sie auch regulär.

Schließlich treten in der eingeschränkten Arithmetik wahre Ausgangsformeln der Gestalt

$$\mathbf{f}(x_1, \ldots, x_{n-1}, 0) \quad = \mathbf{k}(x_1, \ldots, x_{n-1}),$$

$$\mathbf{f}(x_1, \ldots, x_{n-1}, x_n') = \xi(x_1, \ldots, x_n, \mathbf{f}(x_1, \ldots, x_n))$$

auf, wobei $f(x_1, \ldots, x_{n-1}, 0)$, $k(x_1, \ldots, x_{n-1})$ und $\xi(x_1, \ldots, x_{n+1})$ Rekursionsterme sind. In der zahlenmäßigen Interpretation dieser Gleichungen ordnen wir der Formel $f(0^{(k_1)}, \ldots, 0^{(k_{n-1})}, 0)$ [bzw. der Formel $f(0^{(k_1)}, \ldots, 0^{(k_{n-1})}, 0^{(k_{n+1})})$] dieselbe Ziffer zu wie der Formel $k(0^{(k_1)}, \ldots, 0^{(k_{n-1})})$ [bzw. von $\xi(0^{(k_1)}, \ldots, 0^{(k_n)}, f(0^{(k_1)}, \ldots, 0^{(k_n)}))$]. Daher sind alle Formeln dieser Gestalt primitiv wahr und folglich auch regulär. Damit sind alle Axiome der eingeschränkten Arithmetik regulär. Folglich sind nach Satz 1 auch alle in der eingeschränkten Arithmetik ableitbaren Formeln regulär, was zu beweisen war.

Wir bemerken, daß aus der Regularität einer Formel deren schwache Regularität folgt. Damit sind alle in der eingeschränkten Arithmetik ableitbaren Formeln auch schwach regulär.

6.10. Die Widerspruchsfreiheit der eingeschränkten Arithmetik

Satz: Die eingeschränkte Arithmetik ist widerspruchsfrei.

Beweis: Wir haben schon wiederholt betont, daß die Frage nach der Widerspruchsfreiheit eines beliebigen betrachteten Kalküls gleichbedeutend ist mit der Frage nach der Existenz einer in ihm nicht ableitbaren Formel. Um die Widerspruchsfreiheit der eingeschränkten Arithmetik zu beweisen, genügt es also, die Existenz einer in diesem Kalkül nicht ableitbaren Formel zu beweisen. Wir zeigen, daß die Formel $\overline{0 = 0}$ in der eingeschränkten Arithmetik nicht ableitbar ist. Denn wenn diese Formel in der eingeschränkten Arithmetik ableitbar wäre, so wäre sie entsprechend der am Schluß von 6.9. gemachten Bemerkung schwach regulär. Da aber diese Formel primitiv ist, muß sie schwach primitiv wahr sein. Das ist sie aber nicht, da die Aussage $0 = 0$ nach Voraussetzung den Wert w erhalten muß. Folglich erhält die Aussage $\overline{0 = 0}$ den Wert f. Damit ist die nicht schwach reguläre Formel $\overline{0 = 0}$ in der eingeschränkten Arithmetik nicht ableitbar.

Der Sinn des erhaltenen Ergebnisses besteht darin, daß wir mit inhaltlichen und finiten Hilfsmitteln die Widerspruchsfreiheit des Gebrauchs des Unendlichkeitsbegriffs in der eingeschränkten Arithmetik gezeigt haben. Wir bemerken noch, daß alle Kalküle, deren Widerspruchsfreiheit wir bisher gezeigt haben, zur Definition des Unendlichkeitsbegriffs untauglich waren, da wir sie über endlichen Grundbereichen interpretiert haben. Dagegen kann die eingeschränkte Arithmetik überhaupt über keinem endlichen Objektbereich interpretiert werden. Die in diesem Kapitel behandelte Methode gestattet es, wie wir gesehen haben, andere durchaus nicht triviale Aussagen zu beweisen.

6.11. Die Unabhängigkeit des Axioms der vollständigen Induktion in der Arithmetik

Im nächsten Paragraphen werden wir einen stärkeren Satz über die Unabhängigkeit des Axioms der vollständigen Induktion beweisen, der den Satz über die Unabhängigkeit des Axioms der vollständigen Induktion von den übrigen Axiomen der Arithmetik als Spezialfall enthält. Dennoch wollen wir zunächst getrennt die Unabhängigkeit des Axioms der vollständigen Induktion in der Arithmetik beweisen. Zwar ist dieser Satz schwächer als der später zu beweisende, dafür ist aber auch sein Beweis wesentlich einfacher.

Satz: Das Axiom der vollständigen Induktion läßt sich nicht aus den übrigen Axiomen der Arithmetik ableiten.

Beweis: Wäre das Axiom der vollständigen Induktion aus den übrigen Axiomen ableitbar, so wäre es schwach regulär. Wir zeigen, daß es nicht schwach regulär sein kann. Das Axiom der vollständigen Induktion lautet

$$A(0) \wedge \forall x\,(A(x) \rightarrow A(x')) \rightarrow A(y),$$

und seine reduzierte Form hat die Gestalt

$$\overline{A}(0) \vee \exists x(A(x) \wedge \overline{A}(x')) \vee A(y). \tag{1}$$

Wenn sie schwach regulär ist, läßt sich das Axiom mit Hilfe der Operationen 1, 2, 3 auf eine Formel bringen, in der alle äußeren Faktoren schwach elementar regulär sind. Die einzige Operation, die sich auf Formel (1) anwenden läßt, ist aber die Abzweigung des Quantors $\exists x$. Alle mit Hilfe dieser Operation aus (1) erhaltenen Formeln gestatten wiederum nur die Anwendung derselben Operation usw. Jede aus (1) durch n-malige Anwendung der Operation 2 erhaltene Formel hat die Gestalt

$$\overline{A}(0) \vee A(c_1) \wedge \overline{A}(c_1') \vee \ldots \vee A(c_n) \wedge \overline{A}(c_n') \vee \exists x\,(A(x) \wedge \overline{A}(x')) \vee A(y). \tag{2}$$

Wie Formel (1) stimmt auch Formel (2) mit ihrem einzigen äußeren Faktor überein. Wenn daher (1) schwach regulär ist, ist (2) für ein gewisses n schwach elementar regulär. Daher muß die Formel

$$\overline{A}(0) \vee A(c_1) \wedge \overline{A}(c_1') \vee \ldots \vee A(c_n) \wedge \overline{A}(c_n') \vee A(y) \tag{3}$$

schwach primitiv wahr sein. In Formel (3) ersetzen wir die Variable y durch die Ziffer $0^{(n+1)}$ und die in c_i auftretenden Variablen (falls es solche gibt) durch beliebige Ziffern. Dann bekommen alle Terme einen bestimmten Zahlenwert. Der Term c_i nehme den Wert z_i an. Nach der Ersetzung aller Terme durch Ziffern nimmt Formel (3) die Gestalt

$$\overline{A}(0) \vee A(z_1) \wedge \overline{A}(z_1') \vee \ldots \vee A(z_n) \wedge \overline{A}(z_n') \vee A(0^{(n+1)}) \tag{4}$$

an.

Wir können annehmen, daß je zwei Ziffern z_i verschieden sind. Denn wären zwei Ziffern z_p und z_q gleich, so würden in Formel (4) zwei gleichartige Summanden $A(z_p) \wedge \overline{A}(z_p')$ und $A(z_q) \wedge \overline{A}(z_q')$ auftreten. Wenn in einer Formel der Aussagenalgebra zwei gleicharige Summanden auftreten, entsteht nach Streichung eines dieser beiden eine zur Ausgangsgleichung äquivalente Gleichung.

Formel (4) muß als Formel der Aussagenalgebra für alle Werte der in ihr auftretenden logischen Variablen

$$A(0),\ A(z_1),\ A(z_1'),\ \ldots,\ A(z_n),\ A(z_n'),\ A(0^{(n+1)})$$

den Wert w annehmen. Anders ausgedrückt muß diese Formel, als Formel der Aussagenalgebra betrachtet, allgemeingültig sein. Wenn es so wäre, dann wäre die Formel

$$\overline{A}(0) \vee A(z_1) \vee \ldots \vee A(z_n) \vee A(0^{(n+1)})$$

als Faktor der konjunktiven Normalform von Formel (4) ebenfalls allgemeingültig. Das kann aber bekanntlich nur dann der Fall sein, wenn eine gewisse logische Variable und deren Negation als Summand in der Formel auftritt, und das kann nur dann eintreten, wenn eine der Ziffern z_i gleich 0 ist. Es sei etwa $z_1 = 0$. Wir betrachten dann den anderen Faktor

$$\overline{A}(0) \vee \overline{A}(0') \vee A(z_2) \vee \ldots \vee A(z_n) \vee A(0^{(n+1)})$$

der konjunktiven Normalform von Formel (4). Auch diese Formel muß allgemeingültig sein. Daher muß eine der Ziffern $z_2, \ldots, z_n$ gleich $0'$ sein. Das sei z_2. Schließen wir in derselben Weise weiter, so finden wir, daß die Ziffern $z_1, z_2', \ldots, z_n$ gleich $0, 0', \ldots$ bzw. $0^{(n-1)}$ sein müssen. Schließlich betrachten wir den Faktor

$$\overline{A}(0) \vee \overline{A}(0') \vee \ldots \vee \overline{A}(0^{(n-1)}) \vee A(0^{(n+1)})$$

der konjunktiven Normalform von Formel (4). Dieser Faktor kann dann in keinem Fall allgemeingültig sein. Folglich kann (4) und damit auch (3) nicht schwach primitiv wahr sein. Also kann Formel (1), d.h. das Axiom der vollständigen Induktion, nicht schwach regulär sein. Dann kann aber das Axiom der vollständigen Induktion nach 6.9, Satz 2, nicht aus den übrigen Axiomen der Arithmetik abgeleitet werden, was zu beweisen war.

Aus dem hier gebrachten Beweis der Unabhängigkeit des Axioms der vollständigen Induktion von den übrigen Axiomen der Arithmetik kann man sehen, daß die Behauptung bezüglich der Unabhängigkeit dieses Axioms verschärft und auf den Fall ausgedehnt werden kann, daß der Kalkül neben Rekursionstermen noch andere Terme enthält. Alle unsere Überlegungen bleiben jedenfalls richtig, wenn wir zur Arithmetik beliebige Terme hinzunehmen, die miteinander beliebig durch die Relationen $<$ und $=$ verknüpft sind, d.h. für die zusätzliche Axiome der Gestalt $c = g$ und $c < g$ eingeführt werden. Dabei setzen wir voraus, daß jedem Term bei beliebiger Ersetzung der Variablen desselben durch Ziffern eindeutig eine bestimmte Ziffer derart zugeordnet wird, daß alle neu eingeführten Axiome erfüllt werden. In diesem Fall sind die neuen Axiome schwach primitiv wahr, und folglich sind alle im neuen Kalkül ableitbaren Formeln schwach regulär. Der Beweis, daß das Axiom der vollständigen Induktion nicht schwach regulär sein kann, ist von der Art der Terme völlig unabhängig und bleibt daher auch für den neuen Kalkül gültig.

6.12. Ein verschärfter Satz über die Unabhängigkeit des Axioms der vollständigen Induktion

Bemerkung: Das Deduktionstheorem, das wir in Kapitel 5.4 für den erweiterten Prädikatenkalkül formuliert haben, bleibt auch für die eingeschränkte Arithmetik gültig. Im weiteren verwenden wir dieses Theorem in der folgenden Form:

Wenn die Formel **B** *aus der Formel* **A** *in der eingeschränkten Arithmetik ableitbar ist, so daß dabei keine Termeinsetzung und keine Einsetzung für Prädikatenvariable der*

Formel A und keine Quantifizierung dieser Variablen auftritt, dann ist auch die Formel A → B in der eingeschränkten Arithmetik ableitbar.

Wenn nämlich die Formel **B** in der eingeschränkten Arithmetik aus **A** ableitbar ist, bedeutet das, daß sie aus den Axiomen des erweiterten Prädikatenkalküls, den eigentlichen Axiomen der Arithmetik, zu denen wir die Rekursionsgleichungen rechnen, und aus der Formel **A** ableitbar ist. Dabei können wir die eigentlichen Axiome der Arithmetik durch Formeln ersetzen, in denen alle Individuenvariablen gebunden sind. Zu diesem Zweck genügt es, in ihnen alle Individuenvariablen durch Generalisatoren zu binden. Auch die so erhaltenen Formeln wollen wir als eigentliche Axiome der Arithmetik bezeichnen (diese Formeln enthalten auch keine Aussagenvariablen und keine Prädikatenvariablen, da die arithmetischen Axiome selbst, aus denen sie gebildet werden, keine enthalten). Es seien

$$A_1, ..., A_p$$

die eigentlichen Axiome der Arithmetik, die wir zur Ableitung der Formel **B** benötigen. Dann ist **B** aus der Formel

$$A \wedge A_1 \wedge ... \wedge A_p$$

mit Hilfsmitteln des erweiterten Prädikatenkalküls ableitbar. Bei der Ableitung der Formel **B** können wir die Termeinsetzung in die letzte Formel und die Quantifizierung der Individuenvariablen umgehen, da diese Operationen mit den Variablen der Formel **A** nicht vorgenommen werden und die Formeln $A_1, ..., A_p$ keine freien Variablen enthalten. Damit sind die Voraussetzungen des Deduktionstheorems erfüllt, und wir können daraus schließen, daß die Formel

$$A \wedge A_1 \wedge ... \wedge A_p \rightarrow B$$

im erweiterten Prädikatenkalkül ableitbar ist. Dann ist auch die äquivalente Formel

$$A_1 \wedge ... \wedge A_p \rightarrow (A \rightarrow B)$$

im erweiterten Prädikatenkalkül ableitbar. Die Formel $A_1 \wedge ... \wedge A_p$ ist offenbar in der eingeschränkten Arithmetik ableitbar. Daher ist auch die Formel

$$A \rightarrow B$$

in der eingeschränkten Arithmetik ableitbar.

Satz: Nehmen wir zu den Axiomen der eingeschränkten Arithmetik beliebige Formeln $A_1, ..., A_m$, die keine Prädikatenvariablen enthalten, als neue Axiome hinzu, so ist der erhaltene Kalkül entweder widerspruchsvoll, oder in ihm ist das Axiom der vollständigen Induktion nicht ableitbar.

Beweis: Zunächst bemerken wir, daß wir die Formeln $A_1, ..., A_m$ ohne Aussagenvariablen voraussetzen können. Enthält eine Formel A_i eine Aussagenvariable A, so schreiben wir die Formel als $A_i(A)$. Es läßt sich beweisen, daß die Formel $A_i(A)$ deduktiv äquivalent ist zur Formel $A_i(W) \wedge A_i(F)$, wobei **W** eine beliebige wahre und **F** eine beliebige falsche Formel bedeuten. Diese Behauptung ist in einer Richtung trivial (aus der Ableitbarkeit von $A_i(A)$ folgt die Ableitbarkeit von $A_i(W) \wedge A_i(F)$). Die Umkehrung läßt sich, ausgehend von Elementarformeln, leicht durch vollständige Induktion nach der Formelkonstruktion [1]) zeigen.

Damit können wir voraussetzen, daß die Axiome $A_1, \ldots, A_m$ keine Aussagenvariablen enthalten. Ebenso können wir annehmen, daß in diesen Axiomen keine freien Individuenvariablen auftreten, da die Formeln $A(x)$ und $\forall\, x\, A(x)$ in der eingeschränkten Arithmetik deduktiv äquivalent sind. Wir wollen nun annehmen, daß das Axiom der vollständigen Induktion aus den Axiomen der eingeschränkten Arithmetik und den Axiomen $A_1, \ldots, A_m$ ableitbar ist. Dann ist nach dem Deduktionstheorem die Formel

$$A_1 \wedge A_2 \wedge \ldots \wedge A_m \rightarrow B$$

in der eingeschränkten Arithmetik beweisbar. B bedeutet hier das Axiom der vollständigen Induktion. Diese Formel schreiben wir in der reduzierten Form und ersetzen auch die Formeln A_i und B durch ihre reduzierten Formen. Dabei behalten wir für die reduzierten Formen dieser Formeln die früheren Bezeichnungen bei. Dann erhält die Formel die Gestalt

$$\overline{A_1} \vee \overline{A_2} \vee \ldots \vee \overline{A_m} \vee B. \tag{1}$$

Nach 6.9., Satz 2, ist Formel (1) regulär. Wir zeigen, daß in diesem Fall auch die Formel

$$\overline{\overline{A_1} \vee \overline{A_2} \vee \ldots \vee \overline{A_m}} \tag{2}$$

regulär ist.

Es sei $K_0, K_1, \ldots, K_q$ eine Regularitätszeile der Formel (1); K_q stimmt also mit Formel (1) überein. Wie wir oben bereits gesehen hatten, hat die Formel B die Gestalt

$$\overline{A}(0) \vee \exists\, x\, (A(x) \wedge \overline{A}(x')) \vee A(y).$$

Wir können voraussetzen, daß die Variable y nicht in Formel (2) auftritt. Wenn wir daher in jeder Formel K_i die Variable y durch die Ziffer $0^{(n+1)}$ ersetzen, erhalten wir die Regulartätszeile

$$H_0, H_1, \ldots, H_q,$$

in der H_q die Formel

$$\overline{A_1} \vee \ldots \vee A_m \vee \overline{A}(0) \vee \exists\, x\, (A(x) \wedge \overline{A}(x')) \vee A(0^{(n+1)})$$

ist. Um die Regularität von (2) zu beweisen, zeigen wir, daß aus allen äußeren Faktoren einer beliebigen Formel H_i ohne Störung der Regularität alle diejenigen Summanden gestrichen werden können, die entweder in B auftreten oder aus B mit Hilfe der Operationen 1, 2, 3 gebildet werden können. Zunächst beweisen wir die Richtigkeit dieser Behauptung für H_0. Alle äußeren Faktoren von H_0 sind elementar regulär und lassen sich in der Gestalt

$$B_0' \vee B_0'' \vee A_0 \vee A_0'$$

---

[1]) Wenn $A(A)$ die Formel A ist, ist $W \wedge F$ eine falsche Formel; folglich ist jede Formel aus ihr ableitbar, insbesondere also A. Weiter wird unter der Voraussetzung der Richtigkeit der Behauptung für die Formeln A, A_1, A_2 die Richtigkeit für $\overline{A}, A_1 \wedge A_2, A_1 \vee A_2, \forall x\, A(x)$ und $\exists\, x\, A(x)$ gezeigt.

darstellen, wobei $\mathbf{B}_0'$ die Summe der aus $\mathbf{B}$ stammenden primitiven Summanden, $\mathbf{B}_0''$ die Summe der übrigen aus $\mathbf{B}$ stammenden Summanden, $\mathbf{A}_0$ die Summe der nicht in $\mathbf{B}_0'$ enthaltenen primitiven Summanden und $\mathbf{A}_0'$ die Summe aller übrigen Summanden ist. Die Formel $\mathbf{B}_0' \vee \mathbf{A}_0$ ist dann primitiv wahr im stärkeren Sinne. Die Formel $\mathbf{B}_0'$ betrachten wir genauer. Diese Formel enthält aus $\mathbf{B}$ stammende Summanden. Wie wir in 6.11. gesehen haben, kann aber auf $\mathbf{B}$ und auf alle aus $\mathbf{B}$ stammenden Glieder nur die Operation 2 angewendet werden, und diese wirkt stets auf den Summanden

$$\exists x (A(x) \wedge \overline{A}(x')).$$

Alle übrigen Glieder haben bei diesen Operationen die Gestalt

$$A(c) \wedge \overline{A}(c'),$$

wobei c ein beliebiger Term ist. Dann hat die Formel $\mathbf{B}_0'$ die Gestalt

$$\overline{A}(0) \vee A(c_1) \wedge \overline{A}(c_1') \vee \ldots \vee A(c_k) \wedge \overline{A}(c_k') \vee A(0^{(n+1)}).$$

Da wir die Ziffer $0^{(n+1)}$ beliebig gewählt haben, können wir annehmen, daß für alle äußeren Faktoren der Formel $\mathbf{H}_0$ stets $k \leq n$ gilt. Wenn nun in einigen Summanden k kleiner als n ist, können wir auf den erhaltenen Summanden $\mathbf{B}_0' \vee \mathbf{B}_0''$ noch mehrmals die Operation 2 anwenden, damit die Anzahl der Summanden $A(c_i) \wedge \overline{A}(\overline{c}_i)$ in den betrachteten Gliedern genau gleich n ist. Dann hat die Formel $\mathbf{B}_0'$ schließlich die Gestalt

$$\overline{A}(0) \vee A(c_1) \wedge \overline{A}(c_1') \vee \ldots \vee A(c_n) \wedge \overline{A}(c_n') \vee A(0^{(n+1)}).$$

Da jede Formel $\mathbf{B}_0' \vee \mathbf{A}_0$ im stärkeren Sinne primitiv wahr ist, ist sie in der eingeschränkten Arithmetik ableitbar. Wir zeigen, daß dann auch $\mathbf{A}_0$ in der eingeschränkten Arithmetik ableitbar ist. Setzen wir in der Formel $\mathbf{B}_0' \vee \mathbf{A}_0$ für das Prädikat $A(t)$ eine beliebige Formel $X(t)$ ein, so bleibt der Summand $\mathbf{A}_0$ unverändert. Denn die Glieder dieses Summanden sind Summanden eines äußeren Faktors von $\mathbf{H}_0$ und stammen aus dem Summanden $\mathbf{A}_1^- \vee \ldots \vee \mathbf{A}_m^-$ der Formel (1) nach Anwendung der Operationen 1, 2, 3. Die Formel $\mathbf{A}_1^- \vee \ldots \vee \mathbf{A}_m^-$ enthält aber nach Voraussetzung keine Prädikatenvariable. Daher enthalten auch die von ihr stammenden Summanden der äußeren Faktoren aller Formeln $\mathbf{H}_i$ keine Prädikatenvariablen, also insbesondere nicht das Prädikat $A(\ )$. Danach geht nach der erwähnten Einsetzung die Formel $\mathbf{B}_0' \vee \mathbf{A}_0$ in die Formel

$$\overline{X}(0) \vee X(c_1) \wedge \overline{X}(c_1') \vee \ldots \vee X(c_n) \wedge \overline{X}(c_n') \vee X(0^{(n+1)}) \vee \mathbf{A}_0 \tag{3}$$

über. Als $X(t)$ wählen wir nun die Formel

$$t = 0 \vee \left(\sum_{i=1}^{n}{}'(c_i = 0) \right) \wedge t = 0' \vee \left(\sum_{i=1}^{n}{}'(c_i = 0) \right) \wedge \left(\sum_{i=1}^{n}(c_i = 0') \right) \wedge t = 0'' \vee \ldots \vee$$

$$\vee \left(\sum_{i=1}^{n}(c_i = 0) \right) \wedge \ldots \wedge \left(\sum_{i=1}^{n}(c_i = 0^{(n-1)}) \right) \wedge t = 0^{(n)},$$

wobei das Zeichen Σ die logische Summe bezeichnet.

Wie man leicht sieht, sind die Formeln $\mathbf{X}(0)$ und $\overline{\mathbf{X}}(0^{(n+1)})$ in der eingeschränkten Arithmetik ableitbar. Wir zeigen, daß alle Formeln

$$\overline{\mathbf{X}(c_j) \wedge \overline{\mathbf{X}}(c_j')}, \qquad j = 1, 2, \ldots,$$

ebenfalls in der eingeschränkten Arithmetik ableitbar sind.

Dazu betrachten wir die Formel $\mathbf{X}(c_j)$, d.h.

$$c_j = 0 \vee \left(\sum_{i=1}^{n} (c_i = 0) \right) \wedge c_j = 0' \vee \ldots \vee$$

$$\vee \left(\sum_{i=1}^{n} (c_i = 0) \right) \wedge \ldots \wedge \left(\sum_{i=1}^{n} (c_i = 0^{(n-1)}) \right) \wedge c_j = 0^{(n)}. \tag{4}$$

Die Formel $\overline{\mathbf{X}}(c_j')$ ist offenbar zur Formel

$$\overline{c_j' = 0} \wedge \left(\prod_{i=1}^{n} \overline{(c_i = 0 \vee (c_j' = 0'))} \right) \wedge \ldots \wedge$$

$$\wedge \left(\prod_{i=1}^{n} \overline{(c_i = 0)} \vee \ldots \vee \prod_{i=1}^{n} \overline{(c_i = 0^{(n-1)})} \vee \overline{(c_j' = 0^{(n)})} \right) \tag{5}$$

äquivalent, wobei Π das logische Produkt bezeichnet.

Aus den Formeln (4) und (5) ziehen wir einige formale Folgerungen, die wir mit Hilfe aller wahren Formeln und Regeln der eingeschränkten Arithmetik erhalten. Aus Formel (4) läßt sich auf diese Weise die Formel

$$\sum_{i=1}^{n} (c_i = 0) \vee \left(\sum_{i=1}^{n} (c_i = 0) \right) \wedge c_j = 0' \vee \ldots \vee$$

$$\vee \left(\sum_{i=1}^{n} (c_i = 0) \right) \wedge \ldots \wedge \left(\sum_{i=1}^{n} (c_i = 0^{(n-1)}) \right) \wedge c_j = 0^{(n)} \tag{6}$$

ableiten.

Formel (6) entsteht aus Formel (4) durch Hinzunahme der neuen Summanden $c_i = 0$, $i \neq j$. Aus Formel (6) ist die Formel

$$\sum_{i=1}^{n} (c_i = 0)$$

ableitbar. Denn betrachten wir die wahre Formel des Aussagenkalküls

$$A_1 \vee A_1 \wedge B_1 \vee \ldots \vee A_1 \wedge B_{n-1} \rightarrow A_1$$

und ersetzen in ihr A_1 durch $\sum\limits_{i=1}^{n} (c_i = 0)$ und B_1 durch einen entsprechenden Ausdruck, um die Prämisse von Formel (6) zu erhalten, so erhalten wir die wahre Formel

$$\sum_{i=1}^{n} (c_i = 0) \vee \left(\sum_{i=1}^{n} (c_i = 0) \right) \wedge c_j = 0' \vee \ldots \vee$$

$$\vee \left(\sum_{i=1}^{n} (c_i = 0) \right) \wedge \ldots \wedge \left(\sum_{i=1}^{n} (c_i = 0^{(n-1)}) \right) \wedge c_j = 0^{(n)} \rightarrow \sum_{i=1}^{n} (c_i = 0).$$

Durch Anwendung der Abtrennungsregel finden wir, daß die Formel $\sum\limits_{i=1}^{n} (c_i = 0)$ aus (6) ableitbar und folglich auch aus (4) ableitbar ist. Aus (5) ist die Formel

$$\prod_{i=1}^{n} \overline{(c_i = 0)} \vee \overline{(c_j' = 0)}$$

ableitbar. Der erste Summand dieser Formel ist zur Formel

$$\overline{\sum_{i=1}^{n} (c_i = 0)}$$

äquivalent. Dann ist aber auch die Formel

$$\sum_{i=1}^{n} (c_i = 0) \rightarrow \overline{c_j' = 0'}$$

ableitbar.

Durch Anwendung der Abtrennungsregel finden wir, daß die Formel

$$\overline{c_j' = 0'}$$

aus den Formeln (4) und (5) ableitbar ist.

Die Formel

$$\overline{(c_j' = 0')} \rightarrow \overline{(c_j = 0)}$$

ist in der eingeschränkten Arithmetik ableitbar. Daher ist auch die Formel

$$\overline{c_j = 0}$$

aus (4) und (5) ableitbar. Aus ihr und aus Formel (4) läßt sich die Formel

$$\left(\sum_{i=1}^{n} (c_i = 0) \right) \wedge c_j = 0' \vee \ldots \vee \left(\sum_{i=1}^{n} (c_i = 0) \right) \wedge \ldots \wedge \left(\sum_{i=1}^{n} (c_i = 0^{(n-1)}) \right) \wedge c_j = 0^{(n)}$$

ableiten. Zur Herleitung genügt es, in Formel (4) den falschen Summanden $c_j = 0$ zu streichen. Klammern wir in der erhaltenen Formel nun weiter den Summanden

$$\sum_{i=1}^{n} (c_i = 0)$$

aus, so erhalten wir die Formel

$$\left(\sum_{i=1}^{n} (c_i = 0)\right) \wedge c_j = 0' \vee \left(\sum_{i=1}^{n} (c_i = 0')\right) \wedge c_j = 0'' \vee \ldots \vee$$

$$\vee \left(\sum_{i=1}^{n} (c_i = 0')\right) \wedge \ldots \wedge \left(\sum_{i=1}^{n} (c_i = 0^{(n-1)})\right) \wedge c_j = 0^{(n)},$$

und nach Weglassen des ersten Faktors wird

$$(c_j = 0') \vee \left(\sum_{i=1}^{n} (c_i = 0')\right) \wedge c_j = 0'' \vee \ldots \vee$$

$$\vee \left(\sum_{i=1}^{n} (c_i = 0')\right) \wedge \ldots \wedge \left(\sum_{i=1}^{n} c_i = 0^{(n-1)})\right) \wedge c_j = 0^{(n)}. \tag{7}$$

Aus Formel (7) läßt sich weiter die Formel

$$\sum_{i=1}^{n} (c_i = 0')$$

in derselben Weise ableiten, in der wir oben die Formel $\sum_{i=1}^{n} (c_i = 0)$ abgeleitet haben. Aus (5) läßt sich die Formel

$$\prod_{i=1}^{n} \overline{(c_i = 0')} \vee \overline{c_j' = 0''}$$

ableiten. Denn aus (5) ist die Formel

$$\prod_{i=1}^{n} \overline{(c_i = 0)} \vee \prod_{i=1}^{n} \overline{(c_i = 0')} \vee c_j' = 0''$$

unmittelbar ableitbar. Den ersten Summanden können wir weglassen, da er falsch ist. In der Tat, $\prod_{i=1}^{n} \overline{(c_i = 0)}$ stimmt mit $\overline{\sum_{i=1}^{n} (c_i = 0)}$ überein; die Formel $\sum_{i=1}^{n} (c_i = 0)$ ist aber, wie wir gesehen haben, aus (4) und (5) ableitbar. Hieraus leiten wir ebenso wie oben die Formel $\overline{c_j = 0}$ jetzt die Formel

$$\overline{c_j = 0'}$$

ab. Danach lassen wir in (7) den ersten Summanden weg und erhalten die Formel

$$\left(\sum_{i=1}^{n}(c_i = 0')\right) \wedge c_j = 0'' \vee \ldots \vee$$

$$\vee \left(\sum_{i=1}^{n}(c_i = 0')\right) \wedge \ldots \wedge \left(\sum_{i=1}^{n}(c_i = 0^{(n-1)})\right) \wedge c_j = 0^{(n)}. \tag{8}$$

Durch Weiterführung dieser Überlegungen erhalten wir die folgenden aus (4) und (5) ableitbaren Formeln:

$$\sum_{i=1}^{n}(c_i = 0),\ \overline{c_j = 0};\ \sum_{i=1}^{n}(c_i = 0'),\ \overline{c_j = 0'};\ \ldots;\ \sum_{i=1}^{n}(c_i = 0^{(n-1)}),\ \overline{c_j = 0^{(n-1)}}\ .$$

Aus ihnen sind offenbar die Formeln

$$\sum_{i \neq j}(c_i = 0);\ \sum_{i \neq j}(c_i = 0');\ \ldots;\ \sum_{i \neq j}(c_i = 0^{(n-1)}) \tag{9}$$

ableitbar. Auch das Produkt aller Formeln (9) ist aus (4) und (5) ableitbar:

$$\left(\sum_{i \neq j}(c_i = 0)\right) \wedge \left(\sum_{i \neq j}(c_i = 0')\right) \wedge \ldots \wedge \left(\sum_{i \neq j}(c_i = 0^{(n-1)})\right). \tag{10}$$

Wir betrachten die disjunktive Normalform der Formel (10). Auch sie ist aus (4) und (5) ableitbar und hat die Gestalt

$$\sum_{i_1 \neq j,\, \ldots,\, i_n \neq j} (c_{i_1} = 0) \wedge (c_{i_2} = 0') \wedge \ldots \wedge (c_{i_n} = 0^{(n-1)}). \tag{11}$$

Nun ist aber jeder Summand dieser Summe in der eingeschränkten Arithmetik falsch; denn jeder Index $i_1, i_2, \ldots, i_n$ kann nur $n-1$ Werte

$$1, 2, \ldots, j-1, j+1, \ldots, n$$

annehmen. Daher nehmen in jedem Summanden der Formel (11) wenigstens zwei der Indizes $i_1, i_2, \ldots, i_n$ denselben Wert an. Mögen die Indizes i_r und i_s eines Summanden den Wert r annehmen. Dann gehen in diesen Summanden die beiden Faktoren

$$c_r = 0^{(p-1)} \quad \text{und} \quad c_r = 0^{(q-1)}, \quad p \neq q,$$

ein. Die Formel

$$(c_r = 0^{(p-1)}) \wedge (c_r = 0^{(q-1)}) \rightarrow 0^{(p-1)} = 0^{(q-1)}$$

ist in der eingeschränkten Arithmetik ableitbar. Wegen $p \neq q$ ist aber die Formel

$$(c_r = 0^{(p-1)}) \wedge (c_r = 0^{(q-1)})$$

falsch. Damit ist auch das gesamte Produkt

$$(c_{i_1} = 0) \wedge (c_{i_2} = 0') \wedge \ldots \wedge (c_{i_n} = 0^{(n-1)})$$

falsch. Bezeichnen wir die Formel (11) mit dem Buchstaben C, so ist die Formel $\overline{C}$ in der eingeschränkten Arithmetik ableitbar. Da C aus wahren Formeln der eingeschränkten Arithmetik und aus den Formeln (4) und (5) ableitbar ist, ist sie folglich auch aus den zu (4) und (5) äquivalenten Formeln $X(c_j)$ und $X(c_j')$ ableitbar. Bei der Ableitung von C haben wir keinen Gebrauch von der Einsetzungsregel in Variablen der Ausgangsformel gemacht und diese nicht quantifiziert. Daher erhalten wir nach dem Deduktionstheorem, daß die Formel

$$X(c_j) \wedge \overline{X}(c_j') \rightarrow C$$

im erweiterten Prädikatenkalkül ableitbar ist; folglich ist auch die Formel

$$\overline{C} \rightarrow \overline{X(c_j) \wedge X(c_j')}$$

dort ableitbar. Da aber die Formel $\overline{C}$ in der eingeschränkten Arithmetik ableitbar ist, ist in ihr auch die Formel

$$\overline{X(c_j) \wedge \overline{X}(c_j')}$$

ableitbar. Also ist für jeden Index j von 1 bis n der Summand

$$X(c_j) \wedge \overline{X}(c_j')$$

von Formel (3) in der eingeschränkten Arithmetik falsch. Da nach dem oben Gezeigten auch die Formeln $\overline{X}(0)$ und $X(0^{(n+1)})$ in der eingeschränkten Arithmetik falsch sind, sind alle Summanden von Formel (3) mit Ausnahme von A_0 falsch. Folglich ist die Formel B_0' in unserem Kalkül nicht ableitbar. Da aber die Formel (3) in der eingeschränkten Arithmetik ableitbar ist, ist folglich auch A_0 in ihr ableitbar. Wenn wir also in jedem äußeren Faktor der Formel H_0 die Summanden B_0' und B_0'' bilden, dann bilden die übrigen Summanden in der eingeschränkten Arithmetik ableitbare Formeln. Damit haben wir gezeigt, daß wir nach Weglassen der aus B stammenden Summanden in den äußeren Faktoren von H_0 Formeln erhalten, die in der eingeschränkten Arithmetik ableitbar, folglich regulär sind.

Diese Behauptung sei richtig für die Formel H_{i-1}. Wir zeigen, daß sie dann auch für H_i gilt. Es sei G_i ein beliebiger äußerer Faktor von H_i und G_i' die aus G_i nach Weglassen aller aus B stammenden Summanden entstehende Formel. Falls die Operation, die H_i in H_{i-1} überführt, auf einen aus B stammenden Summanden wirkt, kann der Faktor G_i' ebenfalls durch Weglassen der aus B stammenden Summanden in einem aus G_i stammenden äußeren Faktor von G_{i-1} der Formel H_{i-1} erhalten werden. Nach Induktionsvoraussetzung ist daher G_i' eine reguläre Formel. Die H_i in H_{i-1} überführende Operation möge nun auf einen nicht aus B stammenden Summanden wirken. Aus G_i und G_{i-1} entfernen wir alle aus B stammenden Faktoren und bezeichnen die entstehenden Formeln mit G_i' bzw. G_{i-1}' (falls auf einen Faktor von G_i die Operation 3 angewendet wird, verstehen wir unter G_{i-1} das Produkt aller äußeren Faktoren der Formel H_{i-1}, die aus G_i stammen).

Offenbar entsteht die Formel G'_{i-1} aus G'_i durch dieselbe Operation wie G_{i-1} aus G_i. Nach Induktionsvoraussetzung ist die Formel G'_{i-1} regulär. Dann ist aber auch G_i regulär. Damit haben wir gezeigt, daß Formeln regulär bleiben, wenn wir aus den äußeren Faktoren von H_i die aus B stammenden Summanden streichen. Dann gilt diese Behauptung auch für die Formel H_q, die nur den einen äußeren Faktor

$$A_1^- \vee A_2^- \vee \ldots \vee A_m^- \vee B$$

enthält. Damit haben wir die Regularität der Formel $A_1^- \vee A_2^- \vee \ldots \vee A_m^-$ gezeigt. Nach 6.5., Eigenschaft 4, ist diese Formel aber dann in der eingeschränkten Arithmetik ableitbar. Da A_i^- äquivalent zu $\overline{A}_i$ ist, ist auch die Formel

$$\overline{A}_1 \vee \overline{A}_2 \vee \ldots \vee \overline{A}_m$$

in der eingeschränkten Arithmetik ableitbar. Diese Formel ist aber äquivalent zur Formel

$$\overline{A_1 \wedge A_2 \wedge \ldots \wedge A_m}.$$

Damit haben wir einen Widerspruch erhalten, da sich in unserem Kalkül die Formeln

$$A_1 \wedge A_2 \wedge \ldots \wedge A_m \quad \text{und} \quad \overline{A_1 \wedge A_2 \wedge \ldots \wedge A_m}$$

als wahr erwiesen haben. Also haben wir unter der Voraussetzung, daß das Axiom der vollständigen Induktion in einem Kalkül ableitbar ist, der aus der eingeschränkten Arithmetik durch Hinzunahme der Formeln $A_1, \ldots, A_m$ entsteht, gezeigt, daß dieser Kalkül widerspruchsvoll ist. Damit ist der Satz bewiesen.

Literatur

Dieses Verzeichnis stellt nur eine Auswahl dar und erhebt keinen Anspruch auf Vollständigkeit

Asser, G., Einführung in die mathematische Logik I, II. Leipzig 1959 bzw. 1972.

Berka, K., und *L. Kreiser* (Hrsg.), Logik-Teste – Kommentierte Auswahl zur Geschichte der modernen Logik. Berlin 1971.

Bolzano, B., Wissenschaftslehre, Versuch einer ausführlichen Darstellung der Logik mit steter Rücksicht auf deren bisherige Bearbeiter, I–IV. Sulzbach 1937.

Church, A., Introduction to Mathematical Logic. Princeton 1956.

Gentzen, G., Untersuchungen über das logische Schließen I, II. Math. Z. *39* (1934/1935), 176–210, 405–431.

Gödel, K., Die Vollständigkeit der Axiome des logischen Funktionenkalküls. Monatshefte Math. Phys. *37* (1930), 349–360.

Gödel, K., Über formal unentscheidbare Sätze der Principia Mathematica und verwandter Systeme I. Monatshefte Math. Phys. *38* (1931), 175–198.

Gödel, K., Zum Entscheidungsproblem des logischen Funktionenkalküls. Monatshefte Math. Phys. *40* (1933), 433–443.

Hermes, H., Einführung in die mathematische Logik. 3. Aufl., Stuttgart 1972.

Hilbert, D., und *W. Ackermann*, Grundzüge der theoretischen Logik. 5. Aufl., Berlin–Heidelberg–New York 1967.

Hilbert, D., und *P. Bernays*, Grundlagen der Mathematik I, II. 2. Aufl., Berlin–Heidelberg–New York 1968 bzw. 1970.

Kleene, S. C., Introduction to Metamathematics. 5th printing, Amsterdam 1967.

Mostowski, A., Thirty years of foundational studies. Lectures on the development of mathematical logic and the study of the foundations of mathematics in 1930–1964. Acta philos. fennica No. 17 (1965).

Rasiowa, H., and *R. Sikorski*, The Mathematics of Metamathematics. Warszawa 1963.

Scholz, H., und *G. Hasenjaeger*, Grundzüge der mathematischen Logik, Berlin–Heidelberg–New York 1961.

Schröter, K., Ein allgemeiner Kalkülbegriff. Forsch. Logik Grundl. exakt. Wiss., N. F., Heft 6 (1941).

Schröter, K., Was ist eine mathematische Theorie? Jber. Dtsch. Math.-Vereinigung *53* (1943), 69–82.

Schröter, K., Theorie des logischen Schließens I, II. Z. Math. Logik *1* (1955), 37–86; *4* (1958), 10–65.

Schröter, K., Theorie des bestimmten Artikels. Z. Math. Logik *2* (1956), 37–56.

Schütte, K., Beweistheorie. Berlin–Göttingen–Heidelberg 1960.

Surányi, J., Reduktionstheorie des Entscheidungsproblems im Prädikatenkalkül der ersten Stufe. Budapest–Berlin 1959.

Mathematische Zeitschriften:

Fundamenta Mathematicae, Warszawa
Journal of Symbolic Logic, Groningen
Studia Logica, Warszawa
Notre Dame Journal of Formal Logic, Notre Dame (Ind.)
Zeitschrift für Mathematische Logik und Grundlagen der Mathematik, Berlin
Annals of Mathematical Logic, Amsterdam

Einen Einblick in die Gesamtliteratur über mathematische Logik geben (außer dem ersten Heft des Journal of Symbolic Logic, in dem die bis dahin veröffentlichten Arbeiten verzeichnet sind) die Referatenorgane Mathematical Reviews, Zentralblatt für Mathematik und ihre Grenzgebiete, Referativnyj Žurnal Matematika.

Der philosophisch interessierte Leser sei noch verwiesen auf:

Klaus, G., Moderne Logik. 5. Aufl., Berlin 1970.

Segeth, W., Elementare Logik. 8. Aufl., Berlin 1973.

Sinowjew, A. A., Komplexe Logik. Berlin–Braunschweig 1970 (Übersetzung aus dem Russischen).

Sinowjew, A. A., Über mehrwertige Logik – Ein Abriß. Berlin–Braunschweig 1968 (Übersetzung aus dem Russischen).

Wessel, H., Quantoren – Modalitäten – Paradoxien. Berlin 1972.

Namen- und Sachregister